PuTaoJiu
NiangZao Yu PinJian

葡萄酒酿造与品鉴

温建辉◎著

华中科技大学出版社
http://press.hust.edu.cn
中国·武汉

内 容 提 要

本书是晋中学院应用型教材之一,主要内容包括葡萄酒的历史、地理、宗教、哲学等方面的人文知识,着重介绍了红葡萄酒、白葡萄酒、桃红葡萄酒、白兰地、起泡葡萄酒、冰酒及贵腐酒的酿造工艺,并对世界葡萄酒产区和中国葡萄酒产区的概况、葡萄酒的品鉴与配餐、葡萄酒的收藏等方面的知识也作了必要的论述。内容涵盖自然科学与社会科学,文理渗透、学科交叉,力求科学、系统、通俗、可读。既反映了国内外葡萄酒酿造的新理念、新趋势,也纠正了同类文献中存在的一些谬误。

本书信息量较大、使用弹性较强,既可作为化学、生物、食品、酒店管理、旅游管理等专业的应用型、拓展型教材,又可作为大学生的通识课程教材,还可供葡萄酒行业人员和葡萄酒爱好者参阅。

图书在版编目(CIP)数据

葡萄酒酿造与品鉴/温建辉著. —武汉:华中科技大学出版社,2020.8(2023.8 重印)
ISBN 978-7-5680-6347-0

Ⅰ.①葡… Ⅱ.①温… Ⅲ.①葡萄酒-酿造 ②葡萄酒-品鉴 Ⅳ.①TS262.61

中国版本图书馆 CIP 数据核字(2020)第 134958 号

葡萄酒酿造与品鉴   温建辉 著
Putaojiu Niangzao yu Pinjian

策划编辑:胡弘扬
责任编辑:李 欢 王梦嫣
封面设计:廖亚萍
责任校对:张会军
责任监印:周治超
出版发行:华中科技大学出版社(中国·武汉)   电话:(027)81321913
         武汉市东湖新技术开发区华工科技园   邮编:430223
录 排:华中科技大学惠友文印中心
印 刷:武汉科源印刷设计有限公司
开 本:787mm×1092mm 1/16
印 张:19.5 插页:4
字 数:485 千字
版 次:2023 年 8 月第 1 版第 3 次印刷
定 价:59.80 元

凡·高《红色葡萄园》

古埃及法老坟墓中酿造葡萄酒的壁画

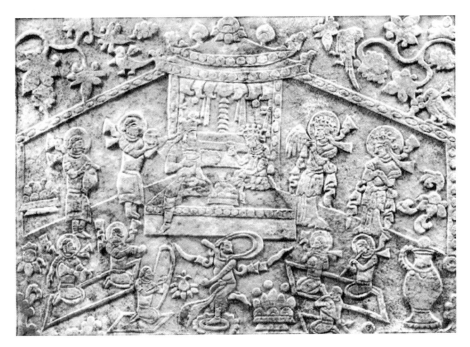

隋代虞弘墓椁壁上墓主人宴饮葡萄酒的浮雕

唐代镶金兽首玛瑙来通杯

香槟之父——唐·培里侬(Dom Pérignon)修士

Preface | 前 言

自古葡萄酒就被笼罩在一层神秘而奇特的光环之中。尤其对爱琴海边的人们而言,葡萄酒不仅是一种高贵的、给人带来极大享受的饮料,而且长期以来被认为是一种妙不可言的"长生药"。近年来,葡萄酒这一既古老又新潮、既陌生又时尚的饮品,逐渐走入了国人的生活,中国葡萄酒消费增长迅速,对世界葡萄酒产业产生了重大影响,葡萄酒教育也在国内各大高校相继开展。向大学生普及、弘扬葡萄酒文化,是提升学生的人文素养和科学素养,提高生活质量和品位的重要途径。

本书是作者在多年教学实践和科学研究的基础上编写而成的,具有以下特色。

第一,本书加大了对葡萄酒的历史、地理、宗教、哲学等人文知识的描绘力度,不仅崇尚葡萄酒的时尚与健康理念,更重要的是培养学生的审美情趣与人文素质。

第二,本书对红葡萄酒、白葡萄酒、桃红葡萄酒、白兰地、起泡葡萄酒、冰酒及贵腐酒等各种葡萄酒的酿造工艺作了全面的介绍,突出了应用性,并反映了国内外葡萄酒酿造的新理念、新趋势。

第三,本书对世界葡萄酒的主要产区和我国葡萄酒的主要产区进行了较为全面的介绍,并突出了地方性,胸怀祖国,放眼世界。

第四,本书对葡萄酒的品鉴与配餐进行了多层次、多角度的阐述,并结合国宴进行了餐酒搭配的介绍。

第五,本书对葡萄酒的收藏和投资进行了必要的论述,崇尚理性,反对炒作。

第六,本书纠正了部分葡萄酒书籍中长期存在的一些错误,并辩证分析了饮酒的利弊。

本书内容涵盖自然科学与社会科学,文理渗透、学科交叉,力求科学、系统、通俗、可读,其主要目的是推介和普及葡萄酒文化,提高学生的科学素养与人文素养。

本书是晋中学院应用性教材建设项目(Jc201809)之一,在编写过程中,参考引用了部分专家、学者的成果,并将文献目录附于书后,在此一并表示诚挚的谢意。

温建辉

2020 年 7 月于山西大学城

Contents | 目录

3

第一章

> "酒反映了人类文明史上的许多东西,它向我们展示了宗教、宇宙、自然、肉体和生命。它是涉及生与死、性、美学、社会和政治的百科全书。"

—— 法国著名化学家 马丁·夏特兰·古多华

第一节 酒文化的起源

自古以来,葡萄酒就被笼罩在一层神秘而奇特的光环之中。尤其对爱琴海边的人们而言,葡萄酒不仅是一种高贵的、给人带来极大享受的酒精饮料,而且是一种妙不可言的长生药。酒类最早出现于农耕社会,初期的功用是祭祀。随着人类文明的不断进步,酒精饮料经历了从巫术到医疗及宗教用品的演变,后来成为我们餐桌上美味的饮品。在当代,酒文化已渗透到政治、经济、文化、民俗、教育和社会生活的各个领域。在这些酒精饮料中,葡萄酒最早进入人类的视野,距今已有八千多年的历史。

一、酒最早的作用是祭祀

酒最早的功用是祭祀。远古时期,人类普遍怀有对自然物和自然现象的崇拜,他们用酒祭祀,以通天地、敬鬼神,战胜恐惧,慰藉心灵。《左传》中讲:"国之大事,在祀与戎。"也就是说,在古代,祭祀与战争是一个国家最重要的两件大事。《礼记·表记》云:"粢盛秬鬯,以事上帝。"这里的"粢盛"指粮食五谷,"秬鬯(jù chàng)"是古代以黑黍和郁金香草酿造的酒,要用它们贡献天帝。《诗经·大雅·旱麓》中有诗云:"清酒既载,骍牡既备。以享以祀,以介景福。"意思是清醇的美酒已经斟满,红色公牛屠宰完备,用它们来献飨、祭祀神灵,以求获得最大的福报。即使到了近现代,酒在祭祀中也是不可或缺的物品之一。

在亚美尼亚一个公元前4000年的洞穴内,考古学家发现了葡萄残余物和盛放酒类物质的证据,陶罐的底部还发现了儿童的头骨。考古学家们认为,酿酒是为了活人献祭的仪典之用。这些传统陶罐如今依然在亚美尼亚广泛使用,当然所酿的酒不再是用于祭祀,而是用于消费。

在古埃及,人们用葡萄酒祭祀酒神奥西里斯(Osiris);在古希腊,人们用葡萄酒祭祀酒神

狄奥尼索斯(Dionysus)。

二、从巫到医的演变

人类文明的早期,都经历过形形色色的混沌时期。理性未明之前,巫术、原始宗教与崇拜普遍存在,"巫"是中西方共有的一种蒙昧形态。在古希腊神秘的宗教性医学时代,人们把疾病的起因和治愈疾病的功劳归功于魔鬼或特殊神灵的作用。所以,那时的病人在得到治愈后,习惯于到神庙献祭或还愿。于是,氏族巫医应运而生。直到今天,在某些原始部落中,巫医仍然发挥着他们的作用。

在中国,学者们认为传说中的圣王——尧、舜、禹、周文王、周武王、周公等人物都是大巫。后来,巫术在我国逐渐演变为礼教,君王上天、通神的痕迹基本看不到了。但天子必须祭祀天地,天地也可以用自然灾异来谴责君王。汉唐以降,逐渐演变为所谓的天人感应、天人合一的理念。在西方,基督教兴起之后,通过女巫审判等方式扫除了巫术的残存,逐渐演变发展为宗教。

上古时期,巫不仅主政,而且治病,医术源于巫术。我国有"古者巫彭初作医"之说,医生被称为"医巫","医"字的古体字曾为"毉",左上部分的"医"指治疗,右上部分的"殳"指瘟疫和疾病,下面的"巫"指巫师。在上古时期"巫""医"不分,医疗是巫师职业生涯中的一个重要职能。早期的中医理论把"山、医、命、相、卜"五术归在一起,"山"指道士,"命"指看八字的人,"相"指用麻衣神相给人看相的人,"卜"指算卦的人,他们都是神职人员,"医"也属于神职人员的范畴。西医的产生与传播得益于基督教,西医的早期形态也是神职人员,现在医生穿的白大褂是从基督教的道袍演变而来的。但是,医学毕竟不是宗教,而是一种世间法,终究要从巫术和宗教中独立出来。

后来,"毉"字又演变为"醫"字,其中的"酉"在古代代表酒,"酒"字的三点水是后来才有的。这表明酒的功用在医疗中不仅取代了巫,而且占据了重要地位,如此又有了"医源于酒"和"医酒同源"的说法。中医理论认为,酒能通血脉、行药势。《说文》解释道,"医之性得酒而使";《黄帝内经》中有 13 个含有药酒的处方;马王堆汉墓出土的《五十二病方》中,含有药酒的处方有 40 余个;张仲景的《伤寒杂病论》和《金匮要略》、孙思邈的《备急千金要方》和《千金翼方》等经典医学遗著中,也都有药酒的记载。《汉书·食货志》中称,"酒者,天之美禄,帝王所以颐养天下,享祀祈福,扶衰养疾";又云,"酒,百药之长"。在西方文化中,酒(特别是葡萄酒)的功用也同样经历了由祭祀到药用的发展历程。直到 19 世纪晚期,葡萄酒仍然是医疗中不可或缺的药品。

三、由药用到宴用

美国作家海明威说:"葡萄酒是这个世界上最文明的产物之一,同时也是能为人们带来最完美享受的自然产物之一。"随着人类文明的发展,酒逐渐成为宴饮与欢庆场合的必备品,也是寄托情感和交际往来的媒介。

在《诗经》全本 305 篇中,有 40 多篇与酒有关,且多出现在"二雅"——特别是《小雅》中。例如,《鹿鸣》中有,"我有旨酒,嘉宾式燕以敖""我有旨酒,以燕乐嘉宾之心";《常棣》中有,"傧尔笾豆,饮酒之饫";《伐木》中有,"伐木于阪,酾酒有衍";《鱼丽》中有,"君子有酒,旨且多";《南有嘉鱼》中有,"君子有酒,嘉宾式燕以乐";等等。古汉语中素有燕同宴的说法,可见酒已成为豪门贵族宴饮时的重要组成部分。到了近现代,酒逐渐走入寻常百姓家,出现了"满月酒""相亲酒""婚宴酒""交杯酒"等,可谓"无酒不成宴,无酒不成席",酒的价值被寄予了更为丰富的个人愿望与社会期待。

18世纪的欧洲,是一个葡萄酒滥觞的社会。由于葡萄酒具有兴奋神经的作用,便成了人们感官享乐的必备品。在宴席上,"没有葡萄酒,就没有佳肴,就不能算好客"。因此,在西餐——特别是法国大餐中,逐渐演绎出餐酒搭配,什么样的菜肴搭配什么类型的酒都有一套约定俗成的规范,并已成为西餐文化的重要组成部分。

四、酒是文化的载体

文化艺术常常与酒联系在一起,傅抱石和关山月在人民大会堂创作《江山如此多娇》画作时,尤其喜欢在微醺状态中进行。为此,在当时物资紧缺的情况下,周总理还是为他们配备了茅台。诗仙李白流传下的一千多首诗中,说到饮酒的就有170首,正所谓"李白斗酒诗百篇,长安市上酒家眠";李清照"东篱把酒黄昏后";晏殊"一曲新词酒一杯";黄公望"酒不醉,不能画";王羲之酒后挥毫《兰亭序》,被称为"天下第一行书"。在历代文人的诗词歌赋、书法绘画等作品中,都散发着浓浓的酒香。

李白饮用的是什么酒呢?主要是葡萄酒。唐代是我国葡萄酒文化的第一个高峰,一曲"葡萄美酒夜光杯"响彻了整个大唐,并名扬后世。但是,由于种种原因,葡萄酒文化在我国没有得到持续的发展,而在欧洲被发扬光大。

"要深入地了解葡萄酒,必然需要了解西方文化。"在西方文化中,葡萄酒代表着生活的艺术和品质,承载着多重文化内涵和历史积淀,在绘画、雕塑、诗歌、文学、音乐作品中,诸神和葡萄酒是最重要的素材。图1-1中的三幅图片均来自西方的雕塑,中间的雕塑是两个人抬着一串巨大的葡萄,故事源于《圣经》中的《出埃及记》。

(a)　　　　　　　(b)　　　　　　　(c)

图1-1　西方的葡萄酒文化雕塑

在欧洲艺术史中,上至奢华的教廷和皇宫的贵族,下至穷困潦倒的街头卖艺者,都充满了关于葡萄酒的各种美丽故事以及因其激发的创作灵感。1821年,迪马(Dumas)在其论文中指出:"在过去的几个世纪中,葡萄酒可以激发出诗人灵感的例子比比皆是。……毫无疑问,就像波德莱尔所说,'葡萄酒的灵魂在酒瓶中歌唱'。"德国文豪歌德说:"葡萄酒能使人心情愉悦,而欢愉正是所有美德的源头……我继续与葡萄酒作精神上的对话,它们使我产生伟大的思想,使我创造出美妙的事物。"

第二节　葡萄酒药用史话

葡萄酒与医学的渊源有着五千多年的历史,并在医生的见证下不断发展。尽管最初的医生对葡萄酒的成分并不了解,但却存在着一种默契,用葡萄酒配药是西方的药剂师经常使用的手段。

一、葡萄酒在古代的药用

(一)葡萄酒在古埃及的药用

科学家对古埃及前王朝时期蝎王一世(约公元前3500年)坟墓中的葡萄酒罐的残渣进行检验发现,其中还混合有胡荽、薄荷、鼠尾草和松脂,专家认为这是古埃及使用葡萄药酒的有力证据。古埃及法老时期,已经有了关于葡萄酒保健和医疗的论著,葡萄酒不仅可以用来止痛,而且可以治疗鼻炎、咳喘、痛经、蛇伤和消化不良以及催产。由于葡萄酒浓缩后酒精含量提高,具有杀菌作用,所以还可以用于制作木乃伊。公元前1500年左右成书的《埃伯尔纸草》中,有使用葡萄酒治疗哮喘、便秘、消化不良、癫痫以及预防黄疸的记载。在同一时期的《赫斯特纸草》中,有12个药方中涉及葡萄酒。古埃及的泻剂由葡萄酒、蜂蜜等配制而成,杀虫剂由葡萄酒、乳香与蜂蜜配制而成。

(二)葡萄酒在古希腊的药用

在古希腊,早期的医学有着浓厚的巫术和宗教色彩。被誉为"古希腊医药之父、西方医学奠基人"的希波克拉底(约公元前460年—公元前377年)最早把医学从巫术中解脱出来,并且"把葡萄酒正式带入治疗学中"。在《希波克拉底文集》中,每一页都会提到葡萄酒;在他使用的药方中,葡萄酒承担着重要作用。希波克拉底对不同的病例使用不同的葡萄酒,在营养学、内科、外科、妇科等几乎所有的医学领域都有以葡萄酒为主要原料的药方。我们讲"病从口入",希波克拉底也认为"饮食失调是造成疾病的一项重要原因";我们讲"药食同源",希波克拉底也认为"让你的食物成为你的第一医生"。古希腊另一位重要的思想家柏拉图(公元前427年—公元前347年)认为:"葡萄酒能为老年人带来健康和消遣,是神赐予人类减缓衰老的妙药。"

(三)葡萄酒在古罗马的药用

公元前3世纪至公元前2世纪,古罗马取代古希腊成为新的军事帝国。葡萄的栽培技术、葡萄酒的酿造技术以及葡萄酒文化也从古希腊传到古罗马。当时葡萄酒仍属昂贵的奢侈品,人们在一般饮用时,通常要兑上热水;但在宗教仪式上和作为药物使用时,必须使用纯粹的葡萄酒。据记载,产妇饮用葡萄酒可以恢复体力,振奋精神;新生儿如果不会哭时,要在葡萄酒中洗澡;糖尿病人用葡萄酒配合其他材料治疗;用香料(芸香、龙胆草、风轮菜、菖蒲、没药等)和葡萄酒制作成的药酒可以治疗很多疾病。

古罗马哲学家老普林尼(公元23—79年)的巨著《自然史》(见图1-2),是十七世纪以前欧洲在自然科学方面的权威著作,其中写道:"葡萄酒本身就是一种良药,它滋养人的血液,使胃部感到舒适,减轻忧愁和烦恼。"

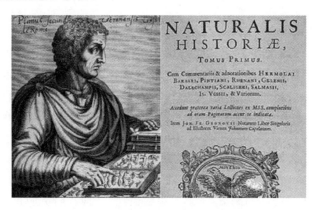

图1-2　老普林尼与所著的《自然史》

盖伦(Calen,公元129—199年)将医术发展为医学,影响欧洲1500年,被誉为古罗马时期最有影响力的医学大师、药学之父,是仅次于希波克拉底的第二个医学权威。他认为每一种葡萄酒都有特殊的用途:剪下病狗的毛烧成灰放到葡萄酒中服用,可治疗疯狗咬伤;用法莱尔纳甜葡萄酒可治疗蛇咬伤;用红色浓稠的葡萄酒可治疗失血。在今天看来,这些方法不免有些荒唐。但在接下来的几个世纪中,虽然医学取得了不断的进步,但丝毫没有影响葡萄酒的医学用途,用葡萄酒配药仍然是药剂师最常见的做法。

(四)葡萄酒在其他文献中的药用记述

早期的犹太宗教典籍《塔尔德》中有句格言,"葡萄酒缺乏之时,就是药物成为必需品之刻""没有葡萄酒,就没有欢乐";《箴言》中说,"给心灵上痛苦的人一点葡萄酒";《传道书》中提醒人们,"适度饮用葡萄酒就是被赋予了第二生命";在《圣经·旧约》中,把葡萄酒称为"调养的酒""医治的酒"。

罗马军队每占领一个地方,就在那里种植葡萄,酿造葡萄酒。随着罗马大军征战的脚步,葡萄酒文化传遍了整个欧洲大陆。由于红葡萄酒鲜红艳丽,颜色和血液相似,因此也开始将葡萄酒和宗教相关联,称"葡萄酒是耶稣的血",葡萄酒遂成为基督教的弥撒用酒。基督教仪式中虽然离不开葡萄酒,但反对醉酒。

在欧洲,人们用品质优良的红酒预防和治疗血枯病(指严重的贫血症),因为红酒和血液相似。这种类比思维在世界医学史上经常可以看到,《本草纲目》中也比比皆是。据《1855年波尔多分级史》记载,波尔多列级酒庄评选委员会在当年提交的评审报告中写道:"不止一位被医生放弃的病人,因为喝品质优良的陈酿波尔多葡萄酒而恢复健康。"在疫病流行时,法国人还朴素地认为喝葡萄酒可以辟邪,也许是葡萄酒可以提高免疫力吧。

西汉时葡萄酒经丝路传入中土,唐代的《新修本草》将葡萄酒列为补酒,明代的李时珍在《本草纲目》中写道:"葡萄酒暖腰肾、驻颜色、耐寒。"

二、对葡萄酒药用的早期研究

在医学尚不发达的时期,西方以葡萄酒为基础的药方非常普遍。直到 19 世纪晚期,葡萄酒仍是西方医学中不可缺少的药品。到了 20 世纪,随着医学的进步和化学合成药的出现,葡萄酒疗法逐渐衰微。即使如此,1901 年在法国著名周刊《画报》的一项调查中,162 位医生中有 100 位认为葡萄酒对健康有益。

维生素是生物体所需要的微量营养成分,而一般又无法由生物体自己生产,需要通过饮食等手段获得。法国生物学家 Lucie Randoin(1885—1960 年)测量了葡萄酒中的维生素 C 和维生素 B1 的含量,并用豚鼠和鸽子做试验,结果表明患有血枯病动物的生命得到了延长。1931 年,Lesne 和 Clement 的研究也得到了同样的结果。1934 年,美国化学会发表了各种水果和蔬菜中维生素的含量,结果表明葡萄中含有相当量的维生素 B 和维生素 G 及少量的维生素 C 和维生素 A,并且认为"只有天然的葡萄酒中才有维生素的存在",而"经过人工或化学的方法处理之后,葡萄酒中的维生素 C 便完全不见了"。

早在大航海时代,葡萄酒就是海员们补给的关键物品。15 世纪初,葡萄牙航海家达·伽马发现,饮用了葡萄酒的海员,不容易患败血症。因此,船员们每天除必备食物外,还会配给 1 L 葡萄酒,补充其身体所需维生素,缓解压力,可达到预防败血症的效果。葡萄酒也随着这些航海家们传到了世界各地。

在美国三藩市(旧金山),当时有一个由名医组织成立的"葡萄酒药友会",以葡萄酒对人类生活的影响为主旨开展科学研究。在 1940 年的年会上,葡萄酒与食物协会三藩市分会秘书 Harold Price 和加利福尼亚大学葡萄酒酿造学教授 Maynard Amerine 一起报告了葡萄酒对健康的功效,加利福尼亚大学家庭经济学教授 Agnes Fay Morgan 报告了她从事多年研究的成果"葡萄酒的维生素"。

同时期的魏森博教授(Prof. Weissenbach)研究发现,葡萄酒对于尿崩症的治疗也很有功效,提出"葡萄酒是尿崩病的面包"。此外,对于孕妇因肠病杆菌所产生的苦痛,葡萄酒所给予的作用也是非常优越的。对于患有皮肤病、痛风、风湿症等病的病人,人们曾经一度认为应该对其禁酒。但魏森博教授认为,葡萄酒对于这些病的痊愈都有积极作用。许多试验报告促使医生们将葡萄酒作为指定的治疗药品,艾罗博士(Dr. Eylaud)曾经制订了葡萄酒治疗疾病的法典。郭汝舍教授(Prof. Cruchet)认为,对于妇女"在哺乳时期,合理的食用一点葡萄酒是很有利的",他还在葡萄酒预防疾病的功效方面进行了卓有成效的研究。

1940 年,比利时医生 Rene Beekers 在《Wine & Sinit Trade Record》上发文:"今日的医师均正式承认葡萄酒的价值,适量的葡萄酒可以振奋内分泌,维持生命力的平衡。而且,葡萄酒可预防疾病在 1914 年至 1918 年的第一次世界大战时期即被证实,法国军队对葡萄酒的供应毫不吝惜,法国的传染病也最少……葡萄酒可以兴奋脑神经,助长智力,饮料之中葡萄酒最有利于脑部的工作。病人痊愈后,尤其感冒、肺炎及衰弱之人,应当以定量的葡萄酒为饮料。"

法国全国医学专科学院在承认葡萄酒传统益处的基础上,尤其强调适量使用的重要性,明确区分了酒精的副作用和葡萄酒的功效。从红葡萄酒的成分上看,其中含有丰富的葡多酚、维生素、氨基酸、有机酸、糖类和矿物质元素等,具有一定的营养价值,用于治疗某些由于营养缺乏而引起的疾病是不容置疑的。

三、葡萄酒是最"卫生"的饮料

在中国传统医学中,非常强调预防的理念。《黄帝内经》中讲,"是故圣人不治已病治未病""上工治未病,中工治欲病,下工治已病"。最好的医生是未病先防,这是我国古代预防医学的伟大思想。英国细菌学家、青霉素的发明者、诺贝尔生理学或医学奖得主亚历山大·弗莱明说:"青霉素可以治病,葡萄酒可以防病。"用葡萄酒预防疾病的理念与我国传统医学中的"治未病"的理念不谋而合。

葡萄酒酿造学之父、微生物学的奠基人、法国科学家巴斯德(1822—1895 年)曾发表关于葡萄酒的研究,认为"葡萄酒是最健康、最卫生的饮料"。什么是"卫生"?"卫"是动词,即保卫、维护;"生"即生命、生机,"卫生"的本义是护卫人类的生命和健康。随着时代的变迁,现代汉语中的"卫生"常作为名词使用,如"讲卫生"是"干净""清洁"的代名词。

晚清至民国时期,我国的葡萄酒酒标上经常出现"卫生"二字,如山西太谷亚美公司生产的"亚美"葡萄酒的酒标就是典型的例子,酒标中有"益寿佳品""卫生葡萄酒"等字样(见图1-3)。

图 1-3　山西太谷亚美公司生产的"亚美"牌卫生葡萄酒酒标

美国《时代》周刊在 2001 年曾评出"现代人十大健康食品",它们分别是番茄、菠菜、坚果、花椰菜、燕麦、鲑鱼、大蒜、蓝莓、绿茶和红葡萄酒。关于"十大健康食品"的说法有很多,但葡萄酒是其中的"常客"。《时代》周刊的评论是:"酿酒用的葡萄皮含有丰富的抗氧化物质,可有效降低血胆固醇,防治血管硬化。"

葡萄酒在世界的走红,与"法国悖论"或者称为"法兰西怪事"有关,即法国人同样进食很多脂肪类食品,但其对冠心病有惊人的免疫力,原因可能是法国人喜欢饮用葡萄酒。20 世纪 70 年代,美国民众备受冠心病的困扰,当时的共识是防治冠心病,应当远离烟草、酒精以

及高脂肪、高热量食物。1979年,英国著名医学期刊《柳叶刀》发表了流行病学的调查结果,作者圣莱热通过对18个国家死亡证明的研究指出:"适度饮用葡萄酒与心血管疾病的死亡率存在反比关系。"1990年,美国记者爱德华·多尔尼克在《健康》杂志发表的文章中,第一次提到"法国悖论"一词。1991年,美国CBS电视台著名的《60分钟》节目邀请雷诺教授做嘉宾,提出"法国悖论"的概念。由于美国葡萄酒行业致力于促进法国和地中海饮食的发展,"法国悖论"的概念逐渐得以确认。

1994—1999年,世界卫生组织建立的"心血管疾病的趋势及决定因素的监测"(简称MONICA)项目的调查显示,尽管法国食用饱和脂肪酸的量很高,但心血管疾病的死亡率却很低,这种表现应该归因于法国人长期饮用葡萄酒。世界卫生组织神经科医生和专家Jean-Marc Orgogozo研究也表明,适量饮用葡萄酒可使患老年性痴呆的概率降低80%,患阿尔茨海默病的概率也降低75%。如今,"喝酒致癌"的言论甚嚣尘上,有人认为"一滴也不能喝",有关这些问题的讨论请学习第三章《葡萄酒与健康》。

第三节　构建新时代的葡萄酒文化

党中央在作风建设中强调,新时代要有新气象,更要有新作为。"西风东渐"而来的葡萄酒文化我们不必全部照搬,而应该赋予其更多的精神内涵,发掘葡萄酒中的健康成分和美学元素,构建一种文明的、优雅的、具有新时代特色的葡萄酒文化。

一、葡萄酒中的美学元素

美学家张世英说:"人生有四种境界——欲求境界、求知境界、道德境界、审美境界。审美为最高境界。"

什么是美?

庄子说:"天地有大美而不言。"

林清玄说:"人间最美是清欢。"

蒋勋说:"美,是要用一辈子去完成的功课。"

法国艺术家罗丹曾说:"世界上并不缺少美,而是缺少发现美的眼睛。"

美是一种客观存在,也是对生活的基本敬意。但能否感受到美,还需要一颗美的心灵。

教育的本质,应该是让人的心灵更美。可是当今,对美学教育的缺失,对实用主义的追求,使许多人失去了审美能力。在绘画、书法、建筑设计、服装设计等领域,以丑为美的现象比比皆是。有许多国人对葡萄酒唯一的理解就是养生,把酒当药喝,这是对葡萄酒的一种严重亵渎。葡萄酒文化中蕴藏着丰富的美学元素,学习葡萄酒文化就是要学会发掘和欣赏其中的美,净化心灵,陶冶情操。

著名美学家蒋勋认为,"美是一种生活方式""美无处不在,我们要放慢节奏,感受生活中的点滴之美""美是最大的财富"。但很可惜,不是所有的人都有发现美的眼睛、感受美的心灵。过度追求实用化,一切审美将失去意义。生活中的美学贯穿衣食住行,审美就是一种高级的教养。没有恰当的审美,生活只会变得越来越无聊、越来越枯燥。

波澜壮阔的大海是美,但有人说:"大海有什么好看? 就是些水。"

乱石穿空的高山是美,但也有人说:"高山有什么好看? 就是些石头。"

蔡元培说:"一个没有审美的民族是不知善恶的。"木心说:"没有审美力是绝症,知识也解救不了。"未来是一个创造力与艺术能力大行其道的世界,如果缺乏美学的熏陶,将无法拥有强大的竞争力。习近平主席在全国教育大会上指出:"要全面加强和改进学校美育,坚持以美育人、以文化人,提高学生审美和人文素养。"

葡萄酒的品鉴中,蕴含着很多美学元素。作为品尝葡萄酒的专用酒杯——高脚杯,首先给人以美的视觉冲击。那纤细而高挑的杯柱,亭亭而立;那郁金香形的杯体,犹如花朵含苞欲放,整个杯形的设计中蕴藏着艺术美感和典雅的气质,给人以愉悦的享受。质地好的高脚杯本身就是一件艺术品,一种收藏品。当把那琼浆玉液倒入杯中时,酒的醇香与杯的优雅形成完美的结合,诠释着时尚和浪漫。观色、闻香、品味,一系列操作要求优雅而宁静,使人的心情放松,如入禅境。葡萄酒,以其馥郁的芬芳诱惑着人们的味蕾,以其优雅的风姿陶冶着人们的情操,以脱俗的气质精致了人们的生活。

中国不缺葡萄酒,缺少的是葡萄酒文化。构建新时代的葡萄酒文化,就是要弘扬葡萄酒中蕴藏的时尚、优雅、健康的美学元素。葡萄酒品鉴就是一种唯美的教育。

二、葡萄酒是一首浪漫的诗

浪漫,是人类永恒追求的情感氛围和精神境界,生活正是有了浪漫的点染,才更具内涵,更加丰满。

林清玄曾说过,在茫茫的大千世界里,每一个人都应该保有一个自己的小千世界,可以不让世俗淹没大家生活的浪漫和热情,不要忘记和自己的心灵对话。

葡萄酒,就是一首浪漫的诗。法国人的浪漫,不知是否与葡萄酒文化有关?

(一)小资情怀的浪漫

当你在一个闲暇的午后,望着蓝天白云,沐浴着柔和的阳光,呼吸着清新的空气,听着舒缓的音乐,再来一杯红酒,那幽香的气息扑面而来,莫不是一种浪漫的享受?

当你在职场打拼了一天回家之后,将葡萄酒倒入亭亭玉立的高脚杯,观色、闻香、品味,顿觉芳香弥漫,心境悠然,可以将一天的烦恼抛之脑后,休整一下疲惫的身心。望眼窗外,月亮升起来了,星星在闪烁……

在我们生活很累的时候,在我们心情很糟的时候,一杯茶、一盏酒、一束花或者一段音乐,都可能会成为灵魂的避难所。有一首小提琴独奏,就叫《悲伤的浪漫》。古希腊哲学家苏格拉底曾说:"葡萄酒能抚慰人们的情绪,让人忘记烦恼,使我们恢复生气,重燃生命之火。小小一口葡萄酒,会如最甜美的晨露般渗入我们的五脏六腑。"

法国葡萄酒专家拉格朗日在《葡萄酒与保健》一书中写道:"今天,不论是被贴上食物的标签,还是药物的标签,21 世纪的葡萄酒主要是一个文化的标志,是闲暇与惬意的重要元素。简言之,葡萄酒是乐趣之物,与一切美好的时光形影不离。"所以,不应当把葡萄酒皱着眉头当药喝。

请注意,我们所推崇的浪漫只是一种高雅的生活情调与正能量的精神境界,而不是浑浑噩噩、娱乐至死。

（二）大气磅礴的浪漫

浪漫，既可以是小资情怀，也可以是大气磅礴。

在沐浴沙场、卫戍边疆的战斗征程中，同样可以有浪漫情怀。拿破仑时期，葡萄酒是士兵的灵魂，"没有酒，就没有战士"，葡萄酒伴随着拿破仑取得了一个个胜利。传闻，拿破仑的军队在经过勃艮第的香贝丹庄园时，全军将士均向葡萄庄园行军礼。对法军来说，葡萄酒就是他们的一员，是他们胜利的护身符。兵败滑铁卢之后，传闻是这样说的，拿破仑之所输了这场战役，是因为他没来得及将香贝丹葡萄酒分发给将军们。在被流放圣海伦娜岛的寥落岁月里，应拿破仑的请求，英国仍然为拿破仑每天提供钟爱的葡萄酒，让昔日的王者得以缅怀曾经的光彩时刻。图 1-4 所示为拿破仑与葡萄酒。

图 1-4　拿破仑与葡萄酒

"葡萄美酒夜光杯，欲饮琵琶马上催。醉卧沙场君莫笑，古来征战几人回。"唐代诗人王翰的这一曲《凉州词》，不也充满着保家卫国的悲壮与浪漫？一曲《凉州词》已成为我国诗坛上歌咏葡萄酒的千古绝唱。

伟人毛泽东在艰难困苦、饥寒交迫的战斗岁月里，以革命的乐观主义和浪漫主义精神，书写了一首首不朽的诗篇。"自信人生二百年，会当水击三千里""雄关漫道真如铁，而今迈步从头越""万木霜天红烂漫，天兵怒气冲霄汉""红军不怕远征难，万水千山只等闲"，这是何等的浪漫豪情。一个外国友人曾这样评价："一个诗人赢得了一个新中国。"

毛泽东喜欢不喜欢饮酒呢？从公开的报道中看，毛泽东不善饮酒，但不等于不饮酒。德国记者王安娜在回忆录中提到，延安窑洞里的毛泽东"偶尔也喝一点土制的味道不错的红葡萄酒"。在中华人民共和国成立后的和平岁月里，毛泽东也经常少量饮用葡萄酒，并用葡萄酒招待宾客。毛泽东也曾挥笔书写王翰的《凉州词》（见图 1-5），这是其对该诗的喜爱，还是对葡萄酒的喜爱？笔者认为，是二人都具有相似的浪漫情怀。

三、葡萄酒文化中的创新元素

2018 年 9 月 10 日，习近平主席在全国教育大会上指出："要在培养奋斗精神上下功夫，

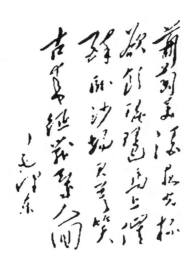

图 1-5   毛泽东手书《凉州词》

教育引导学生树立高远志向,历练敢于担当、不懈奋斗的精神,具有勇于奋斗的精神状态、乐观向上的人生态度,做到刚健有为、自强不息。要在增强综合素质上下功夫,教育引导学生培养综合能力,培养创新思维。"葡萄酒发展的历程,就是创新和奋斗的历程。学习葡萄酒文化,有利于培养学生的创新思维和自强不息的奋斗精神。

（一）葡萄酒类型的创新

葡萄酒不仅是大自然赐予人类的礼物,也是人类创新的产物。冰酒、贵腐酒、起泡酒、白兰地等产品,无一不是人类创新的产物。

冰酒的发明,是因为酒农们在某一年遇到了突发事件,延误了采收期。葡萄已然冰冻,但扔掉可惜,以至不得不利用其来酿酒,结果,一种特殊葡萄酒的类型——冰酒从此诞生了,被誉为"液体黄金"。

香槟的发明,也是酿酒过程出现意外时的产物。在某些年份,由于秋季气温太低,酒精发酵停滞;待到第二年的暖春,二次发酵重新启动,结果引发了爆瓶。这一现象本来属于酿酒过程中出现的"事故",但遇上"有准备的头脑",就把事故变成了故事,名扬世界的又一葡萄酒类型——香槟从此诞生了。

（二）葡萄种植的创新

对于老一辈酒农来讲,每一串葡萄都是他们的宝贝,同时也是他们养家糊口的根本,要剪掉一部分葡萄串以降低产量,简直让其无法接受。"那时的酒农就像在黑暗的隧道里前行,始终看不到光亮。"葡萄的品质得不到有效的控制,葡萄酒的品质也得不到保证。

自 20 世纪 80 年代以来,"绿色采收"（Green Harvest）概念的推行,极大地改变了葡萄种植的面貌,提高了葡萄酒的质量,引发了葡萄种植史上的一次重要的革命。所谓"绿色采收",就是通过修剪,严控葡萄的产量;通过手工采摘、精心分选,提高了葡萄的品质。

"可持续种植"是近年来国际上迅速走红的一种葡萄栽培与种植方式,得到越来越多葡萄酒庄的推崇。其特点是处处以环保为考量,从各个方面以再循环、再利用的原则管理葡萄园。比如,太阳能的利用、水的再循环利用、葡萄皮渣再生肥的利用,等等。

（三）酿造工艺的创新

葡萄酒的酿造工艺一直行进在创新的道路上，为葡萄酒的酿造带来了一次又一次的革命。"自动分析机"的使用，使酿酒师对葡萄酒的及时分析监测成为可能；"温控系统"的使用，使酿酒师对发酵反应在温度可控的条件下进行；"重力酿造法"的使用，使葡萄酒的生产远离了金属离子的干扰和"被氧化"的危险，酿成的葡萄酒更加自然醇香；旋转式发酵罐的使用，提高了萃取效率，降低了氧化的风险。

现在备受推崇的"CO_2浸渍法"，也是酿酒师在葡萄酒酿造工艺中创新的产物。1834 年，一个法国研究小组要试验开发一种新方法，目的是使葡萄从葡萄园到消费者的整个运输和储藏期间都保持新鲜。他们将整串葡萄置于大约 0 ℃且充满 CO_2 的条件下储存。两个月后，发现葡萄中产生了少量酒精和气体，不宜继续出售。这本来又是一次"事故"，人们不得不将这些有问题的葡萄用来酿酒，结果得到一款品质优异的葡萄酒，"CO_2浸渍法"从此诞生。

（四）葡萄品种培育上的创新

在葡萄品种的培育上，人类一直在不断创新。气候的变化加大了葡萄发生病害的可能，人们不断培育抗病害、抗霜冻的杂交葡萄品种。我国有几种单基因杂交抗病品种，就是通过欧亚葡萄与山葡萄杂交得来的。山葡萄是一种亚洲种葡萄，可以提供抵抗霜冻的基因。北冰红葡萄，就是我国科研人员利用东北野生山葡萄经过嫁接、改良后创新的产物，酿造的产品填补了世界上没有红冰酒的空白。

此外，在葡萄酒的包装、酒标设计、销售方式、开瓶器的设计、品酒杯的设计等方面，也都在不断地创新。正如张裕公司总经理周洪江所说："传承中创新，是张裕走到今天还处于良性发展轨道的法宝，站在 120 周年的历史高点上，不断创新仍是张裕保持核心竞争力的关键。"

四、葡萄酒文化中的"绿色"理念

近年来，伴随着"有机""健康""环保"等关键词的走红，有机葡萄酒、生物动力葡萄酒、自然酿造葡萄酒的潮流逐渐在世界各国兴起。各国倡导有机种植葡萄，避免使用化学肥料，减少人工对葡萄园的干预，还土地、河流、空气和葡萄酒以健康。用意大利格蕾丝酒庄庄主的话说，"我们希望能够将酒庄完完整整地传承给后代，拒绝为了一时的利益而损害了葡萄园的可持续发展"。

习主席在十九大报告中指出："我们要建设的现代化是人与自然和谐共生的现代化，既要创造更多物质财富和精神财富以满足人民日益增长的美好生活需要，也要提供更多优质生态产品以满足人民日益增长的优美生态环境需要。"在出席 2019 年中国北京世界园艺博览会开幕式上，习主席又讲道："纵观人类文明发展史，生态兴则文明兴，生态衰则文明衰。工业化进程创造了前所未有的物质财富，也产生了难以弥补的生态创伤。杀鸡取卵、竭泽而渔的发展方式走到了尽头，顺应自然、保护生态的绿色发展昭示着未来。""我们应该追求人与自然和谐。山峦层林尽染，平原蓝绿交融，城乡鸟语花香。这样的自然美景，既带给人们美的享受，也是人类走向未来的依托。无序开发、粗暴掠夺，人类定会遭到大自然的无情报复;合理利用、友好保护,人类必将获得大自然的慷慨回报。我们要维持地球生态整体平衡,让子孙后代既能享有丰富的物质财富,又能遥望星空、看见青山、闻到花香。""要倡导尊重自然、爱护自然的绿色价值观念,让天蓝地绿水清深入人心,形成深刻的人文情怀。"

葡萄酒,酿造的原料来自葡萄树,其年年开花,岁岁结果。不仅可以节约农田、美化环境,而且可以提高农产品的附加值,既有利于发展经济,也可以美化家园,酒庄游已成为当代新型的、快速发展的旅游项目。因此,葡萄酒产业是绿色、环保、可持续发展的产业。习主席指出:"我一直讲,绿水青山就是金山银山,改善生态环境就是发展生产力。良好生态本身蕴含着无穷的经济价值,能够源源不断创造综合效益,实现经济社会可持续发展。"

目前,我国产业转型升级的帷幕正徐徐拉开,一些有识之士已纷纷转型葡萄酒产业,并取得了不俗的成绩。但由于产业政策等方面的原因,以及进口葡萄酒的冲击,我国的葡萄酒产业的发展还有许多不尽人意的地方,"革命尚未成功,同志仍须努力"。

五、葡萄酒文化崇尚劳动

在法语中,"Vigneron"(酒农)一词所指的是葡萄种植者和酿酒师的统一体。从葡萄树的开花、修剪、结果、到最后的采摘,成长期间的田间管理贯穿一年四季。在风吹日晒的日子里,酒农们在葡萄园里辛勤劳作,周而复始。尽管如此,他们的心里仍然幸福满满。他们也在劳动中体验到生活的乐趣,把劳动当作心灵的修行。

恩格斯认为,劳动创造了人类。习近平主席指出:"要在学生中弘扬劳动精神,教育引导学生崇尚劳动、尊重劳动,懂得劳动最光荣、劳动最崇高、劳动最伟大、劳动最美丽的道理,长大后能够辛勤劳动、诚实劳动、创造性劳动。"生产劳动是人类文明的起点,也是人类生存的基础和社会发展的源泉。葡萄酒是人类劳动的产物,也是大自然给予人类的一项珍贵的礼物。

六、葡萄酒文化中的平衡与和谐

葡萄酒文化崇尚平衡与和谐。

首先,在葡萄的种植管理中体现了人与自然的和谐。近年来,在欧洲传统的葡萄酒生产国,葡萄种植业开始返璞归真,他们跟随自然的指引,顺应天地的韵律,将自然界生生相克的哲理思想运用到了极致。

其次,在葡萄酒品鉴中追求甜味、酸味、苦味和涩味之间的平衡,以及颜色、香气、口感之间的和谐。平衡,是葡萄酒质量的第一要素,只有平衡的葡萄酒才能被消费者所接受;也只有在颜色、香气、口感之间的和谐,才能使人感到愉悦。

拉菲古堡的埃里克·罗斯柴尔德男爵曾说:"拉菲拥有一个灵魂,一个美丽的灵魂,温柔且大方。拉菲将土壤幻化成梦想。拉菲本就是和谐的体现,这是一种在人与自然之间达成的和谐。因为若没有我们辛勤的酒农,一切都是虚无。"

人类社会与自然界只有和谐相处,才能有美好未来。学习葡萄酒文化,就是人与自然对话。我们应该构建新时代的葡萄酒文化,讲文明、求和谐、发现美、敬畏自然。葡萄酒带给我们的不仅仅是健康和享乐,还有顺应现代文明的理性精神、开放思想和多元的文化观。

第四节　大学校园中的葡萄酒文化

葡萄酒不仅是一种饮料,更重要的是一种文化。高校中的年轻一代,是葡萄酒行业发展的未来。中国作为葡萄酒的新世界,大众对葡萄酒的认知和接受度还不大,未来葡萄酒的发展势必要靠年轻一代来推动。

一、美国大学校园中的葡萄酒文化

在欧美的大学校园里,古树、咖啡厅、酒吧以及历史悠久的酒窖,已成为久远不变的文化景致。大学教授与学生一起品酒、聊天,已成为校园文化的组成部分。

（一）葡萄酒文化在哈佛大学

哈佛大学有哈佛大学葡萄酒协会(The Harvard College Wine Society,简称 HCWS),其定期会为会员们举办葡萄酒品鉴活动(见图1-6)。据《红色哈佛》报道,哈佛大学文学教授汤姆·康利还发起了一个"葡萄酒研究会",不定期为同学们举办一些品酒讲座,如"葡萄酒的拓扑结构"。

图 1-6　哈佛大学葡萄酒协会的品酒会

哈佛大学科学家在13年里追踪观察20000名女性的健康状况,最后发现每天饮用2杯葡萄酒的人比其他人患上肥胖症的概率低70%,女性适量饮用红葡萄酒有助于保持苗条身材。另外,俄勒冈州立大学农业研究部(Agricultural Studies department of Oregon State's College)的实验也发现,葡萄酒中的鞣酸可以促进人体脂肪燃烧,因为鞣酸可以抑制脂肪细胞的生长,并减缓新的脂肪细胞的形成。葡萄酒还可以促进肝脏脂肪酸的代谢,对体重超标的人来说,肝脏脂肪燃烧得越多,肝脏就可以变得越健康。不过,一定要注意控制摄入量。

（二）葡萄酒文化在牛津大学

在牛津大学，有历史悠久的牛津大学葡萄酒圈（Oxford University Wine Circle，简称OUWC），还有"牛津葡萄酒协会"，其经常为学生们组织主题酒会。据"英联邦作家奖"得主贾斯汀·卡特莱特在其《秘密花园：重访牛津》一书中披露："在三一学院的地下，还有一个藏有数千瓶葡萄酒的酒窖，这些酒都是那些爱好品酒的导师们搜罗来的。"他认为："这难道不是牛津的特色吗？"受葡萄酒文化的熏陶，牛津校园酒香弥漫。

作为"牛津剑桥大学生品酒赛"的主裁判和"剑桥大学葡萄酒协会"的老校友，英国著名酒评家休·约翰逊（Hugh Johnson）告诉大家："我对葡萄酒的态度，一直是把它视为社交饮料，而不只是搭配食物的调味品。"

（三）葡萄酒文化在剑桥大学

剑桥大学也与牛津大学旗鼓相当，有"剑桥大学葡萄酒协会（Cambridge University Wine Society）"（见图 1-7）和"剑桥盲品协会"等组织。20 世纪 70 年代末，奥斯卡影后埃玛·汤普森在剑桥求学期间，就是品酒社团的活跃分子，她至今最得意的一件事情是在一次"盲品"活动中，自己选出的最喜欢的一款酒，正是当场最昂贵的那一瓶。如果不当影后，她或许也可以做一名优秀的品酒师。

图 1-7　剑桥大学葡萄酒协会年度宴会

自 1953 年以来，牛津大学与剑桥大学每年都会发起品酒赛。2013 年，英国 Pavilion Books 出版了《红、白、蓝：牛津与剑桥品酒赛 60 周年》一书，"红"指红葡萄酒，"白"指白葡萄酒，"蓝"指牛津与剑桥的传统队服——牛津队为深蓝，剑桥队为浅蓝。该书由牛津校友詹尼弗·西格尔策划编辑，收录了众多葡萄酒行业知名人士撰写的文章，讲述了他们在校园里的杯酒人生。

二、中国大学校园中的葡萄酒文化

（一）葡萄酒文化在清华大学

清华大学葡萄酒文化协会建有一所清华校友酒窖，以葡萄酒为媒介，汇聚各界政商领袖

以及清华杰出校友。在这里可以进行商务会谈、小型会议、头脑风暴、家庭或朋友小聚,是一个既商务又休闲的好地方。清华校友酒窖不仅阐释了葡萄酒的文化理念,而且表现了主人的审美主张、文化情操和价值追求。

此外,清华大学还经常举办葡萄酒培训、葡萄酒文化与艺术鉴赏高级研修班。这里散发着"自强不息,厚德载物"的清华精神,体现着"立言立行,无问西东"的厚重与包容。艺术家李星把伟人的哲言"酒中开智"解析为"窖藏历史,开启智慧",并把它作为清华校友酒窖的"窖藏语录"。

(二)葡萄酒文化在天津科技大学

在天津科技大学,有"夜光杯"葡萄酒文化节。该文化节以"传播葡萄酒文化知识、普及中国葡萄酒酿造史,打造健康品质人生"为主题,举办了"夜光杯"自酿葡萄酒大赛、"我最喜爱的葡萄酒"之葡萄酒现场品鉴、葡萄酒知识竞赛和酒文化知识讲座等一系列丰富多彩的活动,在校园内引发了学习葡萄酒知识的热潮,也让学子们深层次了解了葡萄酒文化的内涵。

(三)葡萄酒文化在河北科技师范学院

在河北科技师范学院,举行了"葡萄酒文化进校园"启动仪式。通过活动,增进大学生对葡萄酒的认知,促进高校和葡萄酒产业"联姻",使高校参与到葡萄酒产业发展中来,成为葡萄酒文化的践行者和推介者。

(四)葡萄酒文化在宁夏北方民族大学

在宁夏北方民族大学,有"西紫杯"宁夏高校大学生葡萄酒文化创意大赛。来自全自治区的高校大学生提供了包括葡萄酒旅游纪念品、酒庄葡萄园规划、酒标设计以及 App 开发等参赛作品,为传播宁夏葡萄酒文化、培养学生的研发与创新能力、加强高校和葡萄酒企业之间的合作交流,实现政企校三方共赢提供了良好的平台。

(五)葡萄酒文化在晋中学院

山西是农耕文明的发祥地,也是酿造文化的发祥地。汾酒、怡园葡萄酒、戎子葡萄酒、山西老陈醋等已成为山西的一张张名片。为了培养地方性、应用型人才,晋中学院化学化工系在本院开设了有关葡萄酒酿造和品鉴方面的专业课程,并在全校开设了通识教育课、兴趣课,以及开展了多种形式的葡萄酒文化活动(见图 1-8 和图 1-9)。

实践表明,大学生普遍对葡萄酒知识有着高度的热情。通过学习葡萄酒文化,增进了历史、地理、哲学、宗教等方面的人文知识;通过学习葡萄酒的酿造工艺,了解了葡萄酒的酿造过程,提高了知识的应用能力;通过学习葡萄酒的品鉴,提高了品酒艺术水平,得到了礼仪训练,陶冶了情操,受到了一次唯美的教育,感受到葡萄酒文化带来的乐趣;通过参观葡萄园、酒窖,大学生加深了对葡萄酒文化的认识和对大自然的热爱。

(六)大学生葡萄酒联盟的创建

大学生葡萄酒联盟(Wine in University)也称为高校葡萄酒联盟,初创于 2016 年。联盟的创始人为西北农林科技大学葡萄酒学院的大四学生张腾,被称为"联盟 Boss";联盟导师由中国农业大学葡萄酒专家李德美教授担任(见图 1-10)。

大学生葡萄酒联盟建立的目的,是聚集国内大学生葡萄酒爱好者、推广葡萄酒文化、培

(a)   (b)

(c)   (d)

图 1-8   同学们从采摘葡萄到酿出产品

(a)   (b)

图 1-9   与怡园酒庄联合举办的葡萄酒品鉴活动

图 1-10   大学生葡萄酒联盟与导师李德美教授

养未来的葡萄酒消费群体、帮助葡萄酒企业在学生群体中推广。通过线下免费品酒、线上活动等形式在各大高校传播葡萄酒文化,让更多的大学生了解葡萄酒,爱上葡萄酒。

张腾在接受采访时讲道:"现如今,中国大学生们对葡萄酒的兴趣越来越浓,参与我们活动的人数也越来越多。相信这是一个很好的趋势,对中国未来葡萄酒市场的发展也是一个积极的信号。"至今,联盟高校已覆盖全国一半以上的省份。

进入21世纪,葡萄酒文化走进校园以来,其已成为一项高雅与品位相结合的"热门学科"。葡萄酒文化作为人类物质文明和精神文明结合的一个典范,在不久的将来,必将成为校园文化的组成部分之一。

三、葡萄酒教育的意义

教育承担着两个使命,一是科学教育,即传授并发展人类的科学技术;二是人文教育,即传承并发展人类的文化精神。有学者指出:"葡萄酒文化素养是素质教育的重要组成部分,提高葡萄酒文化素养有利于提高大学生的文化品位、审美情趣、人文素养和科学素质。"在民国时期的北大,蔡元培曾倡议以美育替代宗教,提高全民的审美素质。

葡萄酒作为一种世界流行的、高雅的社交饮品,以其具有的时尚和浪漫气息,成为社交场所中的"当红明星"。葡萄酒礼仪是通用的餐桌语言,被誉为"继英语之后的第二外语"。地中海地区把葡萄酒教育作为一种文化传承。在地中海文化中,有着注重酒配餐,饮酒有节制,秉承适度饮酒有益健康的理念等等。而那些酗酒者却不能区分乐于酒和醉于酒,酗酒与享受美酒截然不同,这是不为社会认可的,不论是烈酒还是葡萄酒。

多年前,《华盛顿邮报》就针对中国市场报道说:"随着葡萄酒成为最新时尚元素,工商管理学院的学生们开始学习如何品葡萄酒,公司的高管们开始询问如何建造私人酒窖,葡萄酒可提升社会地位的作用使其成为在华做生意、参加晚宴的社交工具。"近年来,在我国的大学校园中,葡萄酒文化也开始受到重视,许多高校已把"葡萄酒品鉴"作为一门重要的通识教育课程。

《中国葡萄酒》杂志上曾有人著文:"葡萄酒教育是未来不容忽视的问题,这无疑有助于人们提高生活质量,乐享生活。"而"真正的葡萄酒教育工作者除了满腹学问,还尤其尊重葡萄酒及其历史。"

四、我国的葡萄酒学院与葡萄酒专业

1994年4月20日,西北农林科技大学创立了葡萄酒学院,是亚洲第一所专门从事葡萄与葡萄酒研究、推广的大学(见图1-11),专门培养从事葡萄与葡萄酒生产、销售、教学、科研工作的高级专门人才。

据统计,截至2017年全国共有17所高校相继设立了葡萄与葡萄酒工程专业,他们分别是西北农林科技大学(1994年)、中国农业大学(2005年)、山东农业大学(2006年)、楚雄师范学院(2010年)、河西学院(2011年)、鲁东大学(2011年)、大连工业大学(2012年)、甘肃农业大学(2012年)、青岛农业大学(2012年)、沈阳药科大学(2013年)、宁夏大学(2013年)、山西农业大学(2013年)、泰山学院(2013年)、滨州医学院(2014年)、新疆农业大学(2015年)、云南农业大学(2016年)和石河子大学(2017年)。

图 1-11   西北农林科技大学葡萄酒学院

在其他院校的一些食品专业、应用化学专业中,有的也开设了与葡萄酒相关的课程。可以说,自 2010 年以来,我国葡萄酒产业发展的步伐越来越快,对人才的需求越来越多,葡萄酒文化的普及也受到了一定程度的重视。

第五节　结　　语

怎样才能算是受过良好教育的人? 按照博雅教育的传统,大学的目标是要培养"完整"的人。我们的大学教育,通常强调专业素养,而缺乏人文情怀。清华大学的钱颖一教授指出:"大学本科教育应当广阔,让学生去学习那些看似'无用'的知识。"通识教育和批判性思维已受到教育界有识之士的关注。

牡丹只是一种花卉,但成了富贵荣华的象征;梅花也只是一种花木,却被人们赋予了傲雪凌霜的品格。葡萄酒虽说只是一种饮料,但其中蕴藏着许多美学元素和创新特质,在人类文明的历史长河中已发展成为一种文化现象,渗透在社会生活的各个领域。法国著名化学家马丁·夏特兰·古多华(1772—1838 年)指出:"酒反映了人类文明史上的许多东西,它向我们展示了宗教、宇宙、自然、肉体和生命。它是涉及生与死、性、美学、社会和政治的百科全书。"可以说,不管是现在还是遥远的未来,葡萄酒将始终在人类文明中扮演重要角色。

在职场,一个个年轻的生命在过劳与焦虑中倒下了,这既是家庭的损失,也是国家的损失。在忙碌的风尘岁月中,我们可以借一碗清茶、一杯美酒、一曲音乐或一段闲暇来放松一下疲惫的身心。德国哲学家海德格尔曾说过,"人,当诗意地栖居";启蒙学泰斗伏尔泰告诫我们,"生活是条船,但我们不要忘了,在救生艇上高歌"。是的,即使世界在下沉,我们依然要向上而行。

不过,一个人真正的优雅,是来自阅尽沧桑后的坦然。

第二章 →

葡萄酒概述

"一串葡萄是美丽的、静止与纯洁的,但它只是水果而已;一旦压榨后,它就变成了一种动物,因为它变成酒后,就有了动物的生命。"

——英国作家 威廉·杨格

第一节 酒的概念与分类

一、酒与酒精度的概念

(一)酒的概念

酒类属于饮料的范畴,日常的饮料分为酒精饮料和软饮料两大类。按照 GB/T 17204—2008《饮料酒分类》标准的规定,饮料酒是指供人们饮用的且乙醇(酒精)体积含量在 0.5% 以上的饮料。一些果汁中也含有自然发酵产生的微量酒精,但只要乙醇含量低于 0.5% 就属于软饮料(Soft Drink)。

(二)酒精度

饮料酒中的乙醇的含量称为酒精度,俗称酒度,是指 20 ℃时,100 mL 饮料酒中含有纯乙醇的体积百分比,用符号"% vol"或"%(V/V)"表示。如 12 度的葡萄酒表示为 12% vol 或 12%(V/V),即在 20 ℃时 100 mL 葡萄酒中含有纯乙醇 12 mL。

用酒精的体积百分比表示酒精度,是法国化学家、物理学家盖·吕萨克(1778—1850年)提出的,现在已成为国际通用的标准酒度表示法。在国外的葡萄酒酒标上,偶见用 alc 或 ABV 表示,如 alc.12% 或 12%(ABV)。alc 为 Alcohol 的缩写,ABV 是 Alcohol by Volume 的缩写,都是表示酒精的体积百分比。

啤酒的酒标上标注的是原麦汁浓度,即麦芽汁中的可溶性固形物(以麦芽糖为主)与麦芽汁的质量百分比,单位用°P 表示。"°P"是 Plato 的缩写,译作柏拉图度。

二、酒的分类

按照生产工艺及原辅料的不同,酒精饮料可分为酿造酒、蒸馏酒和配制酒三大类。

（一）酿造酒

酿造酒是指以粮谷、水果、乳类等为原料,经酿造、澄清、稳定处理而成的酒精饮料。啤酒、黄酒、葡萄酒并称为世界三大酿造酒,酒精度相对较低。

（二）蒸馏酒

蒸馏酒是将酿造酒经蒸馏、陈酿、勾兑而成的饮料酒。这些酒虽然也经过了最初的酿造工艺,但一经蒸馏就不能再称酿造酒了。中国白酒、白兰地、威士忌、伏特加、金酒和朗姆酒被称为世界六大蒸馏酒,酒精度一般较高。

（三）配制酒

配制酒是指以发酵酒、蒸馏酒或食用酒精为酒基,加入可食用或药食两用的辅料或食品添加剂,进行调配、混合或再加工制成的、已改变了原酒基风格的饮料酒。主要包括植物类配制酒、动物类配制酒、动植物类配制酒等。

配制酒品种繁多、风格各异,其酒精度介于酿造酒和蒸馏酒之间。有些配制酒习惯上称为药酒,如阿胶酒、龟龄集酒、人参酒、鸿茅药酒等;有的配制酒称为露酒,如葡萄露酒、苹果露酒等。露酒的品质千差万别,不能一概而论。需要注意的是葡萄露酒不等于葡萄酒,两者虽然只有一字之差,但却"谬之千里"。葡萄露酒一般是用纯净水、色素、香精、甜味剂及少量的葡萄酒或葡萄汁勾兑而成的,与葡萄酒有着本质的区别。

此外,按照酒精度,饮料酒可分为高度酒（>40％vol）、中度酒（20％—40％vol）低度酒（<20％vol）。藿香正气水中的酒精含量在40％—50％,好像是一种"高度酒"了,只不过它属于药物的范畴,不属于饮料酒。

蒸馏酒中的主要成分是醇、醛、酸、酯、萜烯类化合物等;酿造酒中除此之外还有其他不挥发成分,如矿物质元素、多酚、氨基酸、维生素等。不同类型的酒,这些微量成分的组成和含量不同,这些微量成分的组成和含量对酒的香气、口味和风格都有着重要影响。

第二节　葡萄酒的概念与分类

一、葡萄酒的概念

（一）葡萄酒的概念

按照《国际葡萄与葡萄酒组织（OIV）法规》（2003版）的定义,葡萄酒是以新鲜葡萄或葡萄汁为原料,经过完全或部分酒精发酵后所生产的饮料,其酒精度不得低于8.5％vol;某些地区由于气候、土壤、品种等因素的限制,其酒精度可以降到7％vol以下。

按照中华人民共和国国家标准《葡萄酒》（GB 15037—2006）,葡萄酒是以新鲜葡萄或葡萄汁为原料,经全部或部分发酵酿制而成的,酒精度等于或大于7.0％vol的发酵酒。本标准非等效采用了《国际葡萄与葡萄酒组织（OIV）法规》（2003版）的定义。

（二）对葡萄酒国家标准的解读

根据中华人民共和国国家标准《葡萄酒》（GB 15037—2006）,葡萄酒的生产必须满足下

列三个条件：

首先，原料必须是鲜葡萄或葡萄汁。大部分酿酒企业有自己的葡萄园，并且将酒厂建在葡萄园内，这样就可以直接采用新鲜的葡萄进行酿酒。有的酒厂用外购的葡萄汁进行酿酒，这也是允许的。酿造葡萄酒时，葡萄越新鲜越好。

其次，必须经过全部或部分发酵工艺。这里的发酵是指酒精发酵，即葡萄糖转变为酒精的过程。在发酵过程中，葡萄汁中的糖分如果"全部"转化为酒精，产品称为干酒；如果部分转化为酒精，保留一部分糖分，则不属于干酒。在发酵过程中，还有很多分解、合成、转化等反应发生，大大丰富了葡萄酒的品质。特别是红葡萄酒，在酿造过程中对其葡萄皮中的花青素、单宁、矿物质元素、香味成分等进行长时间的萃取，发生了许多生物化学反应，葡萄酒中产生了大量呈香、呈味物质，赋予其独有的色、香、味。

第三，酒精度等于或大于 7.0%vol，这是参照了《国际葡萄与葡萄酒组织（OIV）法规》（2003 版）中"某些地区由于气候、土壤、品种等因素的限制，其酒精度可以降到 7%vol 以下"的内容，既照顾了"某些地区"又和国际接轨。之所以规定酒精度，主要是为了强调原料的品质。如果原料的含糖量太低，发酵后的酒精度就偏低，同时也意味着其他营养物的含量也严重不足，酿成的酒品质低劣。

二、葡萄酒的分类与特点

（一）按葡萄酒的色泽分类

按葡萄酒的色泽可分为红葡萄酒、白葡萄酒和桃红葡萄酒三大类。

1. 红葡萄酒（Red Wines）

红葡萄酒是指选用红葡萄，采用皮汁混合发酵酿造而成的葡萄酒。由于红葡萄酒是带皮发酵，葡萄皮中的色素逐步溶解到葡萄酒中，使其颜色加深，呈现出宝石红、紫红、石榴红等不同的色调。皮汁混合发酵带来的不仅仅是色素，同时还有单宁、矿物质元素、香味成分等，丰富了葡萄酒的色香味和营养价值。

2. 白葡萄酒（White Wines）

选用白葡萄或浅红色果皮的酿酒葡萄，经过皮汁分离，取其果汁进行发酵酿制而成的葡萄酒，这类酒的色泽一般为浅黄带绿、浅黄、禾秆黄或近似无色。理论上，可以选择红葡萄，也可以选择白葡萄，但生产上还是以选择白葡萄为主。产品颜色的深浅与原料品种、酿造工艺、存放时间等因素有关。在法国，由白葡萄酿造而成的白葡萄酒称为"白之白"，由红葡萄酿造而成的白葡萄酒称为"红之白"。

3. 桃红葡萄酒（Rose Wines）

桃红葡萄酒也称为玫瑰红葡萄酒，是选用皮红肉白的酿酒葡萄，经过皮汁短期浸渍，达到色泽要求后进行皮渣分离，继续发酵而成的浅红色葡萄酒。这类酒的色泽介于红、白葡萄酒之间，有淡红、桃红、橘红、砖红等不同的色调，但口味更接近白葡萄酒。

（二）按葡萄酒中含糖量分类

按葡萄酒中含糖量可分为干葡萄酒、半干葡萄酒、半甜葡萄酒和甜葡萄酒 4 类。

1. 干葡萄酒（Dry Wines）

含糖（以葡萄糖计）量小于或等于 4.0 g/L，或者当总糖高于总酸（以酒石酸计），其差值小于或等于 2.0 g/L 时，含糖量最高为 9.0 g/L 的葡萄酒称为干葡萄酒，如干白葡萄酒、干红葡萄酒、干桃红葡萄酒，饮用时感觉不到明显的甜味。干红葡萄酒比较酸涩，并有苦味，这也是许多初饮者感到"葡萄酒为什么这么难喝"的主要原因。其实，习惯了就不觉得难喝了。就像苦瓜，南方人已经习惯了，特别爱吃；但北方人并不习惯。

许多人一提到葡萄酒就要选"干红"，因为媒体上报道"干红可以养生"，但根本不知道干红或者干白的真正含义。如果葡萄中的糖分几乎"全部"转化为酒精，葡萄酒就"不甜"了。在英文中，"Dry"是个多义词，既有"Not Sweet（不甜）"的意思；也有"干"的意思，如"Keep Dry（保持干燥）"。在汉语语境中，如果把它叫作"不甜的葡萄酒"就不怎么好听，于是便称之为"干葡萄酒"。

2. 半干葡萄酒（Semi-dry Wines）

总含糖量在 4.0—12.0 g/L，或者当总糖高于总酸（以酒石酸计），其差值小于或等于 2.0 g/L 时，含糖量最高为 18.0 g/L 的葡萄酒称为半干葡萄酒，如半干白葡萄酒、半干红葡萄酒、半干桃红葡萄酒。饮用时有微甜感，优雅圆润，具有和谐的果香和酒香，对于初饮者是个不错的选择。

3. 半甜葡萄酒（Semi-sweet Wines）

含糖量在 12.0—45.0 g/L 的葡萄酒称为半甜葡萄酒。甜味可以抑制葡萄酒中的酸味、苦味和涩味，饮用时有甘甜、爽顺之感，对于初饮者比较适合。

4. 甜葡萄酒（Sweet Wines）

含糖量大于 45.0 g/L 的葡萄酒称为甜葡萄酒，饮用时有明显的甜感。甜酒不是用来佐餐的，一般当作餐后酒，为的是给一餐饭局画上圆满的句号，并留下美好的回味，有"苦尽甘来"之意。餐后甜酒不宜多饮，只是一小口。

在欧盟，甜葡萄酒的糖分必须来自葡萄果实，这就要求葡萄原料具有很高的糖分，在酿酒工艺方面也有相当高的要求。冰葡萄酒、贵腐葡萄酒皆属于甜葡萄酒，在葡萄酒行业被喻为"液体黄金"，相当的珍贵。但国内，许多人把"干红"神圣化，不懂酒的人往往把甜葡萄酒当作是低档的葡萄酒，这是莫大的误解。"上帝也爱自然甜"是法国的一条谚语，表达了甜酒在西餐中具有独特的地位。

（三）按 CO_2 的含量分类

按 CO_2 的含量，可分为平静葡萄酒和起泡葡萄酒两大类。

1. 平静葡萄酒（Still Wines）

在 20 ℃时，CO_2 压力低于 0.05 MPa 的称为平静葡萄酒、静态葡萄酒或无气泡葡萄酒。开瓶时，没有明显的起泡产生。

2. 起泡葡萄酒（Sparkling Wines）

在 20 ℃时，CO_2 压力等于或大于 0.05 MPa 的葡萄酒称为起泡葡萄酒。其中，CO_2 的压力在 0.05—0.25 MPa 时，称为低起泡葡萄酒（Semi-sparkling Wines）；CO_2 的压力等于或大于 0.35 MPa（对容量小于 250 mL 的瓶子压力等于或大于 0.3 MPa）时，称高起泡葡萄酒

（Sparkling Wines）。在某些文献中，起泡葡萄酒归为特种葡萄酒。

根据起泡葡萄酒中的含糖量不同，又分为以下几种类型：葡萄酒中含糖量小于或等于 12.0 g/L（允许误差为 3.0 g/L）的起泡葡萄酒称为天然起泡葡萄酒（Brut Sparkling Wines）；葡萄酒中含糖量为 12.1—17.0 g/L（允许误差为 3.0 g/L）的起泡葡萄酒称为绝干起泡葡萄酒（Extra-dry Sparkling Wines）；葡萄酒中含糖量为 17.1—32.0 g/L（允许误差为 3.0 g/L）的起泡葡萄酒称为干起泡葡萄酒（Dry Sparkling Wines）；葡萄酒中含糖量为 32.1—50.0 g/L 的起泡葡萄酒称为半干起泡葡萄酒（Semidry Sparkling Wines）；葡萄酒中含糖量大于 50.0 g/L 的起泡葡萄酒称为甜起泡葡萄酒（Sweet Sparkling Wines）。

以上所有的起泡葡萄酒中，释放的 CO_2 必须全部由自然发酵产生。如果酒中所含的 CO_2 是部分或全部由人工添加的，只能称为葡萄汽酒（加气葡萄酒）。

（四）特种葡萄酒

特种葡萄酒（Special Wines）是指用鲜葡萄或葡萄汁在采摘或酿造工艺中使用特定方法酿成的葡萄酒，有多种形式的产品：有的是酿造过程中的高糖度被保留下来的甜型葡萄酒，有的是酿造结束之后添加了酒精的高酒度葡萄酒，也有的两者兼有。总之，高糖度或者高酒度是特种葡萄酒的主要特点。

1. 加强葡萄酒（Fortified Wines）

在由葡萄生成总酒度为 12%vol 以上的葡萄酒中，加入葡萄白兰地、食用酒精或葡萄酒精，以及葡萄汁、浓缩葡萄汁、含焦糖葡萄汁、白砂糖等，使其最终产品的酒精度达到 15.0%—22.0%vol 的葡萄酒。

加强葡萄酒也称为利口酒，如法国的索泰尔纳酒、西班牙的雪利酒、葡萄牙的波特酒和马德拉酒，均在世界上久负盛名。近些年，国内也出现了不少用苹果等水果酿造的加强酒，如嘉百利等。

2. 葡萄汽酒（Carbonated Wines）

葡萄汽酒也称为加气葡萄酒，其中所含 CO_2 部分或全部是由人工添加的，具有同起泡葡萄酒类似的物理特性，清新爽口，但从风味和品质上讲与起泡酒相比还有一定的差距。

3. 冰葡萄酒（Ice Wines）

将葡萄推迟采收，当气温降到低于 $-7\ ℃$ 以下时，使葡萄在树枝上保持一定时间，结冰、采收，并在结冰状态下压榨出葡萄汁，经低温发酵酿制而成的葡萄酒（在生产过程中不允许外加糖源）称为冰葡萄酒，简称冰酒，属于甜葡萄酒的一种。

4. 贵腐葡萄酒（Noble Rot Wines）

在葡萄的成熟后期，葡萄果实感染了灰绿葡萄孢，使果实的成分发生了明显的变化，用这种葡萄酿成的葡萄酒，简称贵腐酒，也属于甜葡萄酒的一种。

5. 产膜葡萄酒（Flor or Film Wines）

产膜葡萄酒是指葡萄汁经过全部酒精发酵，在酒的表面产生一层典型的酵母膜后，加入葡萄白兰地、葡萄酒精或食用精馏酒精，所含酒度等于或大于 15%vol 的葡萄酒。

6. 加香葡萄酒（Flavoured Wines）

加香葡萄酒是以葡萄酒为酒基，经浸泡芳香植物（如丁香、肉桂、鸢尾、菖蒲、苦艾等）或加入芳香植物的浸出液（或馏出液）而制成的葡萄酒。在我国，此类酒属于配制酒的范畴，如味美思、桂花陈，常作为开胃酒饮用。

7. 低醇葡萄酒（Low Alcohol Wines）

低醇葡萄酒是指采用鲜葡萄或葡萄汁，经全部或部分发酵，采用特种工艺加工而成的、酒精度为 1.0%—7.0%vol 的葡萄酒。

8. 脱醇葡萄酒（Non-alcohol Wines）

脱醇葡萄酒是指采用鲜葡萄或葡萄汁，经过全部或部分发酵，采用特种工艺加工而成的、酒精度为 0.5%—1.0%vol 的葡萄酒。

9. 山葡萄酒（Vitis Amurensis Wines）

山葡萄酒是指采用鲜山葡萄（包括毛葡萄、刺葡萄、秋葡萄等野生葡萄）或山葡萄汁经过全部或部分发酵酿制而成的葡萄酒。山葡萄在我国分布较广，全国各地都有野生山葡萄酒的生产，但主要产地在东北。

第三节　葡萄酒的其他分类

除此之外，葡萄酒还有其他分类，如年份葡萄酒、产地葡萄酒、单品种葡萄酒、混酿葡萄酒、有机葡萄酒等类型。

一、年份与产地葡萄酒

（一）年份葡萄酒（Vintage Wines）

葡萄属于农产品，生长过程极大地受到当年气候的影响。即使同一地块，由于不同年份的气候条件不同，葡萄品质就不同，所酿葡萄酒的品质也有很大差别，因此就有好年份与坏年份之说。如 1982 年是波尔多难得的好年份，绝佳的气候条件使 1982 年的拉菲品质非常好，因此"拉菲 1982"成了葡萄酒最高规格的代名词，常常出现于影视剧的桥段中，并一度成为网络流行语。

酒标上的年份是指葡萄采摘的年份，并非灌装或出厂的年份。如葡萄采摘是 2015 年，灌装是 2018 年，出厂日期是 2019 年，那这款葡萄酒的年份还是 2015 年，酒标上显示的年份也是 2015 年。但并不是所有的葡萄酒在酒标上都会标注年份，有的酒并没有年份。以法国为例，AOC 等级的葡萄酒要求比较严格，必须 100% 以当年所采收的葡萄酿造，这样才能标示当年的年份，不允许跨年份调配。AOC 以下等级的葡萄酒如果跨年份调配，则在酒标上不能标示出年份。一些地区餐酒的葡萄酒品质不高，往往要用好年份、高品质的葡萄酒进行调配，使葡萄酒的品质达到一定的要求，减少不良年份带来的影响，这时酒标上就不能标注年份。

有些品牌的酒商，为了使每年出产的葡萄酒都保持一致的风格，也会将几个年份的产品进行调配，且年年如此，使得葡萄酒达不到相关法律规定，从而酒标上也不标年份。有些酒商为了追求葡萄酒口感复杂、结构厚重、层次多样，将不同年份的葡萄酒进行混酿，酒标上也

不会标年份。一般来讲,酒标上标注年份时,该年份的葡萄酒所占比例不低于含量的80%。

不同年份的葡萄酒,其品质和风味有所差异,这就是年份的魅力。好的年份能为酿造优质葡萄酒打下良好的基础,所以年份对葡萄酒至关重要。但不标注年份的葡萄酒也可以有非常好的品质,所以要具体情况具体分析。

（二）产地葡萄酒（Original Wines）

俗话说,"一方水土养一方人"。葡萄酒的品质也与产地的风土因素密切相关。于是,著名的产地自然成为葡萄酒的一张名片,如法国波尔多。在产地葡萄酒中,该产地葡萄所酿酒的比例应不低于葡萄酒含量的80%。在法国,产地葡萄酒必须由厂家申请,经有关部门认可才能标注。

二、单品种与混酿葡萄酒

葡萄的品种对葡萄酒的质量有重大影响,是排在第一位的影响因素。

（一）单品种葡萄酒（Varietal Wines）

单品种葡萄酒也称品种葡萄酒,字面上理解是只用一种葡萄酿制而成,但并非如此绝对。有时要加入一定比例的其他品种的葡萄酒进行调配,但用量有所限制。一般规定用所标注的品种葡萄所占比例不能低于75%。

（二）混酿葡萄酒（Blend Wines）

混酿葡萄酒,是指用两种或两种以上的品种葡萄混合酿制而成,或者分别酿制而成,再按不同比例混合勾兑而成的葡萄酒。例如,某款葡萄酒取70%的赤霞珠（浓郁）,混合20%梅洛（柔顺）,加上10%西拉（果香）,混合之后达到优势互补,形成完美的结构。

混酿法又进一步细分为"经典混合""新型混合"和"隐蔽混合"三种类型。法国波尔多与香槟区属于"经典混合"的代表性产区;"新型混合"特指那些与"经典混合"酿酒法所采用的葡萄种类及配比方式不同的新派酿酒法;"隐蔽混合"指的是广泛采用不同葡萄品种进行酿造,但不做显性宣传,在此类酒的酒标上往往只列有极少数比较重要的葡萄品种,而其他的品种都略过不提的酿酒法。

（三）单品种与混酿葡萄酒的比较

采用单品种葡萄酿造的葡萄酒,可以突出品种特色,个性明显。世界顶级葡萄酒中,有很多是由单品种葡萄酿成。如纳帕谷的赤霞珠葡萄酒,单宁厚重,口感强劲,非常适合在橡木桶熟成,顶级的赤霞珠可以存放数百年。而以佳美葡萄酿造的葡萄酒,具有果香浓郁、清新自然的品种特性,单宁含量极低,适宜及早饮用。勃艮第的葡萄酒多以单品种葡萄酿造,红葡萄酒基本上以黑皮诺酿制而成（博若莱产区除外）,白葡萄酒基本上以霞多丽葡萄酿制而成。此外,桑塞尔白葡萄酒、巴罗莎的西拉、索诺玛的增芳德,都是单品种葡萄酒的典范。

采用多种葡萄混酿而成的酒,可以根据不同葡萄的特点互相补充,其包含了多种自然香气,依照不同的次序散发出来,组成了一个完美而均衡的芳香帝国,口感更加和谐。波尔多的葡萄酒以混酿为主,红酒主要以赤霞珠、梅洛和品丽珠三种葡萄混酿,有时加入1%—2%的小维多。赤霞珠具有黑醋栗和浆果的风味,并为酒体带来厚重的单宁与层次分明的骨架;梅洛具有李子的味道与质感,可以增加酒体并柔化单宁;品丽珠具有柠檬和梨子的微妙香味,可以增加酒体的香气;小维多是晚熟红葡萄品种,只有在非常炎热的年份才能完全成熟,它能赋予葡萄酒深邃的颜色及强劲的单宁,但由于过于强劲,其调配比例很少。拉菲1982的调配比例为70%的赤霞珠、25%的梅洛、3%的品丽珠,另有2%的小维多。混酿中各品种葡萄使用的比例,由酿酒师灵活掌握,以获得均衡、圆润、优雅的风味。

单品种葡萄酒与混酿葡萄酒各有特色,并不存在孰优孰劣的问题。对于一些圈内人士来讲,单品种葡萄酒吸引力更大,因为可以品鉴出其品种的原始魅力。对于消费者来讲,每个人的喜好不同,有些人喜欢纯粹的口感,有些人喜欢混合的层次。就像有的人喜欢交响乐,有的人偏爱独奏。至于酿酒师究竟采用单品种葡萄还是混合品种葡萄进行酿造,就像画家决定选择何种颜料创作一样,取决于他们对原料和作品风格的整体把握。

三、按照饮用次序分类

(一)餐前酒

餐前酒指在进餐之前饮用的酒精饮料,也叫开胃酒。顾名思义,餐前酒的作用是使宾客打开食欲,与开胃菜的作用相近。餐前酒普遍酒体轻盈,不给味蕾带来过多负担。此外,糖分易使人产生饱腹感,因此餐前酒的含糖量也不宜过高。我们平时见到的餐前酒大多为轻酒体、高酸度的干白葡萄酒、起泡酒等。

(二)佐餐酒

佐餐酒指在进食过程中用于搭配菜肴的酒精饮料,不少西方人在就餐时有饮用佐餐酒的习惯。佐餐酒一般为葡萄酒,并且会根据菜肴特点进行选择和搭配。在爱酒人士的眼里,为一款酒进行配餐,就如同为它寻找灵魂伴侣,需要香味、质感和味道等方面的完美契合,两相愉悦才能皆大欢喜;如若搭配不当,酒和菜的滋味就不能充分展示。

(三)餐后酒

餐后酒是在饱腹之后饮用的,一般搭配饭后甜点。常见的甜型餐后酒有冰酒、贵腐酒、雪利酒、波特酒和利口酒,干型餐后酒包括威士忌和白兰地等。餐后酒的选择余地较大,干型、甜型均可,依据个人喜好而定。

四、半汁、全汁及原汁葡萄酒

(一)半汁葡萄酒

半汁葡萄酒是相对于全汁葡萄酒而言的,这是我国葡萄酒的发展史上的一个劣质品类。20世纪60年代初,由于生产力水平低下,葡萄种植面积有限,国家允许企业使用含汁量30%—50%的原料生产葡萄酒以满足人们的需求。原国家轻工部还曾制定过《半汁葡萄酒》(QB/T 1980—1994)行业标准,在当时生产半汁葡萄酒是合法的,但放到现在属于假葡萄酒。

按照原国家经贸委的规定,从2003年5月17日起"半汁葡萄酒行业标准"予以废止,凡不是由纯葡萄汁酿造的产品不得再称为葡萄酒,市场上原有的产品可以继续销售到2003年6月30日,此后将一律按违规处理。

27

（二）全汁或原汁葡萄酒

有些葡萄酒产品会在名称上增加"全汁""纯汁"或"原汁"的字样（见图2-1），这纯属画蛇添足。

(a)   (b)

图2-1　标注有"全汁""原汁"字样的葡萄酒

2006年12月11日，由国家质量监督检验检疫总局（现国家市场监督管理总局）和国家标准化管理委员会发布了"《葡萄酒》（GB/T 15037—2006）"，并于2008年1月1日起实施，简称"新国标"。根据"新国标"，葡萄酒必须是使用"100％葡萄原汁"（或称为"全汁"）酿制而成的酒精饮料，不需要标示"100％葡萄原汁"或"全汁"的字样。

需要注意的是，即使标注了"全汁""原汁"的葡萄酒，也不一定都是真正的葡萄酒。市场上一些假冒伪劣的葡萄酒仍然存在，甚至一些标有"原装进口"的葡萄酒，其实也是用酒精、香精、色素等勾兑而成的，根本没有葡萄的影子（见图2-2）。

28

图2-2　假冒伪劣葡萄酒

第四节　有机葡萄酒及其解读

近年来，随着人们对生活品质的不断提升和对食品安全问题的重视，"有机"成了食品行业中一个相当热门的话题，如有机茶叶、有机蔬菜、有机葡萄酒等。随着商家推波助澜，百姓如坠云雾，故本节对"有机"的由来及有机葡萄酒进行解读。

一、"有机"一词的由来

"有机"一词最早出现于化学学科。1806年,瑞典化学家贝采里乌斯在编写《化学教程》时,第一次提出了"有机化学"的概念,并用"生命力论"来解释"有机物"的形成,"机"即生命、生机。此后,人们把来源于矿物中的物质称为"无机物",意指没有生命的物质;从动植物中提取或分离出来的物质称为"有机物",意指有生命的物质。

1828年,德国化学家维勒首先用无机物人工合成了有机物——尿素,发表了论文《论尿素的人工合成》,标志着"生命力论"被推翻。但人们仍然沿用"无机物""有机物"的名称,研究它们的学科也分别称为"无机化学"和"有机化学"。

在有机物与无机物之间并没有一个明确的界限,但它们在组成、结构和性质等方面确实存在着许多明显的差异。1848年,德国化学家葛梅林将"有机物"定义为含碳的化合物(CO、CO_2、碳酸盐等个别物质除外);德国化学家肖莱马将有机化学定义为研究"碳氢化合物及其衍生物"的化学。我们日常食用的淀粉、蛋白质、糖类、醋酸、酒精、味精等都属于有机物,生活中的塑料、橡胶、三聚氰胺、苏丹红,大多数农药、污染室内环境的甲醛和苯、强致癌物二噁英等也都属于有机物。因此,不要一看到"有机"二字,就以为是安全的、无毒的。

二、"有机农业"的出现

20世纪20年代,由于化肥、农药等化学合成物质的大量使用,导致食品质量有所下降,对环境和人类健康的危害也日渐显现,于是欧洲国家提出了"有机农业"的概念。所谓"有机农业",即遵循自然规律和生态学原理,协调种植业和养殖业的平衡,采用一系列可持续发展的农业技术,促进生物多样性,强调"与自然秩序相和谐",并由此引出了"有机食品"的概念。经过多年的实践与发展,逐步受到各国政府的重视,有机食品成为人们追逐的对象。

只有政府部门才能制定有机食品的认定标准,从基地到生产、从加工到上市,都有非常严格的要求。我国于1994年成立了"国家环保总局有机食品发展中心"。要生产有机食品,首先要采用有机种植,即在种植过程中不使用除草剂、化肥、杀虫剂、生长调节剂等化学合成物质以及转基因技术,同时还必须经过独立的有机食品认证机构进行全过程的质量控制和审查。但每个国家对"有机食品"的认定标准并不相同。农家肥是不是有机的? 未必是这样。在一些国家,食用了抗生素、生长激素的动物所产生的肥料也不符合有机的标准。

三、有机葡萄酒

葡萄品种、产区和年份都是挑选葡萄酒时要考虑的因素。但是,在环境污染日益严重、化学制剂使用泛滥的今天,越来越多的葡萄酒爱好者开始关注"有机葡萄酒"。由于"有机葡萄酒"的概念在每个国家不尽相同,所以存在在这个国家被认为是"有机"的,在另一个国家可能就不是"有机"的情况。即使同一个国家,对有机葡萄酒的标准也处于不断的修改当中,不同的时期也有不同的含义。

在葡萄酒行业,"有机"有两种类型:一种是"有机葡萄酒",另一种是"有机酿造葡萄酒"。

（一）有机葡萄酒

所谓"有机葡萄酒",不仅强调酿酒原料的有机性,而且强调酿酒过程的有机性。第一,

酿酒的原料葡萄必须来自有机葡萄园,采取有机种植法,不得使用化肥、杀虫剂、除草剂等;第二,酿制过程中要采用天然酵母,不得添加 SO_2 或尽可能使用低剂量的 SO_2,不得使用任何化学制剂对葡萄酒进行处理;第三,还要采用绿色包装;第四,必须获得有机认证。

在法国,酿造"有机葡萄酒"要符合以下严苛的条件:

首先,葡萄园必须是有机耕地。即在过去的三年间,从未在葡萄园施放过任何化学合成物质;此外,葡萄园要远离其他使用化学产品的区域,确保有机葡萄园做到真正的有机。

其次,葡萄种植必须有机。即在种植过程中,不能使用类似于除草剂、杀虫剂、化肥等化学合成产品,只能使用天然的原料辅助葡萄树生长,如选用食草动物(如绵羊)来帮助除草,用牲口粪便和植物混合肥作为肥料;如果发生病虫害,只能通过自然界的天敌或传统的手工方式处理。

最后,酿造过程是"有机"的,即要求生产的葡萄酒中不得使用人工制造的化学物质,下胶所用的蛋清,也必须来自经过有机认证的鸡蛋。

（二）有机酿造葡萄酒

"有机酿造葡萄酒"只强调酿酒原料的有机性,而不强调酿酒过程的有机性。要采用有机种植的葡萄,但酿造过程中允许使用化学制剂对葡萄酒进行处理。

葡萄的有机种植属于有机农业的范畴,在世界各国越来越受到重视。在葡萄园里,酒农们把烧掉的杂草用作土壤肥料,而驱虫则采用鼓风机或害虫的天敌。

30

四、生物动力葡萄酒

生物动力葡萄酒也称为自然动力葡萄酒,原料葡萄必须采用自然动力种植法种植,酿造过程利用天然酵母,不得使用任何化学制品对葡萄酒进行处理。与有机葡萄酒的区别是,生物动力葡萄酒强调葡萄种植与管理要与西方的星象理论相结合。

生物动力种植法是1924年奥地利哲学家兼教育家鲁道夫·斯坦纳(Rudolf Steiner)提出的,不仅强调完全使用天然的肥料,而且还要考虑星座运行对植物的影响,给原本的单纯农业生活添加了一层神秘的色彩。根据生物动力原理,太阳、月亮及其他星体都会对地球生物产生影响。以月亮为例,在不同的时期,其亮度会影响大地万物的生长。月初时,月球的地心引力会把水吸到地面,容易使种子发芽;随着月亮夜晚亮度逐日增强,植物叶子和根部在平衡地成长;过了三周后,月亮夜间亮度和地心引力同时开始减弱,植物也进入休息状态,这时适合采收、修枝或移植。星象理论认为,当12星座的黄道带(每个星座期间为2.5天,可分为土象、风象、火象和水象星座)进入水象和土象星座时,适合种植农产品;进入风象和火象星座时,适合采收和耕耘。

澳洲的酿酒师凡尼娅·库连(Vanya Cullen)认为:"自然动力重视葡萄种植的一体性,从土壤到植物再到天象各环节的整体配合。自然动力从两个角度着手,一是维持土壤的肥沃,二是认可植物的生长与宇宙的节奏相互配合,伴随月亮的周期与地球的节律,与大自然和谐统一。不是所有有机葡萄酒都是自然动力的,但所有自然动力葡萄酒都是有机的。"

在波尔多,有一百多家生物动力酒庄。他们认为:"我们尊重土地和土壤,一直在维护风土的精华。"所生产的生物动力葡萄酒还需经过法国国际生态中心(Ecocert)的认证。

第五节　结　语

我国不缺葡萄酒,缺少的是葡萄酒文化。人们对葡萄酒的名称非常熟悉,但许多人对葡萄酒的认知还相当贫乏。即使是饮用葡萄酒的常客,也有不少属于酒盲。在超市里,经常见到人们一箱一箱地购买2元一瓶的"葡萄露酒",准备回去"养生";也曾亲历有人明明手里拿着的是葡萄酒,却坚持说:"这不是葡萄酒,是干红。"

对于葡萄酒的酿造过程,市民们也存在诸多误解。很多人问笔者:"你是怎样把葡萄中的糖分提取出来的?"也有人认为酿造葡萄酒就和榨果汁、做豆浆一样简单,只需买上一台机器,把葡萄从这个口倒进去,葡萄酒就可以从另一个口流出来,根本不懂酿酒工艺的复杂,酿酒过程的漫长,以及要付出的艰辛。还有一些傲慢的人士认为,讲究葡萄品种和风土是崇洋媚外,用水果摊上的葡萄也能酿出好酒,关键是你的技术高不高。如此看来,在我国,葡萄酒文化的传播与普及任重而道远。

至于自然动力种植法,在葡萄酒界尚存在争议,有人认为该种植法会种出品质较好的葡萄,酿造的葡萄酒也受到一些爱酒人士的追捧;也有人觉得非常荒谬,听来就像"葡萄园占星术"。葡萄酒究竟对健康有益还是有害,请看第三章《葡萄酒与健康》。

31

第三章

葡萄酒与健康

"在漫漫历史长河里,它与人类同行。作为药品,它对人类的健康贡献卓越;作为饮料,它让人类的餐饮倍增欢乐;它消除人们的精神压力,带走生活里的忧郁;它在精神上和肉体上都是我们人类重要的庇护者。"

——日本历史学家 古贺守

第一节 葡萄酒中的主要营养成分

葡萄酒中含有什么？以 12%vol 的干红为例,其中含有 12%vol 的乙醇,80%以上的水分,其余的是多酚(包括单宁、色素等)、甘油、高级醇、糖类、有机酸、氨基酸、矿物质元素、维生素、芳香物质等。葡萄酒是一种有营养价值的饮料,受到了世界各地爱酒人士的推崇,历经几千年而不衰。本节对葡萄酒中的主要营养成分作简要介绍。

一、葡萄酒中的多酚

绿茶、苹果对人体健康有益,为什么？原因之一是因为绿茶中含有茶多酚、苹果中含有苹果多酚。同样,葡萄中含有葡多酚(见图 3-1),并通过酿造转移到葡萄酒中。尤其是红葡萄酒,葡多酚含量更高。

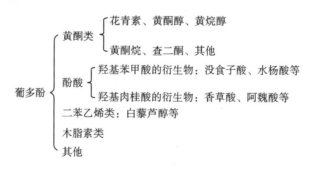

图 3-1 葡多酚的构成

多酚类化合物是指分子结构中含有多个酚羟基化合物的总称,它存在于许多天然植物中,被认为是具有抗氧化、抗衰老、抗突变、降血脂和抑菌等多种功效的天然化合物,对人体具有一定的药理作用。有色多酚包括花黄素和花青素,花黄素呈黄色,存在于所有的葡萄中;花青素又称花色素,呈红色或蓝色,主要存在于红色品种的葡萄皮中,在红葡萄酒中含量较高。甘蓝比普通茴子白营养价值高,紫薯比普通红薯营养价值高,紫米比大米营养价值高,黑芝麻比白芝麻营养价值高,为什么? 就是因为它们含有更多的花青素。

花青素和花黄素都属于黄酮类化合物(也称类黄酮),是一类广泛存在于植物中的水溶性天然色素,在自然界有 300 多种。黄酮的母核结构与花青素的母核结构如图 3-2 所示。

(a)黄酮的母核结构   (b)花青素的母核结构

图 3-2 黄酮的母核结构与花青素的母核结构

2019 年 8 月,发表在国际学术期刊《自然通讯》(Nature Communications)的一项研究表明:食用富含类黄酮(Flavonoids)的食物,可以预防癌症和心脏病,尤其是对吸烟者和酗酒者而言。伊迪丝·考恩大学(ECU)的研究人员评估了 23 年来 53048 名丹麦人的饮食,研究发现:每天摄入约 500 毫克黄酮的参与者患癌症或心脏病死亡的风险最低,黄酮类化合物已被证明具有抗炎和改善血管功能的作用,这或许可以解释为什么它们与降低患心脏病和癌症的风险有关。当然,含有类黄酮的食品很多,除了红酒之外,绿茶、苹果、黑巧克力和蓝莓等都是类黄酮的可靠来源。

单宁虽然具有苦味和涩味,但在红葡萄酒中有重要作用,被认为是红酒的骨架和灵魂。单宁不足的葡萄酒被认为是软塌的葡萄酒。单宁分为缩合单宁和水解单宁两大类:缩合单宁主要来自葡萄籽、葡萄皮及葡萄梗,水解单宁主要来自橡木桶陈酿,颜色呈淡黄色,收敛感和涩味较强。单宁有抗氧化作用,有益于心血管疾病的预防。

二、葡萄酒中的矿物质元素

矿物质元素是人体必需的营养物质之一。人体内的矿物质元素以钙、磷最高,依次是钾、钠。大多数人认为人体内"钠的含量大于钾",实际上钾居第三位,较钠的含量还要高。钾元素对于维持碳水化合物和蛋白质代谢、维持细胞内的正常渗透压、维持神经肌肉的应激性和正常功能、维持心肌功能、维持细胞内外酸碱平衡和离子平衡及稳定血压都具有重要作用。

若饮食中钠含量过高就会导致缺钾,维持不了渗透压,诱发或加重心力衰竭。钠含量过多还使血压升高,促使肾脏细小动脉硬化过程加快。此外,钾还参与细胞的新陈代谢和酶促反应,有助于保持皮肤的健康。有营养学家研究发现,体内钠与钾的比例不当还易引发癌症。医学教授海基·卡尔帕宁认为,癌症患者的饮食中如果有大量的钾,如蔬菜、水果等,便有助于恢复钾钠的均衡状态,从而抑制病情的进一步恶化。

葡萄酒中矿物质元素主要以盐的形式存在,国产几种红葡萄酒和白葡萄酒中的钾、钙、镁、铁、锌、铜等主要矿物质元素的含量如表3-1所示。

表3-1　国产某些葡萄酒中的主要矿物质元素含量(mg/L)

葡萄种类	钾	钙	镁	铁	锌	铜
赤霞珠	1630	190	89	1.50	0.22	0.08
品丽珠	1750	171	74	1.53	0.17	0.08
西拉	1400	224	91	1.15	0.26	0.13
霞多丽	1230	299	87	2.13	0.42	0.08
雷司令	1560	189	72	1.36	0.32	0.13
琼瑶浆	1420	381	79	2.09	1.31	0.18

数据来源:李华,王华,袁春龙,等.葡萄酒化学[M].北京:科学出版社,2005.

由表可见,葡萄酒中的钾元素含量非常高,稳居第一位;钙、镁含量也比较丰富,镁是影响心脏功能的敏感元素。此外,还含有铁、锌等多种对人体有益的矿物质元素,它们在参与人体代谢,促进骨骼、肌肉的生长发育,防止血管硬化等方面都有重要作用。红葡萄酒中矿物质元素的含量总体上比白葡萄酒要高,但钙元素比白葡萄酒中略低。

人体对矿物质元素的需求量是不同的,不在于多,而在于平衡。钠钾平衡、钙镁平衡、酸碱平衡等都是食品营养价值的体现。在通常的饮食中,钠元素的摄入量过高,钾元素的摄入量往往不足,葡萄酒、葡萄、香蕉等是天然钾元素的很好的来源。

三、葡萄酒中的有机酸

葡萄酒中含有多种有机酸,主要是羟基酸和酚酸。羟基酸主要有三种:酒石酸、苹果酸和柠檬酸;酚酸大都是羟基苯甲酸或羟基肉桂酸的衍生物。羟基苯甲酸的衍生物主要有没食子酸和水杨酸等;羟基肉桂酸的衍生物主要有香草酸和阿魏酸等。

葡萄酒中的有机酸能刺激人体消化液的分泌,增进食欲;能有效地调解神经中枢、舒筋活血;柠檬酸还参与体内的三羧酸循环,是构成机体的重要代谢物质。无论对脑力劳动者还是体力劳动者,有机酸都是不可缺少的营养物质。

四、葡萄酒中的维生素

葡萄酒中含有水溶性维生素,主要是维生素C和B族维生素。维生素C具有强还原性,可防止葡萄酒中多酚物质的氧化;B族维生素起辅酶的作用,对葡萄酒酿造有直接的促进作用。这些维生素含量虽然不算高,但种类比较齐全且天然,对人体健康非常有益,而且不存在摄取过量的问题。当然,饮用葡萄酒的初衷并不是为了摄取其中的维生素,而是享受它为我们所带来的心情和感官的愉悦。

除了上面讲的之外,葡萄酒中还含有氨基酸、糖类等多种对健康有益且能被人体直接吸收的营养物质,在此不再赘述。当然,也含有酒精和微量对健康不利的成分。应该说,任何食品中都或多或少地存在一些对健康不利的成分,关键是食用量的把握和如何辩证地看待。

第二节 "喝酒致癌"的言论及其评价

在当代,酒文化已渗透到政治、经济、文化、民俗、教育和社会生活的各个领域。但是,关于饮酒利弊的争论一直充斥于媒体之中。有媒体报道:"适量饮酒对健康有益的说法并不存在,饮酒会引起基因突变,甚至导致癌症。"也有媒体报道:"一滴酒也别喝! 世界权威医学期刊已证实没有任何健康好处。"但也有许多媒体报道,适量饮酒,特别是葡萄酒,可以减少患心血管疾病的风险、预防老年性痴呆、预防癌症的发生、有利于肠道健康;有研究表明适量饮酒还有利于心理健康,并能延长人们的预期寿命。本节通过分析酒精在体内的代谢机理及人体内的代谢环境,剖析了"喝酒致癌"言论的片面性和非科学性,指出适量饮酒利于身体健康、心理健康,并有利于延长人们的预期寿命。

一、酒精在体内的代谢机理

酒中既含有对健康有益的成分,也含有对健康不利的成分,其中的酒精往往被认为是对人体不利的。因此,在社会上既有人把酒当成天使,也有人把酒当作魔鬼。有人酒不离口,酗酒成瘾;也有人滴酒不沾,主张禁酒。饮酒带来的危害,主要归因于酒精代谢中乙醛的产生。酒精在体内的代谢过程中,仅有 2%—10% 通过汗液、尿液、呼吸作用被排出体外。大部分酒精是在肝脏中被酶分解代谢的,这个过程分为三步。

第一步,酒精首先在乙醇脱氢酶的作用下转化为有害的乙醛。

$$CH_3CH_2OH \xrightarrow{\text{乙醇脱氢酶}} CH_3CHO$$

第二步,乙醛在乙醛脱氢酶的作用下转化为无害的乙酸。

$$CH_3CHO \xrightarrow{\text{乙醛脱氢酶}} CH_3COOH$$

第三步,乙酸形成乙酰辅酶 A,进入三羧酸循环,最后彻底分解为二氧化碳和水。

$$CH_3COOH \xrightarrow{\text{辅酶 A}} 乙酰辅酶 A \xrightarrow{\text{三羧酸循环}} CO_2 + H_2O$$

酒精在肝脏中的代谢与人体的个体差异相关,如乙醇脱氢酶与乙醛脱氢酶的含量和活性,不同的人是不一样的。人体内都存在乙醇脱氢酶,而且数量基本相等;但乙醛脱氢酶的含量不等,部分人甚至缺少乙醛脱氢酶。乙醛脱氢酶的不足或者缺乏,就会使得第一步代谢产生的乙醛不能及时进行下一步的代谢,蓄积在体内就容易引起中毒(即表现为醉酒)。若体内具备足量的这两种酶,就能较快地代谢,不易受到乙醛的毒害。

二、"喝酒致癌"言论的出现

2018 年伊始,英国《自然》杂志刊登了一篇研究论文,剑桥大学的 Ketan Patel 教授与他的课题组通过研究动物模型,发现酒精和其代谢产物乙醛会对造血干细胞造成显著影响,有着基因突变的恶果。通俗地讲,他们认为酒精和其代谢产物乙醛会破坏干细胞 DNA,引起突变,甚至导致癌症。于是,国内有自媒体便以"别喝了! 科学家坐实饮酒伤身:酒精竟会破坏干细胞 DNA,诱发突变"为题报道了这项研究。在这个信息化的时代,"喝酒致癌"的论调

便充斥了网络媒体。

那么,为什么会有"喝酒致癌"的言论呢?剑桥大学的 Ketan Patel 教授在进行这项研究时,有一个重要的前提——他们故意破坏了实验小鼠体内和酒精代谢有着直接关联的两种重要的基因(见图 3-3),这两种基因是降解酒精及其代谢物乙醛的重要因子,也是保护人体的两大屏障。而研究人员首先敲除了小鼠体内的 ALDH2 基因(即乙醛脱氢酶 2 基因),又进一步敲除了小鼠中的 FANCD2 基因。FANCD2 基因编码的 FANCD2 蛋白是第二道乙醛屏障的重要组成部分,它能够修复受损的 DNA。

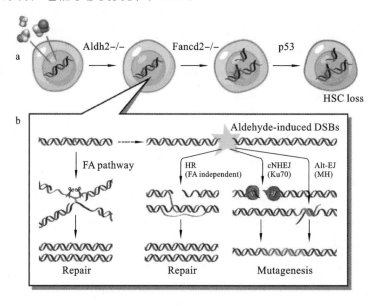

图 3-3 对小鼠体内基因的修饰 (图片来源:《自然》)

一只既失去了 ALDH2 基因,又失去了 FANCD2 基因的小鼠,相当于失去了代谢乙醛的两大屏障,当然会使有害的乙醛在它体内畅通无阻,不会遇到任何抵抗,最后发生了基因突变。因此,研究者得出了如下结论:乙醇和其代谢产物乙醛能对造血干细胞造成显著影响,给 DNA 造成灾难性的后果——出现 DNA 损伤。这就是"喝酒致癌"这一说法产生的源头。

三、该言论的片面性与不科学性

第一,该实验用的是单纯的酒精。酒中有上千种成分,既有有益的成分,也有有害的成分,它们互相拮抗,共同发挥作用。把酒精的危害扩展到饮酒的危害是非常片面的。就像我们国家的中药,是由多种药材搭配而成的,如果只取出其中的一种成分进行研究,并将其得出的结论作为对整副中药的评价,那一定是荒唐而不准确的。

第二,把从小鼠身上得出的结论推论到人也是不严谨的,老鼠毕竟不是人。

第三,该研究建立在人为去掉 ALDH2 和 FANCD2 基因这两道解毒屏障的基础之上。举一个简单的例子,就是把你的衣服都脱掉,然后将你扔到冰天雪地里待上两个小时,结果感冒了。于是就得出结论:人不能到户外活动,容易感冒。事实上,只要你穿上足够的衣服就可以在户外活动。至于穿多少衣服,一要看户外的天气状况,二要根据自己的体质。即使你穿的厚实,如果在 $-40\ ℃$ 的环境中待上一个月也可能感冒。不是不能去户外,而是不能不穿衣服。同理,即使酒量不错,酒也不能多喝。俗话说,酒喝滋味饭吃饱,但饭吃多了会撑,因此一般讲究七成饱。

乙醇进入人体后,大部分被吸收的乙醇会在肝脏内进行代谢。正是因为肝脏内有乙醇脱氢酶和乙醛脱氢酶的存在,我们才可以喝酒并将其无害化代谢。但体内乙醇脱氢酶和乙醛脱氢酶的多寡是天生的,有的人多、有的人少。这也就导致了有人酒量大、有人酒量小,甚至有人酒精过敏——闻酒即醉。但是,即使酒量很大,如果短时间内大量饮酒或长时间酗酒,体内的乙醇脱氢酶和乙醛脱氢酶拼命工作也代谢不过来,必将对身体造成严重伤害。

身体致癌的因素有很多,遗传、环境污染、辐射暴露、病毒感染、饮食不当、生活方式不合理、心理因素、抽烟、药物滥用等,饮酒也被列入其中。人体是一个复杂的生命体,就像"雪崩时没有一片雪花是无辜的",当一个人倒下的时候,也绝不是因为一种病症,往往有多种并发症导致身体机能衰竭。

或许有人会说,就算目前没有确凿的证据证明喝酒会致癌,但提前规避总比到时后悔好。这个说法看似合理,但是却忽略了一个基本事实:几乎所有事物都存在风险。人的成长过程中,受遗传和环境的交互影响,会产生不可避免的个体差异。有的人从不吸烟喝酒,也会早早离去;而有的人烟酒不断,也会长命百岁。虽然个例不具有广泛的代表性,但很多长寿老人在问其长寿秘诀时会说,自己每天会喝一小杯酒。

其实,对于饮酒是有益还是有害的争论,更多的源于"酗酒"现象及"酒驾"层面。在社会生活中,追求愉悦是人类的天性,但"酗酒"绝对有害健康且不利于社会的安定,至于"酒驾"已属于违法行为。适可而止很重要,但对于"一滴也不要喝,喝酒会致癌"的论调也应理性看待。凡事有个度,如果超越了这个度,就会在个人生理和心理上产生一定的危害。随着时代的发展,葡萄酒对人类健康的影响还会被进一步解读。

第三节 "适量饮酒,有益健康"的言论

与"饮酒有害"的绝对论相反,也有许多人士认为适量饮酒有益健康。对于这一观点,也受到许多人的抨击,如"适量饮酒有益健康?别再被误导了""一个专坑中国人的健康建议,却有可能致癌""适量饮酒有益健康,这个世纪大谎言你还在信吗?"其实,对适量饮酒有益健康的认知,不仅在中国存在,而且在世界范围内也广泛存在,在本书第一章的葡萄酒药用史话中已有提及。即使到了 21 世纪,也有许多研究认为,适量饮酒有益健康。

一、适量饮酒利于身体健康

(一)饮用红酒可以减少患心血管疾病的风险

2010 年伦敦医学院的医生 D. Baud 研究表明,适量饮用红葡萄酒可以通过减少血管内皮细胞中内皮素-1 的合成,来减少患心血管疾病的风险。该文章同样发表于《自然》杂志。

（二）适量饮用葡萄酒可防止老年性痴呆

世界卫生组织神经科医生和专家 Jean-Marc Orgogozo 的研究表明,适量饮用葡萄酒患老年性痴呆的概率减少了 80%,患阿尔茨海默病的概率也减少了 75%。

（三）适量饮用葡萄酒可防止癌症

吕夫医生和 J. P. 多尔斯医生通过研究认为,适量饮用葡萄酒可以降低患癌症的概率,或者至少不会增加这一概率。一些多酚有抵制癌症发生的作用,也可以限制肿瘤的增长。

（四）适量饮用葡萄酒有利于肠道健康

来自伦敦国王学院的科学家们通过研究发现,与不喝红酒的人群相比,喝红酒的人群机体肠道微生物多样性较高,同时其患肥胖风险较低,机体坏胆固醇水平较低。携带者若具有高水平不同细菌群落的肠道微生物组,常常被认为是肠道健康的一个主要标志。该项研究刊登在国际杂志 *Gastroenterology* 上。Caroline Le Roy 博士说:"尽管长期以来我们一直知道红酒对机体健康有很多无法解释的好处,但本文研究结果表明,适量摄入红葡萄酒与机体肠道健康和肠道微生物组的多样性之间有着密切的关联,这或许在一定程度上能够解释长期以来人们一直争论的红葡萄酒对机体健康的有益影响。"

二、适量饮酒利于心理健康

心理问题也被看作致癌因素之一。在当今社会的快节奏生活中,人们不免会产生焦虑情绪,导致身体机能下降,带来一系列健康问题。饮酒被认为是成年人众多解压方式中较为常用的一种。心情不好,压力太大,喊着几个朋友喝点酒,说说话,在酒精的作用下,紧绷的神经得以放松,是一种对身体有正面影响的行为。

早在 15 世纪初,葡萄牙航海家达·伽马发现,饮用了葡萄酒的海员不仅可以预防"败血症",而且可以缓解海员的精神压力。因此,船员们每天除必备食物外,还配有 1 L 葡萄酒。而葡萄酒也随着这些船员传到了世界各地。

牛津大学心理学家、社会和进化神经科学研究小组负责人罗宾·邓巴（Robin Dunbar）教授,发表了题为《(适度)饮酒的实用益处》的文章。他的研究显示,男性每周至少要和朋友聚会喝两次酒,才能保证身心健康,当然,饮酒要适度。"这个研究并非鼓励大家去喝酒,"邓巴教授强调,"如果你喝得太多了,这肯定会对你带来非常不好的影响"。邓巴教授认为,酒精可以增加人脑内的内啡肽,内啡肽是体内自己产生的一类内源性的具有类似吗啡作用的肽类物质,可以与脑内的吗啡受体发生特异的结合,有止痛的作用并让人产生愉悦感。适量的酒精对大脑中多巴胺的分泌产生促进作用,使人感到欢愉,并且能营造出一种让人放松的氛围。适量的饮酒可以作为生活的调节剂,给一成不变的生活增添一些色彩。

三、适量饮酒有利于长寿

一篇"美国大学耗时 15 年的研究显示:酒精比运动更有效延长寿命"（文献来源:焦点时局,2019-11-24）的文章提到,加州大学神经学家 Claudia Kawas 进行的一项为期 15 年,对 1700 名 90—99 岁的老年人的研究表明,适度饮酒有助于延长生命——甚至比温和运动更有效。每天喝一两杯葡萄酒或啤酒的人,降低 18% 过早死亡的可能性;相比之下,每天运动

15—45 分钟的人，只降低 11% 过早死亡的可能性。她表示对她的发现没有"科学解释"，但她坚信适度地饮酒可以有效延长寿命。

红酒中的抗氧化剂能使血中的高密度脂蛋白（其作用为将胆固醇运送至肝脏外代谢）升高，故能有效地降低血胆固醇，防止血管堵塞，对抗体内的自由基减缓老化。另外，葡萄酒含有糖类、果胶质、醇类、氨基酸、无机物质、维生素等人体必需且能被人体直接吸收的营养物质。

2020 年 1 月 8 日，哈佛大学陈曾熙公共卫生学院胡丙长团队在国际顶级医学期刊《英国医学杂志》上在线发表题为 "Healthy lifestyle and life expectancy free of cancer, cardiovascular disease, and type 2 diabetes: prospective cohort study" 的研究论文，该研究跨度达到 34 年，有 11 万参与者，发现采用低风险的生活方式（管住嘴、迈开腿、保持适当体重、不吸烟和适量饮酒），无论男女，可提高预期寿命达 10 年，而不会出现重大的慢性疾病。总的来说，在中年时期坚持健康的生活方式会延长人们的预期寿命，而不会出现重大的慢性疾病。

四、长寿的爱酒人士

自古以来，人们对长寿的渴望从来没有停止过。上至帝王将相，下至黎民百姓，长寿是人类永恒的话题。人的寿命与多种因素相关联，有的长寿老人饮酒，也有的不饮酒。不是说饮酒一定会长寿，而是说饮酒的人照样可以长寿，下面列举几例。

祖籍湖南、定居我国台湾地区、创建了民众党并自任总裁的王忠泉老人每天要喝高度酒。他出生于 1902 年，今年已是 118 岁的长寿老人。他说："我喝金门高粱酒至今已经 50 年了。你们看，我身上没有一块老人斑。酒是友谊的桥梁，少喝酒有益健康，过量喝酒会有害健康，伤害肝脏。"王忠泉老人提倡的是适量饮酒。

中国酒业泰斗、酿酒行业一代宗师秦含章老先生（见图 3-4），110 岁时体检各项指标都正常，每年要乘坐火车或飞机出席社交活动，最后仙寿 112 岁。据说其高寿的秘诀是"每天好酒二两半，轻松活过一百岁"。当然，还得益于其规律的"四菜一汤"和健康的生活方式。

法国的长寿明星珍妮·卡尔门，出生于 1875 年 2 月 21 日，于 1997 年 8 月 4 日仙逝，享年 122 岁 164 天。她认为橄榄油、葡萄酒和幽默感是其长寿的三宝。

西班牙的长寿老人弗朗西斯科·努涅斯·奥里维拉（Francisco Nunez Olivera），出生于 1904 年 12 月 13 日，于 2017 年 1 月 29 日仙逝，享年 113 岁 47 天。Francisco 在 107 岁的时候还经常一个人出去散步。亲人们称，他一生只去过两次医院，其中一次是做白内障手术。手术后，98 岁的他又开始了阅读。82 岁的女儿 Antonia 说父亲身体很健康，没有任何疾病。家人将他的长寿归功于自家种植的蔬菜和每天一杯红葡萄酒。

英国长寿老人格蕾丝·琼斯出生于 1906 年 9 月 16 日，经历了两次世界大战，见证了 26 任首相更迭，2019 年 6 月 14 日在家中安详去世，享年 112 岁。她有两个长寿秘诀，一是睡前喝威士忌，二是绝不忧虑。她说自己每天晚上都要喝一杯苏格兰麦芽威士忌，这个习惯从 50 岁就养成了。但值得注意的是，有很多报道说睡前不宜饮酒。

现任英国女王伊丽莎白二世出生于 1926 年 4 月 21 日，至今已 90 多岁。她每天要饮四杯酒（见图 3-5），午饭前饮一杯琴酒或杜本内，之后一杯红酒，晚饭饮一杯干马提尼，临睡前

图 3-4　中国酒业泰斗秦含章老先生

还要喝一杯香槟安眠。有人算了算,照这个节奏,每天她要喝约 6 个单位(1 个单位约为 10 mL 或 8 g 酒精)的酒。按照英国政府的酒精摄入标准,这已称得上是一个"酗酒者"了。女王表姐玛格丽特·罗兹还披露,女王连喝酒的流程都数十年如一日,不曾改变。

图 3-5　英国女王伊丽莎白二世

五、饮酒量的把握

日本历史学家古贺守在《葡萄酒的世界史》中对葡萄酒给予了这样的评价:"在漫漫历史长河里,它与人类同行。作为药品,它对人类的健康贡献卓越;作为饮料,它让人类的餐饮倍增欢乐;它消除人们的精神压力,带走生活里的忧郁;它在精神上和肉体上都是我们人类重要的庇护者。"世界卫生组织提出,健康的四大基石是合理饮食、适量运动、戒烟限酒、心理平衡。注意这里说的是限酒,不要理解为戒酒。那么,什么是"适量饮酒"?

世界卫生组织把含有 10 g 纯酒精的饮料酒定义为 1 个标准杯,建议每日饮酒量不宜超过 2 个标准杯。以 12%vol 的葡萄酒为例,1 个标准杯约为 100 mL。也就是说,每天饮用葡萄酒的量应当控制在 2 两以下,不应该超过 4 两。但是,这仅仅是个参考,不能照搬。由于每个人对酒精的耐受性不同,有的人酒量大,有的人酒量小,还有的人酒精过敏——确实一滴也不能喝。

即使酒量大的人,如果不加节制,每天喝到酩酊大醉,那肯定也会对身体产生负面影响,从而引发疾病。因酒误事、酗酒引发暴力等事件每时每刻都在世界各地发生。酒精过敏者及有肝病者也应慎重饮酒,特别是服药(如头孢类)期间,更应该在一段时间内禁酒,这是必须牢记的。

第四节　学会批判性思维

一、国际顶级期刊中的论文欺诈事件

一谈到论文,尤其是国外期刊上所谓科学家发表的论文,我国的一些学者往往顶礼膜拜,视为科学。其实,论文造假的现象在国际上并不鲜见,下面举几例国际顶级期刊中的论文欺诈事件,以供大家擦亮眼睛。

(一)"麻疹疫苗"论文的欺诈事件

1998 年,英国一位名为 Andrew Wakefield 的医生在医学权威期刊《柳叶刀》上发表文章,指出接种 MMR 疫苗(麻疹、腮腺炎、风疹)会导致易感儿童患上自闭症。此消息一出,引起了公众对接种疫苗的不信任,大大降低人们接种疫苗的意愿,结果导致了麻疹病在美国、欧洲和日本等地爆发。

其实,第二年就有研究人员推翻了 Wakefield 的结论,但多数人不予理会。2010 年,Wakefield 的文章因数据造假而被《柳叶刀》撤回,该医生也被英国医师委员会吊销行医资格。事实真相是,该英国医师获得了一项 55000 英镑的资金援助,资金来源为向疫苗制造商提出过诉讼的当事人。谁给钱就替谁讲话、替谁办事,已成为某些"科学家"的共同特征。"科学"二字在很多场合已成为一个幌子,所谓的"国际顶级论文"有些也纯属谎言。

为什么人们宁愿相信谎言,而不愿相信忠告呢?汉娜·阿伦特指出:"谎言比真理更强势,因为它满足了期望。"

(二)"心脏干细胞再生技术"论文的欺诈事件

2001 年,美国心脏病学家、前哈佛医学院教授、再生医学研究中心主任皮埃罗·安维萨(Piero Anversa)研究小组:可以用骨髓干细胞使心肌再生,相关论文发表于《自然》杂志。2003 年,安维萨等人又在《细胞》杂志发文,称不需要骨髓干细胞,使用成熟的心脏干细胞就能修复心肌。安维萨还检查了那些死于心脏病患者的心脏,发现其中一些器官的肌肉是可

以再生的。2007年,安维萨开始领导布里格姆妇女医院再生医学实验室,他在该机构至少发表了55篇论文。

2004年,有3个独立研究小组报告称他们无法复制安维萨的实验。由于数据造假,安维萨于2012年发表在《循环》杂志的一篇论文被撤稿。同年,《柳叶刀》也发表声明,对安维萨论文造假表示"关切"。哈佛大学医学院和布里格姆妇女医院启动调查,证实了安维萨篡改数据,《循环》杂志同意撤销论文。2015年,安维萨离开布里格姆妇女医院。

安维萨有关"心脏干细胞再生技术"的论文造假事件,成为"21世纪最臭名昭著的科学欺诈案件之一"。但建立在这一"技术"的基础之上,世界各国医学专家"紧跟国际前沿"发表的相关研究论文则多如牛毛。

(三)白藜芦醇欺诈事件

葡萄与葡萄酒中含有白藜芦醇,早在1939年就被日本科学家发现。20世纪90年代,白藜芦醇被美国康涅狄格大学的心血管研究中心主任迪帕克·达斯(Dipak K. Das)推上神坛,冠以"软化血管、抗氧化、抗衰老"的耀眼光环,甚至还有防癌、抗癌的功效。从此,白藜芦醇被捧为神药,有机合成的白藜芦醇也走向市场。

据统计,迪帕克·达斯本人就发表了117篇关于白藜芦醇的研究文章,而其他各国的研究人员跟风发表的研究论文更是不计其数。但在这些论文的背后,却也存在数据造假的黑幕。2012年,迪帕克·达斯由于学术造假而被康涅狄格大学开除。但是,翻看一下我国有关葡萄酒方面的书籍,基本都会提到"葡萄酒中含有白藜芦醇,可以防癌"的说法。对于国际上已经推翻了的论文,难道我国的葡萄酒专家根本不知道,还是视而不见?

之所以举这些事例,只是为了提醒人们:《柳叶刀》也罢,《自然》也罢,《科学》也罢,对其刊登的论文中的观点不能盲目相信,要具备独立思考的能力,要学会批判性思维。

二、学会批判性思维

(一)尽信书不如无书

孟子云:"尽信书不如无书。"马克思的座右铭是"怀疑一切"。放眼21世纪,这是一个最好的时代,也是一个最坏的时代。欲判断什么是真,什么是假?一要看你的知识储备,是否具有广博的知识;二要看你独立思考的能力,是否具有批判性的思维。我们既要警惕哗众取宠的"科学家",也要警惕作为利益集团代言人的"科学家"。一位科学家指出,不要太相信"科学家的科学"。

(二)《自然》等顶级期刊发表的论文不等于科学

《自然》《科学》《柳叶刀》《新英格兰医学杂志》等刊物的SCI影响因子排名非常靠前,被我国一些科学工作者膜拜为顶级"神刊",通常认为它们对稿件质量的把控应该是严谨的,发表的论文等同于科学。其实,其中也会有许多不靠谱的文章。为什么会这样呢?主要源于它们的办刊方针是两栖化的、商业化的办刊方针。

以《自然》为例,其审稿规定写得非常清楚:杂志没有由高级科学家组成的编委会,也不附属于任何学会和学术机构,它的决定是独立做出的,不受制于任何单独个体持有的科学或国家评定。什么样的论文能吸引读者广泛关注,由其编辑,而不是审稿人做出判断。《自然》

在公开场合经常强调其发表文章的标准并不完全取决于文章本身正不正确,更重要的是看文章能否引起读者的兴趣。

我们太习惯于将西方的"神刊"当作理想的学术刊物,却不知道有些刊物甚至可以不审稿;我们想当然地以为"神刊"一定会珍惜自身的声誉,却不知道其将撤稿视为家常便饭。其实,以《自然》为代表的一些高影响因子杂志,本身从不以"学术公器"自居。尽管它们经常刊登一些高端的研究成果,同时也会登载一些可以吸引眼球的不靠谱文章,因为它们是追求利润的商业杂志。所以,我们不能将严肃学术期刊与商业杂志相混淆,一厢情愿地认为这些顶级期刊上的文章在学术上是无懈可击的。

2018年诺贝尔生理学或医学奖获得者、日本京都大学的本庶佑教授认为,发表在《细胞》《自然》或《科学》上的论文未必就是好研究,倒是被《细胞》《自然》或《科学》拒绝的时候,你的研究或许才是真正一流的研究。他认为《自然》《科学》这些杂志上的观点有九成是不正确的,论文发表十年之后,还能被认为是正确的只剩下一成,不要过分相信论文里写的东西,要用自己的大脑思考。

(三)要学会辩证思维

以葡萄酒为代表的酿造酒中,酒精含量较低,其成分数以千计,它们之间相互拮抗、互相影响,共同对人体发挥作用。但以白酒为代表的蒸馏酒的酒精含量较高,而营养物质的含量较低,以少饮为宜。任何食品中既有有益成分,也有有害成分。把酒精对健康的影响等同于饮料酒的影响是片面的,把从小鼠身上得出的结论推论到人也是不严谨的。故意把降解酒精及其代谢物的两大基因除掉,得出酒精会给DNA造成损伤的结论更是不恰当的。

饮酒的关键是量的把握,要根据个人的身体状况、生活习惯以及其他因素理性掌握。毒理学专家认为,在一定的剂量之下几乎每种物质都是安全的,"抛开剂量谈毒性都是耍流氓"。对于"一滴也不要喝,喝酒会致癌"的论调应该理性看待。当然,如果酒精过敏或者有其他疾病,还是以不饮为宜。对于正常人,少饮怡情,多饮伤身。

三、提倡健康的工作方式和生活方式

随着人民生活水平的不断提高,健康和长寿也成为大家关注的热点。钟南山院士认为,要做到健康和长寿,这是一个综合的、多方面一起联合作用的结果。他觉得养生有六大秘诀,这些秘诀主要是四大规律,就是心态的平衡,适当地运动,戒烟限酒,还有合理的膳食。再加上两条原则,一条就是疾病的早防早治,另一条就是绿色环境。心态是最关键的因素,若心态平和,那么身体内循环自然就顺畅;反之,若心态不好,总是容易生气,那么气血就容易紊乱,从而影响身体健康。就如同琴弦,当琴弦绷得太紧时,就容易断掉,养生的道理也是如此。

哈佛大学陈曾熙公共卫生学院胡丙长团队的研究也认为,多种生活方式因素的组合与预期寿命相关联。在中年时期坚持健康的生活方式会延长人们的预期寿命,而不会出现重大的慢性疾病。习总书记指出:"健康的工作方式和生活方式要进一步提倡。"

43

⌘ 第五节　结　语

　　葡萄酒既是一种饮料,也是一种文化。我们既不能期望喝几瓶葡萄酒就一定能带来健康,但也不要恐慌喝一点葡萄酒就会得了癌症。树立健康的生活理念,养成健康的生活方式,才是人生正道。本书的目的是探讨和传播健康的酒文化,绝不纵容酗酒。"饮少些,但要好"(Drink less but better)是西方文化中不朽的谚语;"花看半开,酒饮微醺"也是中国哲学的理想境界。用黄建文的话说,学习葡萄酒,更多的是学习一种生活态度和文化。它带给我们的不仅仅是健康和享乐,还给了我们更顺应现代文明的理性精神、开放思想和多元的文化观。

　　作为独立的个体,自己有权做出抉择,喜欢就饮点,不喜欢就罢了。用葡萄酒宗师米歇尔·罗兰的话说:"我从未用手枪顶住消费者的太阳穴威胁他们,让他们喜欢我的葡萄酒。"对于人体而言,致癌的因素有很多,如先天基因、遗传、抽烟、熬夜、环境污染、辐射暴露、病毒感染、药物滥用等都属于影响因素。虽然过量饮酒也可能诱发癌症,但不能得出"喝酒就会致癌"的结论。人与人之间既存在一定的个体差异,又受生活习惯和环境的共同影响。有的人从不吸烟喝酒,却早早离去;而有的人,烟酒不断,却长命百岁。

　　人生,总是要有一点趣味的。梁启超曾讲:"我是主张趣味主义的人。我以为凡人必须常常生活于趣味之中,生活才有价值;若哭丧着脸挨过几十年,那么,生活便成了沙漠,要它何用。"一杯美酒,看起来是那样无足轻重,却又是那样妙不可言。古往今来,有的人以酒会友,相聚共饮;有的人酒后赋诗作画,流传千古。在欧洲,有的人放弃了高贵的爵位,宁愿成为一名葡萄园的酒农,进而成就了一方酒业;在我国台湾地区,有的人放弃了"无冕之王"的优越生活,远涉重洋、栖息于法国乡村当起了酒庄农妇,用文字和镜头记录下酒庄的风土人情,写下了《跟着酒庄主人品酒趣》,人生风景从此不同。我们所提倡的是优雅、健康的酒文化,而不是野蛮、颓废的酒文化。

　　勃艮第著名酒庄庄主 Leroy 夫人认为,葡萄酒源于宇宙灵感,品鉴它如同体验世界。如果深入地了解葡萄酒文化,可以从中发现天、地、人和谐共处的自然法则。

第四章 →

世界葡萄酒的历史与文化

"葡萄酒有着非常丰富多彩的历史,因为酒存在的意义是使人欢乐,让人们的生活更有趣,并带来哲学和智慧,为聚会创造笑声和浪漫,而不仅仅是简单地品尝杯中物的滋味。"

——英国著名葡萄酒评论家 奥兹·克拉克

第一节 葡萄酒的起源

在人类还没有出现之前,自然界就已经诞生了葡萄。据地质学家考察,葡萄树大约出现于第三纪,这是新生代最老的一个纪(距今 6500 万年—距今 180 万年),在原始而广袤的大地上,草木葱茏,花木繁盛,根植于其中的葡萄藤春华秋实,生生不息。由于葡萄皮表面有大量的野生酵母存在,只要发生破裂,其中的糖分便在酵母的作用下转化为酒精,并散发出怡人的芳香——最原始的葡萄酒就此诞生了。因此,英国著名酒评家迈克·爱德华说道:"当一串葡萄落地,果皮裂开,渗出的果汁与空气中的酵母接触后不久,真正意义上的葡萄酒就产生了。"而那时,原始人类还没有出现。

人类出现于第四纪冰河初期,完成了从猿到人的进化。自从人类文明产生以后,人类祖先为我们留下了一些文物古迹和文字记载,而且还有美丽动人的传说,散见于许多典籍。多数历史学家认为,人类酿造葡萄酒的历史有 8000 多年,其传播历程可以概括为源于亚洲,兴于欧洲,最后传遍全世界。

一、葡萄起源于外高加索地区

多数历史学家认为,葡萄起源于亚洲西南部的外高加索地区。外高加索位于大小高加索山脉之间,其区域包括今天的格鲁吉亚、亚美尼亚和阿塞拜疆。1965 年,苏联科学家对格鲁吉亚出土的 10 粒葡萄籽研究发现:这是距今约有 8000 年的人工栽培葡萄,是人类历史上最古老的栽培葡萄,并由此推断格鲁吉亚是人工栽培葡萄最早的地区。此外,格鲁吉亚也可能是葡萄酒的发源地。他们认为,格鲁吉亚可以被视为一个熔炉,从这儿衍生出大多数欧洲现代酿酒所用的葡萄品种。

与其他国家相比,格鲁吉亚珍存的葡萄酒文化也更加古朴。他们使用的酿酒方法,是你无法在现代世界里发明出来的,你只能穿越时光去继承它们,也许要回溯到有人类记录之前。

陶器的出现是新石器时代开始的标志,大约从 1 万年前开始。在这一时期,人类开始了定居生活,并出现了最早的农耕文明。在格鲁吉亚,使用陶罐酿酒是一种很古老的方式,被称为"卡赫季工艺"。在遥远的古代,他们将树干掏空,填入葡萄,用脚踩烂;然后把破碎后的葡萄浆甚至茎叶倒入红色黏土烧制的大陶罐中,把陶罐埋入地下,只将罐口露出地面,使其保持 14—15 ℃的恒温,葡萄在地下自然低温发酵半年至一年后,就可以开罐畅饮(见图4-1)。

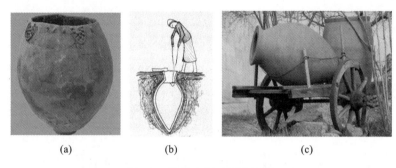

(a)   (b)   (c)

图 4-1　格鲁吉亚酿酒的陶罐

在格鲁吉亚,这种纯手工的酿造工艺有数千年的历史,已被列为世界非物质文化遗产。在现代化酿酒方式的冲击下,这种古老的工艺虽然逐渐被边缘化,但仍有一些传统主义者继承和沿用。葡萄酒对于格鲁吉亚人来说,就像茶对于中国人一样,在文化发展史上具有重要的地位。当今的世界,全国上下家家自酿葡萄酒的也只有格鲁吉亚,其多彩而深厚的葡萄酒文化源远流长。

在格鲁吉亚,把葡萄酒叫作"Gvino";他们的古历十月叫"Gvinobistve",即"酒的月份"。对照一下意大利语中的"Vino"和法语中的"Vin",它们之间是否具有一定的历史渊源?

二、起源于美索不达米亚

在《圣经》中,美索不达米亚被称为"伊甸园",意为"两条河中间的地方",故又称为两河流域;在西方历史上,也被称为"新月沃地",其位置大致相当于现在的伊拉克和伊朗(见图4-2)。

古埃及、古印度、古巴比伦和中国被誉为四大文明古国,其中最不为人熟悉的当属古巴比伦。其实,古巴比伦文明(约公元前 3500 年—公元前 729 年)只不过是美索不达米亚文明的一部分而已。古老的美索不达米亚不仅是人类文明最早的诞生地之一,而且直接或者间接地影响了其他文明的形成。

一些历史学家认为,葡萄酒的酿造起源于 8000 年前的美索不达米亚。这里最初聚集的是一群被怀疑是来自东亚高山丛林之中的苏美尔人(即闪族人),苏美尔人发明了刻在泥板上的楔形文字,并把葡萄种植和酿酒技术用文字加以记载。所以,美索不达米亚平原被认为是葡萄酒的第一个兴旺之地。伟大灿烂的巴比伦文明也是苏美尔人奠定的,这里诞生过人类最早的成文法典——《汉穆拉比法典》（The Code of Hammurabi）（见图4-3）。在这个法典中，既有葡萄酒的酿造和销售方面的内容，也有管理与规范方面的内容。其中提到，如果将变坏的葡萄酒当作好的葡萄酒售卖，卖酒人将受到严厉的惩罚。这说明，在当时已经有人对葡萄酒造假了，也说明葡萄酒生产和销售已具备了一定的规模，并形成了一定的市场。

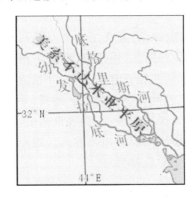

图4-2　美索不达米亚平原

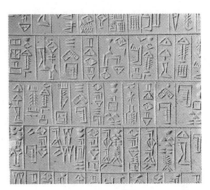

图4-3　汉穆拉比法典

苏美尔王朝时期，有关乌鲁克国王吉尔伽美什英雄事迹的《吉尔伽美什史诗》（The Epic of Gilgamesh）是人类最古老的叙事诗。诗中所反映的故事是这样的：为神守护葡萄园和酿酒的女神西杜里，以一个如梦似幻的形象出现在吉尔伽美什的梦里，为他斟酒吟唱，暗示他应该放弃追求长生不死的梦想，返回故土安享天年。但最终女神并未成功劝退吉尔伽美什，反而被他的拳拳之心打动，协助他飞渡了死亡之海，找到了长生不老之草。

三、古波斯的传说和考古发现

（一）古波斯的传说

最著名的葡萄酒故事来自古波斯（即今天的伊朗），传说古代有一位名叫贾姆希德的国王（他是波斯神话里的英雄之一），一年四季爱吃葡萄。他曾将葡萄储藏在一个大陶罐里，为了防止有人偷吃，狡猾地标明"有毒"。不料，葡萄在储存的过程中发生破裂，葡萄汁自然发酵成了葡萄酒。王宫中有一个妃子，由于被强烈的头痛病折磨着，对生活产生了厌倦，擅自饮用了陶罐里"有毒"的饮料，便不知不觉地睡着了。醒来后发现，非但没有结束自己的生命，反而头也不痛了，精神焕发，从此对生活又充满了信心。她盛了一杯呈送给国王，国王饮后也十分欣赏。自此以后国王颁布了命令，专门收藏成熟的葡萄，盛在容器内发酵成美味的葡萄酒，并宣布葡萄酒是一种神圣的药物。

哲学家苏格拉底认为，葡萄酒能抚慰人的情绪，让人忘记烦恼、恢复生机、重燃生命之火；法国文豪歌德也认为，葡萄酒能使人心情愉悦，而欢愉正是所有美德的源头。

（二）古波斯的考古发现

考古学家在伊朗北部（原属古波斯）一个石器时代晚期的村庄里，挖掘出一个7000年前的陶罐，其中有葡萄酒的残留物和防止葡萄酒变成醋的树脂。由此推断，大约在7000年前这些地区就开始用葡萄酿酒，古波斯出土的陶质酒罐如图4-4所示。

47

四、《圣经》中的传说

葡萄酒在欧洲的传播与战争和宗教密切相关。《圣经·旧约·创世记》是希伯来民族关于宇宙和人类起源的创世神话。据说上帝(God)在创造了宇宙、世界、光明与黑暗之后的第三天,开始在地球上创造有生命的植物,其中就包括葡萄。

亚当和夏娃由于偷吃了禁果,被逐出伊甸园。此后,该隐诛弟,揭开了人类互相残杀的序幕。人世间充满着强暴、仇恨和嫉妒。上帝看到人类的种种罪恶,愤怒万分,决定用洪水毁灭这个已经败坏的世界,只给诺亚留下有限的生灵。上帝要求诺亚建造方舟,并把造舟的方法传授给诺亚。诺亚建造好方舟之后,挑选了地球上所有植物中的一种——葡萄,并有动物一对,带上自己的儿子,登上了方舟(见图 4-5)。经过 150 天的漂流,水势逐渐消退,诺亚方舟飘流到亚拉腊山边,即现在的土耳其东部、亚美尼亚与伊朗交界的边境地区。诺亚从方舟上下来做的第一件事就是耕作土地,种植葡萄,后来又着手酿造葡萄酒。

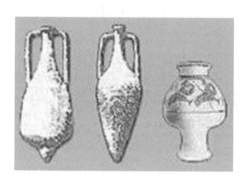

图 4-4　古波斯出土的陶质酒罐

图 4-5　诺亚方舟的神话传说

五、中国的传说和考古发现

(一)猿酒的传说

在类人猿时代,采摘野果是生存的手段之一。原始人将多余的野果贮存于洞穴中,果皮破碎后在野生酵母的作用下自然发酵成酒,被后人称为"猿酒"。明代文人李日华在《紫桃轩杂缀·蓬拢夜话》中记载:"黄山多猿猱,春夏采杂花果于石洼中,酝酿成酒,香气溢发,闻数百步。"清代徐珂编撰的《清稗类抄·粤西偶记》中记载了一位旅行家的有趣发现:"粤西平乐等府,山中多猿,善采百花酿酒。樵子入山,得其巢穴者,其酒多至数石。饮之,香美异常,名曰猿酒。"在日本酿酒株式会社生产的酒类产品中,有种酒就叫作猿酒,大概是对古猿时代的一种纪念吧(见图 4-6)。

要使葡萄汁充分发酵并且能够将酒保存下来,就需要有适当的容器。在旧石器时代,陶器还没有出现,人们能找到的最好的容器就是动物的皮囊,古人曾利用其作为容器来存放葡萄,葡萄破碎后便自然酿制成了原始的葡萄酒。这在最初可能是一种无意识行为,如同游牧民族饮用的马奶酒——在古代,草原民族过着"逐水草而迁徙"的游牧生活,为防饥渴,常在随身携带的羊皮袋中装些马奶。随着整天飞马颠簸,马奶中的乳糖通过发酵便成了原始的

(a)   (b)

图 4-6   中国猿酒的传说与日本生产的猿酒

奶酒。《周礼》中记载的"醴酪",也是用乳品制成的奶酒(Milk Wine)。

2009 年,为了复原古人的葡萄酒酿造工艺,美国酿酒师杰夫雷·麦克弗森采用新鲜的梅洛葡萄汁为原料,将其放入山羊皮囊中发酵。发酵完成后,继续在皮囊中陈放 3 个月,然后通过亚麻布过滤,放入黏土烧制的容器或玻璃器皿中陈放 12 个月,获得了美味可口的葡萄佳酿,重现了古人酿酒的技艺,被称为"山羊葡萄酒"。

(二)戎子酿酒的传说

在山西的乡宁,有一个戎子酿酒的传说(见图 4-7)。戎子是春秋时期游牧民族狄戎部落首领狐突的女儿,2700 多年前,狄戎部落曾在乡宁以北活动。当时,狄戎为了和晋国和好,将戎子嫁给了晋国公子姬诡诸(即后来的晋献公)。一代霸主晋文公——重耳,就是这位伟大母亲的儿子。那时候,附近的山里有很多野生的葛藟(野葡萄的古称),每逢初秋,一串串水灵灵的葛藟成熟了,黑里透红,满山飘香,戎子常常带领一帮姐妹们采摘食用。有一次,她们采的太多,于是在地上挖了个坑,把装满葛藟的皮囊放进坑里,用石板把坑口盖好,用土埋严并作了记号,等待日后来取。

图 4-7   戎子酿酒的传说

过了一段时间,当她们再来到放葛藟的地方时,葛藟早已自然发酵成酒,醇香阵阵,酸甜可口。于是她们赶紧背上皮囊,把这醇香可口的葛藟酒拿回家让父母和兄弟们品尝,人们还

49

给它起了一个很好听的名字——缇齐。此后,当地人民大量酿造缇齐,并成了晋文公日后宴请百官、招待四方诸侯的琼浆佳酿。

（三）中国的考古发现

中国科技大学科技史与科技考古系的张居中教授和美国宾夕法尼亚大学的帕切克·格文教授在对河南贾湖遗址的考古中发现(见图4-8),该遗址发掘的大量陶片中附有酒石酸和单宁酸,而酒石酸是葡萄和葡萄酒中的一种具有典型性和代表性的有机酸。研究表明,酿酒所用原料既有葡萄,也有大米、蜂蜜和山楂等原料。

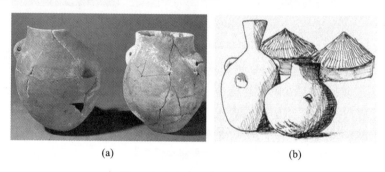

(a)   (b)

图4-8 贾湖遗址发掘的陶罐

贾湖遗址是中国新石器时代前期的重要遗址,位于河南省舞阳县北舞渡镇贾湖村,距今约9000—7000年,被称为"人类从愚昧迈向文明的第一道门槛",是人类文明史上的一个重要里程碑。贾湖遗址最重要的发现之一是世界上最早的酿酒坊,盛酒陶器的具体生产年代确定为距今9000余年,这说明古代中国人在9000年前就开始使用葡萄来酿酒了。葡萄酒专家张华教授据此认为,我国应该是世界上最早酿造葡萄酒的国家。

在我国地处长江下游的浙江省新石器时代晚期的遗址中,也曾出土了许多葡萄种子,说明在欧洲葡萄传入我国之前,先民们已经开始食用葡萄,并有可能酿造葡萄酒。只不过这些葡萄并不等同于我们现在的葡萄,属于野葡萄(即山葡萄),其口味并不鲜美。在我国东北的吉林等地,现在仍然采用山葡萄酿酒。

第二节　葡萄酒在古埃及与欧洲的传播

一、古埃及的葡萄酒文化

（一）葡萄酒文化传到古埃及

随着航海技术的发展,一些航海家、旅行者和疆土征服者,把葡萄栽培和酿造技术从小亚细亚一带的两河流域传到埃及的尼罗河流域,古埃及种植葡萄、酿造葡萄酒有5000多年的历史。埃及本来不产葡萄,在前王朝末期,埃及从西亚引进了葡萄,种植在三角洲地区。在泰勒·易卜拉辛·阿瓦德(Tell Ibrahim Awad)和泰勒·艾勒·法拉因(Tell El-Farain)的居住地出土了葡萄籽,这是迄今埃及种植葡萄的最早的证据。埃及出土的酒壶,据考证约是公元前 2850 年的遗物。

古埃及虽然不是最早种植葡萄和酿造葡萄酒的国家,但它是最早记录了酿造葡萄酒全过程的国家。在古埃及法老坟墓的壁画中(见图 4-9),清楚地描绘了古埃及当时栽培葡萄、采收葡萄、酿造葡萄酒以及运输葡萄酒的景象,为我们留下了最原始、最珍贵的酿酒史料。

(a)

(b)

图 4-9　古埃及法老坟墓中酿造葡萄酒的壁画

在埃及古王国时代所出品的酒壶上,刻有"伊尔普"(埃及语,即葡萄酒的意思)一词。在公元前 1352 年国王陪葬的葡萄酒罐上,考古学家还看到各种各样的标识,这些标识相当于今天的酒标,记载了酒名、酿酒人、酿酒时间、葡萄种植者等相关信息。在法老陵墓中,发现有"王家葡萄园"的印章和无数酒具;在法老图坦卡蒙的墓中,一个酒坛子上镌刻着铭文:"5年,尼罗河西岸,图坦卡蒙统治的南方酿酒作坊,葡萄酒商 Khaa。"因此,也有学者认为古埃及才是人类葡萄与葡萄酒业的开始。

(二) 古埃及的酒神崇拜

自人类发明葡萄酒以来,就把它当作神圣的礼物用于祭祀,酒神崇拜也应运而生。在古埃及神话里,Amon-Ra 是最具权力的众神之王,Amon-Ra 神殿是商业酿酒的发祥地,拥有大规模的葡萄园,专供酿酒之用。

古埃及主神之一的奥西里斯(Osiris)是一位威猛可怖的地狱主宰,掌管着尼罗河,统治着已故之人,并使万物复生,同时也是公认的葡萄树(Vines)和葡萄酒(Wines)之神。在古埃

及的传说中,复活后的法老被认为是"生活在无花果树上,喝着葡萄酒"。

二、古希腊的葡萄酒文化

(一) 葡萄酒文化传到古希腊

随着航海技术的发展,葡萄栽培和葡萄酒酿造技术从尼罗河流域传到古希腊的克里特岛。经过一段时间的发展,逐渐遍及希腊诸海岛。

克里特岛是希腊最南端的一个岛屿,它被地中海那碧绿色的海水环抱,享受着海风的吹拂和海浪的拍击,风景绮丽,气候宜人,非常适合葡萄的种植。古希腊人将葡萄酒视为人类智慧的源泉,几乎每个希腊人都有饮用葡萄酒的习惯,在各种装饰物和壁画中随处可见葡萄、葡萄园和盛葡萄酒的陶制酒具(见图4-10)。

据《荷马史诗》和赫西奥德的作品记载,葡萄酒在希腊人的生活中占有重要地位。希腊和特洛伊的勇士们在宴会上要饮用葡萄酒,在祭祀活动、祈祷和葬礼上也需要葡萄酒,在医疗中也使用到葡萄酒。为了规范酿酒业,古希腊对葡萄酒的生产和经营制定了相应的法律。

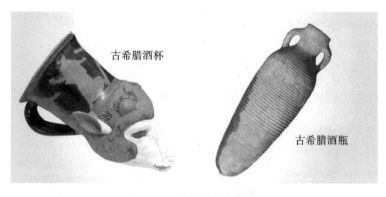

古希腊酒杯

古希腊酒瓶

图4-10 古希腊葡萄酒器

无论是那些充满浪漫色彩的神话故事,还是带有浓重宗教意义的渲染,都极大地促进了葡萄酒文化的传播。如果缺少了葡萄酒,古希腊文明就缺少了血液。当然,事物都是一分为二的,饮酒过量则有害健康。哲学家柏拉图就曾提出忠告:"未满18岁的孩子绝不该喝酒,这不利于他们成长。30岁以上的人可以适当喝一些,但年轻人不该过度饮酒。40岁以后应该多喝些酒,因为这是酒神赐予人们消除烦恼的礼物——葡萄酒能舒缓因为衰老而造成的性情暴躁,重新焕发青春,对生活充满新的希望。"

(二) 古希腊的酒神崇拜

葡萄酒是希腊宗教的组成部分之一。早在公元前7世纪,古希腊就有了"大酒神节"(Great Dionysia),每年3月要在雅典举行庆祝活动。

在古希腊传说中,葡萄酒是酒神狄奥尼索斯(Dionysus)的义父森林之神西勒诺斯(Silenus)发明的,并教给了狄奥尼索斯。狄奥尼索斯又将葡萄栽培技术和葡萄酒酿造技术传给了人类,所以被尊为酒神。狄奥尼索斯既是葡萄酒之神,也是狂欢之神和艺术之神。欧洲诸国都有狂欢的习惯,即使在2020年新冠病毒流行期间,欧洲等国的部分民众不顾疫情的发展,仍然毫无顾忌地狂欢,其历史根源由来已久。

酒神的表征是一个常春藤、葡萄蔓和葡萄果穗缠绕而成的花环,一支杖端有松果形物的图尔索斯杖和一只叫坎撒洛斯的双柄大酒杯。酒神的头上是用葡萄蔓结成的发髻,用葡萄叶装饰着前额,面带希腊众神所共有的平静表情(见图 4-11)。

图 4-11　希腊酒神狄奥尼索斯

在希腊神话里,狄奥尼索斯是的宙斯和忒拜公主爱情的结晶,在梵蒂冈博物馆收藏的一块浮雕上记录了酒神出生的场景。因为葡萄酒能给人们带来欢愉,酒神狄奥尼索斯便成为最受人们拥戴的欢乐之神。每到春天葡萄发芽的时节,人们准备好美食和美酒,载歌载舞地彻夜狂欢。德国现代哲学家尼采在其作品《悲剧的诞生》中,以日神阿波罗和酒神狄奥尼索斯为象征,阐述了古希腊艺术的起源和发展及人生的意义,凭借他"最内在的经验"理解了"奇异的酒神现象",并"把酒神精神转变为一种哲学激情"。

(三)古希腊葡萄酒文化在欧洲的传播

2700 年前,希腊人把葡萄酒文化通过马赛港传入现在法国南部的高卢和意大利的西西里岛等地。2014 年,在法国香槟南部奥布的一个凯尔特王子的埋葬地点,国家考古机构 INRAP 的考古学家发现一个公元前 5 世纪的古希腊葡萄酒罐,酒罐上画着宴席上的酒神狄奥尼索斯,他倚在葡萄藤下的沙发上,面对着一个女人。这个王子的墓穴是目前发现最大的,而且是最北的古希腊遗迹。酒罐和其中的葡萄酒很可能来自古希腊的马萨利亚城,即现在的法国马赛。同年,一个古希腊时期的葡萄酒杯在雅典北部凯菲西斯(Kifissia)的郊区被发现。

公元前 7 世纪至罗马时代,希腊葡萄酒经历了一段辉煌时期。到了中世纪,希腊成为拜占庭帝国的一部分,一些个人和修道院开始种植葡萄。葡萄酒文化继续向西传播,促成了今天欧洲众多葡萄酒产区的形成。希腊是欧洲葡萄酒的发源地,并通过史诗、悲剧和酒神崇拜对整个西方文明产生了深远的影响。

三、古罗马的葡萄酒文化

(一)古罗马葡萄酒文化的兴起

希腊文明衰退之后,罗马人开始在欧洲扩张。公元 1—2 世纪是罗马帝国最强盛的时

期,罗马是西方历史上第一大帝国。罗马人利用从希腊人手中学会的葡萄栽培和葡萄酒酿造技术,在意大利半岛全面推广,葡萄酒遂成为罗马市民生活中的一部分。他们用手稿记录了葡萄栽培和葡萄酒酿造的过程,认识到土壤、坡度和葡萄园方位对葡萄品质的重要性,并发展了欧洲的葡萄酒贸易。罗马帝国的军队在征服欧洲大陆的同时,也推广了葡萄种植和葡萄酒酿造技术。据说,古罗马的士兵去战场时,随身携带的除了武器以外还有葡萄树苗,领土扩大到哪里就在哪里种下葡萄,待结果后酿成美酒享用。随着罗马帝国势力的扩张,葡萄和葡萄酒迅速传遍法国、西班牙、英国南部、德国莱茵河流域和多瑙河东边等地区。

法国的勃艮第(Burgundy)、波尔多(Bordeaux)、香槟(Champagne)、阿尔萨斯(Alsace)和罗讷河谷(Rhone Valley)等地的葡萄酒庄,大都产生于这一时期。到公元4世纪初,罗马皇帝君士坦丁(Constantine)正式公开承认基督教,由于在弥撒中要用到葡萄酒,因此葡萄酒成为罗马文化中不可分割的一部分。

到了公元3世纪,罗马帝国开始衰落。公元395年,罗马帝国分裂为东、西两部分。公元476年,西罗马帝国皇帝罗穆路斯·奥古斯都被废黜,西罗马帝国正式灭亡,东罗马帝国则进入封建制的拜占庭时期。随着罗马帝国的没落,葡萄酒文化也进入衰落时期。

(二)古罗马的酒神崇拜

古希腊的酒神狄奥尼索斯传播到古罗马演变为酒神巴克斯(Bacchus)。小酒神巴克斯最有名的酒友是小爱神丘比特,二人醉眼迷离、形影不离。法国画家让·莱昂·杰罗姆(Jean-Leon Gerome)创作的油画《醉醺醺的巴克斯和丘比特》(见图4-12)描绘了这两位情同手足的发小:左边拿着酒瓶的是小酒神巴克斯,他头上和腰上都有葡萄叶环,低着头,似乎正在倾听;右边醉眼蒙眬、笑意弥漫的是小爱神丘比特,他右手拿着弓箭,左手伸出来指向右后方一群正在纵酒狂欢的男女。

在卡拉瓦乔的油画《微醺的酒神巴克斯》中(见图4-13),酒神巴克斯半躺在一张宴席床上,画中只看见他的上半身,背景则是罗马举行节庆时的情景。巴克斯头戴葡萄叶做成的冠,上面还挂着一串葡萄,两只手指以灵巧的动作拿着盛满深红色葡萄酒的杯子。面前的桌

图4-12 油画《醉醺醺的巴克斯和丘比特》

图4-13 《微醺的酒神巴克斯》

上罩着白布，上面有一只细颈大肚的酒瓶，里面也盛着葡萄酒，旁边还有一只装着水果及果树叶的篮子，这几样东西构成一幅美妙的静物图。

在古罗马，酒神巴克斯是带有强烈狂欢气息和后现代解构风格的神灵，他是人类感性的象征，与代表着人类理性和正统观念的太阳神阿波罗恰好相对立。尼采分别称之为"酒神精神"和"日神精神"，分别代表着人类精神的两个方面，即感性、狂放、个性自由不羁与理智、秩序和道德约束。酒神崇拜，满足了人们对于更加本能的热烈生活的渴望，也满足了人类个体在社会压迫中的自我解放，使得人们从道德的负担和奴役中暂时解脱出来，享受生命的狂欢。酒神崇拜是一种既特殊又重要的文化现象，对整个西方社会的宗教、哲学、思想、风俗习惯、自然科学、文学艺术等都有着深刻的影响。

第三节　葡萄酒文化与宗教

葡萄酒在宗教中的出现和宗教的起源一样古老。早在古巴比伦的史诗《吉尔迦美什》中，葡萄和葡萄酒就被认为是圣物，并且《圣经》中讲述了诺亚方舟的故事。从酒神狄奥尼索斯到巴克斯，这个先希腊后罗马化的名字，就像犹太教和基督教的关系一样不可分割。

一、葡萄酒与犹太教

（一）葡萄酒在犹太教中的地位

约在公元前 1800 年，美索不达米亚文明趋于衰败，犹太教（Judaism）开始萌芽。犹太教是世界上最古老的一神教，信奉的是上帝耶和华。诺亚方舟的故事就出自犹太教的《旧约·创世记》，这些故事赋予葡萄酒以宗教的印记，而葡萄酒之所以能够得到教徒的青睐，则源于当时的环境。葡萄酒的酿制涉及复杂的生物化学过程，在人类尚处于蒙昧时期，这种现象只能用神力来解释，因此葡萄酒被看作是神的恩赐。所以在犹太教中，葡萄酒被认为是"圣饮"，也是唯一被允许用作祷告的饮料。

在犹太教的节日（如安息日、逾越节、犹太新年等）和重要的仪式（如婚礼等）上都需要备有葡萄酒。其中，在逾越节上备有圣经、葡萄酒和无酵饼，通常要喝四杯葡萄酒，分别配合四种宗教仪式。

（二）蔻修葡萄酒

犹太教信徒并不是随便把葡萄酒用作圣酒，而要严格选用起源于旧约时代的蔻修葡萄酒（Kosher Wine）。蔻修葡萄酒的生产十分严格，用来酿造的所有原料（包括酵母和澄清剂在内）都必须符合犹太教教规，如明胶和酪蛋白这类澄清剂是不允许使用的。酿酒的整个过程必须有犹太人监督，而且成品酒需要获得监督机构的认证或犹太教牧师拉比（Rabbi）的确认。

在以色列，仅有 30% 左右的葡萄酒品牌获得了蔻修葡萄酒认证。由于消费者对于酒款多样性的需求激增，在过去 10—20 年中，蔻修葡萄酒的生产商也急剧增加。在美国的加利福尼亚、法国、意大利、西班牙和阿根廷等国家和地区，许多著名酒庄也会兼酿蔻修葡萄酒。

55

为了让犹太教信徒们容易辨识,酒标上面印有蔻修葡萄酒的标志。有些酒的正标会标有一个被圆圈圈住的字母"U",圆圈右边还有一个字母"P"(见图4-14);在其背标上,都会标注认证机构。

图4-14　蔻修葡萄酒的标志(图片来源:Natalie MacLean)

蔻修葡萄酒分为"Mevushal"(煮过的葡萄酒)和"Non-Mevushal"(没有煮过的葡萄酒)两类。所谓的"煮过"是指将葡萄酒加热至90 ℃高温杀菌,可以长时间保存。由于高温煮酒容易破坏葡萄酒的风味,所以后来人们改为高温瞬间灭菌法(Flash Pasteurization)来酿制Mevushal。

二、葡萄酒与基督教

(一)葡萄酒在基督教中的地位

基督教是从犹太教中派生出来的,所以葡萄酒作为圣饮的教俗也被基督教继承下来,甚至更加神化,葡萄酒被认为是赐予教徒健康与平安的祥和之物。耶稣曾说:"喝葡萄酒可以平静你的心灵,让你安详。"

据法国食品协会(Sopexa)统计,《圣经》中至少有521次提到葡萄及葡萄酒。葡萄树代表神的子民,葡萄代表生命的果实,葡萄酒则象征着耶稣的血,葡萄园更是去往天堂的"阶梯"。葡萄酒也是基督教圣餐中不可或缺的组成部分,在最后的晚餐上,耶稣将葡萄酒分给大家时,暗示说:"这是我的鲜血,要为你们和众人而流。"图4-15为达·芬奇所创作的《最后的晚餐》。

在基督教中,"来葡萄园劳作的人,无论早晚,都能进入天堂"。这一信仰使得葡萄园渐渐取得了宗教上的地位,俗世生活里的人们认为葡萄园是最接近天堂之地。

教徒们把面包视为圣餐、葡萄酒视为圣血。因此耶稣死后,门徒们在每一次弥撒仪式上都要吃面包、喝红酒,以纪念耶稣。自从罗马帝国承认基督教为合法宗教以来,基督教在欧洲得到迅猛发展,葡萄酒文化也随着宗教和战争得到传播。

公元476年,最后一位罗马皇帝被入侵的日耳曼人废除,原本代表文明的西罗马帝国灭亡了。当时,这帮日耳曼人(即今天德、意、法、英等国的祖先)既没文化又不识字,导致古希腊、古罗马的文化传统几乎被破坏殆尽。除了高级传教士之外,大多数人处于文盲状态。封

图 4-15　达·芬奇所创作的《最后的晚餐》

建割据又带来频繁的战争,造成科技和生产力发展停滞,人民生活在毫无希望的痛苦中。所以,自公元 476 年西罗马帝国灭亡至公元 1500 年的一千年左右的时间被称作"黑暗的中世纪"。在中世纪的欧洲,葡萄园基本掌握在教会手中。

（二）基督教对葡萄酒文化的贡献

在中世纪的欧洲,基督教分为本笃会和西多会两大分支。

本笃会创立于公元 5 世纪,当时是欧洲最人心所向的教会,国王、贵族都会向其捐赠地产。通过接受捐赠,教会聚集了欧洲一些最好的葡萄园,遍布如今的法国、德国、意大利、奥地利和瑞士。修道士们还记载和整理了有关葡萄栽培和葡萄酒酿造的大量史料。

公元 1112 年,一个信奉禁欲主义的修道士伯纳德（Bernard de Fontaine）带领 304 个信徒从克吕尼（Cluny）修道院叛逃到勃艮第葡萄产区的科尔多省,在位于博恩（Beaune）北部西托（Citeaux）境内一个新建的小寺院建立了西多会（Cistercians）。西多会是一个天主教隐修会,其成员在黑色法衣里面穿着一件白色会服,人们称作白衣修士。

西多会为了达到宗教上的理想,在勃艮第开垦荒地、建立葡萄园、改良葡萄品种;用舌头分辨土质,发展出"风土"的概念。伯纳德去世后,西多会已遍布欧洲各地,被认为是欧洲葡萄酒发展的源头,为现代葡萄酒的酿造奠定了基础。到了 13 世纪,西多会修道院的葡萄酒赢得广泛的声誉;15—16 世纪,人们公认欧洲最好的葡萄酒均出自西多会修道院中,勃艮第葡萄酒成为最上等的佳酿。

虽然受西多会影响最大的就是勃艮第,但它的足迹还涉及卢瓦尔河谷、香槟、普罗旺斯和莱茵高。17—18 世纪前后,波尔多和勃艮第成为法国葡萄酒的两大梁柱,并成功地雄霸了整个世界。19 世纪末的欧洲,由于优质葡萄酒紧缺,假冒伪劣猖獗,各国政府被迫采取各种措施预防假货。20 世纪 30 年代,法国率先建立了一整套监控地理产区命名的法规,后来逐渐成为葡萄酒行业的国际标准。

即使到了现代,葡萄种植与葡萄酒酿造仍在修道院盛行。法国南方地中海沿岸的雷翰群岛上,有座孤灯苦影的雷翰隐修院,里面生活着的二十多位西多会隐修士,他们仍然遵循当年的教旨:终身祈祷和劳作（见图 4-16）。

修士们在葡萄园里耕种、养护、剪枝、采摘、酿造。这里出产的葡萄酒不仅承载着一座岛屿与信仰的故事,而且以惊人的品质征服了众多知名的星级餐厅和酒评人,成为戛纳影展评

57

图 4-16　雷翰隐修院的白衣修士在葡萄园劳作

委团的宴会用酒。一位修士说:"不要以为我们仅仅为了生存而劳作,信仰基于人性之上,用心工作中互相扶持进步,简朴中体验生活的乐趣,这正是心灵的修行。"从凌晨 4 点 15 分的首轮祷告仪式开始,每天会有七次的默祷与探索,在修行仪式的间隙中,他们劳作在葡萄田间,日复一日,年复一年……

（三）基督教与葡萄酒文化的传播

15 世纪之后,欧洲人口膨胀,西方帝国主义抬头。各欧洲王国开始经济竞赛,纷纷通过建立贸易航线和殖民地来扩充财富。1492 年,哥伦布在发现美洲大陆后,西班牙和葡萄牙的殖民者将葡萄栽培和葡萄酒酿造技术相继传入南美、南非、澳洲及世界各地。通过研究葡萄酒的传播历史可以发现,葡萄酒文化是战争、贸易及基督教传播的副产物。

第四节　葡萄酒的旧世界与新世界

在葡萄酒行业,葡萄酒产地分为新、旧两大世界。具有悠久葡萄酒酿造历史的欧洲国家被称为葡萄酒的"旧世界";欧洲殖民者扩张之后开始生产葡萄酒的国家,称为葡萄酒的"新世界"。

一、葡萄酒的旧世界

葡萄酒的旧世界包括整个欧洲和北非,主要产酒国有法国、意大利、西班牙、希腊、德国、葡萄牙、匈牙利、捷克斯洛伐克等,大多位于北纬 30°—52°之间,拥有十分适合酿酒及葡萄种植的自然条件:冬暖夏凉的气候、雨季集中于冬春而夏秋干燥、具有优质的土壤,在葡萄种植和葡萄酒酿造上占有先天的优势,葡萄酒产量占世界总产量的 70% 左右,一度主导着世界葡萄酒产业。

旧世界产区继承了传统的葡萄酒酿造工艺,讲究"血统"的纯正,注重葡萄酒的本味,强调等级和差异,追求委婉与深意。越是手工酿造的小酒庄酒越昂贵,其酒是拍卖行的常客,但在市场上难得一见。近年来,由于"温室效应"导致全球变暖,以法国为代表的旧世界产区也正在面临着气候变化的挑战。

二、葡萄酒的新世界

葡萄酒的新世界是指欧洲扩张时期的原殖民地国家,如美国、澳大利亚、智利、新西兰、阿根廷、加拿大、南非、以色列、巴西等葡萄酒生产国,其葡萄酒酿造历史在 200—500 年,其产品统称为新世界的葡萄酒。

至于我国,从西汉开始就有葡萄酒的酿造,唐代出现了葡萄酒文化的第一个高峰,远甚于当时的罗马帝国,从历史上看属于葡萄酒的旧世界。但由于葡萄酒文化的发展历程并没有很好的延续,直到 1892 年华侨张弼士在烟台建立了葡萄园和葡萄酒厂,中国近代葡萄酒工业才开始起步。所以,从生产工艺和产品风格上看,我国属于葡萄酒的新世界。

三、新世界与旧世界葡萄酒的区别

葡萄酒新、旧世界的区分,并不代表先进与落后,而是指在传统国家与新型产酒国之间在葡萄酒文化、酿造工艺、产品风格等方面存在的区别。

旧世界的产酒国既有技术的积淀和历史的传承,也有一丝不苟的工匠精神,葡萄酒被赋予更多的文化符号。在生产理念上,推崇 Terroir(风土)精神,体现葡萄酒的自然风格,为此制定了 AOC 制度(原产地控制制度),产区分级制度严格(严格规定了葡萄种植的地理边界、允许种植的葡萄品种、葡萄种植方法和酿酒方法)。以传统工艺酿造的葡萄酒被认为是艺术品,产品风味多姿多彩,具有独特魅力,但价格较高,有很多品牌的葡萄酒属于收藏品和拍卖品,也有很多产品利用现代工业化生产,价格比较亲民。

新世界的葡萄酒更像是一种商品,以市场为导向,比较适饮。在理念上,由于没有各种传统的约束,新技术更容易被接受,以大规模的工业化生产为主。产品价格更加亲近普通消费者,标准化程度较高,品质稳定,但口味相对缺少个性。

随着全球化步伐的加快,新、旧葡萄酒世界的观念也在不断地相互渗透和融合,越来越多活跃在新世界的酿酒师们开始崇尚和实践着旧世界的传统理念,而旧世界的酒庄也在尝试借鉴新世界的酿酒工艺,运用新世界的酿酒设备。

第五节　结　　语

在文字尚未发明的时代,人们要纪录历史只能利用口耳相传的方式,此即"传说"的由来。传说不是历史,但它是历史的影子;神话也不是科学,但它是用原始的语言对自然现象的思考与探索。葡萄酒文化源于亚洲,成熟于欧洲,伴随着战争、航海、宗教和商贸传遍全世界。欧洲的教会和僧侣在推动葡萄酒文化方面曾经起到重要作用,并形成了至今为止最重要的葡萄酒产区。如今,法国、意大利、西班牙三个国家的葡萄酒产量占世界葡萄酒总产量的 60%,被称为葡萄酒的海洋。

葡萄酒不仅是一种饮料,而且是一种文化。有人比喻说,葡萄酒是继英语之后的第二外语。南非西开普省前农业部长 Gerrit van Rensburg 曾说,水将我们的地球分为几大洲,但

葡萄酒将我们拉近了。学习葡萄酒，首先要了解葡萄酒的历史和文化，以及背后的故事。

"中西融汇，古今贯通，文理渗透"是清华大学校长邱勇先生对新一代学子的殷殷期望。他在清华大学 2016 级研究生开学典礼上的讲话中指出："古今贯通，就是要有跨越时空的气魄，主动探寻古今之联系，善于从历史中汲取智慧，在前人成果基础上寻求新的突破。""文理渗透，就是要有打破人文与科学隔阂的勇气，在人文精神和科学精神的结合中培养健全人格，在交叉融合中启迪思想、拓展学术空间。……文理渗透既是培养健全人格的基础，又为造就杰出人才、实现重大学术创新提供了丰厚的土壤。著名的麻省理工学院媒体实验室之所以不断有令人惊异的创新成果，就在于将艺术、设计和科学紧密结合在一起。同学们，文理渗透将使你们在学术道路和人生道路上走得更远。你们要自觉提升科学素养和人文素养，在文理兼修的过程中提升学术境界、提升人生境界。"

日本历史学家古贺守在《葡萄酒的世界史》一书中指出："一部酿酒史就是人类文明的发展史……在漫漫历史长河里，它与人类同行。作为药品，它对人类的健康贡献卓越；作为饮料，它让人类的餐饮倍增欢乐。它消除人们的精神压力、带走生活里的忧郁，它在精神上和肉体上都是我们人类重要的庇护者。"这大概就是数千年来人们为葡萄酒迷醉的原因吧。

第五章

中国葡萄酒的历史与文化

"宛左右以蒲陶为酒,富人藏酒至万余石,久者数十岁不败。俗嗜酒,马嗜苜蓿。汉使取其实来,于是天子始种苜蓿、蒲陶肥饶地。及天马多,外国使来众,则离宫别馆旁尽种蒲陶、苜蓿极望。"

——司马迁《史记·大宛列传》

第一节　葡萄名称的由来

一、我国葡萄的起源

我国也是葡萄属植物的起源地之一,但我国原生的葡萄和现在种植的葡萄有所不同,植物学家将其统称为野葡萄或山葡萄。在汉代之前也没有"葡萄"的称谓,古人将它们称作葛藟、蘡薁等,有关记载散见于《诗经》。

《周南·蓼木》:"南有蓼木,葛藟累之;乐只君子,福履绥之。"

《王风·葛藟》:"绵绵葛藟,在河之浒。终远兄弟,谓他人父。谓他人父,亦莫我顾。"

《豳风·七月》:"六月食郁及薁,七月亨葵及菽。八月剥枣,十月获稻。为此春酒,以介眉寿。"(这里的"郁"指郁李,"薁"指蘡薁,是野葡萄的一种。)

《诗经》所反映的是殷商至先秦时代华夏民族的农业生产和日常生活情况,具有重要的历史价值。从《诗经》中可以看出,人们当时就已经采集并食用各种野葡萄了。据专家考证,原产于我国的葡萄属植物有30多种,目前用于酿酒的山葡萄有长白山山葡萄、湖北郧西的山葡萄、江西等地的刺葡萄、秦岭以南至广西境内的毛葡萄等。我国幅员辽阔,野生山葡萄资源广泛分布于大江南北,正逐步得到人们的开发利用。据《唐本草》记载:"薁、山葡萄,并堪为酒。"

人们现在把葡萄分为野葡萄(山葡萄)和家葡萄(栽培葡萄)两大类。但在农耕文明尚未出现之前,现在所栽培的植物都处于野生状态,葡萄也不例外。在漫长的历史发展中,人类通过选育、驯化,将一部分优质的野生葡萄发展成为栽培品种。现在的栽培葡萄大多属于欧亚种,最初也是由野生葡萄选育和杂交而来。我国的栽培葡萄的来源主要有两条途径,一条

是汉朝以来随着丝路由西域传入中原地区；另一条是清末民初沿着海路从欧美引种而来。1949 年之后，除了继续从国外引种，我国科学工作者也自行培育了不少新品种。

二、葡萄名称的由来

李时珍《本草纲目》认为："葡萄《汉书》作蒲桃，可造酒，人醄饮之，则酶然而醉，故有是名。""醄"是聚饮之意，"酶"是大醉之态。按照李时珍的说法，这种水果之所以叫葡萄，是因为它所酿的酒在人们"聚饮"之后会"陶"然而醉，于是取"醄"与"酶"字的谐音，将其叫做"蒲桃"。笔者认为李时珍的释义较为牵强，但在我国各种葡萄酒文献和网络媒体上，这一说法广为流传。

中国历史文献中最早提到"蒲陶"一词的是《上林赋》，自汉代至宋代的诸多文献中，葡萄有"蒲陶""蒲桃""蒲萄""葡桃"等不同的文字表述。因为当时的栽培葡萄属于外来物种，对其命名主要有音译、意译、音意兼译等三种方式。对于"葡萄"名称的由来，苏振兴先生在《华南农业大学学报》中写道："葡萄，为希腊文'batrus'之译音，亦有人认为是伊斯兰教'budawa'之译音。中国史书《史记》《汉书》中均称'蒲陶'，《后汉书》中称'蒲萄'，后来才逐渐使用'葡萄'这一名称……葡萄之得名，至今仍莫衷一是。"

笔者考证认为，"葡萄"名称的由来既不是希腊文的音译，也不是李时珍所著《本草纲目》中的释义，而是来源于波斯语"budawa"的音译。有关论述参见笔者发表的论文《"葡萄"名称的来源考释》。

62

第二节　汉代至唐代的葡萄酒文化

一、汉代的葡萄酒文化

葡萄和葡萄酒何时传入中国？目前文献大都将此归功于张骞出使西域。公元前 138 年，张骞奉汉武帝之命第一次出使西域，不幸被匈奴囚禁，历经 13 年艰辛，于公元前 126 年逃回长安。这次出使虽然没有成功联合大月氏合击匈奴，但给当时的汉朝带回了西域诸国地理、社会、人文、风俗等丰富翔实的信息。

公元前 119 年，张骞二次出使西域，历时 4 年，于公元前 115 年返回。这次也未能实现结盟的目的，但加强了汉朝在西域诸国的影响力。直到名将霍去病带兵消灭了盘踞在河西走廊和漠北的匈奴，建立了河西四郡和两关，才正式开通了丝绸之路。

丝绸之路开通之后，加强了中原地区与中亚各国之间的联系，促进了它们之间文化的交流。中国的蚕丝、漆器、玉器、铜器和冶铁术等西进，西域的苜蓿、葡萄、胡桃（核桃）、石榴、胡豆（蚕豆）、胡瓜（黄瓜）、大蒜、胡萝卜等逐渐传入中原，故史上有"葡萄自西域来"的说法。

对于葡萄传入中原的时间，还另有说法。早在开通丝绸之路之前，中原地区与西域已有零星的民间交往；秦末汉初，葡萄已经由西域传入内地，秦代的旧苑就有葡萄栽培。据司马相如的《上林赋》记载："于是乎卢橘夏熟，黄甘橙楱，枇杷橪柿，亭奈厚朴，樗枣杨梅，樱桃蒲陶，隐夫薁棣，答沓离支，罗乎后宫，列乎北园。"上林即上林苑，故址在今陕西西安市郊，它本是秦代的旧苑,汉武帝时重修并扩大。

司马迁在《史记·大宛列传》中写道:"宛左右以蒲陶为酒,富人藏酒至万余石,久者数十岁不败。俗嗜酒,马嗜苜蓿。汉使取其实来,于是天子始种苜蓿、蒲陶肥饶地。及天马多,外国使来众,则离宫别馆旁尽种蒲陶、苜蓿极望。"大宛,古西域国名,在今中亚的塔什干地区,盛产葡萄、苜蓿,以汗血宝马著名。汉武帝时期,在引进葡萄的同时,还招来了酿酒艺人,葡萄酒酿造技术得以在中原传播。

与西汉都府长安隔河相望的山西,也在这一时期开始引种葡萄。据太原《清徐县志》记述:西汉时期,一位皮货商人在长安与西域胡人贸易,将葡萄枝条引入清徐一带开始栽植,于是留下"清源有葡萄,相传自汉朝"的说法。

到了东汉末年,由于战乱频繁、国力衰微,葡萄种植业受到重大影响,葡萄酒变得异常珍贵。在《三国志·魏志·明帝纪》中,裴松子注引汉赵岐《三辅决录》:"(孟)佗又以蒲桃酒一斛遗让,即拜凉州刺史。"孟佗是三国时期新城太守孟达的父亲,张让是汉灵帝时权重一时、善刮民财的大宦官。孟佗仕途不通,就倾其家财结交张让的家奴和身边的人,并直接送给张让一斛葡萄酒,终于贿得凉州刺史一职。汉朝的一斛葡萄酒大约是现在的 40 斤(1 斤=500克),也就是说,孟佗拿 40 斤葡萄酒就换得凉州刺史之职。这足以证明当时葡萄酒的稀缺,也为后世留下了"斗酒博凉州"的笑谈。

二、魏晋南北朝时期的葡萄酒文化

魏文帝曹丕不仅自己喜欢葡萄酒,还把对葡萄和葡萄酒的喜爱写进诏书,告之群臣。他在《诏群医》中写道:"中国珍果甚多,且复为说蒲萄。当其朱夏涉秋,尚有余暑,醉酒宿醒,掩露而食。甘而不饴,酸而不脆,冷而不寒,味长汁多,除烦解渴。又酿以为酒,甘于鞠蘖,善醉而易醒。道之固已流涎咽唾,况亲食之邪。他方之果,宁有匹之者。"魏文帝认为,中国的珍果之中葡萄最好,而葡萄酒远胜于粮食酒,一谈起来就让人垂涎,更何况亲自品尝。由此可见,他对葡萄和葡萄酒的迷恋有多么深。

有了魏文帝的提倡、文人雅士们的推崇,葡萄酒业得到一定程度的恢复和发展,成为上层社会筵席上的佳品。西晋文学家陆机在《饮酒乐》中写道:

> 蒲萄四时芳醇,瑠璃千钟旧宾。
>
> 夜饮舞迟销烛,朝醒弦促催人。
>
> 春风秋月恒好,欢醉日月言新。

南北朝是中国历史上的一段大分裂时期,这一时期的葡萄酒属于难得之物。据《北齐书·李元忠传》记载,李元忠"曾贡世宗蒲桃一盘,世宗报以百练缣",可见葡萄在当时还是相当珍贵的奢侈品。

庾信(513—581 年)在七言诗《燕歌行》中则写道:

> 蒲桃一杯千日醉,无事九转学神仙。
>
> 定取金丹作几服,能令华表得千年。

山西地处黄河中游,是中华民族的重要发祥地之一,有着灿烂辉煌的古代文明和博大丰富的历史遗存。由于地处游牧民族和农耕民族交织地带,天然的地理环境使之成为历史上民族冲突和融合的大舞台。北朝以来,西亚和中亚文化深深影响着当地人民的生活,黄河流

域成为多民族进行经济、贸易、宗教、文化交流融合的重要地区。北魏时期东方的中心不再是长安,而是山西的太原和平城(即现在的山西大同,北魏前期的都城)一带,这一点为今人所忽略。葡萄与葡萄酒,作为丝路文化的重要现象,在山西留下了许多珍贵的遗存。

在山西大同南郊的北魏遗址,曾出土铜鎏金童子葡萄纹高足杯(公元4世纪—5世纪),属于波斯萨珊王朝时使用的酒器(见图5-1)。其题材为五个童子在葡萄藤蔓间采摘葡萄。杯身上的内容与罗马双层银杯(公元前100年—公元前30年)、伊朗鎏金银杯(公元6世纪)的纹饰非常相似,并与古希腊、古罗马的酒神崇拜有着内在的联系。这件异域酒器,不仅是彼时北魏与西域经济文化交流的见证,也为考证我国北魏时期的葡萄酒文化留下了重要史料。

在大同云冈石窟第8窟,有一尊"摩醯首罗天"的浮雕(见图5-2),摩醯首罗天三头八臂,骑大白卧牛,一手托日月,一手持弓箭,一手执葡萄。摩醯首罗天为古印度教的力量天神,在佛教壮大后被纳入了护法体系,作品造型古朴,生动悦人。

图 5-1　北魏铜鎏金童子葡萄纹高足杯

图 5-2　云冈石窟手执葡萄的摩醯首罗天浮雕

图 5-3　河南安阳出土北齐画像——饮酒图

河南安阳出土的北齐画像——饮酒图中,图的上方是葡萄图案,下方是主人手持"来通"饮用葡萄酒的场景(见图5-3)。"来通"是"Rhyton"一词的音译,意指角状杯。来通起源于西方,希腊的克里特岛在公元前1500年已出现此种器物,用于注酒。在当时,人们认为用来通注酒能防止中毒,如果举起来通将酒一饮而尽,则是向酒神致敬的表示。这些来自西域的酒器和葡萄酒,在中国古代贵族阶层中广受欢迎。

发源于古印度的佛教也视葡萄为吉祥之物。佛经《四分律》卷50中提到,以葡萄藤蔓装点僧舍佛塔,可增庄严。在印度佛教最早期的石窟寺山奇,第一塔的南门西柱的东面"佛发供养图"浮雕的边缘,还有北门东柱的"帝释窟说法图"之莲花两侧,都出现了葡萄藤蔓的浮雕。公元前2世纪到公元2世纪,犍陀罗艺术中的葡萄纹,常出现在佛像的头顶或身侧;也有葡萄童子纹或葡萄母婴纹,象征着丰收和多子多孙。

随着佛教在魏晋隋唐的兴盛,葡萄纹样也进入敦煌、云冈、龙门等佛教圣地,云冈第12洞(北魏)主室南壁浮雕上、龙门古阳洞(北朝502年)3尊弥勒佛龛光背上都有葡萄纹样。此外,敦煌初唐209窟天顶和初唐322窟壁龛的藻井,以及西安香积寺大砖塔,都残存有唐代葡萄纹的楣石线刻。葡萄文化从汉代开始一直影响到现代,成为多子多孙、家庭兴盛的象征。在晋商文化及全国各地的民俗文化中,均可以见到大量的葡萄图案。

三、隋代的葡萄酒文化

到了隋代,由于丝路畅达,胡风东渐,中原地区的葡萄酒的生产和消费得到了一定程度的恢复和发展,西域的葡萄、葡萄酒对内地的传播更为频繁,内地的葡萄和葡萄酒生产也迅速发展。

太原市南郊王郭村出土的隋代虞弘墓,墓主人的汉白玉石椁上,绘有50余幅浮雕壁画。壁画内容具有典型的中亚和波斯风格,且大都与葡萄酒的酿造和饮用有关,是研究我国葡萄酒文化的重要史料,也是研究丝路文化的重要史料。浮雕图案中既有踩踏葡萄酿酒的场面,也频繁出现了葡萄藤蔓图案、鸟衔葡萄的图案和"葡萄长带"图案等。鸟在祆教中寓意吉祥,也称为吉祥鸟。此外,还有男女主人饮酒和仆人侍酒的图案。这些资料充分反映了葡萄酒在墓主人生活中有着重要的地位。

椁壁浮雕之二(见图5-4)曾被我国一些考古学家认为是在跳胡腾舞,但经笔者考据这是一幅踩踏葡萄酿酒的生动场景。舞者手中拿着的是葡萄藤蔓,其左上方也是葡萄藤蔓,与下面踩踏葡萄的场面相呼应。右侧双手在胸前抱一大坛之人,显然是准备承接流出的葡萄汁。

踩踏葡萄也称为"踏浆",是古老而传统的葡萄酒酿造工艺之一,曾广泛流行于古波斯、古希腊、古埃及和古罗马,并被传播到世界各地。在埃及古墓的壁画中,就有多幅踩踏葡萄酿酒的场景,与虞弘墓椁壁浮雕的场景极为相似。

在我国,也有不少使用脚踩的方法来制作的美食。如白酒酿造中的"端午踩曲"、制茶秘技中的"以脚揉茶",以及宜兴的"芳桥踩面"。清朝末年,脚踩葡萄酿制葡萄酒的工艺也不断出现在我国的有关文献中。

图5-4 椁壁浮雕之二(局部)

如今,虽然葡萄酒已经实现了工业化生产,踩踏葡萄已演变为庆祝葡萄丰收、纪念古老酿酒工艺的一种传统表演形式。但是,踩踏葡萄酿造葡萄酒的方式在旧世界的许多著名酒庄中依然沿用,并且产品价格相当昂贵。电影《云中漫步》中也有脚踩葡萄酿酒的场景。

椁壁浮雕之五(见图5-5)是所有浮雕的中心,场面宏大,人物众多。图案中部是墓主夫

妇的对饮图,夫妻二人正在饮酒行乐。在男、女主人的后侧各有两名侍者,位于男主人后面的第二个侍者手持执壶,随时准备给主人斟酒。画面的左上角和右上角,皆雕有葡萄藤蔓,吉祥鸟快乐地在叶蔓之间跳跃;右下角有一只硕大的酒壶。

图 5-5　椁壁浮雕之五:饮酒行乐图

　　无论是侍者手持的执壶,还是右下角带盖的单耳大酒壶,其外形与古波斯的酒壶风格极为相似,造型端庄,曲线优美。公元 3 世纪至 8 世纪期间,大量胡人组成的商团沿着丝路涌入中原。墓主人虞弘所处的年代,跨越我国的北魏至隋代,对应于古波斯萨珊王朝时期。公元 5 世纪之后,萨珊王朝与中原的经济文化交流进入新的发展时期。北魏的平城时代是一个开放的、传播与吸收并举的时代,对外交流非常活跃,很多外来文化荟萃中原;对内全盘接受和学习汉文化,为中华文明的延续起到了非常重要的作用。

　　许多历史学家认为,如果没有北魏政治家对汉文化的继承,中华文明也会像其他三个古文明一样发生断裂。作为北魏都城的山西大同,以及处于京畿之地的太原一带,具有重要的政治、经济地位,使之成为当时丝绸之路上中西文化交流的重要节点,万邦来朝,风头无限。我们研究丝绸之路,研究中华文明的传承,千万不能忽略短暂而辉煌的北魏平城时代,更不应该忽略位于草原文明和农耕文明交织最前沿的山西。

　　墓主人信奉祆教,祆教大约在公元前 6 世纪创立,公元 3 世纪被波斯萨珊王朝定为国教,在南北朝时传入我国。葡萄、葡萄酒与吉祥鸟在祆教中有着重要的地位,这些图案的频繁出现,与墓主人的宗教信仰、生活习惯密切相关。据报道,信奉祆教的人们每年要在葡萄园举行赛祆活动。有关论述参见笔者发表的论文《虞弘墓浮雕图案中的葡萄酒文化》。

　　如今,虽历经沧桑巨变,在山西古老的大地上仍留下不少波斯文化遗存。如大同云冈石窟中的雕塑、大同出土的北魏葡萄纹铜镜和铜鎏金童子葡萄纹高足杯、太原市南郊的隋代虞弘墓,以及距虞弘墓仅数百米之遥的北齐东安王娄睿墓等。世界上仅存的一处祆教建筑——祆神楼位于山西介休,也与波斯文化密切相关。

四、唐代的葡萄酒文化

唐朝是继隋朝之后的大一统王朝。在唐朝的前半叶,文化繁荣,社会经济稳步上升,给民族交流提供了良好的环境。一方面中国向周边国家输出文化与技术,另一方面也对外来文化兼容并蓄,成就了一个强大而繁荣的时代。

图 5-6 所示的镶金兽首玛瑙来通杯为唐朝文物,1970 年出土于陕西省西安市南郊何家村,现收藏于陕西历史博物馆。它是丝路一带诸国饮用葡萄酒的酒器,相当于当今的高脚杯,对研究唐代葡萄酒文化及中外文化交流具有重要的价值;又是一件极其珍稀的古玉雕艺术品,材质为玛瑙,晶莹鲜润、层次分明、浓淡相宜,圆雕技法娴熟、造型生动,蕴藏着许多美学因素,令人惊叹。

图 5-6 唐代镶金兽首玛瑙来通杯

唐代是我国葡萄酒文化发展的第一个高峰,一部分葡萄酒来源于自己酿造,一部分葡萄酒来自西域的贸易和献贡。唐诗中有大量描述葡萄酒的诗句,如元稹的《和李校书新题乐府十二首·西凉伎》一诗,反映了唐代凉州葡萄酒酿造和饮用之状况:

吾闻昔日西凉州,人烟扑地桑柘稠。

蒲萄酒熟恣行乐,红艳青旗朱粉楼。

贯休在《塞上曲二首》中写道:

锦裌胡儿黑如漆,骑羊上冰如箭疾。

蒲萄酒白雕腊红,首蓿根甜沙鼠出。

诗仙李白更是十分钟爱葡萄酒,他在《对酒》中写道:

蒲萄酒,金叵罗,吴姬十五细马驮。

青黛画眉红锦靴,道字不正娇唱歌。

玳瑁筵中怀里醉,芙蓉帐底奈君何。

此诗反映了在当时葡萄酒还可以作为少女出嫁的嫁妆。李白不仅喜欢葡萄酒,更是迷恋葡萄酒,恨不得在有生之年天天都沉醉在葡萄酒里。他还在《襄阳歌》中写道:

鸬鹚杓,鹦鹉杯。

百年三万六千日，一日须倾三百杯。

遥看汉水鸭头绿，恰以蒲萄初酦醅。

此江若变作春酒，垒曲便筑糟丘台。

文学家韩愈在《题张十一旅舍三咏·蒲萄》一诗中，还描述了他种植蒲萄的心得体会：

新茎未遍半犹枯，高架支离倒复扶。

若欲满盘堆马乳，莫辞添竹引龙须。

鲍防在《杂感》中描述的是西域胡人岁贡葡萄酒的情形：

汉家海内承平久，万国戎王皆稽首。

天马常衔苜蓿花，胡人岁献葡萄酒。

在当时的长安，有许多胡人开设酒肆，并销售来自西域的葡萄酒。李白在《少年行》中描述的是游玩归来在胡人开设的酒肆饮（葡萄）酒的情形：

五陵年少金市东，银鞍白马度春风。

落花踏尽游何处，笑入胡姬酒肆中。

唐代的山西，是我国葡萄酒的主要产区。一方面，由于西域酿酒师的参与，提高了葡萄酒的酿造技术和品质；另一方面由于太原是李唐王朝的"龙兴之地"，山西的葡萄酒受到了朝廷的重视，闻名全国。据文人李肇撰写的《唐国史补》记载，元和年间有十余种地方名酒，它们是"郢州之富水，乌程之若下，荥阳之土窟春，富平之石冻春，剑南之烧春，河东之乾和蒲萄，岭南之灵溪，博罗、宜城之九酝，浔阳之湓水，京城之西市腔、虾蟆陵、郎官清、阿婆清"。其中，"河东之乾和"是唯一的葡萄名酒。河东即今天山西运城、临汾一带，位于黄河之东。"河东乾和"也是我国有记载的最早的葡萄酒商号，以今天的视野来看，带有原产地保护的色彩。"乾和"来自突厥语"Qaran"的音译，原义为"盛酒的皮囊"，显然该酒家与西域有所关联。

唐朝是我国葡萄酒文化的第一个高峰，山西的葡萄酒更是引起了诸多文人骚客的吟咏，并以山西文人居多。刘禹锡（太原）的"自言我晋人，种此如种玉。酿之成美酒，令人饮不足"描述了山西的葡萄栽培和葡萄酒酒质；王绩（河东）的"竹叶连糟翠，蒲萄带曲红"描述了山西葡萄酒的生产实况；但最为脍炙人口的莫过于王翰（太原）的《凉州词》：

葡萄美酒夜光杯，欲饮琵琶马上催。

醉卧沙场君莫笑，古来征战几人回？

王翰家在太原，戍边凉州，常用葡萄酒招待客人。一曲《凉州词》，既体现了将士们征战之前荡气回肠的悲壮，也表现了以身许国、睥睨一切的豪迈，这是一种充满必胜信念的盛唐精神，给人以视死如归的震撼，成为葡萄酒诗词中的千古绝唱。

第三节　宋代至明代的葡萄酒文化

一、宋代的葡萄酒文化

宋代上承五代十国、下接元朝。宋代的诗词歌赋中，也蕴藏着葡萄酒的风采。写出巨著《资治通鉴》的文豪司马光，曾为故乡山西的葡萄酒写下著名的诗篇：

山寒太行晓，水碧晋祠春。

斋让葡萄熟，飞觞不厌烦。

南宋时期，朝廷偏安一隅，当时北方的葡萄酒产区已经沦陷，葡萄酒稀缺且名贵。陆游在《夜寒与客烧乾柴取暖戏作》中写道：

槁竹干薪隔岁求，正虞雪夜客相投。

如倾潋潋蒲萄酒，似拥重重貂鼠裘。

一睡策勋殊可喜，千金论价恐难酬。

他时铁马榆关外，忆此犹当笑不休。

诗中把喝葡萄酒与穿貂鼠裘相提并论，反映出在当时千金难买葡萄酒。陆游还在《对酒戏咏》中写道：

浅倾西国蒲萄酒，小嚼南州豆蔻花。

更拂乌丝写新句，此翁可惜老天涯。

诗中反映了葡萄酒虽然是舶来品，但像陆游这样的官宦人家还是可以品尝到的。

经过多年战乱，真正的葡萄酒酿造方法在中原地区差不多已经失传。中原地区的人们大体上是按朱肱所著《北山酒经》上记载的葡萄酒法进行酿造，即用葡萄与米等谷物混合后再加曲酿制，味道不怎么好。

贞祐年间，安邑（今山西运城市夏县）的山民无意中重现了葡萄酒的自然酿造之法。宋金时期的著名文学家，来自太原秀容（今山西忻州）的元好问（1190—1257 年）为此曾作《蒲桃酒赋（并序）》："刘邓州光甫为予言：'吾安邑多蒲桃，而人不知有酿酒法。少日，尝与故人许仲祥摘其实并米炊之，酿虽成，而古人所谓甘而不饴、冷而不寒者固已失之矣。贞祐中，邻里一民家避寇自山中归，见竹器所贮蒲桃在空盎上者，枝蒂已干，而汁流盎中，熏然有酒气，饮之，良酒也。盖久而腐败，自然成酒耳。不传之密，一朝而发之，文士多有所述。今以属子，子宁有意乎？'予曰：'世无此酒久矣。'予亦尝见还自西域者云：'大石人绞蒲桃浆，封而埋之，未几成酒，愈久愈佳，有藏至千斛者。'其说正与此合。物无大小，显晦自有时，决非偶然者。夫得之数百年之后，而证数万里之远，是可赋也。"

历史上的山西安邑本来就是著名的葡萄酒产区，南宋时虽然还在种植葡萄，但酿造葡萄酒的技术几近失传。从这段文字来看，葡萄酒的自然发酵之法又被重新发现。到了元代，安邑的葡萄酒名重一时，成为朝廷贡品。

二、元代的葡萄酒文化

元朝是由蒙古铁骑所建立的空前庞大的帝国。元代统治者勃兴于朔北草原，其属地寒凉，素有饮酒之风，以马乳酒为盛。元帝嗜酒成癖，在宫廷设有葡萄酒室，专供皇帝、诸王、百官饮用，并规定祭祀太庙必须用葡萄酒。在我国的葡萄酒发展史上，元代是第二个鼎盛时期。

《马可·波罗游记》在记述"哥萨城"（今河北涿州）一节中写道："过了这座桥（指北京的卢沟桥），西行四十八公里，经过一个地方，那里有遍地的葡萄园，肥沃富饶的土地，壮丽的建筑物鳞次栉比。"现在，这里仍然是我国的葡萄酒产区之一。

马可·波罗在描述"太原府王国"时记载道："自涿州首途，行此十日毕。抵一国，名太原

府,所至之都城甚壮丽……其地种植不少最美之葡萄园,酿葡萄酒甚饶。契丹全境只有此地出产葡萄酒,亦种桑养蚕,产丝甚多。"可见,当时的太原一地不仅是葡萄酒的主产区,而且是蚕丝的主产区。但马可·波罗的足迹和眼界毕竟有限,元朝的葡萄栽培面积之大、酿酒数量之巨可以说是前所未有的。

据明朝人叶子奇撰写的《草木子》记载,元朝政府在太原、江苏的南京开辟有官方葡萄园,并就地酿造葡萄酒。在河西与陇右地区(即今宁夏、甘肃的河西走廊地区,并包括青海以东地区和新疆东部)也大面积种植葡萄并酿造葡萄酒。

据《故宫遗迹》记载,至元二十八年五月(1291年),元世祖还在"宫城中建葡萄酒室";《元史·世祖本纪》也谓:"宫城中,建葡萄酒室。"元朝统治者不仅日常饮用,而且还把葡萄酒列为皇室宫廷宴请外族使节的国事用酒以及对王公大臣们的赏赐。

元代诗人周权的《葡萄酒》一诗,反映了当时酿造葡萄酒的宏大场面:

翠虬天桥飞不去,颔下明珠脱寒露。
垒垒千斛昼夜春,列瓮满浸秋泉红。
数霄酝月清光转,浓腴芳髓蒸霞暖。
酒成快泻宫壶香,春风吹冻玻璃光。
甘逾瑞露浓欺乳,曲生风味难通谱。
纵教典却鹔鹴裘,不将一斗博凉州。

走入元大都,酒肆林立,饮酒成风。元代文人笔下的京城风物中,葡萄酒占据了显要的位置。袁桷在《清容居士集》卷一五《装马曲》中这样描写:

酮官庭前列千斛,万瓮蒲萄凝紫玉。
驼峰熊掌翠釜珍,碧玉冰盘行陆续。

诗中反映的是元朝人举行盛大宴会的情况,其中以"万瓮"来形容葡萄酒酿造的盛况。在元大都宫城制高点的万岁山广寒殿内,放着一口可"贮酒三十余石"的黑玉酒缸,现存于北京西城区北海团城,是元朝宫廷饮酒的历史见证。

萨都剌在《雁门集》卷六《上京杂咏》中描述了皇家饮酒寻乐的场景:

诸王舞蹈千官贺,高捧蒲萄寿两宫。

陈旅在《安雅堂集》卷二《送养安海秉传省亲》中写道:

庭闱多喜色,宫醞酌葡萄。

柯九思在《丹邱生集》卷四《送王止善入京》中写道:

君到京华怯暮暮,御沟波暖绿粼粼。
城南牡丹大如斗,马上葡萄能醉人。

张昱在《可闲老人集》卷三《小王孙》中描写了元大都官宦之家青少年的饮酒生活:

貂帽貂裘美少年,圆牌通籍内门前。
新分草地缘游猎,日赐彤弓未控弦。
银瓮蒲萄春共载,玉鞍骄马日随牵。
穹庐一夜迷深雪,忘却朝天是醉眠。

乃贤在《金台集》卷一《京城春日二首》中描述的是贵族王孙饮酒春游的场景:

黄鹤楼东卖酒家,王孙清晓驻游车。

宝钗换得葡萄去,今日城东看杏花。

周伯琦在《近光集》卷一《是年五月扈从上京纪事绝句十首》之一中写道:

镂花香案错琳镠,金瓮葡萄大白浮。

虞集在《道园学古录》卷三《送袁伯长扈从上京》中写道:

白马锦鞯来窈窕,紫驼银瓮出蒲萄。

从官车骑多如雨,只有扬雄赋最高。

贡师泰在《玩斋集卷五·和胡士恭滦阳纳钵即事韵》中写道:

紫驼峰挂葡萄酒,白马鬐悬芍药花。

这里叙述的是用骆驼把葡萄酒运送上京的场面。

汪元量在《苏武洲毡房夜坐》中写道:

明发启帐房,冷气逆将入。

饥鹰傍人飞,瘦马对人立。

御寒挟貂裘,蒙头帽氈笠。

凄然绝火烟,阴云压身湿。

赖有葡萄醅,借暖敌风急。

汪元量的诗所反映的是在燕京一带的寒凉之地,葡萄酒不仅用来佐餐,而且可以御寒。

邓雅在《玉笥集》卷三《寄周主事文瞻二首》中写道:

夜月蒲萄酒,秋风糯稌田。

知君有真乐,那得共盘旋。

汪元亨在散曲《小隐余音》中写道:

柴门尽日关,农事经春办。

登场禾稼成,满瓮葡萄泛。

元代葡萄酒的繁荣,得益于元朝最高统治者对葡萄酒的喜爱和政策扶持,主要表现为销售时的税收优惠政策。由于葡萄酒的酿造不耗用粮食与酒曲(酒曲是用粮食和辅助原料制成,古时用粮食酿酒时酒曲的用量很大,约占酿酒用粮的 50%),故规定葡萄酒的税率仅为粮食酒的三十分之一。元大都坊间的酿酒户中有起家巨万、酿酒多达百瓮者,可见当时葡萄酒酿造规模之大。

如果是自酿自用,葡萄酒不必纳税,这使得民间自种葡萄、自酿葡萄酒的现象非常普遍。葡萄酒不再是稀罕之物,已然进入寻常百姓家。身为平民百姓、山中隐士的何失,以骑驴卖纱为生,但家中还是有自酿的葡萄酒可以享用。他在《招畅纯甫饮》中写道:

我瓮酒初熟,葡萄涨玻瓈。

野老日无事,出望几千回。

为什么要"出望几千回"呢,是不是急不可耐了?

在元曲中,有关葡萄酒的内容也有很多。散曲家张可久在《山坡羊·春日》中写道:

芙蓉春帐,葡萄新酿,一声《金缕》槽前唱。

锦生香,翠成行,醒来犹问春无恙,花边醉来能几场?

除了大量有关葡萄酒的诗文散曲之外,有关葡萄的绘画也很流行。画家温日观创立了葡萄的画法,世称"温葡萄"。丁鹤年在《题画葡萄(故人毛楚哲作)》中写道:

71

西域葡萄事已非，故人挥洒出天机。

碧云凉冷骊龙睡，拾得遗珠月下归。

1958 年，内蒙古文物工作队在察右前旗元代集宁路古城附近第 13 号元墓中出土了两件鸡腿瓶（因瓶身细高形似鸡腿而得名）。其中一件肩部露胎处赫然刻有"葡萄酒瓶"四字，据专家推断这瓶葡萄酒是太原一带所产。

黑釉"葡萄酒瓶"（见图 5-7）的出土，不仅说明葡萄酒是元代蒙古族喜饮的杯中之物，也反映出元代阴山河套地区葡萄酒酿制的普遍，平民亦可以饮用。此瓶虽小，却是元代葡萄酒发展的一个见证。在晋中市也出土了类似的酒瓶（见图 5-8，现存于晋中博物馆）。

图 5-7　元代的黑釉"葡萄酒瓶"

图 5-8　山西晋中市出土的酒瓶

总之，元朝宫廷酿造和饮用葡萄酒的风气，推动了元代葡萄酒文化的繁荣。元代葡萄酒文化散见于诗词、散曲、绘画等各个领域。描写葡萄酒的诗词之多，充分反映了元代葡萄酒文化的兴盛，是继唐代之后我国葡萄酒文化发展的又一个高峰。

三、明代的葡萄酒文化

明朝是酿酒业大发展的新时期，酒的品种、产量都大大超过前代。虽然也曾有过短期的酒禁，但大致上是放任私酿私卖的，政府直接向酿酒户、酒铺征税。由于酿酒的普遍，不再设专门管酒务的机构，酒税并入商税。据《明史·食货志》记载，凡酒都按"三十而取一"的低标准征收，极大地促进了酿酒业的发展。随着粮食酒发酵技术的改良，特别是蒸馏技术的日益完善，白酒逐渐成为市场上的主导，而葡萄酒的生产由于具有季节性强、酒品不易保存、酒度偏低等特点而日渐式微。

明代的顾起元（1565—1628 年）在《客座赘语》中写道："计生平所尝，若大内之满殿香，大官之内法酒，京师之黄米酒，……绍兴之豆酒、苦蒿酒，高邮之五加皮酒，多色味冠绝者。""若山西之襄陵酒、河津酒，成都之郫筒酒，关中之蒲桃酒，中州之西瓜酒、柿酒、枣酒，博罗之桂酒，余皆未见。"该书多载明故都南京史实，特别是嘉靖、万历年间的社会经济、民情风俗。顾起元所评价的数十种名酒都是经自己亲自尝过的，包括皇宫大内的酒都喝过了，可葡萄酒却没有尝过。由此可见，到了明朝中后期，葡萄酒在市场上已经鲜见了，以至于早期来华的传教士利玛窦（1552—1610 年）曾抱怨说中国"不产葡萄酒"。

其实，葡萄酒并未在明代的市场上完全消失。同时代的谢肇淛（1567—1624 年）在《五杂俎》中记载:"北方有葡萄酒、梨酒、枣酒、马奶酒。南方有蜜酒、树汁酒、椰浆酒。"在山西一带,葡萄酒质量还相当不错。朱元璋曾夸赞:"辛酉谒禹庙(今山西夏县禹王城),有以葡萄酒见饷者,其甘寒清冽……"

明代的一些文学作品中也反映了葡萄酒的存在,如贝琼在《送潘时雍归钱塘》中写道:

海县兵未息,公子今何之?

酌君葡萄酒,听我《白芒》词。

李时珍在《本草纲目》中对葡萄酒的医疗作用也有了初步的认识,葡萄酒能"暖腰肾,驻颜色,耐寒"。而葡萄蒸馏酒则可"调气益中,耐饥强志,消炎破癖"。他还提到葡萄酒的酿制大致有三种不同的工艺。

第一种是以葡萄为原料、不加酒曲发酵的真葡萄酒。"酒有黍、秫、粳、糯、粟、曲、蜜、蒲萄等色,凡作酒醴须曲,而蒲萄、蜜等酒独不用曲。""葡萄久贮,亦自成酒,芳甘酷烈,此真蒲萄酒也。"

第二种是以葡萄汁或葡萄干为原料发酵的葡萄酒。"取汁同曲,如常酿糯米饭法。无汁,用葡萄干末亦可。"

第三种是葡萄蒸馏酒的酿造。"取葡萄数十斤,同大曲酿酢,取入甑蒸之,以器承其滴露,红色可爱。"这不就是今天的"白兰地"吗?但"承其滴露,红色可爱"的表达并不准确,因为色素类物质是蒸馏不出来的。

明代中期海禁开放以来,以天主教耶稣会为主的传教士们相继来到我国,他们的主观意图是"和平地征服"中国,占领中国人的精神世界,但同时也促进了中西方文化的交流。由于葡萄酒和天主教、基督教都有着深厚的历史渊源,所以无形中开启了我国近代的葡萄酒文化。

第四节 清代至民国时期的葡萄酒文化

《益闻录》中曾写道:"葡萄酒一物散见于载籍者不胜枚举,奈其法失传以至醍醐美味如广陵散之绝于人间,岂不可惜哉?"由此可见葡萄酒酿造在清代已近乎绝迹。

一、葡萄酒漂洋过海来到中国

耶稣会向我国派遣传教士始于明嘉靖年间,早期来华的传教士中以葡萄牙籍最多。葡萄牙人从 1557 年踏上中国澳门之后,逐渐向内陆渗透。葡萄牙是世界上主要的葡萄酒出产国之一,据意大利传教士艾儒略于明天启三年(1623 年)编译的《职方外纪》记载:"(葡萄牙)所出土产葡萄酒最佳,即过海至中国毫不损坏""(葡萄酒)皆以瓶计,外贮以箱。"但船运周期非常漫长,据说跑一趟需要耗时三年。因此,葡萄酒不仅非常珍贵,而且主要在传教士中流传,在文献中鲜有记载。

鸦片战争之后,随着来华传教士人数的增多,教会活动对葡萄酒的需求也越来越大,中国上流社会也开始崇尚洋酒,为此消耗了大量白银。但由于国力衰败,即使是丝绸、茶叶、陶瓷等传统产业也已相继被列强仿效,在我国呈江河日下之象,更不要说葡萄酒了。出于宗教

和生活的需要,一些传教士便就地取材,利用我国本土葡萄酿酒;也有一些传教士利用从欧洲带来的优质酿酒葡萄,在教堂周围建立葡萄园,按西式方法酿酒。

1860年,法国传教士罗启祯、肖法日从印度启程,跟随"茶马古道"上的马帮一道,经西藏来到云南西北部德钦县的澜沧江畔,建造教堂,种植玫瑰蜜、黑珍珠等从法国带来的葡萄品种,并酿造葡萄酒。玫瑰香葡萄是著名的酿酒葡萄之一,1871年由美国传教士最早引入山东烟台。

在陕西、上海、广州等地的天主教传教士也自行酿造葡萄酒。据1876年出版的《格致汇编》记载,"中国陕西省有传天主教之西人,每年酿造葡萄酒数百担,为本处西人之用。曾饮其酒,味与西国造者难分高下。数年前在上海,有美国友人买洞庭山所产葡萄百余担,依西法作葡萄酒尚存数瓶,其味亦佳。造此酒之资本每斤合洋二角五分。闻广州亦造葡萄酒,但未试饮不知佳焉否耶"。

二、中国葡萄酒工业的开始

1892年(清光绪十八年),南洋华侨张弼士在山东烟台创办了张裕葡萄酒公司(见图5-9),把法国的酿酒葡萄品种及葡萄酒生产工艺引入我国,开启了近代的中国葡萄酒工业的先河。在1915年的巴拿马国际博览会上,张裕葡萄酒一举夺得金奖,从而名闻天下。晚清重臣翁同龢为其题写了公司名称"张裕酿酒公司",孙中山先生在1912年题赠了"品重醴泉"的匾额。

图5-9 张裕酿酒公司旧址

在半殖民地半封建的旧中国,民族工业举步维艰。特别是日本侵华之后,战乱频繁,民族企业纷纷陷落,直到中华人民共和国成立之前,我国的葡萄酒产业主要都控制在外国人手中。如今,张裕公司酒窖在2013年被列入第七批全国重点文物保护单位;2017年,张裕酿酒公司入选第一批国家工业遗产名单。有专家指出,工业遗产是工业文化的重要载体,记录了我国工业发展不同阶段的重要信息,见证了国家和工业发展的历史进程,具有重要的历史价

74

值、科技价值、社会文化价值和艺术价值。

在以张裕为代表的一系列葡萄酒企业建立之后,教会酿造葡萄酒的活动也没有停滞,一些传教士扩大酿酒规模,并一直延续到中华人民共和国成立。1910 年(清宣统二年),在北京的黑山扈(颐和园北门外 2 公里),法国圣母天主教会的沈蕴璞修士开始种植葡萄,所有葡萄种苗均来自法国。1946 年 10 月,其正式注册"北京上义洋酒厂"(见图 5-10),对外出售葡萄酒。中华人民共和国成立之后,上义洋酒厂于 1957 年实行公私合营,此后又多次易名,它就是现北京龙徽酿酒有限公司的前身。

图 5-10 公私合营北京上义洋酒厂凭证

季羡林先生在回忆老师陈寅恪的文章中曾经写道:"在三年之内,我颇到清华园去过多次。我知道先生年老体弱,最喜欢当年住北京的天主教外国神父亲手酿造的栅栏红葡萄酒。我曾到今天市委党校所在地,也就是当年神父们的静修院的地下室中去买过几次栅栏红葡萄酒,又长途跋涉送到清华园,送到先生手中,心里颇觉安慰。"季羡林先生讲的是 1946 年至1949 年期间,当时陈寅恪先生居住在北京清华园的事情。

在川西等地的天主堂,酿造葡萄酒的活动也一直延续到中华人民共和国成立前夕。这些分布在全国各地的教会酿造的葡萄酒主要供教徒们弥撒使用,只有少量用于出售。

葡萄酒文化在世界上的传播与宗教和战争息息相关。自 1846 年清政府对基督教开禁到民国结束,先后有数千名西方传教士来华,他们的主观意图是"和平地征服"中国,但同时也促进了中西方文化的交融。有学者指出,西学东渐催生了中国的现代化思潮,也影响了中国的技术文化观。当时的葡萄酒主要从欧洲漂洋过海而来,因此国人曾经一度把它当作"洋酒"看待。但葡萄酒文化是一种符合现代文明的文化,我们无从抗拒,只能消化、吸收和融合。木心先生曾讲:"你可以不信宗教,但不妨碍你欣赏教堂。"我们应该做的是将葡萄酒文化中国化并加以发扬光大,为世界葡萄酒文化添上浓重的一笔。

🔖 第五节 结 语

中国葡萄酒文化的历史源远流长,历经两千余年。既有过盛唐时期"葡萄美酒夜光杯"的辉煌,也有清朝末年"醍醐美味如广陵散之绝于人间"的落寞。1892年张裕酿酒公司的创立,是我国近代葡萄酒工业的发端,但在半殖民地半封建的旧中国,民族资本举步维艰。特别是日本侵华之后,战乱频繁,民族企业纷纷陷落。直到中华人民共和国成立,特别是改革开放之后,我国葡萄酒产业才有了长足的发展。为此,笔者把中国葡萄酒的历史归纳为始于西汉、兴于盛唐、衰于两宋、复兴于元、再衰于明清、觉醒于民国、振兴于今朝。

国际葡萄与葡萄酒组织(OIV)名誉主席罗伯特·丁洛特曾说:"中国葡萄酒的历史与中华文明一样悠久,新世纪不仅使酒文化得以复兴,更让从业人员采用最新的科学方法,通过不断与其他产区交流,中国这片丰富多样的风土,必将造就征服世界味蕾、满足所有人好奇心的葡萄酒。"李华教授指出:"让中国了解世界美酒,让中国美酒走向世界。"

习近平主席在宁夏视察时指出:"贺兰山东麓葡萄酒品质优良,发展葡萄酒产业,路子是对的,要坚持走下去。"中国有众多的地区适合发展葡萄酒产业,山东、河北、宁夏、山西、甘肃、新疆、陕西等省、自治区的气候条件和土壤类型都适合酿酒葡萄种植,特别是一些未开垦的荒地、非农用地,也可以开垦为葡萄园,不仅绿化荒山,而且可以增加经济效益。

我们不仅要发展葡萄酒产业,更应当注意葡萄酒文化建设。葡萄酒专家严升杰指出,未来葡萄酒全球化竞争的焦点不仅是酒的品质、酒的风格的竞争,更是酒文化的竞争。苏格兰威士忌之所以能够畅销全球,其独具特色的旅游文化功不可没。据研究统计,游客中每增加5%的消费者,就能增加20%以上的利润。但是,我国的大多数企业在葡萄酒文化建设方面还缺乏足够的认知。

第六章

酿酒葡萄概述

"葡萄酒百分之九十的风味来自葡萄品种。"

——英国著名品酒师 詹茜·罗宾逊

第一节 葡萄的分类与结构

一、葡萄的分类

葡萄是多年生藤本攀缘植物,属于世界上最古老的果树之一。全世界有 8000 多种葡萄,但用于商业酿酒的仅百余种。

(一)根据栽种方式分类

根据栽种方式,葡萄分为野生葡萄(山葡萄)和栽培葡萄(家葡萄)两大类。野生葡萄自然生长于山野,非人工栽培;栽培葡萄是指人工栽培的葡萄,是人们长期以来对野生葡萄进行选育、驯化、嫁接的产物。瑞士葡萄基因研究专家、波尔多葡萄酒学院教授 José Vouillamoz 研究表明,我们所饮用的葡萄酒中,有 99.9% 都是用欧亚葡萄(Vitis Vinifera)的后裔酿造的。

野生葡萄和栽培葡萄的区别在于其花朵的性别:大部分野生葡萄藤是雌雄异株,只有一小部分是雌雄同株;而栽培葡萄是雌雄同株,极少部分是雌雄异株。

(二)从用途上分类

从用途上,栽培葡萄可分为鲜食葡萄、酿酒葡萄、制罐葡萄、制汁葡萄和制干葡萄等。鲜食葡萄也称为水果葡萄,一般作为水果供人们食用;酿酒葡萄是酿酒专用的品种,在市场上很难见到。

酿酒葡萄和鲜食葡萄有什么不同? 一般来讲,鲜食葡萄的果粒大、汁多、产量高;酿酒葡萄一般果粒小、皮厚、产量受到严格控制。鲜食葡萄也可以酿酒,只不过所酿的葡萄酒品质不高;酿酒葡萄也完全可以食用,只不过皮厚、籽多、汁少。有些葡萄(如龙眼葡萄、玫瑰葡萄)既可鲜食又可酿酒,属于兼用品种。

酿酒葡萄究竟有多少种? 英国葡萄酒大师简西丝·罗宾森主编的《Wine Grapes:a

complete guide to 1368 vine varieties including their origins and flavours》(酿酒葡萄 1368 个葡萄品种以及它们的起源与风味完全指南)一书中,列出了 1368 种葡萄,但实际上常用于商业酿酒的仅百余种。

(三)从颜色上分类

从颜色上分类,葡萄可以粗略地分为白葡萄和红葡萄两大类。白葡萄的颜色并不是白色,有淡绿色、青绿色、黄色等,可以用来酿制气泡酒、白葡萄酒等;红葡萄的颜色有黑、蓝、紫红、深红色等,一般统称为红葡萄,可用来酿造红葡萄酒或桃红葡萄酒,但并不绝对,红葡萄榨汁后也可以酿造白葡萄酒。

大部分红葡萄的果肉和白葡萄一样,基本呈无色或浅绿色,也有个别品种的葡萄果肉带有红色,但并不常见,这里不予讨论。

(四)从原产地上分类

从原产地上分类,葡萄可分为欧亚种群、美洲种群、东亚种群。

1. 欧亚种群

欧亚种群为栽培价值最高的品种,广泛分布于世界各地。欧亚种葡萄的抗寒性较弱,易染真菌病害,不抗根瘤蚜,抗石灰能力较强。在抗旱、抗盐及对土壤的适应性等方面,不同品种之间各有差异。

2. 美洲种群

美洲种群包括 28 个品种,多为强健藤木,生长在北美东部的森林、河谷中,仅有几种在生产和育种上有利用价值。美洲种群有美洲葡萄、河岸葡萄、沙地葡萄、伯兰氏葡萄等。

3. 东亚种群

东亚种群包括 39 种以上,生长在中国、朝鲜、日本、俄罗斯远东地区等地的森林、山地、河谷及海岸旁。中国约有 30 来种,如毛葡萄、山葡萄、刺葡萄等,可用作砧木、供观赏及作为育种使用。

二、葡萄的结构和成分

一穗葡萄的主干叫穗梗,枝干叫穗轴,在穗轴上分布着葡萄浆果。葡萄浆果包括果梗和果粒两部分,果梗中含有水、矿物质、有机酸(pH 为 4—5)、单宁和微量的糖(<1%),钾含量较高。单宁带有粗糙的收敛感和涩味,所以酿酒时一般要将果梗去掉。果实部分包括果皮、果肉和种子。图 6-1 所示为葡萄的结构和成分。

(一)果皮

果皮是由蜡质层、表皮和内皮层组成。

(1)蜡质层:也称为角质层,主要成分是油烷酸,具有防水作用。在葡萄酒酿造中,它所含的各种脂肪酸和固醇类物质有助于酵母和细菌的生长。

(2)表皮:蜡质层之下是表皮,带有皮孔。表皮中含有丰富的纤维素、果胶、色素、单宁和风味物质。

(3)内皮层:表皮之下是内皮层,或称表皮下层细胞。内皮层由 7—8 层厚壁细胞组成,它们的液泡中含有色素(花青素)、单宁和香味成分(游离态和结合态),是构成葡萄酒的特有

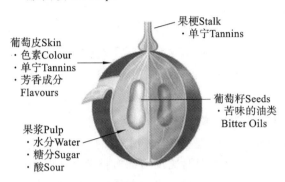

葡萄果实 The Grape

果梗 Stalk
· 单宁 Tannins

葡萄皮 Skin
· 色素 Colour
· 单宁 Tannins
· 芳香成分 Flavours

葡萄籽 Seeds
· 苦味的油类 Bitter Oils

果浆 Pulp
· 水分 Water
· 糖分 Sugar
· 酸 Sour

图 6-1 葡萄的结构和成分

成分。

果皮中的单宁比较细腻,是构成红葡萄酒结构的主要元素,不仅能够带来更多的层次感,而且使葡萄酒具有更好的陈酿潜力;果皮中还含有大量钾和微量元素,是红葡萄酒中矿物质元素的主要来源;果皮中的香味成分对酿造红葡萄酒或桃红葡萄酒至关重要。所以,在酿造红葡萄酒时,果皮中的成分和含量决定红葡萄酒的色香味。葡萄颗粒越小,果皮含量越高,所酿的葡萄酒风味就越好。

在果皮表面,还有一层粉末状物质,称为粉霜,其中有许多种微生物,包括野生酵母。现代葡萄酒企业在酿酒时要使用 SO_2 杀死这些微生物,然后再另外添加人工酵母。但在欧洲许多传统的酒庄,酿酒师不使用 SO_2 杀菌,坚持利用天然酵母,坚守古老的传统。

（二）果肉

内皮层之下是果肉,由充满果汁的大细胞组成。果肉压榨破碎时可以提供大量葡萄汁,主要含有水分、糖类、有机酸、氨基酸、矿物质元素、果胶及少量风味物质。果肉的 pH 最低,为 3.0—3.8。由于大量的钾存在于果皮中,所以果肉的酸和钾的含量之比较高。

（三）种子

种子中含有脂肪、涩味单宁等物质,是红葡萄酒单宁的来源之一。在带皮发酵的过程中,酒精可以促进种子中单宁和酚类的溶解。所以,酿造葡萄酒时应避免压破种子,防止油脂和涩味单宁进入葡萄酒中。

第二节　酿酒葡萄的主要品种

葡萄酒的品质与葡萄的品种密切相关,英国著名品酒师詹茜 · 罗宾逊(Jancis Robinson)认为,葡萄酒百分之九十的风味来自葡萄品种。

酿酒葡萄的品种很多,但最为常见的品种就那么几十个,它们占据了全球 99％ 的酿酒葡萄份额。其中"赤霞珠""梅洛""黑皮诺""霞多丽""雷司令"和"长相思"被称为世界六大酿酒葡萄,它们是酿酒葡萄中的明星,占据了葡萄酒市场 80％ 的份额。下面仅介绍几种典型的酿

酒葡萄。

一、酿造红葡萄酒常用的葡萄品种

红葡萄酒的颜色来自葡萄皮,葡萄皮颜色越深、色素含量越高,酿出的酒颜色越漂亮。因此,酿造红葡萄酒时必须选用深红色的酿酒葡萄,常用的有赤霞珠、梅洛、黑皮诺、品丽珠、蛇龙珠、佳丽酿、神索、西拉、歌海娜、佳美等。

(一)赤霞珠(Cabernet Sauvignon)

赤霞珠原产于法国,属欧亚种,是世界上最著名的红葡萄品种之一,几乎在全球所有主流产酒国都有种植,被誉为"红葡萄品种之王",拥有誉满全球而且生生不息的魅力。无论在哪里种植,产品都表现出个性独立、沉稳大方的气质。全球很多顶级的红葡萄酒是用赤霞珠酿造的,尤其是在法国波尔多左岸,美国和我国的红葡萄酒也主要是用赤霞珠酿造的。介于赤霞珠的重要地位,美国于2010年设立了"国际赤霞珠日",时间定为每年8月的最后一个星期四。

赤霞珠酿造的红葡萄酒呈宝石红色,单宁丰富、浓郁厚实、层次较多,有着长久贮存的潜质,堪称是经典的酿酒品种(见图6-2)。赤霞珠葡萄酒在年轻时具有黑醋栗、青椒、薄荷、李子等果实的香味,陈年后逐渐显现雪松、烟草、皮革、香菇的气息。

图6-2 赤霞珠葡萄和葡萄酒

由于赤霞珠红酒口感强劲,单宁厚重,所以有时要搭配梅洛、品丽珠等一起混酿,以柔化口感,增加酒的平衡度和复杂性,最典型的就是波尔多地区。波尔多五大顶级名庄(拉菲、玛歌、拉图、红颜容、武当)的葡萄酒,都是以赤霞珠为主要原料混酿而成。这些酒庄能在1855年的分级中名列一级酒庄,赤霞珠功不可没。不过,受当地土质结构和气候偏冷等因素的影响,波尔多地区新产的赤霞珠红酒涩度较大、口感生硬,需要较长时间的陈酿才可以达到柔和的佳境。

在智利、美国加州和南澳大利亚州等大部分新世界产酒地,因为有着充足的阳光,温暖的气候,赤霞珠可以充分地成熟,因此经常用其来单独酿酒,经过短暂的橡木桶陈酿就可以装瓶后饮用了。我国于1892年首次引种,20世纪90年代大量引进,现在在全国的葡萄酒产区广为栽培。

(二)梅洛(Merlot)

梅洛也称美乐、梅鹿辄、梅洛特,原产于法国的波尔多,属欧亚种,是世界上最流行、最受欢迎的葡萄品种之一。与赤霞珠、品丽珠一起,被称为法国波尔多的三大红葡萄品种。尽管风格多变,但其柔顺丰满之感得到大众的一致认可,被誉为"红葡萄品种之后"。我国最早于1892年将其引入山东烟台,20世纪70年代后又多次从法国、美国、澳大利亚等国引入,目前在我国主要葡萄酒产区均有栽培。

梅洛葡萄的果皮呈紫黑色,果粉厚、肉多汁、味酸甜,有浓郁青草味,并带有欧洲草莓的独特香味,适宜酿制佐餐葡萄酒(见图6-3)。

Merlot 梅洛

Black Cherry 黑樱桃　　Black Currant 黑醋栗　　Plum 李子　　Clove 丁香

图6-3　梅洛葡萄与葡萄酒的风味

和赤霞珠相反,梅洛葡萄酒的特点是酒质柔和、新鲜独特、果香甜美、容易入口,很受消费者的喜爱。波尔多著名的酒庄——柏翠酒庄(Petrus)的红酒就使用100%的梅洛酿造,产品带有红色水果(李子、草莓、樱桃等)的风味,陈酿后也可以发展出雪松和香草的气息,酒体丰满,酸度中等偏低,酒精含量高,单宁柔和,被誉为大众情人。

用过熟的梅洛所酿的酒还带有水果蛋糕和巧克力的风味。目前流行的做法是将梅洛尽量晚收,以便获得更深的颜色、更成熟的黑莓和李子的香气。有时使用橡木桶酿制,以获得更多李子干和巧克力的香气,以及增加酒体的厚度。

梅洛之所以受欢迎,还因为它早熟、鲜嫩且多产,除了用来酿制美味而柔滑的单品种葡萄酒外,也广泛用于和其他品种混酿。有赤霞珠的地方大多也种植梅洛,它们一起搭配可以酿造出经典的红葡萄酒。梅洛调配的赤霞珠葡萄酒,可以减轻赤霞珠较涩的口感,让酒味更加均衡,产品可以更早上市。

（三）黑皮诺(Pinot Noir)

黑皮诺是一个珍贵而娇嫩的葡萄品种,原产于法国勃艮第,属欧亚种,对气候非常挑剔,因此被誉为"葡萄中的公主""葡萄中的林黛玉"。公主也罢、林黛玉也罢,都是很难伺候的,但是"葡萄公主"所拥有优雅、高贵的气质,也是其他品种的葡萄酒所不及的。

黑皮诺能传达非常多变的风土特色,也能发展出优雅娇贵的迷人风味,因而能酿造出最为精致的葡萄酒。黑皮诺红酒常常带有樱桃、草莓、覆盆子、紫罗兰的香气,也有杏仁、湿土、雪茄、蘑菇以及巧克力的味道(见图6-4)。由于果皮较薄,所酿的葡萄酒颜色较浅、单宁较低,呈中等宝石红色,既没有尖酸也很少有单宁的苦涩,饮之如丝一般润滑。结构复杂,香气细腻,气质优雅,容易入口,回味甘美,适合在任何阶段饮用。

（四）西拉(Syrah,Shiraz)

西拉在某些产酒国被称为Syrah,在另一些产酒国被称为Shiraz,是世界上最古老的葡

81

图6-4 黑皮诺葡萄与葡萄酒的风味

萄品种之一,有人推测从波斯王朝时就已开始种植了。西拉也是一个让人非常喜爱的品种,在世界各地广为栽培,以法国罗讷河谷和澳洲最为著名。

西拉原产于法国,属欧亚种,一直以来都披着神秘的面纱,是法国两种古老品种的杂交种。果粒圆形,紫黑色,果皮中等厚,肉软汁多,味酸甜,有"小赤霞珠"之称。它是酿制干红、半干葡萄酒的良种,一般使用橡木桶陈酿。

西拉红葡萄酒呈紫黑色或深紫罗兰色,比赤霞珠颜色更深,蕴含的抗氧化物更多,有较好的陈酿能力,适合橡木桶熟成。酒品有明显的黑胡椒、黑莓、黑巧克力、覆盆子的风味和辛烈香,适合烧烤及野外就餐时饮用。

种植在冷凉气候中的西拉,通常会呈现出些许辛辣的口感,香料味道比较重,酸度较高,法国罗讷河谷地区的多是此类。而在炎热天气中成长起来的西拉,酒体更加饱满,单宁更加柔和,带有甘草、茴香的风味,拥有较重的浆果芬芳,甚至是果酱般的浓重甜香。澳大利亚多出产此类西拉葡萄酒,尤其是南澳地区。不管成熟度如何,西拉葡萄酒都会拥有相当强劲的余味。

（五）品丽珠(Cabernet Franc)与蛇龙珠(Cabernet Gernischt)

品丽珠与蛇龙珠都是欧亚种,原产于法国,是法国最古老的葡萄品种之一。虽然品丽珠、蛇龙珠和赤霞珠被誉为红葡萄中的三姊妹,实际上赤霞珠、梅洛和佳美娜都是品丽珠的后代。

品丽珠单酿的红酒结构较强,但比赤霞珠稍低,柔和爽口,酒体醇厚,单宁平衡,具有浓郁的果香,是酿造中高档红酒的优良品种之一。但不宜久藏,很少用于陈酿。紫罗兰气息是品丽珠红酒的典型特征,而冷凉产区的往往带有青椒味(见图6-5)。品丽珠很少单独用来酿酒,经常与其他品种混酿,以调配果香和色泽。在法国波尔多,赤霞珠葡萄酒也常用品丽珠来调和。

蛇龙珠葡萄果皮厚,呈紫红色,有较厚的果粉,味甜多汁,具有青草味。所酿的干红葡萄酒呈宝石红色,澄清发亮,柔和爽口,具有青椒、黑醋栗、覆盆子、红色浆果、胡椒、草本和蘑菇的典型香气。

二、酿造白葡萄酒常用的葡萄

白葡萄酒既可用白葡萄来酿造,也可用红葡萄压榨后的果汁来酿造,但实际上还是主要

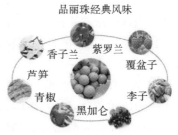

图 6-5　品丽珠葡萄和葡萄酒

用白葡萄酿造。最常用的品种主要有霞多丽、雷司令、长相思、白诗南、灰皮诺、白羽、贵人香和赛美容等。

（一）霞多丽（Chardonnay）

霞多丽原产于勃艮第,是黑皮诺与白高维斯的杂交后代,是全世界最受欢迎的白葡萄品种之一,被誉为"白葡萄品种之王"。霞多丽以酿造干白及气泡酒为主,风格多变,经得起木桶陈酿（见图 6-6）。

图 6-6　霞多丽葡萄与葡萄酒的风味

霞多丽也音译为莎当妮、查当尼、夏多内等,所酿的白葡萄酒呈淡黄色、禾秆黄色。受不同风土和酿造工艺的影响,霞多丽葡萄酒可以展现出多变的风格。产自凉爽气候环境的霞多丽,酸度较高、酒体轻盈,具有青苹果、梨子、柠檬等悦人的果香;产自温暖炎热地区的霞多丽,酒体丰满浓郁,带有香蕉、芒果、无花果等热带水果的风味。

霞多丽是白葡萄酒中极少数需要苹果酸-乳酸发酵的酒种,并且通常要经橡木桶中培养,苹果酸、乳酸与酒泥接触可以增加酒体和复杂度,使其香气和口感更加丰富和迷人,圆润醇厚。因此,风格多变和橡木风味成为霞多丽的一大特色。霞多丽不属于芳香性品种,但即使不经橡木桶熟成,也往往带有黄油和榛子的香味,充满活泼的朝气,同样讨人喜欢。

（二）雷司令（Riesling）

雷司令,又称薏丝琳、威士莲、丽丝玲、薏思林、白雷司令等,属欧亚种,原产于德国,是古老而高贵的晚收型白葡萄名种。

雷司令属于典型的芳香性葡萄品种,也有"白葡萄之王"之美誉。雷司令也是一种富于

变化的葡萄,酿造的葡萄酒风格多样,从干白、半干、半甜到甜酒,从平静酒、起泡酒、贵腐酒到顶级冰酒,各种级别都能酿造。漫长而寒凉的气候,造就了雷司令具有雅致的风味。全球最昂贵的白葡萄酒就是用雷司令酿造的 TBA 甜白。用其酿制的葡萄酒有时还带有令人费解的汽油味,被认为是雷司令的一大特点。

在德国、奥地利、法国的阿尔萨斯等较寒冷的产区,由于成熟期较长,风味物质积累较多,所酿的白葡萄酒为浅禾黄色,果香充沛,风味浓烈,口感圆润浓厚。用它酿制的甜白最有名,由于葡萄本身具有天然的高酸度,能很好地平衡酒中的甜腻感,使酒体丰满有层次,具有杏、蜂蜜、蜜饯、柠檬、姜和茉莉的香气,回味悠长(见图6-7)。

德国雷司令的常见风味

水果味
杏　桃子　蜂蜜
柑橘　汽油
陈年风味
烟熏

图 6-7　雷司令葡萄与葡萄酒的风味

酸度高是雷司令葡萄酒普遍的特点,一般不在橡木桶中熟化,具有原始纯粹的风格。酒精含量较低的特点,使得雷司令葡萄酒在酒杯中呈现悦人的光泽和丰富的香味。雷司令的陈年能力也较强,陈年后的雷司令葡萄酒虽然没有了最初尖锐的酸度,但口感更饱满、更复杂,令饮者经历多层次的味觉享受。据报道,有些雷司令葡萄酒经过上百年的窖藏仍然味美甘甜。雷司令的土壤特性也非常强,是一种能够反映风土特征的葡萄品种。

（三）长相思(Sauvignon Blanc)

长相思也称为白苏维翁、白索味浓。"长相思"这种古色古香的名字给人以美好的想象,"一日不见兮,相思如狂"。它本身的特性也没有辜负这个雅致的名字,天生丽质而带有一丝野性,让人无法拒绝它的魅力。最具特色的长相思产自新西兰,深受葡萄酒爱好者的喜爱。

长相思酿造的白葡萄酒颜色较浅,新酒近于水白色,有时呈浅黄色或略带绿色。最显著的特征是具有十足的酸度,比霞多丽的酸度略高,仅次于雷司令,酒体清香爽口,回味绵延。其次是具有热带水果的浓郁香气(见图6-8)。早采的长相思所酿造的白葡萄酒具有浓郁的青草气息;熟透时采摘的长相思所酿造的葡萄酒具有柠檬、青苹果或药草的香气,有时带有胡椒的气味。若采用低温浸皮法酿造,则常出现芒果和凤梨的果香。

适时早采,可酿造高质量的起泡酒;晚收时可能感染贵腐霉,可用来酿造贵腐酒。波尔多苏玳产区的苏玳葡萄酒,主要由赛美容和长相思调配而成,有时候添加密斯卡黛乐,能带来野生植物的气息。

三、酿造冰酒常用的葡萄品种

为什么要单独介绍酿造冰酒的葡萄呢?因为我国冰酒酿造的发展速度很快,从无到有,

图 6-8　长相思葡萄与葡萄酒的风味

只经过短短的十几年,就已成为世界冰酒的主要产区。冰酒属于晚收酒的类型,晚收型葡萄酒通常由晚收的葡萄酿造而成。

晚收葡萄,指的是葡萄成熟后不立即采摘,而是继续在葡萄树上停留一段时间,让葡萄果中的水分蒸发,葡萄汁浓缩,糖分和各种营养物质的浓度越来越高,主要用来酿造高糖、高酒精度的葡萄酒。但并不是任何一个品种都适合晚收,有些葡萄晚收后可能颗粒无收。

冰酒虽然属于晚收型酒,但人们往往将冰酒和其他晚收酒加以区分。因为冰酒原料葡萄的采收比一般的晚收型葡萄更晚,采收时间要求在历经冬季的第一次结冰期之后,这就要求品种葡萄能经得起寒冬的考验。只有那些长势强健、不惧严寒,即使枝蔓干枯萎缩,葡萄颗粒也不会脱落的葡萄品种,才能成为冰酒酿制的"御用葡萄"。

用来酿造冰酒的葡萄品种主要有:威代尔(Vidal)、雷司令(Riesling)、琼瑶浆(Gewurztraminer)、霞多丽(Chardonnay)、施埃博(Scheurebe)、穆思卡得(Muskateller)、米勒(Muller-Thurgau)、奥特加(Ortega)、白皮诺(Pinot Blanc)、灰皮诺(Pinot Gris)和北冰红等,其中应用最广泛的是威代尔和雷司令。雷司令已在上面作了介绍,下面主要介绍威代尔和北冰红。

(一)威代尔(Vidal)

威代尔原产于法国,属欧亚种,但在法国几乎绝迹。威代尔属于白葡萄品种,是由白玉霓(Ugni Blanc)和白谢瓦尔(Seyval Blanc)杂交而来,被称为"混血美人"。由于耐寒性强,是一种非常重要的晚收型葡萄,又被称为"冰雪女王"(见图6-9)。现主要种植于加拿大和美国东部,是酿造白冰酒的标志性品种。我国于2001年引入辽宁桓仁,此后北方许多地区开始试种。

(1)品种特点:颜色为黄绿色,果穗紧,平均穗重 436 g;平均粒重 2.08 g。

(2)酒品特点:威代尔酿造的冰酒,经常有菠萝、芒果、杏桃、蜂蜜、香草和橘子的浓郁香气。由于酸度相对较低,同雷司令相比酿成的冰酒更加甜腻。

(3)种植特点:威代尔的特点是非常耐寒,果皮厚,不易腐烂。成熟后通常会继续留在葡萄藤上三四个月,在历经冬季的第一次结冰期之后用来酿造优质的冰酒。

图 6-9　威代尔葡萄与葡萄酒

（二）北冰红

国际流行的冰酒都是白冰酒，没有红冰酒。北冰红是我国培育出的第一个用来酿造红冰酒的葡萄品种（见图 6-10）。

图 6-10　北冰红葡萄与葡萄酒

1. 品种特点

它以抗寒性强的东北山葡萄左优红做母本，以山-欧 F2 代葡萄品系 84-26-53 做父本，于 2008 年选育成功。北冰红葡萄成熟期短，蓝黑色，果皮较厚，果肉绿色，9 月下旬成熟，可延期到 12 月份采收。

2. 产品特点

北冰红所酿的干酒、冰酒酒质均好。冰红葡萄酒呈深宝石红色，具有浓郁的蜂蜜和杏仁的复合香气，酒精度在 12%vol 左右，总酸 11.40 g/L，总糖含量 55.80 g/L，干物质含量非常高，酒体丰满圆润，口感回味悠长。

3. 种植特点

北冰红具有一年壮苗、二年结果、三年丰产的特性，生长势、抗寒性和抗病性强，冬季不用下架埋土。目前，北冰红在吉林、内蒙古、黑龙江、辽宁、山东、山西、甘肃、青海、新疆、宁夏、西藏等冬季最低气温不低于－37 ℃的地区均有栽培，填补了山葡萄不能酿造高端葡萄酒的空白，为加速我国寒带地区葡萄酒产业的发展奠定了基础。

此外，还有许多优秀的葡萄品种，虽然国际影响力不大，但在当地相当重要，如西班牙的穆尔西亚、意大利的内比奥罗。近年来，酿酒师越来越乐于寻求新的品种来进行挑战。创新，永远在路上。

第三节　酿酒葡萄的种植

除了葡萄品种之外,种植的地理环境、气候类型以及葡萄园的管理也非常关键。我们常说:"一方水土养一方人。"在葡萄酒行业,也可以说"一方风土养一方酒",素有"葡萄酒是种出来的""七分原料、三分工艺"的说法。

在葡萄酒的旧世界,非常关注葡萄酒的"Terroir"(风土)。"Terroir"一词来自法语,是地理位置、土壤、阳光和气候条件的总体效果在葡萄酒风味中的体现。没有优质的"风土",就没有优质的佳酿。

一、地理条件

东汉思想家王充认为,"天有日月星辰谓之文,地有山川陵谷故谓之理"。一杯完美葡萄酒的诞生有赖于葡萄的品质,而葡萄品质与天文、地理、气候等因素密切相关。

(一)纬度

一般来讲,南北半球的温带地区比较适合酿酒葡萄的种植,葡萄园选址最适宜的纬度是北纬 30°—50°,南纬 30°—50°。关于纬度,不同的书上有不同的数值范围,大同小异。

位于北纬 30°—50°的葡萄酒产区主要有法国、意大利、西班牙、德国、葡萄牙、希腊、美国和中国北方的部分地区;位于南纬 30°—50°的葡萄酒产区主要有大洋洲的澳大利亚南部和新西兰,南美洲的智利和阿根廷,非洲的南非等。

赤道附近的地区由于气温太高,葡萄树生长太快,看起来枝繁叶茂,实际上浆果质量低下,有效成分不足;而靠近两极的地区由于过于寒冷,葡萄树难以成活。

在亚洲地区,纬度每升高 1 度,年平均气温降低 0.7 ℃。不同品种的葡萄,适合不同的生长环境,有的葡萄适宜在温暖的气候中成长,也有的宜在相对凉爽的地区生长。

(二)气候类型

即使在同一纬度,由于气候类型、海拔等因素的不同,气候也有很大的差别,这都是建葡萄园时要考虑的因素。法国的波尔多位于位于北纬 44°11′—45°35′,从纬度上看介于我国的长春和哈尔滨之间。但波尔多属于地中海型气候,春天气候温和,夏季阳光明媚,秋天气候适宜,冬天温和多雨,有着最适合葡萄生长的气候条件。波尔多历史上最低气温是 1985 年 1月的 −16.4 ℃;而长春和哈尔滨的冬天非常寒冷,最低气温可达 −40 ℃,并不适合一般酿酒葡萄的种植,只能种植山葡萄、威代尔、北冰红等少数耐寒品种。

(三)海拔

世界上大部分葡萄园的海拔高度在 400—800 m 的区域。近年来,由于温室效导致的气候变暖,葡萄种植区域的纬度和海拔都有所上移。据美联社报道,世界著名葡萄酒生产国——西班牙的气候正向"非洲化"发展,致使其三分之一的区域遭到沙漠化的威胁,葡萄酒生产商不得不考虑将葡萄园迁移到海拔更高的地带以躲避酷热。

西班牙萨拉戈萨大学的葡萄酒专家胡安·弗朗西斯科·卡卓(Juan Francisco Cacho)表

示,葡萄藤性喜阳光,但温度过高对葡萄的正常成熟是有害的。如果葡萄藤生长于海拔 820 m 以上的地方,那么就可以避免夏季热浪的侵袭。葡萄酒专家里奥尼·戈尔格(Lionel Gourgue)认为,葡萄本来一直就是种在山坡上的,但是在 20 世纪 80 年代我们犯了错误,四处种植葡萄。因此,转向更高海拔的地区是顺理成章的,更高海拔的葡萄藤也就意味着更好品质的葡萄酒。

我国酿酒葡萄种植区域的海拔变化范围较大,如河北昌黎朗格斯酒庄的海拔为 24 m 左右、山西太谷怡园酒庄海拔为 900 m 左右。在云南德钦产区,由于特殊的地理环境和小气候,葡萄种植基地大都处于海拔 1900—2400 m 的干热河谷地区。

（四）坡向和坡度

有一定坡度的葡萄园总能出产比较好的酒,这是因为坡地有利于排水。葡萄树耐干旱且土壤瘠薄,可以在相对不大的范围内发育根系,所以比其他果树更适宜在坡地上栽培。当然,坡度过大又会导致水土流失,葡萄园的管理也较为困难。因此,在种植葡萄时应优先考虑坡度在 20 度至 25 度的土地。

在地形条件相似的情况下,不同坡向的小气候对葡萄的生长也有明显的影响。在北半球,朝向东方或南方的葡萄园光照条件比较好,葡萄的品质就好。在勃艮第,位于向东或向南的山坡地带的葡萄园被列为"特等园"(Grand Cru);而在它的延伸地段,即坡度较缓、位置较低的葡萄园只能是"一等园"(Premier Cru)。

（五）水面的影响

西方的传统观念认为,看得见河流的地方才能酿出好酒。海洋、湖泊、水库、江河等大的水域,由于吸收的太阳辐射能量多,热容量较大,可以调节周围环境中的小气候,而深水反射出的蓝紫光和紫外线可以使浆果更好地着色。因此,临近水域的气候有利于酿酒葡萄的生长。法国、意大利、西班牙等国最著名的葡萄园大都位于地中海沿岸,而渤海湾地区也正是我国葡萄酒的主要产区。

20 世纪 70 年代以前,有人提出了葡萄园选址的"3S"原则:Sun(阳光)、Sand(沙砾)、Sea(海洋)。其实,这是西方葡萄酒酿造专家按照地中海地区的情况总结而出的,并不是放之四海而皆准的真理。不同的地理条件有不同的风格,远离海洋的地区照样能酿造出高品质的葡萄酒。如我国的宁夏、山西、甘肃等内陆的一些地区,虽然远离海洋,但也有独特的气候条件和土壤类型,同样能够酿造出具有自己个性特质的葡萄酒,这一点已被事实所证明。怡园酒庄、贺兰晴雪、莫高、银色高地等酒庄的酒已经在国际市场上崭露头角。

二、土壤类型

土壤是使葡萄酒产生独特香气的关键因素,被称为"立地条件"。佩林酒庄的酿酒师说:"土壤和葡萄藤根部的相互作用关系才是优质葡萄酒诞生的关键。葡萄酒的复杂度、品质和柔和度是对土壤和根部复杂关系的反映。"

许多评论家喜欢把土壤作为重要的因素进行重点阐述,同样的葡萄品种,在同样的气候条件下,因为土质的不同,葡萄酒可以表现出不同的风味。法国早期的白衣修士们用舌头来分辨土壤的成分,根据土壤类别确定种植什么品种的葡萄,酿造什么风味的葡萄酒。

（一）黏土

黏土（Clay）的颗粒较小，土质紧凑，保水性能好，是一种重要的底土。建葡萄园通常会选择含有石块、沙砾的黏土，以增加透水性、透气性。在这种土壤上种植的葡萄，带有天然的高酸和高单宁，可生产结构宏大的葡萄酒。

在波尔多右岸的波美侯（Pomerol）产区，以含有砾石和砂的石灰质黏土为主，一般水分较多、养分高。由于黏土土质较冷，温度相对较低，喜热的赤霞珠在右岸难以成熟。所以波尔多右岸一般不种赤霞珠，而种早熟的梅洛。在西班牙里奥哈（Rioja）和杜罗河谷（Ribera del Duero），不少高品质的丹魄（Tempranillo）也是种植在石灰岩含量高的黏土中。

（二）砂土

砂质（Sand）土壤中的颗粒物和石块含量多，保温性较好。与黏土含量高的土壤相比，它们储藏水分的能力相对较弱，一般需要灌溉，但对病虫害的抵抗能力较强。在气候凉爽的产区，砂质土壤出产的葡萄酒果香浓郁；在气候炎热的产区，所产葡萄酒颜色浅、酸度低、单宁含量少，如南非的斯瓦特兰（Swartland）。在梅多克产区，一些出色的葡萄园是含砾石的砂质土壤。

（三）火山土

火山土（Volcanic Soil）通常包括玄武岩、凝灰岩、灰质土和一些其他火山岩的碎片和沉淀，硅酸盐含量较高，还含有镁、铁、钾等多种元素。对于葡萄园来说，这种土壤比较肥沃；由于具有多孔性，排水性能较好，可以给葡萄酒带来独特的风土特性和强劲有力的风味。意大利的西西里岛（Sicily）和圣托里尼（Santorini）产区的很多葡萄园属于火山土岩土壤。

（四）石灰岩

石灰岩（Limestone）是以方解石为主要成分的碳酸盐岩，有时含有白云石，属于沉积岩的一种，由河流带来的钙质和贝壳、珊瑚等在海底沉积而成。石灰岩是一种质地较硬的土壤，葡萄不易扎根，但钙质含量高，丰富的养分可促进葡萄的长势，获得更多糖分。这种土壤的缺点是会令葡萄树出现缺铁性病变，因此需要针对性地进行施肥。图6-11为种植于石灰岩土壤中的葡萄树。

在法国的勃艮第，最优质的葡萄园位于金丘（Cote d'Or）的陡坡上，由黏土和石灰岩组成的土壤被当地人称为"Agilo-Calcaire"。夏布利（Chablis）产区的土壤是一种带有远古海洋生物化石的石灰岩土壤，赋予了葡萄酒独特的海洋和矿物气息。在澳洲的库纳瓦拉（Coonawarra），表层红土底下是白色的石灰岩，具有良好排水性，出产澳洲最好的西拉和赤霞珠。

白垩土（Chalk）也是石灰岩的一种，香槟产区的白垩土比一般的石灰岩透气性、透水性更好，质地更软，钙质含量高，能为葡萄带来足够的酸度。这种土壤在法国干邑（Cognac）和西班牙南部的赫雷斯（Jerez）雪利酒产区也很普遍。

（五）砾石

砾石（Gravel）是一种比较松散的土壤，在法文中叫"Graves"，有着绝佳的排水性能，干燥且营养较少，葡萄树不得不往深处扎根以寻找更多的养分。地表的砾石还能保存和反射

图 6-11　种植于石灰岩土壤中的葡萄树

热量,在白天可以吸收热量,帮助土壤保持水分;在晚上可以释放热量,加速葡萄的成熟,对增加葡萄的成熟度有良好的作用,能出产风味凝重、酒体厚重的葡萄酒。

波尔多左岸的葡萄园以砾石为主,一级名庄侯伯王酒庄(Chateau Haut Brion)的葡萄园布满了上古时期流传下来的砾石、鹅卵石土壤。罗讷河谷(Rhone Valley)的教皇新堡(Chateauneuf-du-Pape)、波尔多圣埃美隆(Saint Emilion)、新西兰马尔堡(Marlborough)等产区的一些优质葡萄酒,也都出自含有砾石的土壤。我国新疆吐鲁番盆地的砾质戈壁土(石砾和沙子达 80% 以上)经过改良后葡萄生长很好。在昌黎凤凰山、平度大泽山等一些大块的山石坡地上,采用换土改良措施,种植葡萄也很成功。

（六）花岗岩、板岩和片岩

花岗岩(Granite)、板岩(Slate)和片岩(Schist)也是岩石中的代表性土壤,但质地与石灰岩不同。它们排水能力好,有着丰富的矿物质成分,在一定程度上可以赋予葡萄酒独特的风味,但更加贫瘠。板岩和片岩常见于河谷或山谷边的葡萄园,如德国摩泽尔产区。

三、土壤评价

评价土壤好坏的一个重要方面,就是其持水性和渗水能力,而这一特性与土壤的物理、化学性质有关。砂土(矿粒直径 >2 mm)比黏土(矿粒直径 <2 mm)更有利于水分的渗透,而黏土则有利于腐殖质的形成和保持,提高土壤的含氮量及其他营养成分。因此在选择葡萄品种时,土壤至关重要。波尔多左岸砾石丰富,右岸则以黏土为主,促成了"左赤右梅"的局面。

（一）土壤通透性

酿酒葡萄宜种植于具有良好排水性和透气性的贫瘠土壤中。葡萄根系有着很强的纵深生长能力,如果土壤贫瘠,就迫使葡萄根系不得不尽力向深处延展,以求最大限度地吸收养分。因此,贫瘠的土质虽然会影响葡萄的产量,但却可以加强葡萄的颜色与香气,提高葡萄酒的品质,真所谓"寒门出贵子"。酿酒专家 Marc Perrin 说:"酿造优质葡萄酒不在于所使用的橡木桶,也不在于使用的酵母,而在于葡萄园的质量以及葡萄藤的根是否扎得够深。"

在法国波尔多的苏玳产区,最好的"风土"通常是贫瘠、干涸的土地,正是在这种土地上诞生了甜白葡萄酒。

（二）土层厚度

法国葡萄酒专家认为,土层厚度(即从表土至成土母岩之间的厚度)越大,则葡萄根系吸收养分的体积越大,土壤积累水分的能力越强。葡萄园的土层厚度一般以 80—100 cm 为宜。

（三）土壤的成分

土壤中的营养元素包括氮、磷、钾、钙、镁、铁、硼、锌、锰等,它们以无机盐的形态存在于土壤中,但只有在溶解状态才能为根系所吸收利用。由植物残体分解形成的土壤有机物质可促进形成良好的土壤结构,且是植物氮素供应的主要来源。葡萄生长在 pH 为 6—6.5 的微酸性土壤中较好,若酸性过大,生长显著不良;若在碱性比较强的土壤中,容易出现黄叶病。因此,酸碱度不适的土壤需要改良后才能种植。

土壤中硫酸钠、氯化钠及氯化镁等属于有害盐分,它们的积累可能使土壤盐碱化。但葡萄属于耐盐碱的植物,在苹果、梨等果树不能生长的地方,葡萄也能生长良好。土壤的钙质对葡萄酒的品质也有良好的影响,可使葡萄根系发育强大,有利于糖分积累和芳香物质增多。

虽然葡萄可以生长在沙荒、河滩、盐碱地、山石坡地等各种土壤中,但是土层较薄且其下常有成片砾石层时,又容易造成漏水漏肥。因此,必须权衡利弊,综合考虑。此外,处于表层的土壤,由于雨水、地震和人类活动的影响,土壤的成分变化频繁。因此,当研究葡萄酒的特点及其与土壤的联系时,相对稳定的底土与变化多端的表土都是需要考虑的因素。

宁夏贺兰山东麓的葡萄酒,凭借着独特的自然环境条件被国家市场监督管理总局确立为中国国家地理标志产品。但此地土壤过于瘠薄,有机质积累少,氮、磷、钾等大量营养素缺乏,常常造成葡萄产量低而不稳,成为限制酿酒葡萄生长发育的不利因素。此外,该区土壤 pH 一般均在 8.5 以上,不但影响产量,而且影响葡萄品质。因此,需要通过施肥特别是施用微量元素肥(指含有铁、锰、铜、锌、钼等微量营养元素的无机肥料)来增加土壤养分。

酒评中人们常常表达葡萄酒具有矿物质风味。其实,矿石本身并不具有味道,只不过品酒者在酒中捕捉到了与矿石及其周围环境相似的感觉,这种感觉主要来源于其周边的空气、水和表面覆盖的生物等,这些因素综合在一起形成了某种矿物质风味的感官印象。

四、阳光

"万物生长靠太阳",阳光是植物生长的必要条件。酿酒葡萄的种植需要充足的阳光,但直射的阳光可能会带来灼伤;斑驳的阳光效果最佳,但日照时间要足够长。最佳的情况是温暖而又不炎热的白天,凉爽但又不寒冷的夜晚。

叶幕微气候对葡萄的生长有重要影响,葡萄叶片通过光合作用将空气中的 CO_2 转化为碳水化合物,并释放出 O_2。在一年的生长周期中,有两个时期对阳光的需求特别重要,即花

91

期前后和转色期。如果这段时间阴雨绵绵，对葡萄的生长将有不利影响。

在阳光明媚的欧洲南部和气候宜人的加利福尼亚，该地区种植的葡萄几乎总有可靠的成熟度，它们的风味是"从天空中，以阳光的形式获得的"。在瑞士的拉沃梯田式葡萄园，沿日内瓦湖岸大约有30公里的葡萄梯田，包括500多公顷（1公顷＝10000平方米）的葡萄园和散落其间的14个小村庄，2007年其与法国波尔多同时入选世界文化遗产。当地人认为，拉沃地区的葡萄园被"三个太阳"宠爱着：一个在天上，炙热又慷慨；一个在水面，由波平如镜的湖水映射而成；一个在古老的石墙上，它在夜间散发着白天储存的热量。这些都是出产优质葡萄酒的重要因素。

在澳大利亚的阿德莱德，他们会说，"这里有法国的'风土'和澳大利亚的阳光。酿出来的葡萄酒，既浓郁，又优雅。"把阳光装瓶"是当地人对自己葡萄酒的评价。品酒时，有许多人把葡萄酒描绘成"玻璃瓶中的阳光"，称其可以喝出"阳光的味道"，葡萄酒"充满阳光的气息"。法国文学家雨果曾赞美瑞士沃韦的白葡萄酒"像一首古老的歌谣，携带着阿尔卑斯山泉水和日内瓦湖阳光的味道"。

"阳光"二字还常常镶嵌在葡萄酒的名字中，如"意大利阿吉拉斯酒庄阳光之岛红葡萄酒""西班牙桃乐丝阳光干白葡萄酒""阳光智利赤霞珠特酿干红"。在深圳，有"阳光葡萄酒俱乐部"；在北京，有"欧陆阳光葡萄酒有限公司"。

但愿我们的生活也充满阳光。

五、雨水

"雨露滋润禾苗壮"，葡萄树的成长也离不开雨水，但在错误的时间即使落下少量雨水也能摧毁一份佳酿。一般而言，在葡萄树生长的一年当中，只需要冬季储水，其他三季少下雨是最理想的，因为冬季的葡萄藤处于休眠状态。出于这个原因，葡萄酒人士非常关注葡萄酒产区的降雨状况，根据各个时期的活动积温和降雨量，就能预测出该年度葡萄酒的品质。

葡萄花小而娇贵，在花期遭遇大风大雨绝对是个悲剧。在成熟期，若遇到秋雨绵绵也是一场灾难，葡萄树的根系泡在水里会腐烂，微生物会引起葡萄霉烂。贵腐葡萄的生产仅仅是个例，它只能发生在一些特定品种、特定气候的条件下。

在干旱少雨的季节，葡萄藤会迫使根须往深处蔓延，这样就可以吸收更多土壤中的养分和矿物质。葡萄树的根系非常发达，构成了为葡萄树供应水分和营养物质的渠道。更多的晨雾和晚风，也会影响葡萄酒的风味。葡萄虽然耐旱，但特别干旱的气候对葡萄的生长也是一大威胁，毕竟水是生命之源。

我国的黄土高原十年九旱，春夏两季降雨量非常少，不利于葡萄的生长。如果过分干旱，可以滴灌补充水分。到了八九月份往往降雨偏多，特别是连阴雨，容易导致病虫害，应做好预防措施。在冬季，大部分产区降雨降雪偏少，所以要注意储水，使葡萄树在春季萌芽的时候有足够的水分。春季开花期、秋季转色与成熟期最好不要有大雨。

第四节　结　语

尽管所有的葡萄都可以酿酒,但并不是所有的葡萄都能酿出好酒。在葡萄酒行业,葡萄品种的选择永远是第一位的,"葡萄酒百分之九十的风味来自葡萄品种""葡萄酒的一切首先存在于葡萄品种当中"。酿酒葡萄是劳动人民在长期的酿酒实践中选育出来的优良品种,赤霞珠、梅洛、黑皮诺、西拉、佳美、歌海娜、增芳德被认为是红葡萄中的贵族,霞多丽、雷司令、长相思、赛美容、白诗南、玫瑰香、西万尼、米勒等被认为是白葡萄中的贵族。不同品种的葡萄含有不同的果香成分,所酿的酒也具有不同的风味。

除了葡萄品种之外,第二位的影响因素是"风土"。《晏子春秋·内篇杂下》中写道:"橘生淮南则为橘,生于淮北则为枳,叶徒相似,其实味不同。所以然者何? 水土异也。"古人早就发现"水土"对果实品质的影响,而法国人所谓的"风土"就类似于我国谈论的"水土",但比"水土"的内涵更多、内容更具体。在法国,酒农们对葡萄园的每一块土壤都给予很大的关注,"风土"(Terroir)一词是最常讨论的话题,已成为葡萄酒文化的一个重要组成部分。波尔多贵奥酒庄的庄主夫人说道:"我们的土壤分为 3 层,上面是泥土和岩石,中间一层是 10cm 的砂土,下面是黏土,这样的土壤能够吸收并留住水分。酿成的酒会兼有轻柔度、劲道和细致感,芳香清雅而且精致。"

不同的葡萄品种具有不同的农学特性,只有将其栽培在与之风土条件相适应的地区,才能够达到最佳匹配,进而酿造出优质的、具有个性特色的葡萄酒。韩国 SBS 电视台 2008 年曾播出一部以葡萄酒为题材的连续剧,名字就叫《Terroir》。

第七章 →

干红葡萄酒的酿造

"只有实地探索才能唤醒思维,推翻固有观念,使人明智,我们必须探索各种可能。"

——葡萄酒宗师　米歇尔·罗兰

第一节　干红葡萄酒的工业酿造

红葡萄酒的酿造方法很多,虽然原理是相同的,但不同的企业都有不同的工艺条件。特别是近几十年来,葡萄酒的酿造工艺处于不断探索、不断发展当中。总体上看,大致可分为传统方法和现代工业方法。在葡萄酒的旧世界,传统方法受到推崇和保留;而在葡萄酒的新世界,大都采用现代工业方法生产。现代工业化方法和传统方法酿造干红葡萄酒,大致可分为葡萄浆的制备、酒精发酵(前发酵)、苹果酸-乳酸发酵(后发酵)、陈酿熟化、后处理等几个阶段。

一、原料的机械处理

对葡萄原料进行机械处理的工序如图 7-1 所示。

红葡萄 ——采收→ 分选 ——除梗/破碎→ 葡萄浆

图 7-1　原料的机械处理工序

（一）葡萄的采收与分选

葡萄采收后要尽快送到加工地点。为了保证葡萄的新鲜度和土地的风味特征,葡萄酒厂一般都建在葡萄园里。在收购时要检测葡萄的含糖量,并予以分级、过磅、记录。

葡萄的分选,是指对其中的霉烂果、生青果以及葡萄叶、铁丝等杂物进行剔除,这是葡萄从农产品转化为工业产品的第一步,也是入罐前对葡萄质量控制的最后环节,对保证葡萄酒的潜在质量具有重要作用。

（二）除梗和破碎

采收、分选后，葡萄将通过除梗破碎机进行除梗、破碎。破碎时尽量避免使用铁、铜、铝制的工具，以免与葡萄汁接触发生金属的溶解，带来铁破败病、铜破败病等，影响葡萄酒的品质；一般使用不锈钢、硅铝合金，或者硬木等材料。破碎时要避免压破种子，因为种子中含有大量油脂、劣质单宁和糖苷，会给酒体带来苦味、涩味和麻味。葡萄梗含有青梗味、苦涩味等物质，除梗可以提高葡萄酒的品质，使之更加柔和圆润；葡萄梗还可以固定色素、吸收一部分酒精，所以除梗可以提高酒度和色素的含量。但在某些产区，如果葡萄单宁不足，就会只除去部分果梗，使葡萄皮和部分果梗一起混合发酵，用以补充葡萄酒中的草木芳香和单宁的不足，并有利于皮渣的压榨。

破碎的目的是充分释放出果汁，以便进行发酵。一般而言，要求尽量提高果粒的破碎率，最好使每一粒葡萄都破碎。但若要生产新鲜的果香型红葡萄酒，也有不破碎或部分破碎的发酵工艺，如保留 10%～30% 的整粒葡萄，在 CO_2 的浸提作用下，使葡萄皮中的芳香物质更多地释放出来，该法称为"CO_2浸渍酿造法"。传统方法生产红葡萄酒不需添加 SO_2 和果胶酶；现代工业生产时，要在破碎装罐时立即添加 SO_2，并添加果胶酶分解果胶。

二、装罐并进行生化处理

经原料的机械处理后，将葡萄浆装罐并进行生化处理的工序如图 7-2 所示。

葡萄浆 $\xrightarrow[+SO_2、果胶酶]{装罐}$ 封闭式倒罐 $\xrightarrow{+酵母}$ 开放式倒罐 $\longrightarrow$ 开始酒精发酵

图 7-2　装罐并进行生化处理工序

（一）装罐并进行 SO_2 处理

破碎后的葡萄浆通过泵送到发酵罐，装罐时立刻添加 SO_2。SO_2 处理应该在发酵触发前进行，一边装罐，一边添加。装罐时，葡萄浆不能超过发酵罐容积的 80%。

装罐完毕后进行一次封闭式倒罐，使 SO_2 与发酵基质混合均匀。SO_2 用量视葡萄的健康状况而定，一般为 30 mg/kg；若要进行苹果酸-乳酸发酵，SO_2 的浓度应小于 60 mg/kg。

（二）果胶酶处理

葡萄中含有大量的果胶，果胶的存在会导致出汁率低、发酵困难、不易分离等问题。果胶酶是一种复合酶，其作用是分解葡萄醪中的果胶质，使之有利于葡萄皮的浸提和葡萄汁的澄清，提高出汁率和品种香，稳定葡萄酒的颜色。商业化的果胶酶当中，常含有糖苷酶，可以水解以糖苷形式存在并结合态芳香物质，释放出游离态的芳香物质，从而提高葡萄酒的香气。

果胶酶使用前要进行活化，并尽快使用，不宜久存。

（三）添加酵母

工业化酿造葡萄酒时，经过 SO_2 处理 24 小时后添加酵母，以防止出现还原味。添加酵母菌群的数量要足够大，每毫升不低于 10^6 个单位。酵母在使用前要进行活化，并逐级扩大培养，然后加入发酵罐中，用量参照使用说明。添加酵母的方法有多种，见"拓展学习"部分。

目前有许多品种的酵母可供选择,这种活性干酵母已经过 SO_2 驯化,有一定的耐 SO_2 的能力。有人把这些酵母分为启动酵母、降酸酵母、增香酵母、增色酵母。启动酵母的抗酒精能力强,能使大量的糖快速的转化为酒精,并且副产物较少;降酸酵母能将苹果酸分解为酒精和 CO_2,起到降酸作用;增香酵母有利于提取果皮或果汁中的芳香成分,增加葡萄酒的发酵香;增色酵母有利于提取果皮中的呈色成分,增强红葡萄酒的颜色。

不同酵母的代谢途径不同,所以次级代谢的产物也不同。优良的酿酒酵母和非酿酒酵母的配合使用,有利于增强葡萄酒的品质和风味。此外,接种大量商业酵母,使其在数量上占绝对优势,也能抑制野生酵母的生长繁殖,从而发挥优质酿酒酵母的作用。

有些葡萄酒产区可能还要添加其他辅料。如果原料含酸量偏高,要进行降酸处理;如果原料含酸量偏低,还要进行增酸处理;如果含糖量不高,可能还要添加蔗糖。

（四）倒罐

装罐后的发酵基质中,溶解氧很快被氧化酶所消耗,留给酵母菌的氧就很少。在厌氧条件下,酵母菌生存和繁殖的主要因素是细胞中的固醇和不饱和脂肪酸,而这两者的生物合成必须有氧。所以,必须给发酵体系进行适当的供氧。供氧的最佳时间,是入罐后的酒精发酵前;供氧的方式一般是倒罐。

所谓倒罐,就是将葡萄汁从发酵罐底部的出酒口用酒泵送到发酵罐的顶部。倒罐可以是开放式的,也可以是封闭式的。所谓开放式倒罐,就是先把葡萄汁从发酵罐底部的出酒口放入一个中间的容器,然后再用酒泵送到发酵罐的顶部。开放式倒罐既可以通风供氧,也可以使发酵基质混合均匀。而封闭式倒罐是直接将葡萄汁从发酵罐底部泵送到发酵罐的顶部,其目的是使发酵基质混合均匀。

装罐后的第一次倒罐是封闭式的,经过 SO_2 处理后马上进行,目的是使发酵基质混合均匀。第二次倒罐是开放式的,在添加酵母、发酵顺利启动之后进行,一方面是为发酵体系通风供氧,有利于酵母菌的活动;另一方面可以使葡萄醪与添加剂混合均匀。此后,可以根据发酵的进展情况选择性地进行倒罐,防止表面的皮渣干燥。一般每天倒罐 1—2 次,每次倒罐量约为 1/3。若采用旋转式自动发酵罐,则不必再进行倒罐。

三、酒精发酵

（一）酒精发酵

葡萄原料经过机械处理、SO_2 处理、酶处理,并添加商品酵母后,就进入酒精发酵阶段。酒精发酵也称主发酵,是指葡萄汁中的糖分在酵母的作用下转变为酒精的过程。

$$C_6H_{12}O_6 \xrightarrow{\text{酵母菌}} CH_3CH_2OH + CO_2 + 98.5 \text{ kJ/mol} \tag{7-1}$$

在葡萄汁中,葡萄糖与果糖之比大约为 1:1,但葡萄糖比果糖更容易转化为酒精。主发酵期间要定时检测发酵温度和发酵液密度(或酒精度),绘制发酵曲线,并据此及时监控发酵温度。

红葡萄酒的发酵温度一般为 25 ℃左右,不应超过 30 ℃。在一定范围内,温度越高,发酵速度越快,色素的浸提速度也加快,但酒精产率降低。当温度超过 30 ℃时,酵母的活性降低,甚至可能死亡。酒精发酵时会产生大量热量,特别是大型的发酵容器,必须有降温冷却措施,把发酵温度控制在工艺要求的范围内。在一些温度较低的地区或者较冷的年份,如果环境温度太低(在 12 ℃以下),酵母菌的活动会受到抑制,此时还需要升温处理才能启动酒精发酵。

在主发酵阶段,既有酒精发酵,也有果胶的分解、葡萄皮中有效物质的萃取等物理、化学、生物过程。实际上葡萄一经破皮,就开始发生浸渍作用,葡萄皮中的色素、单宁、香味成分等物质得到萃取,葡萄汁的颜色逐渐加深,风味逐渐显现。

(二)循环淋帽

酒精发酵期间,除了温度的控制外,另一个因素就是氧的控制。随着发酵的进行,葡萄皮在 CO_2 的推动下,上浮形成皮渣帽,并引起体积膨胀和温度升高。此时,根据发酵的进展情况选择性地进行倒罐,防止表面的皮渣干燥。一般每天进行开放式倒罐 1—2 次,每次倒罐量约为 1/3。或者每隔 4—6 小时进行一次循环淋帽,每次 20—30 分钟。发酵后期,循环淋帽可以减少为 2—3 次/天。循环淋帽的作用如下:

(1)可以使发酵基质混合均匀;
(2)防止葡萄皮暴露在空气中发生霉变;
(3)有利于对葡萄皮中有效物质的浸提;
(4)为发酵液补充适量的氧气,有利于酵母菌的繁殖;
(5)可释放体系中多余的热量,防止温度过高;
(6)可以释放体系中产生的 CO_2;
(7)避免 SO_2 被还原为 H_2S 等。

97

四、分离压榨

随着发酵的进行,葡萄汁中的糖分转化为酒精,葡萄皮中的单宁、色素、芳香物质等许多成分被浸提,发酵基质的密度逐渐降低。对于干红葡萄酒,一般当发酵汁中残糖含量达到 5 g/L 以下,或密度降到接近水的密度 1.000 g/mL 时,表明主发酵基本完成,此时可以进行皮渣分离。

不经压榨分离出来的称为自流酒(也称为葡萄原酒),过滤后直接泵送至干净的储酒罐中,满罐储存,最好进行单独存放和管理。自流酒控干后,立即清理皮渣并对其进行压榨,得到压榨酒。压榨酒的质量远逊于自流酒,不仅苦涩,而且风味不足,既可以单独酿酒,也可以与自流酒混合,或者蒸馏皮渣白兰地(见图 7-3)。

图 7-3 分离压榨工序

红葡萄酒主发酵的时间,要根据葡萄品种、发酵温度、葡萄酒的类型等具体情况确定。年轻的、新鲜的佐餐红葡萄酒,一般 3—5 天;陈酿型红葡萄酒一般 5—7 天;也有的采取低温发酵 20 天左右。葡萄原酒的含糖量虽然已降到 5 g/L 以下,但其中的酵母菌还在继续活

动,使残糖含量进一步降低。

五、苹果酸-乳酸发酵

酒精发酵结束后,紧接着是苹果酸-乳酸发酵(苹-乳发酵),主要工序如图 7-4 所示。

$$葡萄原酒 \xrightarrow{苹-乳发酵} 转罐分离 \xrightarrow{+SO_2} 稳定、澄清 \longrightarrow 生葡萄酒$$

图 7-4 苹果酸-乳酸发酵工序

(一)苹果酸-乳酸发酵

苹果酸-乳酸发酵也称为后发酵,主要是指在乳酸菌的作用下将苹果酸分解成乳酸的过程,是提高红葡萄酒质量的重要工序。进行苹果酸-乳酸发酵时,温度控制在 20—25 ℃,总 $SO_2 \leqslant 60$ mg /L。

$$\underset{\text{L-苹果酸}}{\begin{array}{c}COOH\\|\\CH_2\\|\\H-C-OH\\|\\COOH\end{array}} \xrightarrow[\text{苹果酸-乳酸菌}]{-CO_2} \underset{\text{L-乳酸}}{\begin{array}{c}CH_3\\|\\H-C-OH\\|\\COOH\end{array}} \qquad (7\text{-}2)$$

苹果酸-乳酸发酵的作用:①将苹果酸分解成乳酸,可以起到降酸作用,葡萄酒 pH 上升,同时也会导致酒的颜色由紫红向蓝色色调的转变;②增加葡萄酒细菌的稳定性,避免以后发生二次发酵;③乳酸菌还可分解葡萄酒中的柠檬酸,生成乙酸、双乙酰及其衍生物等风味物质;④乳酸菌的代谢活动,改变了葡萄酒的醛类、酯类、氨基酸和维生素等微量成分的浓度以及呈香物质的含量。这些风味物质的含量如果在一定的阈值之内,可以修饰葡萄酒的风味;但如果超过一定的阈值,也会带来不良风味。苹果酸-乳酸发酵中,乳酸菌利用了与 SO_2 结合的羰基类化合物,同时释放出部分游离的 SO_2,游离的 SO_2 可以与花色苷结合,也能够降低酒的色度。所以,苹果酸-乳酸发酵可以使红葡萄酒的颜色变得老熟。

当葡萄原酒中苹果酸含量小于 0.1 g/L 时,可以认为苹果酸-乳酸发酵过程已经结束,一般需要 15—30 天,所需时间的长短既与乳酸菌的活性有关,也与发酵温度有关。其实,苹果酸-乳酸发酵过程在葡萄破碎后的浸提过程中就已经开始,在皮渣分离后仍然在继续进行,应该避免分离后发生中断。

苹-乳发酵是红葡萄酒酿造中的一个重要环节,红葡萄酒的酿造一般都要进行苹-乳发酵。通过苹-乳发酵能够降低葡萄酒的酸度、提高葡萄酒的生物稳定性、增加葡萄酒的复杂性、改善葡萄酒的风味。

(二)转罐分离并添加 SO_2

后发酵完成后,乳酸菌的存在也可能引起葡萄酒的病害,继续活动将分解酒石酸、甘油、糖等,引起酒石酸发酵病、苦味病、乳酸病、油脂病、甘露糖醇病等,这时的乳酸菌由有益菌变成有害菌。所以,苹果酸-乳酸发酵完成后,应该立即进行 SO_2 处理。

首先进行一次转罐,分离出葡萄酒;同时添加 50—80 mg /L 的 SO_2 以杀死乳酸菌和酵母菌。发酵全部完成后,必须杀死葡萄酒中所有的微生物。此时所得为生葡萄酒。

六、葡萄酒的成熟和稳定

(一)红葡萄酒陈酿期间的主要反应

生葡萄酒口感粗糙、酸涩,还需经过一段时间的储藏陈酿,才能逐渐熟化,颜色更加稳定,口感柔顺协调。发酵属于生物化学阶段;陈酿属于物理化学阶段,极少数情况下还会有酶反应和细菌活动。

储藏陈酿期间,会形成大量沉淀。首先,葡萄酒中的酒石酸与钾离子结合,形成酒石酸氢钾,随着贮存温度的降低,结晶析出酒石;其次,是多酚物质中的小分子单宁互相聚合发生絮凝反应形成沉淀;最后,红酒中的花青素本身不稳定,能与单宁、酒石酸、糖等结合形成复合物,随着时间的延长,逐渐形成沉淀,红葡萄酒的颜色变浅。

在陈酿过程,葡萄酒要发生一系列氧化、还原反应和酯化反应,使酒的香气向更平衡、协调、浓郁的方向转化,有利于"酒香"的产生,但品种香逐渐降低。酸与醇进行的酯化反应,也是陈酿过程中最重要的反应之一。酯化速度很慢,又是一个可逆反应,在常温下,达到平衡一般需要 3 年时间。陈酿期间,需要微量的氧的参与。使用橡木桶陈酿时,氧气通过渗透作用与葡萄酒发生微氧化,有利于葡萄酒的成熟。在缺氧状态下,可能出现还原味。

顶级的勃艮第黑皮诺葡萄酒,使用橡木桶熟成后则拥有数十年的陈酿潜力。赤霞珠、西拉、蛇龙珠、品丽珠等葡萄品种酿制的红葡萄酒,经过长时间的陈酿才能骨架完美,获得最佳的口感。顶级的赤霞珠葡萄酒,可以陈放数百年。为了让葡萄酒变得绵软适口、口味协调,一般都需要经过贮藏陈酿。

(二)并不是所有的红葡萄酒都需要木桶陈酿

并不是所有的红葡萄酒都需要陈酿,佳美葡萄酿造的博若莱新酒就不需要陈酿,在当年 11 月的第三个星期四就可以上市。红玫瑰香、梅洛等葡萄,只适合酿造新鲜的、果香浓郁型的红葡萄酒,当年的产品只需要半年的陈酿期,就可以进行澄清处理后上市销售,在第二年葡萄季到来之前要全部销完。黑皮诺葡萄一般也不具有窖藏能力,适于 3—5 年内饮用。

七、澄清处理与冷处理

为了加速葡萄酒陈酿过程中的沉淀和絮凝反应,工业上往往要进行下胶、冷处理等工序。

(一)葡萄酒的澄清处理

澄清处理的目的是除去葡萄酒中的某些不稳定组分,分为自然澄清和人工澄清。

在储藏和陈酿过程中,一部分物质可以逐渐沉淀于容器底部,葡萄酒变得越来越澄清,再通过转罐的方式把酒脚分离,这就是葡萄酒的自然澄清过程。但单纯依靠自然澄清,还达不到商品葡萄酒装瓶的要求。因为葡萄酒属于胶体分散体系,除了缓慢沉淀的固体物质外,还有一些胶体物质以溶解的状态存在。胶体具有不稳定性,会发生聚沉,一些色素和单宁也会发生反应生成不溶物,继续引起葡萄酒的浑浊,所以为了不在销售中产生沉淀,在工业上还要做进一步的人工澄清处理。

99

下胶是澄清处理的常用方法之一,即往葡萄酒中加入下胶剂,利用胶体聚沉原理除去酒体中的一些不稳定组分。下胶剂有蛋白类、土类、有机合成高聚物等。常用的蛋白类下胶剂有蛋清、酪蛋白(来源于牛乳)、明胶(来源于动物组织)、鱼胶(来源于鱼鳔)等;土类下胶剂有硅藻土、膨润土(皂土)等;有机合成高聚物主要有尼龙和聚乙烯吡咯烷酮(PVPP)。蛋白类胶体在葡萄酒内能形成带正电荷胶体分子团,与葡萄酒中的胶体发生聚沉作用;膨润土、PVPP等可吸附单宁、色素、蛋白质、金属复合物,与之发生絮凝反应而沉淀。下胶结束后,通过过滤将沉淀分离除去。

下胶是用人工方法加速红葡萄酒的澄清过程。下胶剂的量,应通过小型试验来确定,下胶剂过量的葡萄酒也是不稳定的。红葡萄酒下胶的效果,一方面取决于红葡萄酒的温度,最好在 20 ℃左右,如果温度超过 25 ℃,下胶的效果就减弱;另一方面取决于红葡萄酒中单宁的含量,如果单宁不足,有时还需要往红葡萄酒中补加单宁,而后再进行下胶。

下胶之后澄清的红葡萄酒,经过一定时间的存放,还会发生浑浊、产生沉淀。如果发生在装瓶以后,会影响葡萄酒的销售,还必须通过一定的工艺处理,才能使红葡萄酒在尽量长的存放阶段保持澄清和稳定。

(二)葡萄酒的冷处理

大部分物质的溶解度随温度的降低而下降。为了加速沉淀过程,常将葡萄酒进行冷处理。冷处理的方法有三种:直接冷冻、间接冷冻和快速冷冻,其中以快速冷冻为佳。

冷处理温度要求在葡萄酒的冰点以上 1 ℃,不许结冰,冰点 $T(℃)$的计算公式如下。

$$T=-\frac{酒度-1}{2}+0.3 \tag{7-3}$$

冷处理时间应根据冷冻方式、所用设备的不同而定。一般在该温度下冷处理 7—8 天即可;有时冷处理 10—15 天,可以使晶体变大,易于过滤。冷处理时,要求酒在冷冻罐内各部位的温度一致。冷处理完毕后,应在同温下趁冷过滤。

冷处理的作用:①可以促进酒石、铁盐、磷酸盐、单宁酸盐、色素和不稳定胶体物质的沉淀,对提高瓶装葡萄酒的稳定性效果特别显著;②由于冷处理时氧气在葡萄酒中的溶解度增加,可以加速葡萄酒(特别是新酒)的陈酿,使葡萄酒的生青味、酸涩味减少,口味更加协调,越是酒令短的新酒,冷却改善感官质量的效果就越明显。

但是,冷处理也有副作用,使葡萄酒中的浸出物含量下降,营养成分下降。传统的观点认为,对葡萄酒的人为干预越少,葡萄酒的风味越好。

(三)葡萄酒的其他处理

葡萄酒不稳定的原因主要有微生物浑浊、氧化浑浊和化学浑浊等。如果葡萄酒存在化学性浑浊,如铁破败病、铜破败病等,还要进行一系列针对性的化学处理。

葡萄酒储藏时要及时添加 SO_2,使游离 SO_2保持一定浓度,可有效地防止葡萄酒的微生物浑浊和氧化浑浊。

八、稳定性试验、分析检测与感官评价

葡萄酒的稳定性试验包括酒石稳定性、色素稳定性、蛋白稳定性、金属离子稳定性、生物

稳定性等，其中，生物的稳定性检验可以延续到除菌过滤之后进行。

干红葡萄酒装瓶前的理化检验项目主要有酒度、糖、总酸、挥发酸、pH、Fe^{3+}、Fe^{2+}、游离 SO_2、总 SO_2、CO_2、苹果酸、氧化试验、微生物检验等，如果各项指标都合格，再经过感官品尝，才能进入装瓶过程。

九、过滤和灌装

过滤一般为两次，先进行澄清过滤，再进行除菌过滤。除菌过滤一般采用膜过滤或除菌板过滤。在灌装之前，必须对酒瓶、软木塞、过滤机、压塞机、灌装机等设备进行杀菌消毒，质量检测合格才能使用。软木塞瓶装的程序一般包括送瓶、洗瓶、干燥、灌装、压塞、套帽、贴标、喷码、装箱等工序。一般葡萄酒厂都采用装酒机灌装，小型的葡萄酒厂也可采用手工灌装。封口方式既可采用软木塞封口，也可采用螺旋盖封口。

为防止装瓶过程中发生氧化和促进形成瓶内的还原醇香，红葡萄酒中游离 SO_2 的浓度要求在 10—30 mg/L，一般在装瓶前 SO_2 的浓度已低于此范围，需要根据检测结果补加 SO_2。但成品葡萄酒的总硫含量应不大于 250 mg/L。

十、葡萄酒的瓶储

有时，商品葡萄酒还需要在适当的环境中经历一段时间的瓶储阶段，才能在市场上销售。葡萄酒在装瓶后仍处于一个缓慢熟化的过程，特别是高档葡萄酒，随着储存时间的延长，质量趋向巅峰。但是，只有把葡萄酒储存在适当的环境中，这种熟化的过程才会顺利进行。葡萄酒的瓶储要注意六个方面：温度、湿度、光线、震动、异味和放姿。

存放温度是影响葡萄酒品质最重要的因素，一般干红葡萄酒为 16—20 ℃，半甜、甜型红葡萄酒储存温度为 14—16 ℃，干白葡萄酒为 8—10 ℃，如果是香槟（起泡葡萄酒），则在 5—9 ℃为宜。葡萄酒最适宜保存的湿度在 70% 左右，湿度太低，软木塞会变得干燥收缩，影响密封效果；湿度过高，软木塞容易发霉，酒标容易腐烂。

葡萄酒应避免光照，光线容易造成酒的变质，所以最好存放在酒窖或者葡萄酒恒温酒柜。震动对葡萄酒也有损害，会扰乱酒体中的分子结构，让酒变得粗糙，尤其是年份老酒，应尽量避免震动。葡萄酒也不宜和其他有异味的物质一起存放，软木塞是葡萄酒的一个"呼吸器官"，异味会透过木塞影响酒质。葡萄酒瓶应平放或斜放，使软木塞长期与葡萄酒接触以保持湿润，防止空气进入导致葡萄酒氧化。

第二节　传统酿造的理念与特点

传统的观点认为，在葡萄酒的酿造中应该尽量减少人为的干预，遵从自然，酿造原生态的葡萄酒。在葡萄酒的旧世界，一些顶级的葡萄酒仍然使用传统方法手工酿造，其品质优良，价格高昂，属于珍藏品，是拍卖市场的常客。

一、脚踩葡萄

葡萄的分选与工业酿造相同，有些高档葡萄酒的酿造，要求对葡萄进行粒粒精选。除梗

一般采用除梗机,葡萄的破碎采用人工破碎。人工破碎主要采用脚踩的方法,称为"踏浆"。脚踩葡萄是一种非常古老而传统的破碎方式,在古埃及时期就存在,据说可以酿制出香醇味美的葡萄酒(见图7-5)。

图7-5 古埃及壁画:踩踏法酿造葡萄酒

在欧洲古老的葡萄酒酿造工艺中,也有"美女踩葡萄"的习俗。将收获的葡萄丢入大木盆里,选出当地的美女站在木盆里来回踩动,伴随着欢快的音乐,葡萄汁液在阳光下飞溅,预示着光明和美好。其实,踩葡萄的不光有少女,还可能有大叔(见图7-6)。

(a) (b)

图7-6 欧洲古代的踩踏工艺

即使到了现代,有些国家仍然沿用传统的踩踏工艺对葡萄进行破碎(见图7-7)。

脚踩葡萄可以实现轻柔的破碎,据说法国波尔多红葡萄酒中,经过人工踩踏工艺酿造的红酒只占1%,这是红葡萄酒中的极品,价格十分昂贵。酿酒师们说:"顶级葡萄酒就是用这样的传统工艺酿制而成的。"不过,为了提高生产效率,现在也采用破碎机破碎。

二、使用野生酵母自然发酵

将破碎后的葡萄浆装进洁净、干燥的发酵容器中,既不使用SO_2灭菌,也不添加果胶酶和商品酵母,让葡萄浆在野生酵母等微生物的作用下自然发酵。

葡萄皮表面附有多种微生物,当发酵启动后,酿酒酵母迅速繁殖,很快成为占绝对优势

(a)　　　　　　　　　(b)

图 7-7　现代仍然沿用的踩踏工艺

的菌群,直到完成整个发酵过程。购买葡萄酒时,如果酒标上有"Wild Yeast"的字样,就意味着使用的是天然酵母。

传统方法酿造红葡萄酒,由于不使用 SO_2 杀菌,因此不需要人工接种活性乳酸菌,只要在皮渣分离后,控制发酵温度在 18—20 ℃,后发酵就持续进行。如果温度适宜,两至三周后,后发酵基本可以完成,酒液变得比较清澈。对于酒脚,主要通过静置使其自然沉淀,然后将酒液过滤分离。

三、不进行过多的稳定性处理

为了保证葡萄酒的稳定性,工业酿造葡萄酒时要经历许多次的稳定性处理。传统的观点认为,某些稳定性处理的操作并不是必需的。处理次数的增加,不仅提高了生产成本,而且影响最终的产品质量。他们认为,工业葡萄酒所经历的稳定性处理是如此之重,以致当它们装瓶后已经是精气神尽失的状态。对于微生物稳定性很好的干酒来说,无菌过滤也不是必要的。

对于酒瓶中沉淀的出现,他们认为是非常正常的。沉淀本来就是葡萄酒成分的一部分,名庄陈酿型红葡萄酒出现沉淀物是年份的证明。酿酒师们常常开玩笑说"瓶中不仅有喝的,还有吃的"。但如果将沉淀倒入酒杯,必然影响饮用时的外观和口感。因此,在开瓶后要用过酒器或通过换瓶操作将沉淀分离。

四、追求葡萄酒的典型性

葡萄酒的风格也称为典型性,它是一种葡萄酒区别于其他葡萄酒所独有的个性,是葡萄酒品质的一个要素。葡萄酒本来就是一种个性化产品,应该具有地域特色。

在葡萄酒的旧世界,具有悠久历史的酒庄崇尚传统酿造,鄙视工业化酿造方式。典型的例子如出产顶级好酒的勃艮第,许多著名酒庄仍在利用天然酵母酿造葡萄酒,产品具有极好的口感。他们没有新世界葡萄酒产区的那种现代化厂房,没有现代化的流水线,没有先进的电脑控制系统,没有精密的化学分析仪器,也不接受"Winemaker"(酿酒师)这样的词汇,他们更愿意把自己的身份定位于"Viticulteur"(葡萄种植者),依然沿袭着几个世纪以前的生产

方式。工业化生产的葡萄酒由于按照统一的、规范的程序进行,如同肯德基或麦当劳,同质化严重,失去了葡萄酒应有的典型性。

在勃艮第人的意识形态里,土地和年份才是最重要的,你只要忠实地把土地的性格、年份的特征反映出来就可以了。正如奥贝尔·德维兰所说:"酿造罗曼尼康帝的是土壤,你必须像黑皮诺葡萄一样,只是风土的一位传递者。"当然,酿酒师的水平也非常关键,要掌控发酵的每一个阶段,并能针对发酵中出现的状况随时采取相应的措施。

第三节　家庭自酿红葡萄酒

近年来,家庭自酿葡萄酒已逐渐成为一种时尚,既陶冶情操,又丰富物质生活,还没有化学添加剂或购买到假酒的担心,但媒体上对自酿葡萄酒是否安全尚存在一些误解。本节在葡萄酒专业理论的基础上,结合笔者近年来的酿酒实践,对家庭自酿葡萄酒的工艺条件进行了分析与探讨。

一、自酿的葡萄酒一定有毒吗

在各种网络媒体上,经常出现"自酿葡萄酒有毒"为题的一类文章,不仅标题骇人听闻,而且内容也"头头是道"。这究竟是为了博取眼球,还是为了提高网站的点击量?不得而知。其实,关键点不在于"自酿",而在于是否掌握了自酿的有关技术。这就如同说:"自己做的饭不能吃,吃饭必须去饭店"一样可笑。当然,如果你对做饭一窍不通,所做的饭可能就是不能吃。

早在2014年2月8日,《成都商报》记者陈惠、傅颖聪就以《自酿葡萄酒大多是安全的》为题作了回应,现将部分内容摘录如下:

"葡萄美酒,不但是杯中佳酿,适当饮用还能有益健康,不少市民选择自己酿造制作,近来网络热传:自酿的葡萄酒可能甲醇、农药残留超标,严重时可能致人失明、甚至死亡。"

"自酿的葡萄酒有毒吗?'商报实验室'征集了7份市民自酿的葡萄酒样本,和商品葡萄酒一起送往成都合泰农产品司法鉴定所。检测结果显示,所有8份样本的甲醇、农药残留均未超出国家标准。专家表示,加工前适当清洗葡萄,酿造中保持清洁,可以有效清除农残,并防止有害物质产生。"

"'可以说,大部分自酿葡萄酒是安全的。'中国农业大学食品科学与营养工程学博士、四川农业大学食品学院副教授周康告诉记者。"

现在,每年都会发生饮用"自酿的葡萄酒"而出现问题的。甚至由于不懂操作要领,在酿造期间发生爆炸事故致人受伤的。

二、自酿葡萄酒趣味无限

（一）我国自古就有自酿饮用酒的习惯

毛主席教导我们说:"自己动手,丰衣足食。"葡萄酒本来就是大自然的产物,自酿葡萄酒的历史与人类的历史同样悠久。中国家庭素有自酿黄酒、果酒的习惯。在东北,近山的农民采集山葡萄酿造葡萄酒已成为许多家庭的生活习惯;在山西、河北、山东等地,家庭酿造葡萄酒也很盛行。

在香港,有都市自酿酒(Urban Winemaking)和家中自酿酒(Home Winemaking)两种方式。"都市自酿酒"主要是指将都会区内的旧厂房改装成小型酿酒厂,然后从外面买回葡萄自酿;"家中自酿酒"则是将葡萄带回家里自酿,但规定酿酒人必须超过18岁。香港有一位绰号为"王子"的王先生,原来是跨国公司高管,在学习了葡萄酒的有关知识后,立刻在家动手自酿,并开设了"王子酒庄"。

(二)在国外,自酿葡萄酒也非常盛行

在格鲁吉亚,几乎家家自酿葡萄酒,已有几千年的传统;在纽约、旧金山、伦敦、澳大利亚和加拿大等地,自酿葡萄酒也非常盛行,有些酿酒人士还开办了俱乐部(见图7-8)。

图7-8 位于加拿大温哥华的濠苑酿酒俱乐部

在法国,人们更擅长家庭自酿,除了自家饮用和馈赠亲朋之外,不少家庭还参加社区、村落举办的酿酒大赛,或者在周末的跳蚤市场上出售自制的葡萄酒。一些家庭手工作坊自酿的葡萄酒驰名世界,是非常高档的葡萄酒。

(三)葡萄酒DIY渐成新时尚

在北京、上海、深圳等大都会,葡萄酒DIY这种既有趣又高雅的休闲方式,已成为时尚达人们较为推崇的休闲娱乐新风尚。社会上也涌现出多家自酿酒坊,如随缘自酿酒坊、梵雅红酒体验坊、快刀手酒坊、悠然自酿红酒坊等。

葡萄酒爱好者们利用周末和节假日,一起酿制葡萄酒,共度美好时光。当亲眼看着新鲜的葡萄变成各种红色的透明液体、散发出醉人的醇香时,这些"都市鸵鸟"疲惫的身心也得到真正的放松。人们通过DIY,自我欣赏、自我陶醉,享受劳动的成果、品尝成功的乐趣。葡萄酒DIY客观上也推动了我国葡萄酒文化的发展,让葡萄酒自酿逐渐成为科学、艺术与趣味的统一,既陶冶了情操,又没有化学添加剂或购买到假酒的担心。

　　我国著名葡萄酒专家彭德华先生就鼓励自酿,并出版了《葡萄酒自酿漫谈》一书。他认为,一些葡萄酒爱好者自酿葡萄酒,既可丰富生活、愉悦身心,又可陶冶情操、享受美好生活,这是一种自娱自乐的非商业活动,应该予以鼓励。只有更多的人懂得了葡萄酒,掌握了葡萄酒的基本知识,葡萄酒的发展才有坚实的基础。但前提是一定要掌握有关知识和技术,不能盲目胡来。

三、自酿葡萄酒的设备与工艺

(一)自酿的设备

　　酿酒所需的设备主要有发酵容器、过滤器具、贮酒容器、计量器具等。发酵容器建议采用玻璃、陶瓷、搪瓷、不锈钢材质,不能使用铁器、铜器、铝器等易腐蚀的材质。既可以利用家里的现有设备,也可以购买专业化的自酿设备。所用设备一定要清洗干净并晾干,在酿制过程中不能接触油污。

　　作为发酵设备,可以选用瓶口足够大的容器以便操作,市场上或药店里出售的泡酒罐是一种很好的选择;过滤器具可选用干净的纱布或者不锈钢网;贮酒容器可选用小口带盖(或瓶塞)的玻璃瓶、空酒瓶等。在整个酿造过程中不能与铁器、铜器、铝器、有毒的塑料制品等接触。此外,还应注意环境与设备的干净卫生,门窗要有纱帘,以防蝇虫的危害。

　　为了满足葡萄酒爱好者们的需求,有不少厂家推出了适合家庭使用的小型葡萄酒自酿设备,包括小型家用除梗破碎机、不锈钢酿酒罐、过滤机、小型橡木桶、打塞机等成套设备。使用这些专用的酿酒设备,再经过酿酒人的精心酿制,就可以酿制出纯正的原生态的精品葡萄酒。

(二)原料葡萄的选择

　　虽然所有的葡萄都可以酿造葡萄酒,但一般的鲜食葡萄是酿不出优质葡萄酒的。要想酿造优质的葡萄酒,必须使用优质的酿酒葡萄。酿造红葡萄酒时,原料葡萄的选择要注意以下几点。

　　第一,要选择颜色较深的品种,表皮颜色越深,红葡萄酒的颜色就越漂亮。

　　第二,要选择颗粒较小的品种,葡萄颗粒越小,葡萄皮所占的比例越大,其所酿的红葡萄酒风味就越浓烈。

　　第三,要尽量选用成熟度较高的葡萄,成熟的葡萄表皮色泽均匀,白霜明显加重,果肉透明,果汁甜度高、酸度低,有明显的果香,种子呈红棕色。成熟度差的葡萄甜度低、酸度高,味淡无香气,色素、干浸出物和芳香物质的含量都低。

　　第四,要选择新鲜的葡萄。新鲜的葡萄梗青翠饱满,没有枯干,果粒坚实,不易脱落。不新鲜的葡萄梗萎缩或枯干,果粒极易脱落,果味不新鲜或具有明显的酒味。葡萄不易保存,容易破损并发生霉变,酿酒时会受到杂菌的污染,使风味降低。

　　酿酒葡萄的采收不宜在雾天和阴雨天,最好在晴天的上午露水晒干之后至下午日落之前的两小时采收完毕。

(三)葡萄的分选与清洗

　　葡萄的分选,即剔除病烂果和生青果以及其他杂物。葡萄该不该清洗?工业上酿造葡萄酒时葡萄是不清洗的,因为在酿酒葡萄的主产区要严格规范农药的使用。自酿葡萄酒该不该清洗,有两种截然相反的说法:有人主张葡萄一定要洗干净,并且要一颗一颗的洗;另一种观点认为,自酿是靠葡萄皮上附着的野生酵母进行发酵,为了最大限度保证微生物的存在,千万不能清洗。

市场上购买的葡萄很难保证没有农药残留,因此最好清洗干净。笔者多年来的酿酒实践表明,清洗并晾干后的葡萄表面仍然存在大量的酵母菌。但清洗后,一定要摊开晾干,葡萄表面不能残留水分,以防酿酒时变质。一旦发酵启动,酵母菌就成为优势菌群,抑制其他菌群的繁殖,清洗根本不会影响发酵的正常进行。

（四）葡萄的除梗与破碎

晾干后将健康的葡萄摘下,除梗后进行破碎并装入洁净、干燥的发酵罐中,得到发酵的葡萄基质。葡萄的破碎只将表皮压破即可,不需过度揉捏,更不能将种子破碎。装罐至 3/4 即可,千万不能装满。

操作时要注意环境卫生和个人卫生,以免杂菌污染葡萄汁。最好着深色服装,因为葡萄皮的红色素溅到衣服上很难清洗。

（五）加糖

自酿葡萄酒时该不该加糖？有人认为加糖就是造假,或者机械地认为加糖有害。虽然加糖不加糖都可以酿成葡萄酒,但在酒精度和口感上存在差异。市售的葡萄用于酿酒时糖度较低,品质较差,不加糖往往酒度偏低,口感寡淡;加入适量糖进行发酵后,酒度增加,口感厚实强劲。但加糖过多时,口感过甜,并且对香气有不利影响。所以,加糖量的掌握就比较重要。如果采用优质的酿酒专用葡萄,可以选择不加糖。

晋中市当地几种葡萄的含糖量、pH 和潜在酒度测定结果如表 7-1 所示。

表 7-1　晋中市几种葡萄含糖量、pH 和潜在酒度

葡萄品种	巨峰1	巨峰2	巨峰3	玫瑰香1	玫瑰香2	龙眼1	龙眼2	龙眼3	红提	赤霞珠
含糖量(g/L)	119	103	76	106	127	108	132	154	148	210
潜在酒度	7.0	6.0	4.5	6.2	7.5	6.3	7.8	9.0	8.7	12.3
pH	3.20	3.15	3.06	3.20	3.27	2.83	3.08	3.13	3.37	3.21

由表可见,除了酿酒葡萄赤霞珠之外,所有市售的鲜食葡萄含糖量都偏低,有的甚至只有所要求含糖量的一半,根本不能酿出要求的度数。所以,另外加糖是非常必要的。

至于糖源的选择,可以是绵白糖、砂糖、冰糖、红糖以及蜂蜜等。有人认为蜂蜜比白糖营养价值高,所以选择添加蜂蜜,但实际上添加蜂蜜酿造的葡萄酒香气会不纯正或者有异味,口感可能发苦;添加红糖酿造的葡萄酒口感和风味也较差,而且色泽不正,有的发蓝。有人强调一定要添加冰糖,认为冰糖比绵白糖、砂糖要好,这其实是没有道理的,绵白糖、砂糖、冰糖的成分都是蔗糖,只不过颗粒大小上有所区别而已。

加糖的时机,要根据所酿葡萄酒的类型来定。若酿造干红,约在装罐 24 小时后,皮渣帽出现时添加;若酿造半干、半甜型红酒,可在装罐一天后和四天后分两次添加。将糖加入葡萄浆之后,要不断搅拌,使糖溶解并分布均匀。

（六）葡萄酒的主发酵

家庭中最简单的自酿葡萄酒的方法，不使用 SO_2 杀菌，也不必使用人工酵母和果胶酶，而是利用葡萄皮上的天然酵母和果胶酶进行。只要温度适宜，就会启动发酵。温度在 20—25 ℃时，大约在 12 个小时内酒精发酵就会启动，葡萄汁中会有气泡产生，并且越来越多。一般果香型红酒的发酵温度在 25—27 ℃，陈酿型红酒的发酵温度可以在 28—30 ℃。但这不是必需的，实际上温度越低，发酵的葡萄酒果香越浓郁。但温度过低，必将延长发酵时间，浸皮时间太长，单宁溶出过多，对产品风味有不利影响。主发酵温度不能超过 30 ℃，若体系温度过高，要采取降温处理。

发酵开始后，便有气体产生，葡萄皮上浮到表面形成皮渣帽。随着发酵的进行，发酵体系分为三层：上层是皮渣帽，中层是正在发酵的酒液，下层是葡萄籽等。为了使发酵顺利进行，需每天搅拌 2—3 次。搅拌的作用如下：

（1）有利于对葡萄皮中色素、芳香物质的有效浸提；

（2）可以防止葡萄皮暴露在空气中发生霉变；

（3）可以为发酵液补充适量的氧气，有利于酵母菌的繁殖；

（4）可以使发酵基质中的糖分和酵母菌分布均匀；

（5）有利于释放体系中多余的热量，防止温度过高；

（6）有利于释放体系中产生的 CO_2。

发酵期间，容器加盖子不密封，最好再用纱布封口。在密闭条件下会发生爆炸，这一点要切记。另外，发酵启动时酵母的繁殖也需要微量氧气，所以最初几天需要适当的透气。发酵进入旺盛期，体系温度逐渐升高，产生的气体越来越多，酒液颜色越来越深，室内要保持通风。如果酿造量大，在不通风的环境中可能导致 CO_2 中毒。

发酵进入后期，产气越来越少，酒液逐渐由浊变清，颜色逐渐稳定。葡萄酒的主发酵一般需要 7 天左右，有时甚至更多，主要与室温有关。室温越低，发酵完全所需要的时间就越长。当发酵容器中很少再产生气泡时，说明酒精发酵基本完成。在整个酿造期间应尽量避免高温和光照。

总之，主发酵期间主要应该关注以下几点：一是讲究卫生，二是控制蝇虫，三是控制温度，四是充分搅拌，五是不能密封。

（七）关于甲醇

一些人往往诟病"自酿的葡萄酒中含有甲醇""工业酿造葡萄酒可以把甲醇除掉，而家庭酿造葡萄酒无法把甲醇除掉"。其实，所有的葡萄酒中都含有甲醇。

酿造葡萄酒时，果胶酶能使其中的果胶分解。果胶中的果胶酸甲酯在果胶酸甲酯水解酶的作用下水解生成果胶酸和甲醇。

$$
\text{果胶酸甲酯} + n\,H_2O \xrightarrow{\text{水解酶}} \text{果胶酸} + n\,CH_3OH \tag{7-4}
$$

甲醇是一种有毒物质,不仅在葡萄酒中存在,而且在啤酒、黄酒、白酒中都存在,只不过含量很低,不会影响健康。GB 15037—2006 规定,红葡萄酒中甲醇的含量应≤400 mg/L;白葡萄酒和桃红葡萄酒中甲醇的含量应≤250 mg/L。葡萄原料中果胶酸甲酯的含量决定着葡萄酒中甲醇的含量,这主要和原料葡萄的品质有关,而与工业酿造还是自酿的关系不大。工业酿造葡萄酒时,也没有除甲醇的工艺。

（八）皮渣分离与后发酵

酒精发酵基本完成后,不再搅拌,直接进行皮渣分离。可以用干净的细纱布过滤,也可以用不锈钢滤网过滤。所得的酒液转罐储存到另一容器中,弃去皮渣,密闭保存。如果酒精发酵还未彻底完成,也不可完全密闭;要经常观察,注意放气。

本方法在酿制红葡萄酒时由于没有使用 SO₂ 杀菌,因此不需要人工接种活性干乳酸菌,只要在皮渣分离后将发酵温度控制在 18—20 ℃,后发酵就会自然启动。约三周后,后发酵基本完成,酒液变得比较清澈。对于酒中的杂质,主要通过静置使其自然沉淀,通过虹吸或倒罐将酒液分离,装入合适的容器,满罐储存。

（九）下胶处理

家酿葡萄酒时是否需要下胶,可以自己决定。若要下胶,采用蛋清下胶最为方便,也符合绿色、天然的理念。下胶后要使其迅速与葡萄酒混合均匀,静置使其缓慢沉淀,时间大约需要一周或几周,然后通过虹吸作用将酒液与沉淀物分离,满罐储藏。

下胶时,必须使加入的蛋清全部絮凝沉淀,而不能残留在葡萄酒中。如果使用的蛋清过多,会造成葡萄酒中有残留,降低葡萄酒的稳定性。

（十）陈酿

对于自酿葡萄酒而言,可以在瓶中自然陈酿,也可添加橡木片或购买小型橡木桶陈酿。陈酿的时间根据葡萄的品种、酒的类型长短不一,最少也要两个月,有的甚至需要一年或几年。陈酿时,要求满罐储藏,密闭保存于避光、通风、凉爽的环境中。在陈酿过程中,还会有部分沉淀形成,酒液越来越清澈。饮用时,通过换瓶或用过酒器分离酒液,尽量不要让沉淀物浮起,影响感官。

家庭自酿葡萄酒代表了一种生活时尚,但由于大多数人还缺少必要的专业知识和技术指导,所以存在不少误区,酿造水平参差不齐。如果原料不佳、经验不足、酿造时受到有害微生物的侵害,一些初学者不免酿造失败。在整个酿造期间,要注意环境卫生和个人卫生,并防止蝇虫的危害。如果采用仿工业的方法自酿,工序比较复杂,要使用到焦亚硫酸钾、葡萄酒专用酵母、果胶酶等添加剂,酿酒爱好者可以根据自己的情况选择。

第四节　博若莱新酒及其酿造

博若莱（Bas Beaujolais）位于法国勃艮第南部,拥有连绵起伏的山坡和古朴的村庄。所谓新酒,是指用当年的葡萄酿造、当年就上市的葡萄酒,也是法国最早上市的 AOC 等级葡萄酒。法国政府规定:每年 11 月的第三个星期四是博若莱新酒的解禁日。从葡萄采摘到发酵

成酒,再到成熟上市,只需要两个月左右的时间。

一、原料葡萄

酿造博若莱新酒的原料是佳美葡萄(Gamay),别名甘美、黑佳美,外观呈紫黑色,属于红葡萄品种(见图7-9)。佳美葡萄皮薄而早熟,酿成的产品酒体轻、酸度高、以果味为主,同时常带有草莓和清新水果的香气。在卢瓦尔河谷,佳美常与品丽珠和马尔贝克混酿。

图 7-9 佳美葡萄(Gamay)

佳美是一个古老的葡萄品种,起源于法国勃艮第南部的佳美村(Gamay Village),生长力旺盛,比黑皮诺容易种植,其酿造的葡萄酒更强壮、果香更浓郁,也比黑皮诺早熟两个星期。

在意大利、新西兰、美国、南非以及南美等地,也种有佳美葡萄。但是世界公认最好的佳美葡萄,还是来自法国的博若莱地区,其种植面积占世界的75%。

二、酿造工艺

博若莱新酒采用CO_2浸渍法(Carbonic Maceration)酿造。

(一)CO_2浸渍

先将整串葡萄放入充满CO_2的发酵罐中,葡萄原料要求尽量完好无损,必须人工采摘。发酵罐要求密封性良好,有CO_2来源,并能通入发酵罐。

人们在很久之前就发现整串葡萄在不通气的罐中也会发生轻微的发酵,巴斯德就曾注意到该现象,并认为可用于葡萄酒的酿造,但直到20世纪60年代才广泛地应用于生产实践。其中包含一个与酵母菌无关、与普通的酒精发酵有所区别的过程。即在一定温度下,葡萄内的酶在无氧状态下活化,进而启动一系列"细胞内发酵"的生化代谢过程,有人称此为果内发酵(Intracellular Fermentation)、全果发酵(Whole Berry Fermentation),或厌氧代谢(Anaerobic Metabolism)。该酿造方法称为CO_2浸渍法(Carbonic Maceration)。

有人将"细胞内发酵"喻之为"闭关修炼"的过程,它的最大特点是在浸泡过程中使得葡萄皮内壁浅层的色素和芳香物质先释放出来,而蕴藏于葡萄皮内较深层的单宁极少释出,使葡萄酒更柔顺、芬芳、成分更复杂。

CO$_2$浸渍后产生2%—2.5%的酒精含量,并使甘油的含量提高数倍。部分完成苹果酸-乳酸发酵,苯甲醛、乙基香草醛、肉桂酸乙酯等挥发性物质的含量显著增高,蛋白质、果胶质发生水解,液泡物质发生扩散等。

浸渍时间的长短,取决于浸渍温度。在20℃时,需15天左右;在30℃时,一般可持续7—10天。单纯的CO$_2$浸渍法并不能生产出所需的葡萄酒,因为酒精度太低。事实上,也不存在独立的CO$_2$浸渍过程。在发酵罐内,底层的部分葡萄不可避免地会被压破,于是在果皮外酵母菌的作用下启动常规的酒精发酵过程。有的酒厂也会人工添加一部分已经开始发酵的酒液到发酵罐内,一是为了启动罐内的酒精发酵,二是在发酵过程中产生的CO$_2$也有助于维持无氧环境。

(二)常规发酵

在CO$_2$浸渍结束后,再对葡萄进行压榨,得到的葡萄汁,接着进行常规的酒精发酵过程,与其他葡萄酒酿造的工艺基本一致。所得产品不用于橡木桶陈酿,所酿的博若莱新酒新鲜、轻柔、果香浓郁。

现在CO$_2$浸渍法不仅仅只用于博若莱新酒的酿造,在法国的勃艮第、罗讷河谷、朗格多克－鲁西永以及一些新世界的葡萄酒生产地也采用CO$_2$浸渍法。

三、产品特点

使用"CO$_2$浸渍法"酿造的博若莱新酒,呈现透明、红宝石的颜色,常常带有香蕉、草莓、樱桃、梨子、桃子等多种清新的果香,喝起来像新鲜果汁,十分顺口。葡萄酒爱好者将其比喻成十七八岁的小姑娘:活泼、乖巧、灵动、朝气、吐气如兰、青春无敌。在葡萄酒帝国——法国,如果说勃艮第是皇,波尔多是后,那么博若莱新酒就是充满了魅力的公主。

博若莱产区的分级制度由高到低排列,分别为博若莱特级村庄级(Beaujolais Cru)、博若莱村庄级(Beaujolais-Villages)和博若莱地区级(Beaujolais)。

博若莱新酒不宜久藏,越新鲜越好喝,饮用时间最好不要超过上市后6个月。只有"尝新",才能品味到它的馥郁花果香气。最佳饮用温度为10—15℃,建议饮用前稍加冰镇,这样可以更加完整地保持酒中的香气和风味。在餐酒搭配方面,适合与鸡肉、腊肠和小牛肉等肉类搭配,或者与清淡型的中国菜肴搭配。

四、博若莱新酒节

博若莱新酒的个性与一般的葡萄酒审美背道而驰。传统的法国红酒讲求的是陈年的结构之美,而博若莱新酒主张的是年轻的灵动之美。每年新酒上市前,人们就会把新酒提前运到法国的各个港口机场,等到允许发售的时间一到就立刻搭载各种交通工具奔赴世界各地。或者先将新酒提前运到一些国家,但严格禁止在法定发售时间之前销售。

"Le Beaujolais Nouveau est Arrivél!"这句话已成为全球流行的广告词,每年的博若莱新酒节都会有世界各地的葡萄酒爱好者齐聚博若莱共同庆祝:当午夜的钟声敲响时,新酒爱好者的新年庆典也正式开始。博若莱的街头巷尾都会响起嘹亮的喇叭声,四周热闹的气氛瞬间被点燃,人们开始迫不及待地端起大大小小的酒杯,尽情地品尝着新酒并狂欢。

乔治·杜宝夫是博若莱新酒全球推广活动的奠基人，由于他向当地政府建言献策，才有了现在每年11月的博若莱新酒节（见图7-10）。随着影响的扩大，博若莱新酒节已从一个地区性的小节日演变成为全球性的庆典，在亚洲的很多国家和地区都已经取得了空前的成功。这是葡萄酒文化的魅力，这种文化推广也非常值得我们借鉴。

图 7-10　法国的博若莱新酒节

第五节　结　　语

远古时代的人们认同超自然力的存在，把葡萄酒看作是上帝的产物。随着社会的发展，科学家们不断揭示着发酵的秘密，掌握了发酵的技术，开启了葡萄酒酿造的新时代。红葡萄酒的酿造，尽管原理是相同的，但不同的原料、不同的产地、不同的酿酒师都会采取不同的工艺。

第一，葡萄酒的酿造是一门技术，要求酿酒人有一定的专业知识和实践经验。

第二，葡萄酒的酿造是一门艺术，要求酿酒人在掌握技术的同时，对葡萄酒有非凡的感悟和创造性的发挥。法国著名葡萄酒酿酒师 Vincent Chaperon 指出："酿酒是经验和科学、技术和艺术的融合。"

第三，葡萄酒酿造是一门科学，要不断进取、不断创新。不同时代的消费者有不同的喜好、不同的审美，也需要不同风格的葡萄酒。多样性也是葡萄酒行业的一大追求。

葡萄酒是天、地、人共同创造的物质财富，成就它的既有天地间的阳光雨露，也有酒农的辛劳和汗水，还有酿酒师的艺术发挥。近年来，传统工艺与现代工艺有逐渐融合的趋势。在葡萄酒的旧世界，一些传统的酒庄也开始借鉴新式酿造方法；在葡萄酒的新世界，基本上都是采用工业化生产，有先进的电脑控制系统、精密的化学分析仪器和现代化的生产流水线，为葡萄酒的大规模生产提供了保证，但也开始重视"风土"和个性的发挥。尽管酒评家们对于工业酿造的葡萄酒颇有微词，但正是工业化使得葡萄酒的产量得以大幅度提高，生产成本得以降低，从而可以满足普通消费者的需求。

第八章

干白葡萄酒的酿造

> "葡萄酒源于宇宙灵感,品鉴它如同体验世界。"
>
> ——勃艮第著名酒庄庄主　Leroy 夫人

第一节　干白葡萄酒酿造的一般工艺

一、白葡萄酒的概念

白葡萄酒是用新鲜的葡萄汁为原料酿造的酒精饮料。葡萄汁的来源既可用红葡萄,也可用白葡萄,但还是以白葡萄为主,另外某些果肉呈红色的葡萄是不可以用的。最常用的品种主要有霞多丽、雷司令、长相思、白诗南、白麝香、灰皮诺、白羽、贵人香和赛美容等。

从工艺上看,酿造白葡萄酒与酿造红葡萄酒最大的区别是红葡萄酒是带皮发酵,而白葡萄酒是去皮发酵。所以,白葡萄酒几乎不含单宁和色素,口感没有红葡萄酒的苦涩味。此外,酿造白葡萄酒比酿造红葡萄酒有更高的难度,主要表现在如何避免被氧化。从产品上看,白葡萄酒颜色很浅,接近无色,有的略显黄色,如禾秆黄等。其通常含有更高的酸度,酸被认为是白葡萄酒的灵魂。干白葡萄酒的质量取决于三个方面:品种香、发酵香和酚类的含量,优质干白葡萄酒口味清新,具有纯正、优雅、愉悦的香气。干白葡萄酒的酿造工艺有很多种,最为推崇的是冷浸工艺。

二、干白葡萄酒酿造的工艺流程

一般来讲,干白葡萄酒酿造的工艺流程如图 8-1 所示。

(一)葡萄汁的制备

白葡萄酒的酿造,要求原料葡萄含酸量较高,一般在 20%—21%,以避免氧化酶的产生;在采摘时间上,比酿造红酒的葡萄要早一些。

葡萄汁的制备包括分选、除梗、榨汁等工序,分选是保证葡萄酒质量的关键工序之一。葡萄梗中含有大量的单宁成分,为了保持白葡萄酒的清新,一般在压榨之前,都要经过除梗程序。但梗的存在又有利于压榨的进行,所以个别酿造工艺中采取带梗压榨的方式。不经

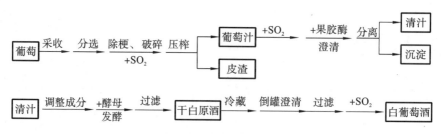

图 8-1 干白葡萄酒酿造的工艺流程

过破碎直接压榨便得到葡萄汁,多用气囊式压榨机,对果皮和种子的剪切作用小,可以减少果皮中单宁的释放。

取汁的速度、取汁的量和抗氧化的措施,对葡萄酒的质量有重要影响。有时采取分次压榨取汁,以得到不同质量层次的葡萄汁。任何使得葡萄汁中的酚类含量提高的因素,都会影响干白葡萄酒的质量及其稳定性。

（二）抗氧化处理

抗氧化是酿造干白葡萄酒的关键。

首先,是用 SO_2 处理,即在除梗破碎过程中在线添加 SO_2,或者在取汁过程中添加 SO_2,其用量一般为 60—120 mg/L。

其次,是澄清处理,即除去葡萄汁中的悬浮物和部分氧化酶。为了加强澄清速度和澄清效果,还可以加入 0.05%—0.1% 的膨润土(皂土),混匀后静置澄清。膨润土(皂土)可以与蛋白质结合形成絮凝沉淀,加快沉降速度,缩短沉降时间,提高葡萄汁的澄清度,部分防止氧化。澄清温度一般为 10—13 ℃。

最后是隔氧处理,澄清罐要充满 CO_2 或 N_2,以排净罐内空气。

所用的设备都要保持卫生,严格消毒。如果处理得不好,白葡萄酒的稳定性就较差。

（三）果胶酶处理

葡萄汁中含有果胶质,影响葡萄汁的澄清效果,需用果胶酶处理,使更多风味物质溶入葡萄汁中,并能提高出汁率。果胶酶应在葡萄破碎后尽快加入,使其有较长的作用时间。

果胶酶的用量一般为 30—50 mg/L,加入前用 10 倍水稀释,然后分两次加入,混匀后静置澄清。若采用低温澄清,一般是在 10—13 ℃低温澄清 24—36 小时,此温度下酵母不能繁殖,葡萄汁不易氧化和自然发酵,不仅澄清效果好,而且可以保持浓郁的果香和爽净的口感。但制冷消耗能量较大,增加了生产成本。若采用常温澄清,一般需要 24 小时,操作简便,成本较低,但环境温度较高时,沉降速度慢,沉降效果差,而且可能引起自然发酵。

（四）成分调整

澄清完毕,将葡萄汁分离转入发酵罐,入罐量在罐容的 90% 左右,检测澄清汁的各项理化指标,关注糖度和酸度,并根据工艺要求进行必要的调整。酸度不达标时,有时用酒石酸调整。酒石酸不仅可以增加酸度,而且可以使酒体更加丰满和协调,保持良好的骨架感。

柠檬酸主要用于陈酿后的成品干白葡萄酒酸度的调整,不仅可以提高酸度,而且还能使酒体色泽更加纯净。因为柠檬酸可以与酒中的铁离子生成可溶性的柠檬酸铁,避免磷酸铁

114

白色沉淀的生成。但若把柠檬酸加入葡萄汁中，一旦与细菌接触，细菌便会将其转变为醋酸，使葡萄酒的挥发酸含量升高。

（五）酒精发酵

成分调整后，先对葡萄汁进行回温处理。最佳发酵温度在 15—20 ℃，也有的控制发酵温度为 20—25 ℃。然后再加入葡萄酒酵母，接种量 10.2 g/L，使用前用温水活化，一般 36—48 小时后发酵启动。酿造干白葡萄酒所用的酵母与酿造干红的酵母可以相同，也可以不相同，但最好具有优良的发酵特性和较强的色素吸附能力。

进入发酵旺盛期，要注意控制发酵温度；发酵后期，酵母死细胞数明显增多，酒中不溶物沉降，应适当降低发酵温度。当相对密度降至 0.997 以下时，检测残糖。当残糖含量在 5 g/L 以下时，表明酒精发酵基本完成。主发酵期一般在 15 天左右。

（六）后发酵

主发酵完成后，将温度降至 8—10 ℃存放一周，使酒中的酒石、死酵母等沉淀物沉降，促进酒液澄清。然后安排倒罐、分离沉淀物，同时调整游离 SO_2 含量为 35 mg/L，以杀死残存微生物，保证酒体安全。倒罐时要求隔氧保护并满罐储存，尽量避免氧气进入酒中。

后发酵期间要注意满罐储存，尽量减少原酒与空气的接触面积。如果仍有少量 CO_2 排出，每周要用同品种、同质量的原酒添罐一次。当残糖含量在 2 g/L(有的说 5 g/L)以下时，表明后发酵完成。后发酵一般在 30 天左右，葡萄酒的香气和风味逐渐形成。

后发酵完成后，一般利用冬季的自然条件冷藏，使其缓慢澄清，但要避免结冰影响酒质。

（七）分离沉淀

待到来年再次分离沉淀，将 1 L 原酒加入 10％的膨润土悬浮液 4 mL，充分搅拌均匀，静置一周，然后分离沉淀，装瓶。

第二节　白葡萄酒酿造的冷浸工艺

传统的方法无法萃取到葡萄皮中的香味物质。近年来发现，利用冷浸工艺酿造的白葡萄酒质量更加优异。

一、工艺流程图

冷浸工艺的要点是将轻度破碎的葡萄在 3—5 ℃的低温下浸渍一定时间，然后分离皮渣、回温发酵，发酵温度控制在 12—15 ℃。其工艺流程如图 8-2 所示。

二、酿造的主要步骤

（一）除梗破碎

葡萄原料经过分选、除梗、轻度破碎后，进行低温浸皮。对于需要低温浸皮的葡萄，破碎必须适度，可通过对除梗破碎机的选择和调节来实现。基于操作的方便性和避免设备腐蚀等方面的考虑，压榨后才添加 SO_2。为了避免增加悬浮物比例，上述设备必须低速运转。

115

葡萄 采收 → 分选 → 除梗破碎 → 低温浸皮 → 压榨 → 自流汁 / 压榨汁 / 皮渣

自流汁 →（+SO₂ +果胶酶）澄清 → 分离 → 清汁

清汁 →（+酵母 发酵）分离 → 低温处理 → 分离 → 干白原酒

干白原酒 →（澄清 调SO₂）陈酿 → 勾兑 → 稳定性处理 → 无菌过滤 → 成品

图 8-2　冷浸工艺流程

（二）低温浸皮

低温浸皮也称为冷浸工艺，就是将破碎后的原料温度尽快降到 10 ℃以下，以防止氧化酶的活动。然后在 3—5 ℃的低温下浸渍 12—24 小时。低温浸皮可以使存在于果皮中的芳香物质得到一定程度的浸提，而酚类物质的溶解受到限制。该工艺可以增进白葡萄酒的品种香，口感也更加圆润，具有独特的风格，是近年来广为流行的白葡萄酒酿造工艺。

低温浸皮要求葡萄的成熟度高、无霉烂果、果皮中香味成分丰富，如雷司令、长相思、琼瑶浆、赛美容等品种。浸提罐的控温性能要求准确、灵敏。

（三）压榨取汁

压榨是葡萄酒质量控制的关键工序之一。在压榨过程中，压榨汁的质量受设备机械挤压程度、与空气接触的氧化程度、出汁率、操作是否适当等因素的影响，这些因素主要由设备本身的性能所决定。因此，选择一套适当的压榨设备对于制取高质量的葡萄汁尤为重要。

常用的压榨机有卧式压榨机、连续压榨机和真空气囊压榨机等。一般压榨机属于开放式操作，果汁与空气接触，同时，在挤压过程中易压出一些不必要的固形物；而真空气囊压榨机属于封闭式操作，在真空状态下以不同的压力进行和缓的逐级取汁，不仅出汁率高，而且能够最大限度地限制氧化和降低悬浮物的比例。

氧化可引起葡萄汁的变色，榨汁时既要快速，也要轻柔。快速是为了减少葡萄汁与空气接触，最大限度地防止氧化；轻柔是因为过大的压力会造成葡萄皮破裂，产生悬浮物并释放出劣质单宁。不论采用何种设备和方法，均要求出汁率高、果香损失小、能最大限度地防止氧化。

（四）果汁的澄清处理

浸渍结束后分离自流汁，并进行 SO₂ 处理和澄清。压榨得到的葡萄汁中含有大量的杂物，它们是葡萄皮表面的污染物、果肉中的大量果胶，以及果皮、果梗的碎屑。杂物的存在会给果汁带来不良风味；果胶容易引起浑浊，阻碍粒子的快速沉降。为了提高白葡萄酒的质量，在发酵之前还要进行澄清处理。澄清处理有自然澄清和果胶酶澄清两种方式。

1. 自然澄清

自然澄清是使葡萄汁在温度为 6—10 ℃的条件下冷却静置 24—48 小时，使大颗粒的物质沉积到容器底层,取上层清液进行发酵。为了抑制氧化酶的活性,应立即添加 SO_2 到葡萄汁中并混合均匀,用量一般为 60—80 mg/L。但由于受葡萄汁 pH 及酶活性的影响,自然澄清相当费时。现在一般选择在葡萄汁中添加果胶酶,以加快澄清速度,取得理想的澄清效果。

2. 果胶酶澄清

果胶酶的使用不仅可以使果胶质快速分解,加快葡萄汁的澄清,而且还有利于除去一些悬浮物和多酚。失去果胶的保护后,果汁中存在的带不同电荷的胶体相互凝聚而沉淀,葡萄汁在短时间内即可澄清,所酿的酒质也更丰富细致。此外,果胶酶的使用还能够提高过滤速度和出汁率,缩短处理时间。待澄清后要及时分离沉淀,利用离心分离器分离比较方便,但动力太强,常因将酵母菌一并除去而需添加人工酵母。澄清分离出的果肉经发酵后可蒸馏白兰地。

需要注意的是,商业化果胶酶通常含有各种糖苷酶和蛋白酶,它们会引起次级反应。如果含有肉桂酸脱羧酶,还会导致乙基苯酚出现,产生很难闻的动物气味。所以,在购买果胶酶时,应注意纯度。使用时,先用 10 倍体积的 20 ℃纯水活化。

(五)酒精发酵

经澄清的葡萄汁泵入发酵罐,入罐量 80%,然后加入葡萄酒酵母进行酒精发酵,用量一般为 0.2 g/L。发酵温度一般控制在 15 ℃左右,在此温度下醋酸菌、乳酸菌和野生酵母不能进行繁殖,所得白葡萄酒口味纯正。

白葡萄酒的酒精发酵必须平缓,以保留葡萄原有的香味,而且可使发酵后的酒体更加细腻协调。所以,在这期间必须密切监测发酵动态。待还原糖低于 2 g/L 时主发酵结束,将温度降到 8—10 ℃,使酵母和悬浮物快速沉降,静置 5 天后分离酒泥,进入后发酵。

个别品种的白葡萄酒要在橡木桶中发酵,木桶容量小、散热快,控温效果好。橡木香融入葡萄酒中,使酒香更为丰富。但此法不适合酿制清淡的白葡萄酒。现在的酒庄大部分采用大型不锈钢罐酿制,冷却设备先进,控温效果好。

(六)后发酵

白葡萄酒是否需要苹果酸-乳酸发酵,要酿酒师掌控。经过苹果酸-乳酸发酵后,酒体会变得更稳定。但由于白葡萄酒比较脆弱,经过苹果酸-乳酸发酵之后,白葡萄酒的新鲜酒香和酸味也会减弱。所以一些以新鲜果香和高酸度为特征的白葡萄酒,会特意添加 SO_2,或以低温处理的方式抑制苹果酸-乳酸发酵。

(七)陈酿

由于缺乏了单宁的保护,白葡萄酒不像红葡萄酒能够长期储存。陈酿时间的长短依据葡萄品种、酒体风格等而定。在酒体将要达到最佳品质时陈酿结束。大多数白葡萄酒的陈酿时间较短,一般在 1 年左右;有些品种如霞多丽、赛美容和琼瑶浆等,一般要陈酿 2 年以上;也有一些特殊品种的白葡萄酒,可以陈酿数十年甚至上百年。

陈酿阶段,发酵后死亡的酵母会沉淀于罐底。通过定时搅拌让死酵母和酒混合,酵母的自溶可使酒体变得更加圆润。如果采用橡木桶陈酿,白葡萄酒的颜色就会较深,一般呈金黄色。

（八）白葡萄酒的后处理

1. 稳定性处理

白葡萄酒中常出现的问题有氧化破败（即棕色破败）、铁破败、铜破败、蛋白破败和酒石酸盐沉淀。在装瓶之前要进行检验，若有不稳定性因素存在，就要进行必要的处理。

2. 装瓶前的澄清

装瓶前，酒中有时还会含有死酵母和葡萄碎屑等杂质，必须去除。常用的方法有换桶、离心分离或过滤等，经过滤后的白葡萄酒装瓶后就可以上市销售了。大多数白葡萄酒应该在酒龄浅的时候饮用，久存会降低白葡萄酒的香气，使其丧失新鲜的口感。

第三节 白葡萄酒的质量控制

一、葡萄原料的质量控制

（一）品种控制

尽管理论上所有的葡萄都可以酿造白葡萄酒，但实际上主要是采用白葡萄酿造，有时也采用色浅的红皮白汁葡萄为原料，主要的葡萄品种有霞多丽、雷司令、长相思、白羽、贵人香、白诗南、灰皮诺等。

（二）成熟度控制

过去人们一直认为白葡萄的品种香气在葡萄成熟之前最浓，从而导致过早采收。但近年来的研究表明，如果原料的成熟度高，所酿的葡萄酒香气更复杂浓郁、品质更优雅、感官质量更好。此外，一些消费者越来越喜欢酸度较低的干白，如果葡萄原料酸度较高，常采用化学降酸，这也会降低产品的质量。提高葡萄原料的成熟度，有利于防止酸度过高的现象，在生态条件允许的情况下，应尽量保证葡萄原料的成熟度。

（三）采摘温度控制

白葡萄对温度敏感，高温会破坏白葡萄雅致的香气，增加葡萄被氧化和被微生物感染的风险。所以，白葡萄的采摘一般要求在凌晨、太阳还没完全升起之前完成。采收时尽量保持果粒完整，并尽快送到酿酒车间，以保证葡萄的新鲜度。

二、白葡萄酒的防氧化

（一）白葡萄酒的氧化

在白葡萄酒的整个酿造过程中，最大的"敌人"是氧气。空气中的氧能破坏白葡萄酒的颜色和果香。因此，从破碎到陈酿，整个生产过程都要把防氧化放在首位。

葡萄中含有酪氨酸酶，也称为儿茶酚氧化酶。它是葡萄中的正常酶类，与叶绿体等细胞器结合在一起，在压榨过程中部分溶解于葡萄汁中。在该酶的催化下，邻位的酚能够被氧气氧化成醌，形成有色物质，使白葡萄酒色泽加深，甚至褐变。

一些葡萄中含有漆酶,它不是葡萄中的正常酶类,而是霉烂的葡萄中由灰霉菌分泌的酶类。漆酶比酪氨酸酶的危害更强,对花色素和鞣酸的氧化活性比酪氨酸酶高 30 倍。漆酶和酪氨酸酶都属于多酚氧化酶。

如果受到醋酸菌感染,还有可能将酒精氧化成醋酸。发酵温度越高,破坏作用越大。即使到了陈酿期间,如果管理不当,氧化也会使葡萄酒变质。

（二）白葡萄酒的防氧化

对葡萄汁进行 SO_2 处理、澄清处理、控制发酵温度,都是防止葡萄汁氧化的有效方法。

1. SO_2 处理

使用 SO_2 处理是防止葡萄汁氧化的最有效的方法,其用量视原料葡萄的状况而定。对于无破损、无霉变、成熟度适中、含酸量高的葡萄原料,SO_2 用量为 40—60 mg/L;对于无破损、无霉变、成熟度适中、含酸量低的葡萄原料,SO_2 用量为 60—80 mg/L;对于破损、霉变的葡萄原料,SO_2 用量为 80—100 mg/L。即使在发酵结束后,葡萄酒中游离 SO_2 的浓度应保持在 20—30 mg/L。如果进行苹果酸-乳酸发酵,对原料的 SO_2 处理不能高于 80 mg/L。

2. 澄清处理

灰霉菌分泌的漆酶可全部溶解于葡萄汁中,酪氨酸酶则部分溶解于葡萄汁中、部分与悬浮物结合在一起。因此,澄清处理可以通过除去悬浮物而除去部分酪氨酸氧化酶。酶是一种具有催化功能的蛋白质,用膨润土处理能与葡萄汁中的蛋白质结合产生絮凝沉淀,所以能除掉部分溶解在葡萄汁中的氧化酶。氧化酶除去之后,葡萄汁的氧化速率减慢,耗氧量降低,从而能够部分地防止氧化。

三、适度的压榨

在压榨过程中,随着压力的增大,葡萄汁的品质下降。酿造高档干白葡萄酒,一般只取第一、第二阶段压榨的果汁,后续阶段的压榨汁可用于酿造中档酒或白兰地。此外,优质葡萄酒的比例也与设备条件有关,最好的工艺是直接压榨,它可使优质葡萄汁的比例提高到83%—90%,同时能最大限度地避免浸渍、防止氧化、降低悬浮物比例。通过螺旋输送、强烈破碎、机械分离、连续压榨的葡萄汁质量最差,获得的优质葡萄汁的比例在 50% 以下。

四、温度的控制

温度的控制也很重要,这不仅是获得香味的基础,也可以防氧化。温度升高时,酒精和芳香物质的挥发速度加快。虽然氧化酶的活性在 30—45 ℃ 时最强,但当温度高于 20 ℃ 时,氧化速度就加快,在 30 ℃ 时的氧化速度比 12 ℃ 时快 3 倍。

降低温度不仅能防氧化,而且可以减少 SO_2 的用量。因此,白葡萄酒的酒精发酵温度一般控制在 15—20 ℃。也有的工艺将发酵温度控制在 12—15 ℃,第一次分离酒泥的温度为8—10 ℃,后发酵温度控制在 18—20 ℃。由于白葡萄酒的酿造发酵温度较低,酵母的活性下降。酒精度越高,酵母的活性也越低。如果酒精度高于 12%vol,酒精发酵就会变得困难。

陈酿期间,温度应保持在 18 ℃ 左右。如果温度过高、密封不严,酒的液面很快就会产生菌膜,产膜菌在液面进行代谢,使乙醇氧化成乙醛,再经醋酸和柠檬酸循环,分解为 CO_2 和

水,并产生不愉快的气味。有的工艺要求在 10—12 ℃的条件下密闭储藏,也有的在储罐中充入 N_2 等惰性气体防氧化。

第四节　白葡萄酒的其他酿造工艺

为了提取葡萄原料中的芳香物质,除了上面的冷浸工艺之外,一些葡萄酒研究人员还发明了超提工艺、缺氮发酵法等。

一、白葡萄酒酿造的超提工艺

所谓超提,就是先将完整的葡萄原料冷冻,然后用解冻后的原料进行酿造。在冷冻与解冻的过程中,果皮细胞组织被破坏,从而提取出芳香物质。与传统工艺比较,超提工艺所酿造的白葡萄酒酸度更低,香气更加浓郁,口感更好。但由于果皮细胞组织遭到破坏,会使果皮中的酚类物质进入葡萄汁中,导致葡萄酒的颜色加深。因此,解冻后的葡萄原料应迅速压榨,但压力不能太大,并进行足够的 SO_2 处理和适宜的澄清处理。

二、缺氮发酵法

缺氮发酵法主要用于甜白葡萄酒或起泡葡萄酒的酿造。甜葡萄酒存在的最大问题是贮藏过程中的生物稳定性,特别是酵母菌可能引起再发酵。如果将葡萄汁和葡萄酒中可供酵母菌利用的氮源(包括铵态氮和肽)完全消耗掉,则酵母菌就不能活动或活动困难,这就是缺氮发酵法的原理。

意大利的阿斯蒂起泡葡萄酒就是采用缺氮发酵法酿造的,具体操作如下:在酒精发酵开始 24 小时后,当酵母菌正旺盛活动、消耗汁中的氮源最多时,进行过滤或离心处理,使酵母菌与葡萄汁分离;待发酵进行数天后,再次用过滤或离心的方法将酵母菌与葡萄汁分离;如果需要也可进行第三次分离。在酒精发酵过程中,从发酵罐顶部进行下胶处理,然后从下部分离酒脚,也基本能达到同样目的。

三、微甜型白葡萄酒的酿造

微甜型白葡萄酒指的是半干、半甜型白葡萄酒,其酿造方法有以下三种。

第一种方法是严密的控制发酵温度,以完成糖分的常规转化,并最大限度地保存果实香气。发酵和存储均置于不锈钢罐中进行,促使葡萄酒发展其最原始的风味。当葡萄酒的残糖量达到最佳平衡点时,迅速降温冷藏,以杀死剩余的酵母和保持葡萄酒中自然糖分的存在,留在酒液中的酒精度通常在 8%—9%vol 的低度水平。

第二种方法是先酿造优质的干白葡萄酒,然后在销售之前将之与用 SO_2 处理过的葡萄汁或浓缩葡萄汁混合调配。参与混合的原料都具有微生物稳定性,因此混合后的产品也具有微生物稳定性。

第三种方法是分别酿造干白葡萄酒和部分发酵葡萄汁,部分发酵葡萄汁达到一定要求后用 100 mg/L 的 SO_2 处理。为了保证其生物稳定性,需进行巴氏杀菌、热装瓶或除菌过滤等操作。在装瓶前,将干白葡萄酒和处理后的部分发酵葡萄汁混合,在无菌条件下装瓶。

四、自然酿造白葡萄酒的崛起

在葡萄酒领域,有人更青睐将人工干预降到最小的"自然"酿造的葡萄酒,或者使用一些不寻常的技术,比如用酿造红葡萄酒的方式来酿造白葡萄酒,抑或将葡萄酒(无论红白)在双耳陶罐或者蛋形水泥罐中陈酿。这些反映传统的技术被视为对酿酒中过分使用添加剂和滥用技术手段的回应,这种自然酿造的葡萄酒被称之为"有生命的酒"。

杰西斯·罗宾逊(Jancis Robison)在《新西兰新动向,自然葡萄酒的崛起》一文中写道:"(在新西兰)Craighead 酿造的白葡萄酒经历了长达 40 天的果皮接触,结果就是酒变得非常的'有嚼头'和有变化。……在葡萄酒世界的其他地方,传统酿酒师也开始尝试一些或新或老的技术。Helen Masters 是马丁堡著名的 Ata Rangi 酒庄的奇才酿酒师。从 2014 年开始,她试验性地将一小部分长相思葡萄浸皮长达 6 周,以获取葡萄中的风味和酚类物质。2015 年,她将浸皮葡萄的比例从 5% 提升到 7%,这也是这一技术得到认可的标志。通过这个方式得到的长相思要比普通的长相思有不可思议的更高复杂度。"

酿酒是一门艺术,创新永远在路上。

第五节 结 语

我国市场上的葡萄酒以红葡萄酒为主,不少人还不知道白葡萄酒的存在,故葡萄酒常常被人们统称为"红酒"。事实上,在 1996 年之前,我国的葡萄酒生产和消费都是以白葡萄酒为主。以 1996 年为例,干白的总产量为 1 万吨,而干红才 0.1 万吨,仅是干白的十分之一。在国际上,干白葡萄酒也曾一度风靡世界。1996 年之后,随着干红"养生热"的兴起,红葡萄酒才受到人们的重视,干白逐渐被冷落。

一些偏爱红葡萄酒的人往往认为白葡萄酒更适合女性饮用,或者说白葡萄酒平淡无味。但是,没有白葡萄酒的世界是不完美的。为什么这么说呢?因为红葡萄酒与白葡萄酒的关系如同中国的红茶与绿茶。有人喜欢红茶,也有人喜欢绿茶;还有人讲究在不同的季节饮用不同的茶,冬天饮用红茶,夏天饮用绿茶。

葡萄酒的饮用在某种程度上与饮茶相似。白葡萄酒单宁很低,酸爽、清淡,具有浓郁的果香和可口的酸度,饮用前还需要冰镇,在炎热的夏天饮用令人神清气爽。但如果忘了冰镇,酸味就会比果味还突出,让人有种"酸掉牙"的感觉,这可能也是白葡萄酒目前接受度不高的一个原因。在西餐中讲究餐酒搭配,白葡萄酒主要用于搭配海鲜类、清淡的禽类以及蔬菜类菜肴,不宜与牛羊肉搭配。

第九章

桃红葡萄酒的酿造

"葡萄酒能使人心情愉悦,而欢愉正是所有美德的源头……我继续与葡萄酒作精神上的对话,它们使我产生伟大的思想,使我创造出美妙的事物。"

——法国文豪　歌德

第一节　桃红葡萄酒简介

一、桃红葡萄酒的类型

桃红葡萄酒也称粉红葡萄酒、玫瑰红葡萄酒,简称"桃红"。它含有少量红色素,是介于红葡萄酒与白葡萄酒之间的中间形式,但从色泽和口感上更接近于白葡萄酒。桃红葡萄酒是以红葡萄为原料,经过直接压榨或短期浸渍所得的葡萄汁发酵而成。在葡萄酒的新世界,也有的是用红葡萄酒和白葡萄酒直接调配而成。优质的桃红葡萄酒具有自己独特的个性和风格,受到了人们的喜爱。

桃红葡萄酒的颜色取决于在酿酒期间葡萄皮和果汁接触时的温度和时间长短。其颜色虽然没有红葡萄酒那么深,但也有程度的差别,有的相对深一些,有的相对较浅。常见的颜色有黄玫瑰红、橙玫瑰红、玫瑰红、紫玫瑰红等(见图 9-1)。黄玫瑰红的花色素含量在 20 mg/L 左右;而紫玫瑰红的花色素含量接近 100 mg/L,与红葡萄酒较为接近。

二、桃红葡萄酒的特点

桃红葡萄酒必须具备以下品质:第一是果香,要有新鲜水果的香气;第二是清爽,清爽来自酸度,所以要适量保留一定量的苹果酸;第三是柔和,即酒度、酸度和单宁的平衡。桃红那弹性十足、平易近人的个性,使其适合在任何时候饮用。

桃红虽然是一个介于红、白葡萄酒之间的小众族群,但历史非常悠久,是世界上已知的最古老的葡萄酒,既有静止型的,也有起泡型的。在口感方面,由于酸度和单宁相对较低,桃红既不像白葡萄酒那样清淡,也没有红葡萄酒的苦涩,口感清新爽口,相对于红葡萄酒而言,桃红葡萄酒可谓是一种"软性饮料"。

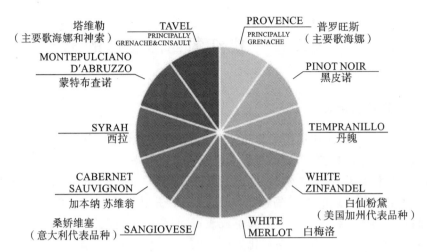

图 9-1　桃红葡萄酒的 10 种色调

桃红葡萄酒一般会带有草莓、樱桃和覆盆子等风味,有时还会散发着西瓜的气息,非常适合在夏天饮用,也适合烧烤、野餐或者在沙滩聚会时佐餐,是清纯、浪漫和快乐的最佳诠释。随着全球化步伐的加快,它已经从过去的"灰姑娘",摇身变为迷人的"粉红公主"。无论是外观、口感还是价格,都散发着令人迷醉的魅力,俘获了众多葡萄酒爱好者的芳心。

三、桃红葡萄酒的饮用

由于桃红的颜色特点,主要的消费群体是年轻女性。优质的桃红佳酿呈现诱人的颜色,果香浓郁精致,酒体结构均衡,口感清爽柔和,充满浪漫和柔情,引得不少女士对其情有独钟。人们一度以为它是女性的专属,但近年来男性对桃红的消费量也不断增长。

在葡萄酒盛行的西方世界,红、白、桃红葡萄酒,干、半干、半甜、甜葡萄酒都很盛行,绝不是干红一枝独秀。而在我国,清新可爱的桃红很少有人关注。中国人的饮食结构与西方有着很大的差别。在西餐中,干红更多的是为了与牛排类食物进行搭配,中餐中的蔬菜类、清蒸海鲜类食物更适合与桃红搭配。如果说重口味的红葡萄酒具有男性的粗犷,柔和的白葡萄酒具有女性的清秀,那么桃红葡萄酒呈现的是一种和缓。在搭配菜肴时也具有非常多可能,几乎可以和任何菜肴搭配。如果你不会选酒和菜肴搭配,就选一款桃红吧,即便不是绝配,也不会出错。

在饮用之前,最好先冰镇一下,特别是在夏天,可以作为消暑解渴、补充体力的饮料。桃红葡萄酒也非常适合用来调配鸡尾酒,它色泽漂亮,价格便宜,可以与各种各样的果汁和汽水和谐共处。

在品评时,桃红既不需要解释复杂的品种、年份以及产区,也不强调"瓶中的地理风貌"或"瓶中的历史"。业内人士评价道:"桃红的存在是为了渴望的、欢愉的饮用时刻,为了铭记此刻生命的鲜活,而不是为了彰显财富与名望。"优质的桃红拥有精致圆润的口感、绵长丝滑的质地,收尾时呈现出的是新鲜与轻盈,让人倍感愉悦。

第二节　桃红葡萄酒酿造的工艺

一、原料葡萄的选择

理论上,酿造红葡萄酒所用的葡萄品种皆可作为酿造桃红的原料。但在实际生产中,如果葡萄的颜色与口感不易控制,就不宜作为酿造桃红的原料(如麝香葡萄)。最常用来酿造桃红葡萄酒的品种有歌海娜、神索、西拉、马尔贝克、赤霞珠、梅洛、佳利酿、品丽珠等。

不同品种的葡萄酿造的桃红葡萄酒各有其特点,并随风土与年份的不同而有所变化。用神索和品丽珠酿成的桃红葡萄酒的颜色较浅;佳利酿的颜色较深、酸度较高;歌海娜酿造的桃红圆润柔和,但香气一般,且易氧化为橙红色。要酿造一款优质的桃红,一方面必须选择合适的葡萄品种,或采用不同葡萄品种进行搭配;另一方面要考虑风土条件。

二、桃红葡萄酒的酿造工艺

常用的方法有直接压榨法、"放血"法、低温短期浸渍法、CO_2浸渍法和混合工艺等。

(一)直接压榨法

直接压榨法即在原料葡萄破碎以后,立即进行 SO_2 处理,然后经过压榨、澄清、发酵、分离等程序,采用酿造白葡萄酒的方法酿造桃红葡萄酒(见图 9-2)。

葡萄 —分选→ 除梗/破碎 —+SO₂→ 压榨 → 澄清 → 分离 → 清汁 —+酵母/发酵→ 分离 → 桃红葡萄酒

图 9-2　直接压榨法流程

并不是所有品种的葡萄都能采用直接压榨法,该法要求葡萄原料的色素含量很高(如佳利酿),并且破碎后能够立即进行 SO_2 处理。用这种方法酿造的桃红葡萄酒的花色素的含量在 20 mg/L 左右,由于颜色过浅,所以现在一般很少采用。

需要说明的是,如果在酒精发酵开始不久后才压榨分离,所酿出的产品会失去传统桃红应有的芳香特征,成为所谓的"咖啡葡萄酒"或"一夜葡萄酒"。经过一夜的浸渍,花色素的含量可以达到 80 mg/L。

(二)"放血"法

"放血"法也称短期浸渍分离法、加州酿造法,这是一种不被欧洲人待见但在加州很流行的酿造方法。通过对葡萄进行轻度挤压、破碎、装罐浸渍数小时;在酒精发酵开始之前,一旦获得合适的颜色,就将部分果汁放出,因此被称为"放血"法。一般只分离出 20%—25% 的葡萄汁,然后按照酿造白葡萄酒的工艺进行。主要流程如图 9-3 所示。

剩余的部分用于酿造红葡萄酒,但要用新原料添足被分离的部分。由于固态组分含量的增加,应适当缩短浸渍时间,防止所酿的红葡萄酒过于粗糙。

"放血"法酿制的桃红葡萄酒颜色纯正、香气浓郁,质量最好的桃红葡萄酒通常都是采用

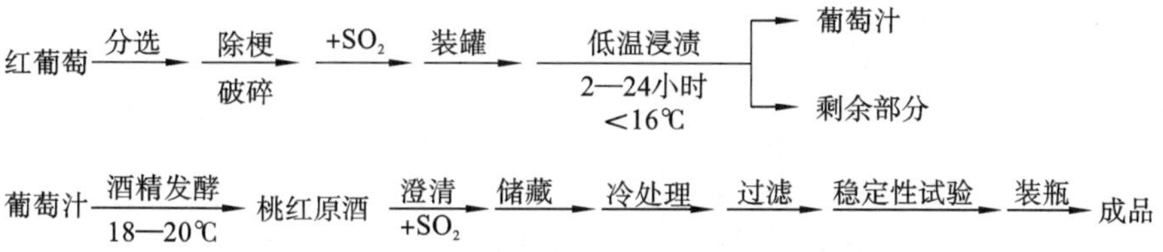

红葡萄 —分选→ 除梗破碎 —+SO₂→ 装罐 —低温浸渍 2—24小时 <16℃→ ⌈ 葡萄汁
⌊ 剩余部分

葡萄汁 —酒精发酵 18—20℃→ 桃红原酒 —澄清 +SO₂→ 储藏 —冷处理→ 过滤 —稳定性试验→ 装瓶 —→ 成品

图 9-3 "放血"法主要流程

这种方法酿造的,但产量受限。

在香槟地区,常常选用红葡萄黑皮诺和白葡萄莎当妮混合酿造桃红香槟,但也有全部采用黑皮诺,然后通过"放血"法酿造的桃红香槟,比如 Laurent Pierre Rose,这款鼎鼎有名的桃红香槟一直在奥斯卡颁奖晚会中使用。

(三)低温短期浸渍法

"低温短期浸渍法"是将红皮葡萄破碎后,立即进行 SO_2 处理,然后装罐,让果皮与果汁在低温(16 ℃以下)下短暂浸渍2—24 小时,使果皮中的色素渗入果汁。在酒精发酵开始之前,分离出所有的自流汁,然后在不锈钢罐中进行发酵(见图 9-4)。

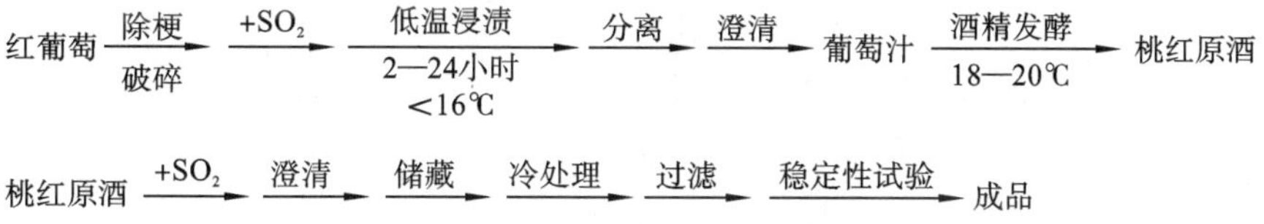

红葡萄 —除梗破碎→ +SO₂ —低温浸渍 2—24小时 <16℃→ 分离 —澄清→ 葡萄汁 —酒精发酵 18—20℃→ 桃红原酒

桃红原酒 —+SO₂→ 澄清 —储藏→ 冷处理 —过滤→ 稳定性试验 —→ 成品

图 9-4 低温短期浸渍法流程

这种方法与"放血"法不同,"放血"法只分离一少部分葡萄汁;也与红葡萄酒的酿制不同,红葡萄酒酿制时果皮与果汁要充分浸渍,直到酒精发酵过程基本结束。

(四)CO₂浸渍法

CO_2浸渍法是把整穗葡萄放在充满 CO_2 的容器中发酵,其实质是葡萄浆果和葡萄汁在 CO_2 的环境下发生厌氧代谢,包括完整浆果在 CO_2 气体中的厌氧发酵、果汁的厌氧发酵、果皮中的色素和芳香物质的浸提等。

通过 CO_2 浸渍发酵后的桃红葡萄酒,具有独特的口味和香气特征,口感浓郁,成熟较快,是目前最为先进的方法,但工艺比较复杂。

(五)混合工艺

该工艺的特点是将同一品种的红葡萄分别酿造成白葡萄酒和红葡萄酒,然后按一定比例混合。酿造白葡萄酒时,首先将红葡萄原料进行轻微的破碎,榨取葡萄汁;然后用膨润土、活性炭等对葡萄汁进行处理,以降低氧化酶和酚类物质的含量;最后进行酒精发酵,得到白葡萄酒。红葡萄酒的酿造最好采用 CO_2浸渍法。混合时,红葡萄酒的加入比例约为 10%。

该产品的特点是花色素苷的比例较高,儿茶酸和无色花青素的含量较低,可以减缓酚类物质的氧化性聚合,使色调更稳定,减缓由桃红向橙红的转变,因而具有良好的色调持久性。

三、有关条件的控制

(一)原料的成熟度

为了保证桃红优雅的香气和清爽的口感,原料葡萄一般不能过熟。从风土上看,生长在冷凉地区、土壤疏松的砂土上为佳。原料要尽可能减少不必要的机械处理。

(二)浸皮时间的长短

浸皮时间的长短不仅影响酒的颜色,而且影响桃红的风味。在酿造桃红葡萄酒时,应该关注两大酚类物质:一类是花色苷,另一类是单宁。花色苷为桃红带来诱人的颜色,有利于感官质量;而单宁则会为桃红带来不利的影响。

如果葡萄汁与葡萄皮的接触时间过长,颜色加深的同时单宁含量也会增加。短期浸渍时,应将浸渍温度控制在 16 ℃以下,并且不超过 24 小时,以获得所需色调,在此范围内应尽可能提高花色苷与单宁的比值。

(三)温度的控制

酒精发酵时,一般控温在 18—20 ℃,以获得最大香气。

(四)后处理

通过澄清技术,使葡萄酒稳定。此外,桃红葡萄酒不宜陈酿。酿造全过程都应该避免高温和氧化,并注重惰性气体的使用。

第三节 经典桃红葡萄酒简介

桃红葡萄酒在世界各地都有生产,法国、西班牙、意大利和美国是最主要的生产国。美国加州的 White Zinfandel,法国卢瓦尔河谷的 Rose d'Anjour,罗讷河谷的 Tavel 都是很有名的产品,产量最大、最著名的要数法国南部的普罗旺斯,热情奔放的阳光造就了普罗旺斯桃红温和慵懒的特性。

一、法国桃红葡萄酒

在普罗旺斯这片阳光明媚的土地上,人们只知道薰衣草的芬芳,其实它还是桃红葡萄酒的王国(见图 9-5)。普罗旺斯是法国第一大桃红产区,桃红葡萄酒的产量占该区葡萄酒产量的 87%,一直以桃红闻名天下。

普罗旺斯是法国最古老的桃红产区,主要由歌海娜、西拉和赤霞珠葡萄混酿而成,酒质清澈,口感圆润,果味浓郁,带有干樱桃、柚子和香草的风味。谚语云:"薰衣草是普罗旺斯美丽的衣衫,桃红葡萄酒是普罗旺斯的血液。"

在罗讷河谷的子产区塔维勒,往往由歌海娜(Grenache)葡萄酿造风格独特的桃红,它的颜色是桃红中最深的一种。卢瓦尔河谷的安茹解百纳(Cabernet d'Anjou)桃红是用品丽珠(Cabernet Franc)、赤霞珠(Cabernet Sauvignon)混酿而成,一般呈半干型,果香突出,散发着草莓、覆盆子和玫瑰花的芳香,余味中甚至还有少量白胡椒的气息(品丽珠的标志性风味)。

图 9-5　普罗旺斯与薰衣草相伴的葡萄园

二、西班牙桃红葡萄酒

西班牙"Rosado"桃红多数是用丹魄（Tempranillo）和歌海娜（Grenache）混酿而成。丹魄也可以酿制单品种桃红（Tempranillo Rose），其口感要辛辣一些，带有明显的青椒风味以及与普罗旺斯桃红类似的精致花香、清新的浆果风味。美国作家海明威曾经是西班牙桃红的忠实粉丝。

三、意大利桃红葡萄酒

意大利阿布鲁佐产区用桑娇维塞（Sangiovese）葡萄酿制的桃红，往往也会带有草莓、红莓、树莓、覆盆子、红醋栗和蜂蜜的香味，口感活泼，结构平衡，果香丰富浓郁。蒙特布查诺桃红（Montepulciano Rose）呈深粉红色，口感平滑，酒体中等，常带有丁香、肉桂、陈皮和干果的风味。这类酒被人们贴上"Cerasuolo"的标签，在意大利语中的意思的"红樱桃"。

四、美国桃红葡萄酒

加州地区往往会用仙粉黛、赤霞珠以及梅洛葡萄酿制"白"系列桃红（White Rose）。其中最有名的还是白仙粉黛桃红（White Zinfandel），色泽呈粉红色，口感香甜柔软，拥有非常浓烈的果香、爽口的酸度，酒精度较低，价格低廉，适合畅饮。一般来说，白仙粉黛适于早饮，不宜窖藏。

梅洛桃红葡萄酒（White Merlot）与白仙粉黛桃红葡萄酒相似，口感偏甜，带有覆盆子和果酱的味道，可搭配的食物种类多样，与酸度高的食物搭配可以凸显出葡萄酒的酸甜口感。

西拉也可以酿制单品种桃红葡萄酒（Syrah Rose），呈殷红色，酸度充足，充满令人垂涎欲滴的新鲜覆盆子和樱桃味，还伴有烟熏、胡椒等香料风味。美国加州和澳大利亚盛产西拉桃红葡萄酒。

黑皮诺桃红（Rose of Pinot Noir）与普罗旺斯桃红相比色泽略深，虽没有普罗旺斯桃红的精致花香，但同样色泽明亮，酸爽怡人，果香浓郁，散发着草莓和甜瓜的风味。

第四节 结 语

在中世纪的欧洲,桃红葡萄酒曾经大为盛行;而红葡萄酒被称为"黑葡萄酒",是用来给奴隶喝的;至于白葡萄酒,在当时还不存在。普罗旺斯的桃红酒曾受到法国皇室、英国皇室的热烈追捧,14 世纪时,勃艮第大公专门指定桃红葡萄酒留给法国国王和教皇专用;17 世纪到 18 世纪时,桃红葡萄酒仍然是欧洲帝王最欣赏的美酒。但到了 18 世纪之后,其地位逐渐被红葡萄酒所取代,市场份额明显下降。

后来的一段时期,桃红曾被某些专家看作是一种不上档次的葡萄酒。20 世纪后半叶,随着法国南方旅游业的发展,AOC 法定产区体系的建立以及质量的提升,桃红的魅力才又一次被人们发现,重新焕发了生机。

近年来,桃红葡萄酒在世界范围内的人气不断提高,越来越多的人开始喜欢上这种清爽明快的粉红佳酿。但由于种种原因,桃红在我国一直默默无闻。随着世界葡萄酒消费中心向中国的转移,中国葡萄酒的消费结构日趋合理,清新爽口的桃红葡萄酒也开始在中国市场展现风姿,时尚媒体中也开始出现了它诱人的身影。

第十章

葡萄酒的橡木桶陈酿

"橡木桶给葡萄酒带来的复杂度是任何其他容器所无法比拟的。"

——葡萄酒宗师 米歇尔·罗兰

第一节 橡木桶的历史与分类

一、橡木桶的前世今生

在铁器时代,木桶就已经成为欧洲凯尔特人(Celte)运输物品的工具之一。到了古罗马时代,居住在现法国境内的高卢人已经采用木桶运输商品,特别是用来储存和运输葡萄酒。在此之前,葡萄酒大多储存于陶罐中。到了17世纪末,玻璃瓶和软木塞的出现,葡萄酒才开始在酒瓶中储存和贸易。但是,玻璃瓶的使用并没有使木桶在葡萄酒行业中淘汰,反而获得了更大的用途。人们后来发现,在橡木桶里储存过的葡萄酒口感更好。

法国橡树的大规模种植始于17世纪,一开始是用于造船。橡木在欧洲的森林里分布很广,取材容易,木质紧密,防水性好。基于这些优点,在不到两个世纪的时间里橡木桶取代了陶罐成为葡萄酒运输的"新宠"。但葡萄酒被置于木桶中只是为了运输和销售,特别是17世纪到18世纪,桶装葡萄酒是葡萄酒贸易的主要运输方式(见图10-1)。

图 10-1 橡木桶用来运输葡萄酒

然而在一个偶然的机会,酿酒师们把葡萄酒储存在橡木桶里后,惊喜地发现葡萄酒竟变得如此的醇美,口感也变得异常丰富。至此,橡木桶的功能发生了变化,从当初的运输功能,演变到增添风味、改善葡萄酒品质的功能上。如今,橡木桶已成为顶级佳酿的摇篮:世界上最昂贵的50款葡萄酒都要经过橡木桶陈酿,但全世界的红葡萄酒只有2%—4%经橡木桶陈酿。经橡木桶陈酿的红葡萄酒颜色更为稳定、口感更为柔和、香味更为协调。有少部分白葡萄酒也要用橡木桶陈酿。在葡萄酒酿造企业的酒窖当中,都可以看到一排排码放整齐、蔚为壮观的橡木桶。但不经橡木桶陈酿的葡萄酒也有名酒,博若莱新酒同样受到人们的青睐。

二、橡木桶的分类

曾经,不同材质的木材都被用于制作储存葡萄酒的酒桶,如杉木、栗木、红木,但因为这些木材中的单宁太粗糙,或者是纤维太粗、密封性不好,都被一一淘汰了。现在陈酿葡萄酒的木桶基本是橡木。根据不同的分类标准,橡木桶有不同的分类。

根据产地的不同,橡木桶可大致分为法国橡木桶、东欧橡木桶和美国橡木桶。

根据新旧程度的不同,分为新橡木桶与旧橡木桶。

依据烘烤程度的不同,分为轻度烘烤、中度烘烤、中重烘烤和重度烘烤四种类型。

根据容积大小,分为大橡木桶与小橡木桶。小橡木桶又有波尔多桶、勃艮第桶等类型。传统的波尔多橡木桶容量为 225 L,而勃艮第桶则为 228 L。这两类橡木桶大小适宜,易于在地下酒窖中进行操作,在世界各地使用最为广泛。一般来说,橡木桶尺寸越小,橡木与桶内酒液接触的比例就越大,对葡萄酒风味的影响越大。各种类型的橡木桶都有着自己鲜明的特色,酿酒师可根据酿酒葡萄的品种以及酿造酒款的风格进行选择。

第二节　橡木的概念与类型

一、橡木的概念

橡树(Oak)是壳斗科(Fagaceae)栎属植物,所以橡木亦称栎木,是恐龙灭绝后不久出现在地球上的,已存活了 6000 万年左右。在拉丁文中,Quercus spp. 的本义是"优秀树种",广泛分布在北半球的温带区域,有 300 多个品种,但并不是所有的栎木都适合制作橡木桶,只有几种防水性好的栎木才能被采用。橡木的生长范围并不广泛,而且生长缓慢。制作橡木桶的选材要求其所含的有效成分比较丰富,一般需要 80 年以上的树龄才能选用。

在市场上,常把橡木分为红橡与白橡两大类,但红橡不红、白橡不白,其颜色区分并不十分明显,主要是存在木材学中的管孔差异等。白橡木管孔内有填充体,使其成为最佳的酒桶用材;红橡不能用于制作酒桶。

二、橡木的类型

常用于制作橡木桶的橡木主要有夏栎(Quercus Robur)、无梗花栎(Quercus Petraea)和美国白栎(Quercus Alba)三个品种。

(一)夏栎

夏栎又称夏橡,其叶柄较长,主要生长于法国的利姆森地区。受该地区温暖、干燥的气候及土壤环境因素的影响,夏橡生长快、纹理粗糙。夏橡中的酚类等可溶性成分含量较高,但挥发性香气成分较少,制作的橡木桶更适合陈酿干邑、雅邑等白兰地和雪利酒。

(二)无梗花栎

无梗花栎(Quercus Petraea)又称无柄橡(Sessile Oak),其叶柄比较短甚至没有,主要生长于法国的孚日山脉和阿利埃河流域,又称卢浮橡,是生产葡萄酒橡木桶的重要原料,制作的橡木桶被称为法国橡木桶。受这些地区寒冷、土壤贫瘠等因素的影响,卢浮橡生长缓慢、纹理细密,挥发性香气成分和酚类成分含量较高,能给葡萄酒增添更加细致的风味,是陈酿顶级葡萄酒的首选。

卢浮橡树龄越老纹理越紧密,从而能够更好地防止葡萄酒在橡木桶中的渗出。最出名的橡木原料来自 Alliers、Vosges 和 Troncais 树林,价格非常昂贵,最高达 4000 美元/个。赤霞珠、黑皮诺和霞多丽与法国橡木的搭配堪称完美。

匈牙利、奥地利、捷克和斯洛文尼亚出产的橡木桶也非常有名,习惯称之为东欧橡木桶。其性能介于美国橡木桶与法国橡木桶之间,与法国橡木桶更为相似,但价格却便宜很多。酒庄里越来越多的东欧橡木桶被用于葡萄酒的陈酿。

（三）美国白栎

美国也有很多种橡木种类,但能用于陈酿葡萄酒的是美国白栎,也称美洲白橡,制作的橡木桶称为美国橡木桶。美国橡木桶比法国橡木桶纹理更粗糙,具有浓烈的香味。橡木内酯、香兰素等香气物质含量较高,而酚类化合物的含量较低,主要用于威士忌的陈酿。美国橡木桶可为以果味为主的新世界葡萄酒增添复杂性,专家们用茴香、椰子和香草的香气来描述其风味。

需要说明的是,制作软木塞和制作橡木桶的原料树并不一致。制作软木塞的原料树叫栓皮栎（Quercus Suber）,又称软栎（Cork Oak）。虽然也是栎属的一种,但与生产橡木桶的栎树大大不同。常言道:"人活脸,树活皮。"一般的树木剥掉皮之后,由于切断了水分和养料的供应渠道,很快就会枯死。但栓皮栎被剥除树皮后仍然可以继续生长。这种橡木有两层树皮,外层是天然的绝缘层,它能够保护树木免受灾害侵袭,这一层皮可以剥除,用来做软木塞等产品,并不会影响树木的生长。而里层树皮具有生命力,富有弹性与伸缩性。

131

三、法国橡木桶和美国橡木桶的比较

法国橡木桶和美国橡木桶的比较如表 10-1 所示。

表 10-1　法国橡木桶和美国橡木桶的比较

	法国橡木桶	美国橡木桶
木材种类	生长期长	生长期短
木材特点	纹理细密,透气性低;单宁物质较少	纹理粗糙,透气性高;单宁高而干涩
使用年限	5 年	3 年
贮存时间	贮存期限长	贮存期限短
香气特点	香气优雅细致,易与果香融为一体	香气浓郁奔放,游离于果香和酒香之上
典型香气	精细的辛香、柠檬、柑橘、坚果、药草、烤面包、甘草、烟熏味等香气	香草、椰子和麦芽风味,如果过量,会带有烟熏牡蛎或者铁皮烟盒的气味
赋予风味	赋予白葡萄酒细腻、平衡的坚果和烟熏风味;给红酒带来雪松、丁香等香料的味道	为白葡萄酒带来奶油和太妃糖的味道;为红酒增添椰子、香草、肉桂等风味

橡木制品的陈酿效果,主要与橡木制品中挥发性香气成分的含量以及葡萄酒与橡木制品接触的时间、用量等因素有关。不同产地的橡木木质结构不同,所含的风味物质也不同,对葡萄酒香气和风味有不同的影响。橡木质地越细密,管孔内的浸填物越多,越不易吸水,越耐腐蚀,强度也越大。此外,橡木的干燥方式(自然干燥、人工烘干)、制作方式、烘烤程度等都影响陈酿的结果。若要酿制木香浓郁的葡萄酒,就选用美国橡木桶;若要酿制果香、酒香、木香协调的葡萄酒,就选用法国橡木桶。

此外,一些国家还采用其他类型的木料制作葡萄酒木桶,比如栗树、相思树。智利传统的酿酒师会使用当地一种称为有脉假水青冈木的乡土树种制作的木桶来盛放葡萄酒。我国东北长白山等地具有大量橡木资源,与欧美的橡木同属栎属植物,其结构和成分与欧洲的橡木相似,国内已有多家企业以国产橡木为原料生产橡木制品。

四、橡树的采伐

活树的采伐中,选材是很重要的一步。首先需要挑选合适的橡木,一般只有树龄为 80 年以上的橡树才适合作为橡木桶的原材料。在法国的某些橡木产区,橡树的选择通常要求树龄在 150—250 年,直径 1—1.5 m,高一般在 30—36 m。此外,并非整个树干都可用于制作橡木桶,根部至地面以上 9—15 m 的树干是最佳的部分。也有的取树干的中部、地面以上 6—15 m 的树干部分,其下部的树干用作家具原料,上部的树干用作地板原料等。年轮紧密、单宁较温和的橡木制成的桶适合储存干红;而年轮较宽,单宁较多的橡木制成的桶,主要用来储存干邑白兰地。

无柄橡长得慢,树纹密,5 m³ 的原木大约出 1 m³ 的桶板,出材率只有 20%。有柄橡长得快,树纹粗,年轮大于 3 mm,用于制作白兰地用的橡木桶。美国橡木出材率高,可达 80%。根据法国法规,橡树伐木时间是每年的 10—12 月,因为秋冬季节木材生长速度放慢,此时砍伐不影响以后橡木的生长。每年的砍伐都由专人亲自到橡树林里挨棵树进行选择,在木材厂对原木进行劈切、老熟。

第三节 橡木桶的加工

橡木桶的制造过程耗时而且工序复杂,很多制造厂至今依然遵循古法手工制作。首先要在制桶厂对木板进行劈切、老熟,然后进行精加工、筛选、组装、成型、烘烤、检验。有时一个工人一天仅能完成一两个木桶,故橡木桶的价格一直都居高不下。图 10-2 为橡木桶各部位的名称。

一、劈成桶板

砍伐后的原木首先在轴向 1 m 处切断(225—300 L 的桶高是 95 cm),然后按树的粗细分 4、6、8 等分,用压力机以年轮为中心点纵向劈切,并除去表皮与木芯。芯中的单宁生青、有苦味,皮容易泄漏,两者都不能用。最后在激光控制下精确切割为桶板,格架整齐码放(见图 10-3)。

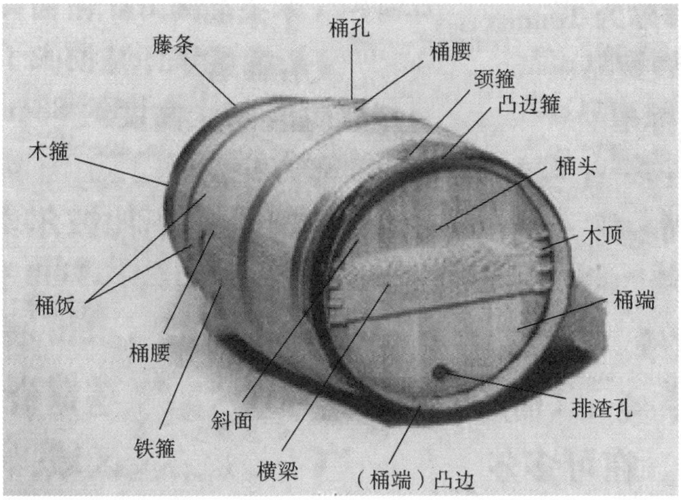

图 10-2　橡木桶各部位的名称

（a）　　　　　　　（b）　　　　　　　（c）

图 10-3　原木劈切成桶板

　　切割桶板时，宽的作为桶板，窄的作为端板。整段橡木必须劈切，用锯会破坏木头的年轮和纤维。美洲白橡因为通气孔较少，不会有防水性的问题，可采用机器电锯的方式制作。精确切割得到的桶板厚 32 mm，并进行第一次筛选分级。

二、板材的露天老熟

　　劈好的板材以 1 m³ 为单位码成一垛，露天放置在阴凉处 10—36 个月风干。工人每年为每一块木板进行翻面，让其均匀的接受阳光风雨的洗礼（见图 10-4）。

　　风干过程中，板材的含水量从 50％下降到 16％左右，一些化学成分也发生了变化，橡木内过于尖锐的劣质单宁得以分解。板材老熟的作用，第一是单宁含量下降，使葡萄酒陈酿后的口感更加柔顺；第二是挥发性香气物质（特别是橡木内酯、香兰素）的含量明显提高，有利于葡萄酒的增香。这一过程持续的时间越长，制成的木桶能使酒液发展得越柔顺，但同时成本也会相应增加。

图 10-4　板材的露天老熟

三、桶板的精加工

将完成室外熟成的桶板精加工成中间宽、末端窄的木条，用激光控制切割机对桶板精确切割成型（6个面）。一般桶板厚度为 22 mm，用于运输型木桶的厚度为 27 mm。在装配成桶前，工人还要进行一次木板筛选，以确保每块板都没有缺陷。

四、桶板的装配（框桶）

在桶环上摆上橡木板并套上桶箍，由于此时的半成品在形状上像一朵玫瑰，因而这一步骤也被称为"玫瑰拼接"，如图 10-5 所示。一个木桶由 28—32 块桶板组成，上下各一块宽板。下宽板是为了承重，上宽板是为了将来打孔。

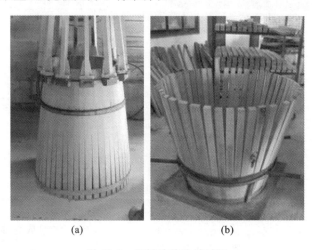

（a）　　　　　　　　　　（b）

图 10-5　桶板的装配（框桶）

接下来工人们会采取烘烤或是机器牵引的方式使其弯曲收拢，并套上桶箍进行固定。

五、烘烤与弯曲成型

第一次烘烤是为了下一步塑性增加其柔韧性,使木板容易弯曲成形,减少桶板的弯曲压力,防止断裂。烘烤采用电脑精确控温与操作工人经验相结合的方式,一般使用制作木桶时剩的边角料做燃料。烘烤后的木桶用机器将其箍紧,套上桶箍,一个橡木桶初步成型(见图10-6)。

(a)　　　　　　　　　　　　(b)

图10-6　橡木桶的烘烤与弯曲成型

第二次烘烤的强度根据客户需求分为轻、中、中重及重度烘烤(见图10-7)。目的是改变橡木的化学成分,产生大量芳香物质,赋予葡萄酒更完美的风味。

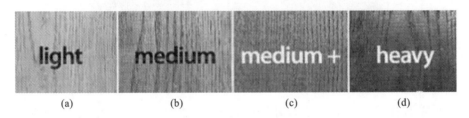

(a)　　　　　　　(b)　　　　　　　(c)　　　　　　　(d)

图10-7　橡木桶的烘烤程度

长时间缓慢烘烤可以保证烘烤深度和橡木桶使用寿命。如果烘烤深度不够,会造成橡木桶使用寿命缩短。烘烤后的橡木桶要进行激光定位打孔,以确保桶孔的精确。

六、装盖与最后的成型

将较短的木板拼接后激光定位切割成型(圆形),然后将端板装入木桶两侧,一个橡木桶就初步组合完成了(见图10-8)。

在法国博特木桶厂,大部分木桶的端板采用的是凸凹槽插接密封。

七、检验与收尾工作

最后的收尾工作有泄露检测、换新桶箍、抛光打磨、激光LOGO绘制、塑封等步骤,这其中有机器操作,也有手工操作。成品橡木桶如图10-9所示。

(a)   (b)

图 10-8　橡木桶的装盖与最后的成型

图 10-9　成品橡木桶

　　检测泄漏,即注入 30—40 L 水,加压到 0.8bar,保压 10—15 分钟,以测试木桶是否完全密封,有无渗漏,同时调整存在的机械缺陷。换新桶箍,即去掉木桶的工艺箍,更换新箍。再经磨砂抛光,进行最后一次检查,确保木桶外观的完美,塑封后储存在仓库中。库房类似于酒窖,要确保温度与湿度的恒定。

　　总之,橡木桶的原料产地、板材老熟、烘烤控制是产品品质的重中之重。

第四节　橡木桶陈酿对葡萄酒的作用

一、陈酿的分类

(一)根据容器分类

根据容器的不同,葡萄酒的陈酿可分为大罐陈酿、木桶陈酿和瓶内陈酿。

大罐陈酿、瓶内陈酿的容器本身不会对葡萄酒的风味造成影响;木桶陈酿的容器本身对葡萄酒的风味有重大影响。不锈钢桶的容积大、造价低、材质好、易清洗,是大罐陈酿的首选;橡木桶的容积小、造价高、档次高,一般用于陈酿高档葡萄酒。

（二）根据氧气参与的程度分类

根据氧气参与的程度,葡萄酒的陈酿可分为氧化陈酿和还原陈酿两大类。

氧化陈酿即在有氧的条件下葡萄酒在容器中进行的陈酿,一般适合于一些利口酒、蜜甜尔和味美思等高度葡萄酒,陈酿之后可以获得特殊的感官特性。

还原陈酿尽量将葡萄酒与空气隔绝,一般还要用 SO_2 处理,大多数葡萄酒的陈酿属于还原陈酿。但由于橡木桶有微弱的通透性,在陈酿期间会发生微氧化作用,并有助于葡萄酒的成熟和单宁的软化,使酒体更加圆润。

二、橡木桶陈酿对葡萄酒的作用

橡木桶对葡萄酒的影响非常多元,对葡萄酒的颜色、香气、风味等都会产生影响。

（一）增香作用

经过橡木桶陈酿,橡木中的可溶性芳香物质(如橡木内酯、糠醛类、酚醛类、挥发酚类、橡木单宁、糖类等成分)被萃取到葡萄酒中,呈现出香草、奶油、咖啡、松木、烟草、巧克力的味道。烘烤程度较高的橡木桶,还会带来一些烟熏的味道,令人回味悠长。在葡萄成熟度和树龄普遍比较低的产区,应要求为中重烘烤类型的木桶,目的是用木香补充原料葡萄果香的不足。但橡木桶陈酿也会使得果香味逐渐减弱,以致消失。

此外,橡木木质素中所含的水解单宁会渗透到葡萄酒中,使酒的骨架更加坚固,并可防止葡萄酒的氧化。

（二）微氧化作用

橡木拥有特殊的组织结构,这种结构可以使得少量的空气渗透到桶中,使酒液发生微氧化作用,从而柔化单宁,降低葡萄酒青涩的味道,加速葡萄酒的成熟,使酒体更加圆润,口感更加协调。

由于新桶的微孔还没有被酒液或者沉淀物所封闭,葡萄酒能吸收更多的氧气,微氧化作用更强,软化效果也更明显。但橡木桶不是越新越好,酒庄往往将新旧木桶交替使用。使用几成比例的新橡木桶以及使用橡木桶时间的长短,要视葡萄酒的风格、葡萄品种的情况等来具体确定。

（三）浓缩作用

橡木桶具有通透性,能够使其中的酒精和水分蒸发。一年中,一个 225 L 的橡木桶会产生 20—25 L 的蒸发。通过蒸发作用,酒体中的芳香成分、酚类等风味物质的含量会得到提高,使得葡萄酒更加醇厚。但为了保证葡萄酒不氧化变质,每隔一段时间都要进行添桶。

此外,葡萄酒在陈酿过程中,还要发生一系列还原、酯化等反应,使酒体向平衡、协调、浓郁的方向转化,有利于"酒香"的产生,但品种香会逐渐降低。

（四）颜色的变化

对于白葡萄酒、白兰地而言,由于黄酮类的氧化和橡木成分的萃取,酒的颜色逐渐加深,

137

呈现出黄色、金黄色,甚至出现棕褐色。而对于红葡萄酒而言,陈酿之后颜色逐渐变浅。

橡木桶主要用于红葡萄酒的陈酿,极少用于白葡萄酒。人们一般喜欢果香较浓、清爽型的白葡萄酒,因此大多数白葡萄酒不进行橡木桶陈酿,只有优质的霞多丽、灰皮诺和白富美等几种白葡萄酒可以使用橡木桶熟成。

第五节　橡木桶中的化学

一、橡木中的主要成分

(一)橡木内酯

橡木内酯是树脂类物质,其成分是饱和 γ-内酯的衍生物,不仅具有椰子、新鲜木头和坚果的芳香,而且对葡萄酒有柔化作用。橡木内酯存在顺、反两种异构体,在红葡萄酒中,顺、反橡木内酯的阈值分别为 54 μg/L 和 370 μg/L。在自然干燥或人工烘干的过程中,橡木内酯的含量略有升高,但随着橡木烘烤程度的增加而显著减少。尤其是采用重度烘烤橡木时,葡萄酒中顺式橡木内酯含量显著下降,仅为轻度烘烤的 30% 左右。橡木内酯类化合物,主要源于类脂和酸的脱羧,是橡木中最重要的一类香气化合物。美国橡木桶中的橡木内酯含量比法国橡木桶中的含量更高,常用于陈酿白兰地。

(二)糠醛类化合物

糠醛类化合物是橡木中的纤维素和半纤维素在烘烤过程发生热降解所形成的,具有焦糖、烤杏仁等气味。在红葡萄酒中,糠醛和 5-甲基糠醛的阈值分别为 20 mg/L 和 45 mg/L。随着烘烤温度的升高,橡木中有更多的纤维素和半纤维素发生热降解,糠醛化合物增多;但如果烘烤程度进一步加重,糠醛类化合物将由于挥发、分解等原因而逐渐减少。

(三)酚醛类化合物

酚醛类化合物主要有香草醛,又称为香兰素,可使葡萄酒产生香草和香子兰气味,在葡萄酒中香草醛的阈值为 320 μg/L。在新鲜的橡木中香草醛的含量很少,在干燥或烘干过程中含量大幅度提高。

(四)挥发酚类化合物

在橡木桶的烘烤过程,木质素分解可产生二甲氧基苯酚、单甲氧基苯酚以及苯酚等挥发性酚类化合物。其中,具有单甲氧基苯酚结构的愈创木酚、4-甲基愈创木酚和丁子香酚可使葡萄酒产生烟熏、香料等复杂香气,其在葡萄酒中的阈值分别为 75 μg/L、65 μg/L、500 μg/L。葡萄酒中愈创木酚含量均随橡木烘烤程度增加而显著增加,但轻度和中度之间变化幅度相对较小,而中度和重度之间,变化幅度相对较大。丁子香酚具有丁香气味,在橡木桶的干燥或人工烘干的过程中,含量时有升高。

(五)橡木单宁

橡木单宁即从橡木桶中释放出来的单宁,本身属非挥发性物质,可以溶解的木质素物质部分地降解成芳香醛,其在氧化作用下可以形成相应的酚酸。新橡木桶的主要贡献源于对橡木成分中不稳定酚类物质的萃取。

（六）糖类物质

糖类物质是橡木桶中的半纤维素经酸解而产生的,主要有木糖、阿拉伯醛糖、糖醛酸、半乳聚糖、多缩戊糖、甲基戊聚糖等,它们都可以增加葡萄酒的结构感。

以上这些成分,是引起木桶陈酿葡萄酒产生香气差异的主要化合物。而橡木制品中挥发性香气成分的含量,主要受橡木的品种、产地、纹理、风干方法与时间、烘烤程度等因素影响,其中,烘烤程度是影响橡木制品中香气成分含量最主要的因素。不同产地和品种的橡木,挥发性香气成分也具有较大差异,尤其是顺、反橡木内酯的含量。一般来讲,美洲白橡中顺式橡木内酯含量较多,而法国的橡木中则是反式橡木内酯含量较多。但若管理不当,橡木桶易被德克酵母和酒香酵母污染,产生 4-乙基苯酚和 4-乙基愈创木酚,其阈值分别为 620 $\mu g/L$ 和 140 $\mu g/L$。当其含量超过阈值时,就容易使葡萄酒产生马厩味、药水味等不良气味。

新橡木桶为葡萄酒增加香气和风味的潜力较大,但随着橡木桶使用次数和年限的增加,它给葡萄酒带来的影响就越来越小。

二、陈酿期间的酯化反应

在陈酿期间——无论是罐内陈酿还是木桶陈酿,都要发生一系列生物化学反应。其中,酯化反应是陈酿过程中最重要的反应。

大部分乙酸烷基酯（CH_3COOR）是由于酵母菌或细菌的活动,在发酵阶段产生的生化酯类,在陈酿过程中含量会下降。但其他有机酸的单乙酯或二乙酯含量会增加,如酒石酸氢乙酯、酒石酸二乙酯、琥珀酸（丁二酸）乙酯以及己酸乙酯等,主要产生于陈酿阶段。

酒石酸 + C_2H_5OH ⇌ 酒石酸氢乙酯 + H_2O （10-1）

酒石酸 + $2C_2H_5OH$ ⇌ 酒石酸二乙酯 + $2H_2O$ （10-2）

酯化速度很慢,又是一个可逆反应,因此在常温下,达到平衡一般需要 3 年时间。具有果香的高级醇的乙酸酯,如乙酸己酯等,在陈酿过程中有降低的趋势,被认为是葡萄酒"衰老"的原因。乙酸乙酯对葡萄酒的余味影响较大,会加强其粗糙感和灼热感。

葡萄酒柔和、圆润口味的形成,一方面源于一部分单宁的沉淀,另一方面源于醇香（陈酿香）的出现。在陈酿过程中,果香、酒香味逐渐下降,醇香逐渐形成。醇香一般在来年的夏季就可以形成,之后逐渐变浓,但最佳香气是在瓶储几年后形成。

醇香的形成,与葡萄皮中所含的芳香物质有关,也与温度、氧化还原电位、SO_2 的浓度有关。瓶储过程中,基本上处于无氧、低电位的还原状态,有利于醇香的发展。

三、沉淀作用

红酒在陈酿过程中的成熟与葡多酚的变化密切相关,单宁和色素都参与了许多反应,包括色素的降解、颜色的稳定、单宁的聚合等。红酒中的花青素本身不稳定,能与单宁、酒石酸、糖等结合形成复合物,随着时间的延长,逐渐形成沉淀。因此,红葡萄酒在陈酿或存放过程中会有沉淀产生,并随时间的增长酒的颜色变浅,但酒体更加柔和圆润。

总之,葡萄酒的橡木桶陈酿,对葡萄酒的色泽、香气、口感都能带来明显的提升,赋予了葡萄酒独一无二的生命力。但是,橡木桶主要用于红葡萄酒的陈酿,白葡萄酒只有少数品种可以经得住橡木桶的陈酿。即使是红葡萄酒,橡木桶陈酿也并不是必需的。是否要进行橡木桶陈酿,既要考虑葡萄的品种、酿酒工艺、葡萄酒的风格,还要考虑消费者的饮用习惯。

第六节　橡木桶陈酿期间的管理

用于长期陈酿的葡萄酒,其酒度应调整在 11％vol 以上,否则容易感染杂菌。在陈酿期间,为了防止红葡萄原酒的氧化和微生物的活动,要对温度、湿度、游离 SO_2 浓度等进行控制管理。

一、SO_2 浓度的监测

干红葡萄酒的游离 SO_2 浓度需要保持在 20—30 mg /L,甜型葡萄酒需要更高的 SO_2 浓度。在陈酿过程中,葡萄酒中 SO_2 的浓度在不断变化,因此,必须定期监测和添加。所加入的 SO_2,约有 2/3 以游离状态存在,有 1/3 以结合状态存在。

二、温度与湿度的控制

陈酿一般在酒窖中进行,红葡萄酒理想的陈酿温度为 13—15 ℃,白葡萄酒理想的陈酿温度为 11—13 ℃。湿度一般控制在 70％左右。此外,对于酒窖还有通风、卫生、光度等方面的要求。

三、添桶

橡木桶陈酿的过程中,由于葡萄酒的挥发、CO_2 的逸出、温度的下降等,都会使葡萄酒的液面下降,从而造成空隙。为了防止葡萄酒氧化变质,必须每隔一段时间用同样的葡萄酒进行添桶,保持葡萄酒始终处于"添满"状态。添桶间隔时间的长短,取决于空隙形成的速度。

四、转罐

在来年的 3—4 月还要进行第二次转罐。经过一个冬天的存放,葡萄酒底部产生了不少酒泥沉淀,分离掉沉淀有利于提高酒的稳定性,避免出现腐败味、还原味等。第三次转罐一般在来年的 11 月。

以后的贮藏管理中,在每年的 11 月倒一次桶即可。其实,转罐的时间和次数没有严格的规定,视容器的不同、葡萄酒类型的不同而不同。转罐应选择晴朗、干燥的天气进行。

橡木桶一般在酿造高级葡萄酒的时候使用,有的企业先将葡萄酒在不锈钢桶里陈酿两到三周,然后才转到橡木桶内陈酿。由于橡木桶中可浸取的物质是有限的,一个新的橡木桶在使用 2—3 年后,可浸取的物质就已经贫乏,降低了使用价值,需要更换新桶;但也有葡萄酒在一个桶中陈酿十几年甚至几十年。

五、缺陷的木桶的处理

若橡木桶生霉,应先用清水洗刷,然后用 50—60 ℃热水洗刷,再用酒精浸泡数日;有异味的桶用 2％的热苏打水、清水、1％—1.5％硫酸水依次轮流浸泡,洗刷;使用一年以上的桶,酒打出后或换品种贮存时,应进行刷桶,用清水洗刷干净后,再用抹布将水擦干;桶顶及桶表面应保持清洁,尤其有些桶板缝间有微弱的酒液析出时,往往带出一定的糖分,较为黏稠,此时更应将桶表面擦拭干净,以防长霉。

第七节 结 语

橡木桶陈酿的作用主要是增香、微氧化、软化单宁并增加橡木单宁等,对葡萄酒的色泽、香气和口感都会带来明显的提升。在香气方面,主要出现香草、肉桂、丁香、咖喱、烟熏味、椰子、莳萝、焦糖、烤杏仁、干果和咖啡豆的风味,这些香气的浓郁度取决于木桶的烘烤程度以及葡萄酒在橡木桶中陈年时间的长短。

橡木桶陈酿的影响也不都是正面的,一些适合年轻时饮用的葡萄酒若经过橡木桶陈酿反而会失去清新的果香。橡木桶也不是越新越好、用得越多越好,具体是否使用橡木桶、使用几成比例的新橡木桶和旧橡木桶,以及使用橡木桶的时间长短,都要视葡萄的品种、酿酒工艺、葡萄酒风格和消费者的饮用习惯等因素决定。

有人喜欢具有浓烈橡木气息的葡萄酒,也有人喜欢果味清新的葡萄酒。有人认为,没有什么能像橡木那样驯服粗糙的酒。葡萄酒宗师米歇尔·罗兰曾说过,橡木桶给葡萄酒带来的复杂度是任何其他容器所无法比拟的。但也有些意大利酒农对于橡木桶陈酿深恶痛绝,主张"我就要葡萄酒中的葡萄味",为此,他们酿造葡萄酒时绝不使用橡木桶陈酿,为的是尽量减少酒中果木的味道。

第十一章 →

葡萄酒的品鉴

"葡萄酒品鉴，就是人与自然之约。"

——波尔多大学　埃米尔·佩诺教授

第一节　葡萄酒品鉴的历史与资格认证

一、葡萄酒品鉴的由来

葡萄酒的品鉴，即对葡萄酒进行感官分析，是品酒师和酿酒师必备的技能。对于普通消费者而言，懂得一些基本的品酒知识也是非常必要的，否则就不能判断葡萄酒的优劣，更不能欣赏到葡萄酒中的美。葡萄酒中的化学成分大部分可以通过仪器测定，但品评仍然是鉴别葡萄酒质量的必要手段，并且已发展为一门新的学科——葡萄酒品尝学。

品酒，是人类物质生活和精神生活上升到一定阶段的产物。在17世纪之前，葡萄酒仅仅是一种含有酒精的饮料，根本没有品酒一说。葡萄酒的品鉴，起源于17世纪的英国。英国气候寒冷，很少种植葡萄，葡萄酒主要依赖从欧洲各产酒国进口，其中最大的来源地是法国的波尔多。英国工业革命时期，资本主义经济迅速发展，经济实力日益强大，并拥有强大的海洋贸易。随着财富的积累和生活水平的提高，英国贵族和资产阶级不再仅限于饮酒，而是开始追求葡萄酒的品质。

生产决定消费，消费对生产具有反作用。为了满足英国客户的需求，波尔多的酒庄纷纷改进葡萄的种植技术和酿酒工艺，以提高葡萄酒的品质。作为英国酒商，要想了解各个产区的葡萄酒品质，就必须具备对葡萄酒的鉴赏能力。他们通过举办比赛、参加酒会、写品酒报告等方式，开展了葡萄酒的品鉴活动。在当时，酒商是专业水准最高的品酒师，并将这些品鉴技术和理念用于对新入职酒商的业务培训。他们对于葡萄酒的理解和对品质的要求，逐渐扩展到了整个欧洲乃至全世界。

二、葡萄酒品鉴的资格认证

进入20世纪，葡萄酒品鉴培训日渐规范，并成立了专门的认证机构。1953年，英国设计了葡萄酒大师(MW)课程;1969年,又设立了WSET课程。这些培训最初只是针对酒商开展的。以MW为例,在30多年后的1985年,Jancis Robinson才成为第一位获得MW称号的非酒商人士。WSET课程也是如此,1969年成立时只用于培训酒商。

WSET是英国"葡萄酒及烈酒教育基金会"(Wine & Spirit Education Trust)的简称,自成立以来,WSET逐渐成为葡萄酒及烈酒教育领域首屈一指的国际组织,也是极为专业的葡萄酒教育认证机构,拥有授予一系列炙手可热的葡萄酒教育认证的权利。可以说,法国在输出葡萄酒,而英国在输出葡萄酒品鉴资格认证。2005年,逸香葡萄酒教育将该课程首度引入中国,在北京、上海等城市相继开展活动。

MW是"葡萄酒大师"(Master of Wine)的简称,该资格被视作葡萄酒品鉴的最高级别,官方认证授权机构是伦敦葡萄酒大师学会(IMW)。第一次考试于1953年举办,21人参加,6人通过。到2013年为止,平均每年通过考试的新晋葡萄酒大师不到5人,他们被授权在姓名后面加上Master of Wine的缩写MW。在葡萄酒圈子,MW的头衔是耀眼的光环。截至2017年,全球获得葡萄酒大师头衔的共有369人,分布于29个国家。我国仅有少数几位品酒师获得了MW称号。

第二节　葡萄酒品鉴的意义

一、品酒是酿酒的必要技能

酿酒师必须懂得品酒的基本知识,品酒是酿酒的基础。如果不懂什么是好酒、好在哪里、为什么好,就不可能酿出好酒,"不会品酒的酿酒师就像一位盲人画家"。这里所谓的品酒,是指懂得品酒的必要技能,并不是说酿酒师一定要获得品酒师的资格证书。相反,品酒师们并不一定懂得酿酒。

在酿酒过程中,从原料到装瓶有几十道工序,生产过程的每一个阶段,酿酒师都要进行品评。从葡萄园开始,就要品评葡萄的成熟度;在整个酿酒过程中,要对糖度、酸度、芳香物质等进行评估,监测任何可能影响葡萄酒品质的因素,并进行有效掌控。品评,既需要接受专业培训,也需要岁月的历练。在葡萄酒专业,葡萄酒的品尝是一门单独的课程,即"葡萄酒品尝学"。

澳大利亚Shaw and Smith酒庄经理迈克尔·希尔·史密斯认为,品酒的重要性永远不能受到低估——如果我们不重视葡萄酒的品尝,那还不如干脆忘记葡萄酒的存在。此外,消费者对葡萄酒的要求也在一直不断地变化,品酒和酒展成为引导酿酒师酿制方向的重要一环。

二、品酒是购买与销售的基础

中间商、批发商、零售商都应该学会对葡萄酒进行品评,以确定该款产品是否值得经销,并对消费者进行有效的推介。质量监督部门,要通过品评确定产品是否合格,评定质量等级;特别是受"原产地保护"的品种,还要通过品评确定其是否具备品种、该地区葡萄酒所具

有的典型性。普通消费者也要通过品评判断葡萄酒的真假，是否符合自己的口味，以决定购买意向。

品酒是一门学问，譬如欣赏一幅画、听一首音乐，如果你没有美术和音乐的修养，就不可能鉴赏其好坏。所谓"外行看热闹，内行看门道。"此外，对于葡萄酒，不但要会喝，而且要会说。"一瓶酒好坏我喝得出，就是说不出来"是大多数葡萄酒爱好者的共同感受。品酒并不是大师们的专利，只要用心就可以去掌握。只有掌握了品酒的要领，才能真正享受到葡萄酒的美妙。

三、品酒具有个性特色

在葡萄酒品鉴的过程中，每个人都有自己偏爱的酒款或者葡萄酒品种，品酒带有相当程度的个性特色。在国际、国内的品酒大赛上，评委是由品酒师组成的一个团队，只有大家公认的好酒才能脱颖而出。

品酒是一个品尝与记忆的过程，味觉和记忆会随着品酒的体验而逐渐成熟。对于不懂葡萄酒的消费者，"质量"和"好喝"常常发生矛盾，有时质量越好的葡萄酒往往越"难喝"，而用色素、香精、甜味剂等勾兑的假葡萄酒可能更好喝。葡萄酒的饮用是一种习得的口味，喝得多了才能习惯，喝习惯了才能喜欢。一般应该先从适口的葡萄酒开始，慢慢地拓展到更多更为复杂的葡萄酒，有个逐渐适应的过程。一旦适应了葡萄酒的风味，就会喜欢上它。

第三节　葡萄酒的酒标

如果是选购葡萄酒，首先应该了解一下酒标（Wine Labels）。酒标是指酒瓶上的标签，被誉为"葡萄酒的身份证"。不同国家、不同产区的酒标，其标示方法和内容可能有所不同，但一般都包含着与葡萄酒有关的许多信息。懂酒的人只要阅读一下酒标，就可以大致判断葡萄酒的品质和口味了。

葡萄酒的酒标有正标与背标之分，下面分别予以介绍。

一、正标

正标是原产国酒厂的葡萄酒标，文字可以是原产国的官方语言，也可以是国际通用语言（见图11-1）。正标中最显眼的一般是注册商标，可能是一幅画或一幅图案，其中可能蕴藏着酒庄的历史故事。此外是酒名、产地、年份、葡萄品种、酒精度、容量、装瓶信息、酒庄地址等内容。新世界和旧世界的酒标会有细微差别，新世界一般会标注葡萄品种，旧世界不一定标注品种；旧世界的葡萄酒一般有等级的标注，而新世界的葡萄酒则很少有等级的标注。标注的位置也没有统一的规定，比较随意。

（一）酒庄名或酒名

有的酒名就是酒庄的名称，如玛歌酒庄、拉菲古堡；也有的加以修饰，如张裕干红葡萄酒、长城干白葡萄酒、怡园干红葡萄酒、戎子干红葡萄酒等。它们可能来自大型的葡萄酒公司（如张裕、长城），也可能来自小酒庄（如怡园酒庄、戎子酒庄）。对于以酒庄为单位发售的

图 11-1　葡萄酒的酒标（正标）

葡萄酒,酒标上通常会标注酒庄名;而若是葡萄酒公司旗下某个品牌的酒款,那么品牌名一般也会出现在酒标上。

有的酒名中包含葡萄品种、葡萄酒类型等信息,如"张裕梅鹿辄干红葡萄酒"。有的酒标上还可能会有"Grand Vin"(优质葡萄酒)、"Reserve"(珍藏)和"Vieilles Vignes"(老藤)等信息,这类标识的使用往往不受法律约束。

（二）产地名称

有的正标上有产地名称。产区的风土深刻影响着葡萄酒的品质,因此产区信息间接透露葡萄酒的品质。旧世界的葡萄酒有严格分级系统,在一级产区之下,又分为很多二级产区,二级产区往下又有很多个酒庄。在勃艮第特级园（Grand Cru）葡萄酒的酒标上,产区可以具体到某一块葡萄园。一般来讲,产区信息越详细、产区范围越小,葡萄酒品质越好,价格当然也很高。因为产区范围越小,对葡萄酒产量和品质控制越严格。

以法国波尔多葡萄酒为例,如果酒标上只标明波尔多（Bordeaux）产区,那么它的品质可能很一般;如果具体标示到二级产区——梅多克（Medoc）,那么它的品质一定不一般,因为梅多克（Medoc）是波尔多产区下面负有盛名的葡萄酒产区,地位卓越、品质超群;如果示的是波雅克（Pauillac）,那就更了不起了,因为这是梅多克产区生产拉菲古堡的波雅克村。

（三）等级

旧世界产酒国出品的葡萄酒有比较细致的等级划分,所以酒标上常会出现葡萄酒的等级标识。例如,法国波尔多 1855 列级庄酒款的酒标上会有"Grand Cru Classe en 1855",中级庄酒款会注明"Cru Bourgeois"。如果是法国勃艮第的葡萄酒,通常标注的则是葡萄园的等级,如"Grand Cru"（特级园）、"Premier Cru"（一级园）等。

新世界产酒国没有针对酒庄或葡萄园的分级制度,因此酒标上很少有等级信息。

（四）年份

年份指的是酿酒葡萄采收的年份,而非酒款发售年份。每个年份的气候条件都不太一样,因而不同年份的葡萄酒在品质上有所差别。特别是在气候不够稳定的产区,年份的好坏对葡萄酒品质的影响较大。一些顶级酒款的年份更是别有意义,好年份的酒品价格不菲。随着时代发展,人们可以借助先进的技术尽可能地缩小年份间的差异。需要注意的是,由多

个年份的基酒混酿而成的酒不会标注年份信息。

（五）酒精度和容量

酒精度以酒精的体积百分含量来表示，如 12 度的葡萄酒表示为 12％vol。

容量（Volume）指的是净含量，通常以"毫升"（mL）或"厘升"（cL）为单位，标准瓶的容量为 750 mL，或标注为 75 cL。

（六）灌装信息

有些酒标上还会有灌装信息，如法国酒标上的"Mis en Bouteille au Chateau/Domaine"（原酒庄装瓶），新世界的葡萄酒的酒标上则会用"Estate Bottled"来表示"原酒庄装瓶"。一些规模不够大的酒庄，有时可能会将灌装工作交由酒商负责。一般来讲，酒庄装瓶的比酒商灌装的品质有保证，价格也更高。

有的正标内容很简略，上面的部分信息可能会出现在背标上。

二、背标

背标上的内容很多，有的与正标重复，有的是正标的补充，主要内容为葡萄酒的名称、生产厂家简介、原料及辅料（葡萄汁、二氧化硫等）、葡萄品种、葡萄酒的风味特点、酒精度和容量、产品类型、产品标准代码、生产日期及批号、贮存条件、产地、厂址、公司网址、电话、传真、生产许可证编号、服务热线、条码等。

146

（一）原料及辅料

葡萄酒的酿酒原料一般就是葡萄汁，极少数会出现葡萄干等情况。有些背标上关于原料的描述通常会出现"100％葡萄汁""葡萄原汁""天然葡萄汁"等字样，纯属画蛇添足。如今"100％葡萄汁"的这种描述已经很难通过外包装预审，类似"无添加剂、纯天然"的误导也很难再见到了。

葡萄酒的酿酒辅料主要是二氧化硫（或焦亚硫酸钾），不同国家对二氧化硫含量的要求不同。在欧盟，干红葡萄酒中二氧化硫的最高含量为 160 mg/L，白葡萄酒和桃红葡萄酒为 210 mg/L，甜型葡萄酒中的二氧化硫含量可能更高。当然，并不是所有葡萄酒都会添加二氧化硫。即使不添加二氧化硫，葡萄酒的发酵过程也会天然产生微量的二氧化硫。

（二）葡萄品种

有的葡萄酒会在酒标上标明酿酒葡萄的品种，以帮助消费者了解酒款风格。如果是混酿葡萄酒，酒标上可能会列出所有选用的品种，甚至会注明混酿的葡萄比例。在一些产区，如果混酿葡萄酒中某一品种的使用比例达到80％及以上，酒标上就可以仅标注该品种，而略掉其他品种信息。

有的葡萄酒不在酒标上标明葡萄品种。一些经典产区都有指定的酿酒葡萄，有经验的消费者可根据产区来大致推断出葡萄的品种信息。例如，夏布利（Chablis）的白葡萄酒是采用霞多丽（Chardonnay）酿造的，波尔多的红葡萄酒则通常是由赤霞珠（Cabernet Sauvignon）、梅洛（Merlot）、品丽珠（Cabernet Franc）和味而多（Petit Verdot）中的两种或多种混酿而成的。

（三）产品类型

按照含糖量标注的葡萄酒类型主要有干型、半干型、半甜型、甜型等；按照颜色标注的为白葡萄酒（White/Blanc/Bianco/Blanco）、红葡萄酒（Red/Rouge/Rosso/Tinto）、桃红葡萄酒（Rose/Rosa）等。此外，还有起泡酒、冰酒等。一些比较有特色的葡萄酒也会被标注在酒标上，如"Beaujolais Nouveau"（博若莱新酒）、"Champagne"（香槟）、"Cava"（卡瓦）、"Sherry"（雪利）、"Prosecco"（普洛赛克）等。

（四）风味特点

不同品种、不同产地的葡萄酒有不同的风味特点，在背标中往往加以体现。如"张裕梅鹿辄干红葡萄酒系选用新疆天山北麓葡萄园的梅鹿辄葡萄为主要原料，经控温发酵工艺精心酿制而成的一款干型葡萄酒。本品香气浓郁、滋味醇厚舒顺，结构完整，具有一定的典型性。建议饮用温度：12—16 ℃。"

（五）保质期

在国外，葡萄酒并不标注保质期。20世纪80年代，我国为了强化对食品的质量管理，有关部门要求一切食品都必须标明保质期。综合考虑了当时葡萄酒生产、销售的有关情况，将葡萄酒的保质期一般定为10年。实际上保质期并不是都标注为10年，根据葡萄原料的特点和葡萄酒的类型，在背标上可以看到8年、10年、15年、20年等。

其实，葡萄酒不存在保质期，而是适饮期。依据我国相关规定，葡萄酒和酒精含量超过10%的酒精饮料可免除标示保质期。所以，近年来生产的葡萄酒大部分已经不再标注保质期了。

另外，即使标注的保质期为10年，也不一定能有效保存10年，因为还有保存条件的问题，很多人对此并不注意。在背标上，干红葡萄酒的贮存条件一般标示为"避免阳光直射，于5—25 ℃干燥通风处卧放或倒放为宜"。但如果你家里没有酒窖或葡萄酒专用冰箱，那么一年四季的温度和湿度能保证吗？

三、进口酒的中文背标

自20世纪80年代以来，进口红酒在中国市场迅猛发展。2011年，国内进口红酒市场的规模已超100亿元，占国内红酒市场的20%；2016年，国内红酒市场总规模达1040亿元，进口红酒约占4成以上。对于正规渠道进口的葡萄酒，我国广告法规定必须有中文背标，走私或是国外带回来的酒则没有中文背标。所以，原瓶进口的葡萄酒通常会出现两层背标：一层是进口时原来就有的，还有一层是国内的经销商另外贴上去的。

在中文背标上，除了以上内容外，还有原产国、进口商或代理商的名称、地址、电话、生产日期等信息。

（一）进口商和代理商

中文背标中标明了经销商的名称，有的还带有经销商的防伪标志，便于对酒进行监控。进口商是指从国外进口商品向国内市场销售的商贸企业，熟悉所经营的商品和目标国市场，并拥有一套商品的挑选、分级、包装等处理技术和销售技巧。

经销代理商是一种与出口国的供应商建立有长期的合作关系，并享有一定价格优惠和

147

货源保证的从事进口业务的企业。他们从国外购买商品,再转售给批发商、零售商等中间商,或者直接出售给最终消费者。出口国的制造商一般会对价格、促销、存货、服务及其他营销功能施加一定的影响和控制。出口国的制造商在选择国外经销商时,可以选择独家性分销、选择性分销或广泛性分销。

(二)灌装日期

进口商必须提交关于葡萄酒的真实灌装日期,而且国家有关部门对灌装日期的审核变得越来越严格。通过灌装日期和葡萄酒年份的差异,可以大致判断这款酒的陈年时间。

(三)条码

原装或灌装与中文背标是没有关系的,只要条码(条码有好几种,这里指的是最常见的13位码)的前3位数不在690—695的范围内就都是原装进口的,反之就是国产酒或是灌装酒。

四、酒标只不过是印刷品

酒标上的信息能帮助人们判断这款酒的品质和特点,从而选出符合自己期待的葡萄酒。但需要说明的是,酒标只不过是印刷品,完全可以造假,这一点在国内外都不鲜见。

2018 年,国内有 6411 家瓶装葡萄酒进口企业,可谓市场争夺激烈、鱼龙混杂。而普通消费者又缺乏鉴别意识,网络上有许多打着"原装进口""原瓶进口"字样的葡萄酒,实际上是假酒。不管酒标说得多么天花乱坠,不管名字中是不是有"拉菲""波尔多",那不过是几个印刷的字而已。葡萄酒的购买,最好是选择信誉好的连锁店、专营店。

第四节　品酒杯概述

酒杯是诠释葡萄酒的工具,也是展现葡萄酒品质的舞台。同样的酒,在不同的酒杯中会有不同的表现。只有用对了酒杯,葡萄酒蕴藏的魅力才能得以完美的绽放。这就是所谓"好马配好鞍,好酒配好杯"。一只好的酒杯在手,可以大幅度提升品酒的体验,达到"人酒合一"的境界。

一、优雅的高脚杯

在我国,葡萄酒往往被认为是"高、大、上"的饮品。所谓"高",就是高端,葡萄酒有着尊贵的身份,一出场就带来高雅的氛围;所谓"大",就是大气,有气派;所谓"上"就是上档次。其实在欧美,葡萄酒不过是一种饮料而已。

在酒评家眼里,要想充分展示葡萄酒的魅力,必须有与之相匹配的酒具——高脚杯。在生活中,服装鞋帽讲究搭配,家具与室内装潢也讲究搭配。当然,葡萄酒也要讲究搭配。常见有些人士用普通水杯或纸杯作为饮用葡萄酒的工具,既不"搭",又不"雅"。

选择酒杯时,要讲究轻、薄、外形美观、制作精细。那高挑的杯柱,如亭亭玉立的少女,以优雅的身姿给人美的视觉冲击;那郁金香形的杯体,含苞欲放,显示着艺术的美感和高雅的气质。当把那琼浆玉液倒入杯中时,酒的醇香与杯的优雅形成完美的结合,诠释着时尚和浪漫。质地好的高脚杯本身就是一件艺术品和收藏品。

高脚杯的造型,早在中国古代的文化遗址中就有所发现,其制作材料有金、银、铜、陶瓷等,但没有收口的设计。作为现代饮用葡萄酒所用的玻璃高脚杯,大概是于 18 世纪的欧洲开始流行。几百年前,玻璃是相当稀有的,如同金银一样昂贵,只有贵族才能用得起。进入20 世纪,随着玻璃制造技术的普及,玻璃高脚杯逐渐成为饮用葡萄酒的专用酒杯,其设计理念越来越简约,但蕴含着众多的美学元素。

二、品酒杯的分类

"高脚杯"实际上是品酒杯的通称,不同的造型具有不同的功用。

按功用分为红葡萄酒杯、白葡萄酒杯、香槟杯、甜酒杯、白兰地杯等(见图 11-2)。

按形状分为笛形高脚杯、郁金香杯、球形杯等。

按材质分为普通玻璃酒杯、一般水晶杯、无铅水晶杯等。

按制作工艺分为机器、半机器半手工、全手工。

| Red Burgundy 勃艮第红酒杯 | Red Bordeaux 波尔多红酒杯 | White Wine 白酒杯 | Champagne 香槟杯 | Brandy 白兰地杯 |

图 11-2 各种葡萄酒的品酒杯

我们一般所谓的"水晶杯",指的是至少含有 24％氧化铅的玻璃,氧化铅含量低于这个比例会导致透明度的下降,同时玻璃也变得更硬、更难切割。通常来讲,只要合理使用,材料中少量的氧化铅对身体是没有危害的。但含氧化铅的水晶玻璃还有一个缺陷,在长期经历快速温度变化或高强度机械清洗之后,表面会起雾,通透性会下降。

一些高端品牌(如 Zalto)使用无铅水晶为材料,并用更安全的氧化锌等物质取代氧化铅,既保证了超高的透明度,消除了铅离子可能带来的健康隐患,同时也让酒杯变得更轻盈。杯壁不仅非常轻、薄,而且还具有很好的弹性,比普通的玻璃杯更耐用,而且可以放心地用洗碗机清洗。选材用心、工艺精湛,其价格自然昂贵,单只在 500 元以上。

不管哪一种类型,杯体都要无色透明,以便很好地观察葡萄酒的色泽;杯腹最好没有装饰,材质越薄越好,但厚度要均匀。市场上高脚杯的品质差别很大,便宜的每只 10 元左右,壁厚、笨拙、品质低劣、不上档次。一般来讲,百元左右的高脚杯就已经很不错了。

三、品酒杯的功用

高脚杯的设计，不仅仅是为了美观，而且还为了实用。酒杯不仅仅是盛酒的容器，而且要最大限度地展现酒的风味。酒杯的功能归纳起来有以下几点。

（一）展示葡萄酒的颜色

欣赏葡萄酒，观看是第一步。要观察葡萄酒的色调、色度、澄清度、流动性、起泡性、挂杯现象等，这也是葡萄酒的魅力之一。

（二）聚拢香气

欣赏葡萄酒，闻香是第二步。葡萄酒集日月之精华与天地之灵气，在酿造中凤凰涅槃，在酒窖中孕育芬芳，香气的存在是葡萄酒的魅力所在。品酒杯的收口设计，不仅是为了酒液在晃动时不易飞溅出来，而且能使酒的香气在杯口聚集并送往鼻腔。

（三）避免葡萄酒升温

葡萄酒的品评有温度的要求，这是为大多数人所忽视的。除了白兰地等高度酒以外，一般葡萄酒的最佳饮用温度要比室温低很多。手握高脚杯的杯柱不仅可以避免手上的热量引起葡萄酒升温，还可以避免在杯壁上沾染手印。各类葡萄酒的最佳饮用温度如表 11-1 所示。

表 11-1　各类葡萄酒的最佳饮用温度

葡萄酒类型	最佳饮用温度（℃）
起泡葡萄酒	8—10
桃红、干白葡萄酒	8—12
半干、半甜、甜型葡萄酒	10—12
干红葡萄酒	14—16

这个温度范围仅供参考。一般来讲，酒体越轻，侍酒温度越低。

（四）使葡萄酒得到最佳呼吸

酒杯也有醒酒的功能。高脚杯的最大直径处面积最大，与空气的接触面积最大，这就是斟酒时应以高脚杯的最大直径为界的原因。况且，不是每个场合饮酒都备有醒酒器。

四、品酒杯的选择

（一）红葡萄酒杯

红酒杯皆呈郁金香形，杯身容量较大，便于红酒自由呼吸。最常用的有两种类型：波尔多杯和勃艮第杯。

1. 波尔多杯

波尔多红酒大多是以赤霞珠为主要原料混酿而成，涩味很强，须长期窖藏才能发挥潜质，喝起来浓郁而有厚重感。波尔多杯的杯身较高，杯口较窄，属于长身的郁金香形。品鉴波尔多红酒时，酒液进入口腔速度变缓，令饮者能够更好地感受到波尔多红酒渐变的香气。

150

2. 勃艮第杯

勃艮第主要生产单品种葡萄酒,且大多数是用100%的黑皮诺酿成。酒体清爽,涩味较少,酸味较强,带有丰富果香味,相对而言更平易近人。勃艮第酒杯圆而胖,杯肚的高度和最大直径大约相等,杯口较波尔多杯口大,有利于饮用者把鼻子伸进去闻香,适用于品尝气味香醇的勃艮第红酒。酒液入口后快速充满整个口腔,使果味、酸味相互融合。

(二)白葡萄酒杯

白葡萄酒杯实际上是小号的郁金香形高脚杯,杯肚和杯口都偏小,杯身较长,这样不至于让香气消散得太快,而且可以减少酒和空气的接触。此外,白葡萄酒最佳饮用温度较低,饮用前需要降温。一旦从冷藏的酒瓶中倒入酒杯,其温度会迅速上升。为了保持酒体的低温,每次倒入杯中的酒量要少,斟酒次数要多,因此白葡萄酒杯比红葡萄酒杯要小。

(三)香槟杯

香槟杯用于饮用起泡酒,杯身设计有多种。既有浅碟形的香槟杯,也有细长的笛形杯。浅碟形杯常用于婚庆的场合,笛形杯常用于品酒。在品鉴起泡酒时,要欣赏气泡的上升过程,细长的郁金香形酒杯可以延长气泡上升的时间,同时把酒与空气接触的面积减到了最小。

(四)白兰地杯

白兰地杯为杯口小、腹部宽大的矮脚酒杯,呈球形,为盛装白兰地而专门设计。倒入酒量不宜过多(约30 mL),不能超过杯子的1/3,以杯子横放、酒在杯腹中不溢出为佳。杯柱很短,为了手握杯体时给酒加温。

(五)国际标准品酒杯

为了品酒的规范,1974年法国INAO(国家产地命名委员会)设计出一款通用的葡萄酒杯,被称为国际标准品酒杯,简称ISO(International Standards Organization)杯(见图11-3)。

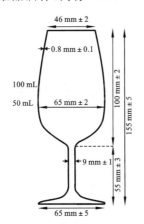

图 11-3　国际标准品酒杯

ISO杯总长155 mm,杯脚高55 mm,杯体总长100 mm,杯口宽46 mm,杯体底宽65 mm,杯脚直径9 mm,杯底宽65 mm,酒杯容量在215 mL左右。酒杯口小腹大,杯形如郁金

151

香,由无色透明的无铅玻璃制成,广泛用于各种品酒活动。

ISO 杯属于通用型酒杯,不突出酒的任何特点,只是反映酒的原貌,所有的酒类都可以用其品尝。斟酒时,倒至杯身最大直径处大约为 50 mL,即一瓶葡萄酒(750 mL)大约可以分出 15 杯。

五、品酒杯的配备

在高规格的宴会上,由于要准备两种或两种以上的葡萄酒,因此备有一系列酒杯供客人选用。在我国的国宴上,一般每个席位上准备 3—4 只酒杯供宾客使用(见图 11-4)。

图 11-4　国宴上的餐具与酒具

美国白宫国宴厅通常给每位贵宾配备 4 只高脚杯,分别为起泡酒杯、白葡萄酒杯、红葡萄酒杯和水杯。水杯也是必不可少的,但不是用来喝水的,而是用于换酒喝时来一口柠檬水清洁口腔的。英国白金汉宫国宴厅通常给每位贵宾配备 6 只水晶杯,分别为香槟杯、白葡萄酒杯、红葡萄酒杯、甜葡萄酒杯、波特酒杯和水杯,每只杯上印有王冠标志和伊丽莎白二世的英文缩写"EⅡR"。

第五节　开瓶、斟酒、过酒与醒酒

一、开瓶器

一套完整的品酒用具包括开瓶器、醒酒器、酒杯。此外还可以有倒酒器、酒环、酒塞、割箔器、真空酒塞等。开瓶、倒酒、过酒与醒酒是品尝葡萄酒最基本的操作,一些基本酒具的配备也是必要的。图 11-5 为葡萄酒具必备六件套及海马刀的结构。

玻璃葡萄酒瓶是英国人 Kenelm Digby 于 1632 年发明的,普遍使用软木塞密封瓶口,但如何把木塞取出就成了一项难题,开瓶器应运而生。现在的开瓶器已有多种样式(见图11-6),下面简要介绍几种典型的开瓶器。

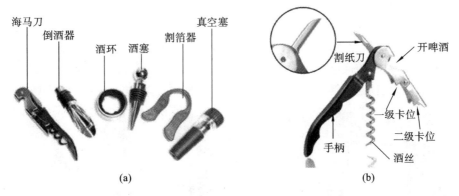

图 11-5　葡萄酒具必备六件套和海马刀的结构

图 11-6　T 形、海马形、蝴蝶形和 Ah-So 开瓶器

（一）T 形开瓶器

T 形开瓶器是最原始、最简易的开瓶器，由把手和螺旋钻头组成，需要用力才能把木塞拔出，易拔断或弄碎。

（二）海马形开瓶器

海马形开瓶器是侍酒师最常用的工具，通常由酒刀（用于酒帽切割）、螺旋钻头、支架（支撑杠）和提拉把手组成。这种开瓶器可以折叠，便于携带，深受人们的青睐，被称为"侍者之友""酒刀"。普通的海马刀价格为几元到几十元，一些著名品牌（如 Code 38 海马刀）的价格在 3000 元以上。在 2001 年的苏富比拍卖会上，一个开瓶器拍出了 7 万欧元。

（三）蝴蝶形开瓶器

蝴蝶形开瓶器又称双臂式杠杆形开瓶器，由两个可升降的臂和螺旋钻头组成。优点是用力均匀，瓶塞不易折断；缺点是体积大，不便携带，也不带有切割刀，需另备割箔器。

（四）Ah-So 开瓶器

Ah-So 开瓶器一般读作"阿叟"开瓶器，也称为双片开瓶器。和其他开瓶器不同，它没有螺旋钻头，取而代之的是两个细长金属片。开瓶时只要将两片铁片紧贴软木塞和酒瓶边缘的缝隙插入，然后慢慢旋转并向上拔出即可。"阿叟"不适合开启新酒，但遇到其他开瓶器不小心折断瓶塞时，它可以救场。老酒的瓶塞非常脆弱，就需要使用 Ah-So 开瓶器。

此外，还有兔耳形开瓶器、气压开瓶器、电动开瓶器等，这里不再介绍。葡萄酒若采用螺

旋瓶盖封口,就不再需要开瓶器开瓶了。

二、开瓶的方法

在存放的过程中,瓶底会产生少许沉淀,因此葡萄酒饮用前禁止摇动。开瓶时也应尽量避免晃动酒瓶,以免荡起沉淀。下面以海马刀为例,开瓶的基本操作步骤如图11-7所示。

图 11-7 海马刀开瓶方法

(1)擦拭:先用干净的餐巾擦去酒瓶外部和顶部的灰尘。

(2)切帽:手按刀背,用酒刀沿瓶口突起的上缘处或下缘处逆时针旋转切割180度,然后顺时针旋转切割180度,除去热缩帽的顶部。

(3)起塞:将螺旋钻头(也称为酒丝)对准瓶塞的中心垂直钻入(既不能钻透,也不能过浅,更不能钻偏),将支架的最上一级卡槽卡住瓶口,一只手捏住支架和瓶口,另一只手握住把手向上将木塞轻轻提出;如果木塞较长,换第二个卡槽卡于瓶口,重复如上动作。感觉木塞快要拔出时停住,用手握住木塞轻轻晃动将木塞拔出。

(4)擦拭:用干净的细丝棉布或餐巾布由里向外将瓶口擦拭干净。

三、斟酒、过酒与醒酒

(一)斟酒

若不需要醒酒或过酒,可以直接倒酒。手握酒瓶,让酒标的正面朝上向着手心,对准酒杯中心慢慢倾倒,只倒入酒杯的1/4至1/3即可,为30—50 mL。一般酒的液面位于酒杯的最大直径处,绝不可以斟满,以便于摇杯和闻香。

起泡酒应分次倒,酒杯略加倾斜,将酒沿着杯壁缓缓倒入,以免酒中的CO_2迅速逸散。第一次倒入酒杯后,气泡会迅速地升起,但不应溢出杯口,待气泡消退后再倒第二次,倒至八分满即可。

每次倒酒后,不要直线向上竖起酒瓶,应将酒瓶一边轻微旋转一边提起,将最后一滴酒液流入瓶内,以免污染酒标。在整个斟酒过程中,不能让手指碰到瓶口。有些名贵的酒瓶酒标具有收藏价值,据说一套1945年至今的全套木桐(Mouton)酒标价值在50万元以上。

(二)过酒

过酒的目的是除去酒瓶底部的沉淀物,沉淀物的成分主要是酒石酸盐、单宁和色素的聚合物等。在酒瓶中出现沉淀是正常现象,但将沉淀物倒入酒杯就会影响品尝效果。在这种情况下,应小心把酒从原瓶中倒入过酒器中(过酒器也即醒酒器,见图11-8),留下沉淀;或者

第十一章
葡萄酒的品鉴

将瓶中的葡萄酒倒入另一个洁净的酒瓶,称为换瓶。一定要避免将沉淀物倒入酒杯中。

图 11-8　各种葡萄酒(过酒)醒酒器

（三）醒酒

葡萄酒是有生命的,在瓶中处于睡眠状态。我们刚睡醒是什么状态?睡眼蒙眬,没有精神。那么打开窗户,让新鲜空气进来,过一会我们就会精神焕发。与此同理,葡萄酒也需与空气接触一定时间,才能从昏睡的美梦中"醒"来,故叫作"醒酒"。

醒酒器宽阔的空间可以让酒和氧气接触,散发出应有的芳香,使酒的口感变得更加圆润。此外,还有助于酒中不良气体的释放。如果有硫味,通过醒酒可以让异味挥发掉。

如果你开了一瓶很贵的葡萄酒,但闻不到高大上的香气,很有可能是酒还未醒。酒的性格如同人一样,有的人奔放,有的人羞涩,醒酒时间的长短要视葡萄酒的"性格"而定。陈酿的红葡萄酒,通常需要一些时间与空气接触氧化,其中的香气才能散发出来;一些味道比较复杂、单宁重的酒,也需要长一点的醒酒时间。单宁跟空气接触之后所产生的变化是非常丰富的,可以使其更加醇厚。浓郁型的酒一般要比清柔型的醒酒时间长,至于浓郁的白葡萄酒及贵腐型的甜白酒,最好也花一点时间醒酒。醒酒器的形状决定了酒与氧气接触的面积,表面接触越大,醒酒自然越快。

好酒道的人都习惯于把葡萄酒转移到醒酒器中醒酒,但实际上醒酒的操作也不是必需的。一般来讲,以果香为主的白葡萄酒、新葡萄酒容易因接触空气而失香,可以即开即饮,不必醒酒。有些陈年老酒也可能会因年老而体弱,容易"感冒",醒酒时间要短。此外,在酒杯中稍放一段时间,也有醒酒的功效。

四、持杯与碰杯

（一）持杯

葡萄酒讲究一个品字,品评葡萄酒时不能握着杯身或托住杯肚,体温会影响葡萄酒的风味,并且手指指痕印在杯壁上影响美观。

正确的方法是用拇指、食指和中指夹住高脚杯的杯柱,透过杯壁欣赏葡萄酒的色泽。也有的品酒师用手夹住杯座,但这只在专业品酒人士中流行(见图 11-9)。

（二）碰杯

在重要的场合还要注意社交礼仪,例如,在碰杯时要将你的酒杯稍稍倾斜(与垂直方向成 15°—30°角),然后将杯肚(中部较大较圆的部分)与对方酒杯的相同部位"亲密接触",轻轻发出清脆悦耳的声音,如果碰杯不当,那么会让你仪态尽失(见图 11-10)。

155

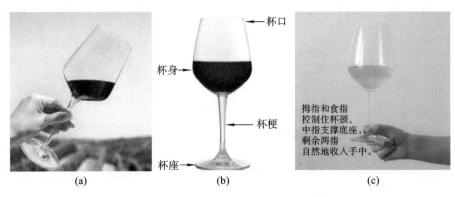

图 11-9　高脚杯的拿法

图 11-10　碰杯的礼仪

第六节　葡萄酒的视觉评价

观色、闻香、品味被称为品酒三部曲。视觉评价是品酒的第一步,端起酒杯,透过光线观测葡萄酒的色泽、清澈度、流动性、挂杯现象,可以获得葡萄酒的第一印象。理想环境是在自然光的漫射光下进行。

一、观察色泽

(一)葡萄酒的吸收光谱

可见光的波长在 400—750 nm。用分光光度计测定其吸收光谱,红葡萄酒在 420 nm(黄绿)和 520 nm(红紫)处有吸收。两者相加,表示色度;两者之比,表示色调。白葡萄酒在 440 nm(黄色)处有吸收。

将酒杯倾斜 45°,由下向上观测葡萄酒边缘(酒缘)至中心的颜色(见图 11-11)。葡萄酒的颜色取决于原料的品种、酿造方法以及酒龄。

葡萄酒的色度反映的是葡萄酒颜色的深浅程度和饱和度,若颜色深浓,意味着酒体醇厚

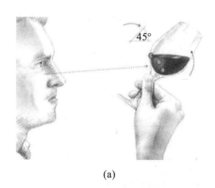

(a)　　　　　　　　　　　　(b)

图 11-11　观察色泽

丰满,单宁强劲;若色浅,则可能酒体柔和。葡萄酒的色调反映葡萄酒的成熟程度,与酒龄关系密切,就像一个人的脸,是"如花似玉",还是"人老珠黄",通过色调基本可以判断出来。尤其是通过酒杯边缘的色调,基本能够判断葡萄酒的年龄。

（二）红葡萄酒的色泽

红葡萄酒的花青素含量大于 100 mg/L,其颜色随着时间的推移,逐渐发生下列演变:

紫红色→宝石红→石榴红→棕红色→咖啡色

紫红色代表酒龄尚浅,通常在 1—4 岁;石榴红表示酒龄达到成熟的巅峰,为 4—8 岁;若呈棕红色、咖啡色,代表酒已接近老年,通常在 9 岁或 10 岁以上。

在新酿的红酒中,高酸度使其颜色呈鲜艳的紫红色,深红色的是富含单宁等天然成分的优质葡萄酒。在成熟过程中,游离花青素与单宁结合形成沉淀,葡萄酒逐渐带有黄色色调。瓦红和砖红是成年葡萄酒常有的色泽,褐色是过度氧化的表现。

对红酒的颜色常用鲜艳、纯正、新鲜或暗淡、模糊、灰暗等词来描述。

（三）白葡萄酒的色泽

白葡萄酒的花青素含量小于 1 mg/L,可以说几乎不含红色素。其颜色一般以白色、浅黄调为主。常用绿禾秆黄、禾秆黄、暗黄、金黄、柠檬黄、琥珀黄等词汇来描述,因葡萄品种、酿造工艺、储存年限的不同而不同。随着时间的推移,颜色逐渐加深。

一般来讲,年轻型的白葡萄酒颜色较浅,淡淡的黄色中泛着一丝绿光,称为绿禾秆黄;随着酒龄和氧化程度的增加,绿色逐渐消失,颜色逐渐加深。琥珀黄为陈酿白葡萄酒的颜色,金黄色为陈酿型甜白葡萄酒的颜色,如贵腐酒等。经过橡木桶陈酿的白葡萄酒颜色加深,甚至会呈现巧克力色。

（四）桃红葡萄酒的色泽

桃红葡萄酒的花青素含量在 10—50 mg/L,其颜色与风味介于红葡萄酒与白葡萄酒之间,但和白葡萄酒更为接近,因葡萄品种、酿造工艺的不同而有很大差别。常见的颜色有黄玫瑰红、橙玫瑰红、玫瑰红、橙红、洋葱皮红、紫玫瑰红等。相对于白葡萄酒的清爽,红葡萄酒的艳丽,桃红葡萄酒有着自己独特的优势和魅力。

年轻的桃红葡萄酒颜色较浅且明亮,陈年的桃红葡萄酒香气消失、酸度下降、酒色变黄,色调趋于橙红色。如果酒体颜色偏黄变淡,呈现褪色状态,就说明这瓶酒已经有些老化了。具有陈年能力的桃红葡萄酒极少,一般大都适合在年轻的时候饮用,越年轻越清新爽口。新

世界国家所产的桃红葡萄酒基本上属于干酒;旧世界产区一般用成熟度较高的葡萄酿制,味道酸中带甜。

二、观察澄清度

健康的葡萄酒澄清透亮、具有光泽;存在缺陷的葡萄酒混沌灰暗,口感表现较差。描述失去光泽的葡萄酒常用的词有失光、略失光、欠透明、微浑、浑浊、极浑浊。红葡萄酒如果颜色较深,即使澄清也不透明;白葡萄酒的澄清度与透明度正相关,澄清的葡萄酒具有光泽,桃红葡萄酒亦然。

酒瓶中出现沉淀是正常现象,但酒杯中出现悬浮物或浑浊的情形属于严重的瑕疵,这可能是酒体本身的原因,更可能是侍酒不当。不懂酒的人,经常会出现侍酒不当的情形,即不管瓶底有没有沉淀,都一股脑给客人倒入酒杯,导致出现浑浊、失光的现象。

三、观察流动性与挂杯现象

摇动酒杯时,观察酒液在杯壁上的流动状态。停止旋转时,杯壁会出现一道道酒痕,称为挂杯现象,也有人称之为"酒泪"(Wine Tears)或"酒腿"(Wine Legs)。

一般来讲,酒泪越明显,葡萄酒中干浸出物(除残糖以外所有非挥发性精华物质)的含量越丰富。但绝不能被酒泪所误导,它只是判断葡萄酒优劣的必要条件,不是充分条件。没有酒泪或酒泪不明显的酒是劣质的,但酒泪明显的也不一定就是好酒。根据"马兰戈尼效应",按照酒泪的密度、流动速度和持续时间,只能判断酒精、甘油和残糖的含量高低,而不能用来判断酒质的优劣(见图11-12)。

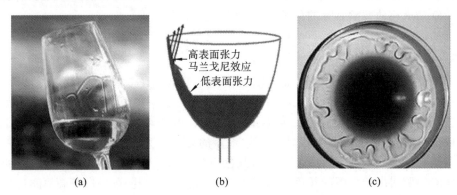

| (a) | (b) | (c) |

图 11-12　挂杯现象与马兰戈尼效应

第七节　葡萄酒的嗅觉评价

一、嗅觉与嗅觉信息

嗅觉评价即通过嗅觉感受器判断葡萄酒的气味。在发酵过程中,不仅糖类转化为酒精,而且产生了数以千计的新物质,它们使葡萄酒呈现出风格迥异的迷人香气。嗅觉感受器为鼻腔后侧的两小块嗅黏膜,嗅黏膜中约有一千万个嗅觉细胞,每个嗅觉细胞上有一千多条纤毛。挥发性物质(嗅质)经嗅觉感受器识别后,将信号传递到大脑,获得解码。

嗅质有两条途径可达嗅觉感受器,一条是鼻腔通道,另一条是鼻咽通道。最基本的嗅觉评价,就是将鼻子伸进酒杯,轻嗅其香,辨别其中的气味。葡萄酒的气味中有600多种成分,涵盖了植物(花香、果香)、动物与矿物的气味,但只占葡萄酒总量的1%而已。品酒人要对葡萄酒的气味加以识别,并予以正确表达。

二、葡萄酒中的三类香气

有气味的物质必然具有挥发性,挥发性物质的逸出受分配系数的影响。根据来源和性质,葡萄酒的香气分为一类香气(品种香)、二类香气(发酵香)和三类香气(陈酿香)三个类型,如图 11-13 所示。

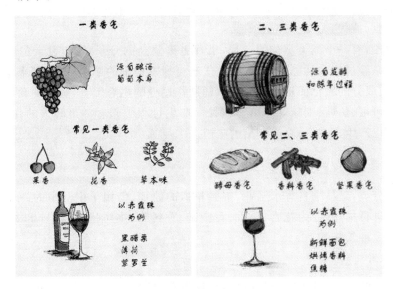

图 11-13　葡萄酒的三种香气类型

(一)一类香气

一类香气也称为品种香、初级香,是由不同香气的葡萄品种带来的,包括花香、果香等植物香。90% 的香气来自葡萄品种本身,如赤霞珠有明显的黑醋栗香气,黑皮诺的黑樱桃、草莓的香气,琼瑶浆有明显的荔枝香气等。但并不是所有的品种香都能马上察觉,有的需要在酵母的作用下才能释放出来。一类香气也不会永远存在于葡萄酒中,随着酒龄的延长会逐渐减弱直至消失,或转化为二类香气或三类香气。

香气的浓度和优雅度与葡萄品种、风土条件、成熟度、陈酿时间有关。不同的葡萄品种,香味物质的成分与比例不同。也有的果香会转化为不愉快的气味,这类葡萄酒应尽早饮用,如用玫瑰香酿造的葡萄酒就不宜久存。

（二）二类香气

第二类香气又叫发酵香、酒香或二级香气，是在发酵过程中产生的。受原料葡萄、酵母菌系和发酵条件的影响，其含量和比例有较大差别。通常包括香草香、榛子香、黄杨木香、酸奶味、淡啤酒味、黄油味、烤面包的香味、咖啡味、巧克力味等香味，如霞多丽葡萄酒经苹果酸-乳酸发酵后，会出现黄油和奶油香气。

二类香气中主要有果香、香脂味、香料味等。对于白葡萄酒，源于葡萄浆果的一类香气和发酵形成的二类香气，是构成白葡萄酒香气的重要部分。

（三）三类香气

三类香气又叫陈酿香、醇香或三级香气，是葡萄酒在陈酿、装瓶后缓慢形成的香气。一方面来自陈酿时的微氧化，为陈酿醇香；另一方面来自陈酿时的密封状态下的还原，为还原醇香。它们呈现出香料味、核桃味、无花果味、可可味、烟熏味、杏仁味、动物皮毛、潮湿森林、蘑菇等较重的味道。陈酿香有些是由一、二类香气物质转化而成的，它的出现较慢，但更为馥郁、细致、优雅、持久。

在这个阶段，有一个酯类重构的过程，出现更为复杂的分子，所以复杂的陈年酒往往令人沉醉。特别是经过橡木桶陈酿，一部分香气来自橡木桶中的萃取物质，带来橡木香和香草味，这是由木质成分的氧化而形成的。橡木桶制作过程的烘烤工艺，则使葡萄酒产生烘烤的香气，如咖啡、可可、焦糖、烟味等。单宁在香气产生过程中起着举足轻重的作用，某些多酚分解的时候可以产生丁香、香草或烟熏的味道。

三、葡萄酒中的八种气味类型

对气味的分类，最早来自香水工业，按照相似的原理，借用了生活中的许多芳香物质对葡萄酒的香气进行描述，分为花香、果香、香脂味、香料味、烘烤味、植物与矿物气味、动物气味和化学气味8种气味类型。

（一）花香

花香就是花的香味，具体可分为山楂花、玫瑰花、柠檬花、茉莉花、洋槐花、百合花、紫罗兰、橙花、椴树花、葡萄花、天竺葵等小类（见图11-14）。有些葡萄品种本身含有花香分子，使得它们显得特别，在盲品中就能辨别出葡萄品种，如玫瑰香多出现于琼瑶浆中。在白葡萄酒中，白色花朵的香气比较普遍；而在红葡萄酒里，则较多地能闻到其他颜色花朵的花香。

图11-14 葡萄酒中花香的畅想

受海洋对气候的影响，沿海地区的葡萄酒往往比其他地区的葡萄酒带有更丰富的花香。越温和的地方，酒中拥有的花香也就越浓。酿酒工艺也可以影响酒中的花香，晚收酒往往展现出甜美而特别的花香。

（二）果香

果香就是类似于水果的香味,这一大类又细分为以下 6 小类。

（1）柑橘类:柠檬、柑、橘子、葡萄柚等。

（2）浆果类:红色浆果(草莓、红醋栗、覆盆子),黑色浆果(黑醋栗、黑莓、蓝莓)。

（3）核果类:杏、李子、樱桃、水蜜桃等。

（4）热带水果类:香蕉、菠萝、荔枝、西番莲等(见图 11-15)。

（5）干果类:葡萄干、梅干、李子干、无花果等。

（6）仁果类:麝香葡萄干、苹果、梨等。

在描述时常常还要加上形容词,如"浓郁的黑色莓果味""清新的李子味""华丽的黑樱桃与黑醋栗果味"等。

图 11-15　葡萄酒中果香的畅想

白葡萄酒典型的果香为柑橘类(柠檬、柑、橘子、葡萄柚);红葡萄酒典型的果香为红色浆果(草莓、红醋栗、覆盆子),黑色浆果(黑醋栗、黑莓、蓝莓)。

自 20 世纪 70 年代以来,对葡萄酒的消费潮流有所改变,越来越多的人喜欢喝新鲜的、果香浓郁的葡萄酒,特别是干白。新葡萄酒的果香味虽然突出,但所有的味道还没有真正融合,而且没有第三类香气带来的复杂感和层次感;而太老的酒又会完全失去果味。所以,最佳适饮期的把握是非常必要的。

（三）香脂味

香脂味指芳香植物树脂的香气,如松脂味、安息香味、香子兰味等,能给人带来愉悦的气息,主要出现在陈年白葡萄酒中。例如,白诗南年轻时常常带有花香、果香、蜂蜜和矿物的味道,但随着陈酿的进行,逐渐出现羊毛脂和蜡质的香味。

（四）香料味

香料是指具有独特香味的植物的根、花、皮、种子,多为干制品,如丁香、胡椒、茴香、百里香、姜、草果、豆蔻、桂皮、月桂等(见图 11-16)。这类香气主要存在于一些优质、陈酿时间长的葡萄酒中。陈年的白葡萄酒中常会出现肉豆蔻的气味。

图 11-16　葡萄酒中香料味的畅想

161

（五）烘烤味

烘烤的香味也即烘焙味、焦香味，主要来自烘烤过的橡木桶，包括烟熏味、烤面包的香味、干草味、咖啡味、巧克力味、红茶味、焦糖味、烤干果味、橡木味等（见图 11-17）。通常很悦人，但不是所有人都喜欢，其主要存在于橡木桶陈酿过的葡萄酒中。

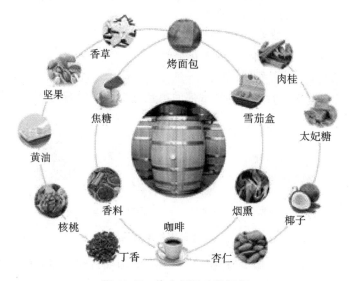

图 11-17　橡木桶风味的畅想

此外，酵母的自溶也可产生酵母、饼干、面包等的气味。

（六）植物与矿物气味

植物气味主要有草本类的薄荷味、青草味、青椒味、树叶味、青苔味、雪松味等；菌类的酵母味、松露味及蘑菇味等（见图 11-18）。叶子带有独特香气的植物，统称为香草。

矿物气味包括石头味、土壤味、汽油味等，它被用来描述葡萄酒香气、口感，甚至回味中的岩石类味道。传统观点认为，葡萄酒中的矿物质味道是葡萄树对土壤成分中矿物质元素吸收的直接体现。例如，勃艮第的夏布利有白垩石的味道，普里奥拉托的红葡萄酒有片岩的味道，莫塞尔雷司令有板岩的味道。应该说大部分人都没有吃过白垩岩、片岩和板岩，但它们的气味是葡萄酒所属产地水土的一种体现。

赤霞珠拥有典型的青椒味道，西拉有些许黑胡椒的辛辣味，雷司令有典型的矿物味。如果是劣质的葡萄酒，那么可能散发出类似葱和大蒜的气味。

Columbia Crest 酒庄的首席酿酒师 Juan Munoz Oca 说："我不知道该如何解释我酒中的矿物质味道，但是每当我在清晨空气清新时走在位于 Horse Heaven Hills 的葡萄园里时，我都能闻到这种金属、蘑菇的味道，而且这些味道随后会在葡萄酒中表现出来。就是这么简单。""我知道这些矿物质味道不是从根部来的，"他补充道，"可能它们像果皮上的一种蜡质，会传递到葡萄酒中。我不大确定，我只知道，混合的葡萄品种越少，葡萄酒越能表现出地区的特点。这也是每个酿酒师的目的。"

（七）动物气味

动物气味是指野兽、野禽的气味，如山羊味、湿狗味、汗味、皮革味、腐败味、猫尿味等。

图 11-18 葡萄酒中植物气味的畅想

久存的红酒经长年在瓶中的培养,可能会出现动物性气味,它们并不好闻。长相思和勃艮第白葡萄酒中有时可能存在猫味,这是一种类似于氨的味道,它来自自然发酵中产生的副产物——尿素,在量小时有时闻起来可能有霉味或野味。一些优质陈年的红葡萄酒中可能会出现酸奶的气味。这类气味在醒酒过程中会逐渐消失。

（八）化学气味

化学味也称浊味,是指一些可用化学药品描述的味道,如硫味、醋味、木塞味、煤焦油味、烂苹果味、洋葱味、肥皂味、来苏味、湿纸板味、湿报纸味、氧化味等不良气味。这些气味的出现,会不同程度地影响葡萄酒的质量。

如果葡萄酒中出现臭鸡蛋的味道,这就是硫化氢造成的,说明葡萄酒发生了还原反应(Reduction),这是葡萄酒在发酵过程中由于缺乏氧气造成的,通过摇杯、醒酒等操作,可以使其消除。

二氧化硫味就是在火柴盒上划火柴时产生的气味。大部分红葡萄酒都会添加防腐剂二氧化硫,白葡萄酒中添加的更多。如果葡萄酒中出现硫味,最直接的办法就是醒酒;如果在葡萄酒中闻到了刺鼻的味道,或类似腐烂的苹果的气味,那么葡萄酒可能过度氧化;如果出现木塞污染,那么可能产生类似湿纸板、湿报纸的气味。

第一类香气中一般有花香、果香和植物香,第二类香气中一般有果香、香脂味和香料味,第三类香气中一般有烘烤味、植物与矿物气味。没有香气的葡萄酒是没有未来的。

三、嗅觉评价与影响因素

（一）对气味类型的描述

对气味的描述,还要用到一系列修饰语,如浓郁的、令人舒适的、和谐的、优雅的、纯正的等;反之则是失香的、凋萎的、衰老的、生青的、粗糙的等。

例如,对陈酿多年的高质量干红葡萄酒香气,经常评价为"具有多层次的气味变化、香气丰满而细腻、浓郁的果香与陈酿的橡木香并至、香气丰富而变化多端、具有高贵的气质"等等。对于白葡萄酒和桃红葡萄酒,往往评价为"有丰富的果香和花香,酒体具有恰当的酸度,清新爽口,圆润协调"。

（二）影响嗅觉评价的因素

第一是个体差异。人与人之间的嗅觉阈值差异很大,可以达到上百倍。有的人对某些

气味不甚敏感，会出现"特殊嗅觉的缺失"。

第二是环境的影响。即使同一个人，其嗅觉敏感性也有很大波动，时间不同、饥饿程度不同，敏感性就不同。人的嗅觉还具有"嗅觉适应"现象，当在某种气味环境中久待时，感觉的敏锐性下降，所谓"久入鲍鱼之肆不闻其臭，久入芝兰之室不闻其香"。

第三是"嗅觉掩盖"现象。强的气味能够掩盖弱的气味，而使人不能感受到较弱气味的存在。

第四是操作的影响。葡萄酒的冷处理，能够使品酒员感受从低温到室温的升温过程中，酒中香气的变化情况；摇杯有助于挥发性成分的扩散，品酒员能够最大限度地感受葡萄酒的香气；而猛然吸气，可以使更多的香气物质到达嗅觉器官。

第八节 葡萄酒的口感评价

一、口感评价的方法

在口腔中，除了味觉之外还有其他感觉，统称为口感。口感评价就是通过口腔对葡萄酒的风味进行品鉴。舌头是口腔中最重要的味觉器官；同时，挥发性物质还可以通过口腔中的鼻咽通道到达嗅觉器官形成味觉。所以说，口感评价时的感受是味觉与部分嗅觉的综合。

口感评价的方法，是将一定量的葡萄酒（约 30 mL）含在口中，但不要急于咽下，让其布满整个口腔，慢慢体会它在口腔两边的感觉；然后用舌头对酒进行充分的搅动，并经口唇吸入少量空气，仔细体味酒体的酸、甜、苦、咸等味道，以及结构感和香气类型。微微吸入的空气和酒液融合，香气的表达会更为明显，单宁也会变得柔顺。然后，在几十秒内将口腔中的酒分几次慢慢咽下。

二、舌头的味觉"地图"

舌头由于唾液的不断分泌而保持湿润。食物中的化学物质溶解于唾液之中，并作用于舌面的味蕾和口腔黏膜上便产生了味感。舌头的搅动，不仅可以加速食物成分的溶解和分散，还可以在酶的作用下将其部分消化。

通常我们所说的五味，包括酸、甜、苦、辣、咸，但科学家认为自然界只存在酸、甜、苦、咸四种基本的呈味物质，其他味道是由这四种基本味道复合而成的；至于"辣"，只不过是一种感觉，而不是一种味道。此外，在讨论红葡萄酒时，还常常提到"涩"味，科学家认为，"涩"也是一种感觉，而不是一种味道。

最近的研究又在四种基本味道的基础上增加了"鲜"味，鲜味是由氨基酸引起的，就是味精的味道。虽然葡萄酒中含有几乎所有必需的氨基酸，但实际上含量非常少，对葡萄酒味感的贡献甚微。

味觉的感受器官主要在舌头黏膜表面的乳头中。每个舌面遍布乳头，每个乳头中包含数百个味蕾，每个味蕾又含有数十个味觉感受细胞——味细胞。但是，舌头周围的各个部分对酸、甜、苦、咸四种基本味觉的灵敏度存在差异性。1901 年，一位名叫 D. P. 哈尼格的德国科学家,着手测试被试者的舌头的不同部位对哪种味道敏感,结果发现:舌尖的味蕾对"甜味"敏感,舌前部两侧的味蕾对"咸味"敏感,舌中部的味蕾对"鲜味"敏感,舌后部两侧的味蕾对"酸味"敏感,舌根部的味蕾对"苦味"敏感。这一结果被称为舌头的味觉分布,也叫作舌头的味觉"地图"(见图11-19)。

但后来的研究发现,这种说法过于简单化,舌头的任何部位都具备品尝出这些味道的能力。尽管如此,在品尝葡萄酒时,舌头的味觉"地图"还是经常被提及。

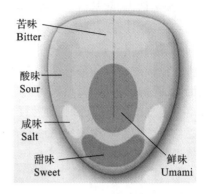

图 11-19　舌头的味觉"地图"

三、葡萄酒中的呈味物质

酸、甜、苦、咸被认为是四种基本的呈味物质,对口味的正面描述常用的修饰语是醇厚的、圆润的、丰满的、蜜甜的、纯正的、柔和的、清爽的、明快的等;反之则是淡薄的、瘦弱的、尖酸的、粗劣的、病态的等。

(一)甜味物质

在葡萄酒中,能产生甜味的物质主要是残留的糖类,此外还有醇类,特别是多元醇。糖类主要有葡萄糖、果糖、阿拉伯糖、木糖;醇类主要有乙醇、甘油、丁二醇、肌醇、山梨醇等。在酸、甜、苦、咸四种基本的味觉中,甜味是人们最喜欢的味道。法国有句谚语为上帝也爱自然甜。

糖度测定包括总糖和还原糖测定,是评价一款葡萄酒的重要指标,通常采用费林试剂法,以次甲基蓝为指示剂。葡萄酒的分类中,糖分最高的是甜型,最低的为干型。但不管是干红还是干白,所有的葡萄酒中都有甜味物质,它们是构成酒体柔和、丰满和圆润等感官特征的基本要素。

有个概念必须清楚,有甜味的物质不一定都是糖,如食品添加剂中的糖精、甜蜜素、阿斯巴甜之类甜味剂并不属于糖类;糖类也不一定都有甜味,如淀粉、纤维素、果胶、树胶等多糖就没有甜味。

(二)酸味物质

酸味是由于舌头黏膜受到酸电离出氢离子的刺激而引起的,葡萄酒中的酸味来自一系列有机酸,主要有酒石酸、苹果酸、柠檬酸、琥珀酸、乳酸、醋酸等,前 3 种是来源于葡萄浆果,后 3 种来源于发酵过程,不同的酸具有不同的酸味。

酸度也是评价一款葡萄酒的重要指标,测量时分为总酸和挥发酸。酸度影响葡萄酒的架构,所有的葡萄酒都应该由具有一定酸度的物质来支撑,恰当的酸度可以使葡萄酒品尝起来清新有活力,缺乏酸度的则平淡乏味。

在白葡萄酒中,酸还扮演着支撑果味与甜味的角色,而且有助于葡萄酒的保存。一般来讲,白葡萄酒的酸度比红葡萄酒的酸度要高,适度的酸味可使白葡萄酒呈现出清新宜人的风

165

格,人们普遍认为"酸是白葡萄酒的灵魂"。但每一种酸的特质并不相同,苹果酸强劲粗狂,乳酸比较温和,柠檬酸感觉明快,醋酸尖锐刺激。醋酸具有较强的挥发性,其酸味既能被嗅觉感知,也能被味觉感知。

当我们描述一款葡萄酒拥有美妙的酸度时,专业人员会使用"明快""爽脆""清爽""令人垂涎"之类的形容词,而不仅仅是"这款酒好酸"这么简单。当面对的是一款由于长期暴露在高温下而变酸的葡萄酒时,往往使用"尖锐""突兀",甚至"这款酒成了醋"等词汇描述。当我们品尝一款酸甜平衡的贵腐酒时,高甜度会掩盖对酸度的感知,但仍然口舌生津,绝非糖水中掺酒精的感觉。

（三）咸味物质

咸味是由盐类物质所引起的,但只有食盐才有纯粹的咸味,其他盐类除了咸味还有苦味。葡萄酒中含有 2—4 g/L 咸味物质,包括无机盐和有机酸盐。其中含量最多的盐是酒石酸氢钾,它有助于加强葡萄酒的味感和清爽感。

（四）苦味物质

在所有的味觉中,苦味最不被人们所喜欢,但在红葡萄酒中却必不可少。葡萄酒中的苦味来自加工过程中的葡萄皮、葡萄籽以及葡萄梗。酚类(如单宁、儿茶酚)是苦味的主要来源,它们对红葡萄酒的颜色、味感起着重要作用,单宁被认为是红酒的骨架。与喝茶一样,茶水越浓,口感越苦,这也是单宁的味道。法国酒农认为,没有苦味的葡萄酒就没有韵味。

琥珀酸可使酒体滋味醇厚,但有时也会带来苦味。在盐类中,阳离子和阴离子的相对质量越大,越具有苦味的倾向;钾盐也具有一定的苦味。有研究表明,在白葡萄酒中,低含量的异戊醇(200 mg/L)将赋予葡萄酒以强烈的苦味;正丙醇含量超过 111 mg/L 时,酒体醇厚感明显增强,但若含量太高,也会给酒带来不愉快的口感。

四、葡萄酒的"涩"味

单宁属于多酚类物质,既有苦味,也有"涩"味,普遍存在于茶叶、苹果、石榴皮等植物中。前面已经提到,科学家并不把"涩"当作一种味道,而只是一种感觉。舌头由于分泌唾液而润滑,唾液中含有蛋白质,单宁与唾液中的蛋白质相遇时就会发生絮凝反应,使得唾液的润滑作用下降,唾液腺的分泌作用也下降,形成的絮凝物沉淀在黏膜组织上,产生的粗糙感便是所谓的"涩"。在葡萄酒中,"涩"味和苦味常常共存。

葡萄酒中的单宁主要来自葡萄皮。红葡萄酒在酿造的过程中要进行浸皮,所以含有丰富的单宁,涩感和苦味都比较明显。浸皮的时间越长,涩感越重。白葡萄酒因为榨汁酿造,汁和皮接触的时间很短,所以单宁含量非常少,几乎没有"涩"的感觉。

单宁在红葡萄酒中扮演着重要角色,被认为是红葡萄酒的骨架、红葡萄酒的灵魂,它能使酒中的其他味道形成立体的味觉体验。就像盖房子一样,"涩"如同梁柱,架构出味觉的空间,而甜润的酒精、甘油和果香味则是壁面和装饰。单宁不足的红酒缺乏酒体、没有骨架,被认为是软塌的葡萄酒。但单宁过多的葡萄酒苦涩味重,并不适口。

单宁的质地有优劣之分,细致的单宁顺滑细腻,会为红酒带来稳固坚实的风格;不好的单宁粗糙疏松,不讨人喜欢。富含优质单宁的红酒被描述为"酒体醇厚""结构强劲"。采用未成熟的葡萄或过度萃取,则有可能带来粗糙的"涩"味。而且,劣质单宁带来的粗糙感很难通过陈酿变得柔顺。对于初尝红酒的人来讲,对苦涩味不易接受,因此对红酒失去兴趣。

单宁具有的抗氧化功能,是红葡萄酒的守护神,可以减缓葡萄酒氧化的速度,让红酒在成熟老化的过程中更耐久存,在时间的酝酿下逐渐成为佳酿。所以,能够久存的红酒必定含有较多的单宁。在年轻的时候,如果"涩"味浓厚,意味着该款酒具有陈酿的潜力。在熟成过程中,部分单宁会彼此凝聚形成较大的分子或与花青素等结合,继而形成沉淀,使苦涩味减轻,酒的口感也变得柔和圆润。

在红酒的世界里,苦涩是必备的要素,少了苦涩感红酒将黯然失色。这就如同吃苦瓜,没有了苦味就不能叫苦瓜。许多年轻的顶级佳酿,酒中苦涩感是非常重的。白葡萄酒基本不含或少含单宁(除非经过橡木桶陈酿),所以没有苦味和"涩"味,其味觉主要由甜味和酸味物质构成,其风味也以轻巧细致为主。

五、葡萄酒的余味

一曲美妙的音乐,会"余音绕梁,三日不绝"。同理,一款优质的佳酿,也会令人"回味无穷"。余味是指葡萄酒饮用之后在口中残留的味道,其残留时间的长短很大程度上也决定一款葡萄酒的优秀程度。

优质红葡萄酒的回味有 10—14 秒,顶级的甜酒的回味可以长达 30 秒。回味越悠长,酒的品质越高,也越有魅力。一款 95 分的酒与一款 85 分的酒,其余味往往有着明显的差别。低品质的葡萄酒往往入口很澎湃,却几乎没有回味。

葡萄酒的余味有下列几种不同的类型。

(1)甜美型:余味中伴有甜美的气息是高品质葡萄酒的特点,如香草味或甜柠檬味。

(2)果味型:在余味中,新鲜果味大多以第一类香气的形式呈现。另外,酵母味也与新鲜果味相伴。

(3)酸味型:这类酒的余味中会显现更多的酸味或苦味,也可能伴有植物气息,但高品质葡萄酒的酸度一般会在余味中表现得更为突出,延续的时间也更长。这类酒一般受到喜食酸味食物的人的青睐。

六、葡萄酒的典型性

典型性是葡萄酒在口感、香气上呈现的独特风格,由酿酒葡萄的原料品种、酿造工艺、风土条件等因素决定,葡萄品种是最重要的影响因素,果香是判断葡萄酒典型性的重要依据。不同品种的葡萄具有不同的成分,因而酿成的葡萄酒形成各自不同的风格。如果学会鉴别葡萄酒的口感和香味特点,就掌握了葡萄酒的典型性。有葡萄酒专家认为,懂得欣赏迷人香气以及辨识口感的典型性,已经成为葡萄酒消费的一股新的时尚风潮。

在 2014 年举办的"第三届国际领袖产区葡萄酒(中国)质量大赛"上,宁夏贺兰山东麓产区的马瑟兰、赤霞珠,蓬莱产区的小芒森,昌黎产区的白玫瑰,新疆产区的粒选赤霞珠等产品荣获了金奖,说明我国葡萄酒产业"赤霞珠一统天下"的格局正在改变,能够很好地说明中国产区葡萄酒个性化和典型性的特色品种开始显现。

第九节　葡萄酒的平衡

所谓平衡，就是协调。平衡是评价葡萄酒的关键词，优质的葡萄酒一定是平衡的，包括呈味物质（糖、酸、酚、盐）之间的平衡、呈香物质（醇、醛、酸、酯、萜烯等）之间的平衡，以及呈香物质和呈味物质之间的平衡。酒评家杰西斯·罗宾逊认为，酒体与葡萄酒的品质无关，不管一款葡萄酒的酒体是轻盈还是丰满，其浓郁度、复杂度、余味等各方面的平衡才是判断其品质是否优异的主要因素。

一、葡萄酒的味感的平衡

在葡萄酒中，咸味和鲜味的贡献很小，主要取决于甜味与酸味、苦味之间的平衡。

若保持甜味不变的情况下，酸味增加，苦味就必须减弱；苦味增加，酸味就必须减弱。

若保持苦味不变的情况下，甜味增加，酸味就必须增加。

对于干红葡萄酒来说，一方面，由于含有苦味的单宁，所以其不能像白葡萄酒那样承受太高的酸度。另一方面，酸也会增强酒的苦涩味，所以红葡萄酒的酸度应低于白葡萄酒的酸度。

对于白葡萄酒来讲，很少或基本不含有苦味的单宁，所以在同等含糖量的情况下，酸度应该比红葡萄酒略高。

对于甜葡萄酒来讲，需要更高的酸度以维持平衡，酸可以降低其甜腻感。

甜味可以掩盖酸、苦、咸、涩，是一种令人愉快的味道，但单纯的甜味（如糖水）并不能给人太多的诱惑，只有与酸、苦、咸等基本味觉达到一定的平衡后，才能让人感觉柔和、圆润。甜葡萄酒如果没有适当的酸度和苦味的搭配，人们会认为这种葡萄酒太腻。葡萄酒越甜，就越需要更多的酸度来平衡。在中餐中，糖醋鲤鱼、糖醋排骨、糖醋丸子等就是典型的例子，但葡萄酒中所要求的酸不等于乙酸。

评判酸度最直接的方法就是观察唾液分泌的多少。一款酒的酸度越高、单宁越充沛，会使我们品尝起来觉得更干，酒体更轻。世界上大多数的红葡萄酒是干的，但往往有人品过一款干红后感觉它"甜甜的"。这款酒真的是甜的吗？很多时候它只是果味浓郁、酸度和单宁偏低，因而略有"甜美"的感觉。要准确判断一款酒的甜度，依靠舌尖感受更靠谱。

此外，味感之间还存在相互加强或掩盖作用。例如，盐对糖的甜味有增强作用，但糖对盐的咸味有减弱作用。

二、酒精度与柔顺指数

有人用柔顺指数来描述葡萄酒（主要是干红葡萄酒）的口感。

$$柔顺指数(IS)=酒精度(\%)-[酸度(g/L\ H_2SO_4)+单宁浓度(g/L)] \quad (11-1)$$

当柔顺指数为5时，酒体被认为是平衡的；柔顺指数小于5时口感瘦弱；柔顺指数大于5时，口感丰满。然而，柔顺指数也有一定的局限性，只有在一定范围内才有效。

对于葡萄酒的架构来说酒精度也很重要，但它在平时的酒款描述中出现的概率并不高。

一般来说,只有在描述一款酒的整体架构时,才可能需要提一下它的酒精度——太高还是太低,如何影响了整体的平衡与和谐。

酒精会加强糖的甜味,但糖不会减轻酒精的热感。因此,要准确判断一款酒的甜度往往比想象中的要难,因为酒中的酸度和单宁都会在一定程度上影响我们对甜度的感知。对于红酒,单宁与酒精度、酸度、甜度以及果香、余味等要素的协调与平衡很重要。如果一款红葡萄酒没有单宁做支撑,那么它注定是一款松弛的、肥腻的酒。适合陈年的葡萄酒一定有着坚实的架构,即高酸度、高酒精度、饱满的酒体和充沛的单宁。充沛的风味物质对于葡萄酒的陈年能力和整体的平衡也很重要,若一款酒陈年下来风味所剩无几,只留下一副空架子,那么它只能成为厨房中的料酒。

三、葡萄酒成分对气味的影响

气味物质之间的相互影响很复杂,有时具有累加作用,相互叠加;有时具有协同作用,相互促进,使构成混合气味的各单个气味的强度加强,更容易辨别出来;有时具有分离作用,使单个气味可辨;有时具有融合作用,使构成它的某些气味分辨不出;有时具有掩盖作用,使强势的气味掩盖弱势的气味。

酒精可降低葡萄酒的香气,即酒精度增高,香气会降低。含糖量也会影响香气的浓度,一般含糖量越高,香气浓度越低。单宁与果香相对立,红葡萄酒的单宁含量越高,果香味越沉闷。白葡萄酒基本不含单宁,果香味明显。葡萄酒中的干浸出物,也会影响气味的浓度。

口感与气味之间既有区别,也有联系,一些气味物质也参与口感的构成。如醋酸,用鼻去嗅有刺激性气味,用嘴去尝具有酸味。酒精也是如此,用鼻去嗅有酒味,用嘴去尝除了刺激还略有甜味。口感与气味之间的相互影响也是很复杂的,有时相互加强,有时相互掩盖。

四、酒体的概念

顾名思义,酒体就是酒的"身体",在英文中对应于"body",指的是舌头感受到酒液的"份量"和"质感",用厚重、中等、轻盈等词汇描述。

酒体与酒精度、残糖、单宁、可溶性风味物质的总体含量密切相关,它们的总体含量越高,酒体越丰满厚重;酸度越高,酒体越轻盈,大部分高酸的干白酒体偏轻。甜酒则不然,苏黛甜酒不仅酸度高,残糖也高,依然感觉酒体丰满。酒精度通常与可溶性固形物的含量正相关,所以有人把酒精度12.5%vol以下的葡萄酒归为"轻盈",12.5%—13.5%vol的归为"中等",13.5%vol以上的归为厚重。

酒体受葡萄品种的影响。佳美、黑皮诺、品丽珠所酿的红酒,酒体一般轻盈。如以佳美酿造的博若莱新酒,其酒精度通常为8%—9%vol,酒体属于轻盈型;梅洛红酒的酒精度通常为10%—12%vol,酒体属于中等;而赤霞珠、西拉、马尔贝克、丹魄、仙粉黛所酿的红酒,酒精度一般较高,酒体也较厚重,仙粉黛的酒精度可达14%—17%vol。雷司令、长相思、密斯卡得等所酿的白葡萄酒,酒体一般较为轻盈;霞多丽、灰皮诺、琼瑶浆、维欧尼所酿的白葡萄酒,酒体相对厚重。

酒体受风土和酿造工艺的影响。同一种葡萄品种,产自寒凉产区的葡萄酒酒体轻盈,产自炎热产区的葡萄酒酒体就比较厚重;未经橡木桶陈酿的酒体相对较轻,经橡木桶陈酿的酒

体相对较重。

那么究竟是酒体厚重好，还是轻盈好呢？"萝卜白菜、各有所爱"，不同的人有不同的喜好。实际上，更重要的是诸要素的平衡。

第十节　葡萄酒的评分

品评的目的，决定品评的评分方式。所以要根据品评目的，设计品评记录表。虽然不同的品酒活动，评分的方式、评分要求和信息记录的方式都有所不同，但大同小异。

一、准备工作

所谓"磨刀不误砍柴工"，准备工作也很重要，具体包括环境是否理想，品酒杯是否洁净，酒温是否处于适饮温度，是否需要醒酒等。

环境要求：最佳的品酒环境为自然光充足，但不是阳光直射的地方。明亮的漫射光有利于准确观察葡萄酒的颜色。墙壁桌椅最好是白色的，室内没有其他味道的干扰。

个人卫生：要保持口腔清洁，避免香烟、咖啡、口香糖等异味在口中的残留，并准备一些清水，便于随时清洁口腔。

品酒道具：准备洁净的与葡萄酒相搭配的品酒杯，另备一张白纸便于观色。

酒样：根据不同的葡萄酒类型，将其冷却到适饮温度。

准备工作是为了更好地进行专业品鉴。如果是普通就餐，一般很难达到专业品酒的环境，但选择洁净而合适的酒杯还是必要的。

二、品酒的程序

品酒的程序大致为斟酒—观察—闻香；摇杯—观察—再闻香；品尝—回味—评分。

（一）静止状态下的品鉴

斟酒后不要急着摇杯，首先让酒处于静止状态，然后将酒杯慢慢举起并倾斜45度，观察葡萄酒的色泽、色调和澄清度；最后将鼻腔探入杯口，进行第一次闻香。第一次闻香只能闻到酒体表面扩散的香气——"静止香气"，一般较淡，只能作为评价葡萄酒香气的参考。

（二）摇杯后的品鉴

摇动酒杯，让酒液与空气进行一定程度的接触。首先观察酒的流动性和挂杯现象，然后进行第二次闻香。酒体的运动会释放出更多的香味物质，葡萄酒与空气接触也有利于香气的释放。对于香气质量好的葡萄酒，此时的香气最浓郁、优雅和纯正；对于香气质量不好的葡萄酒，存在的缺陷此时也会反映出来。所以，第二次闻香是评价葡萄酒香气的主要依据。注意不要一直重复摇杯，否则香气会在短时间内散失殆尽。

接着就应该品尝葡萄酒的滋味，并让酒的香气进入鼻咽通道，品鉴其香味；最后轻吞入喉，感受其余味。

（三）破坏式闻香

为了发现酒中存在的不良气味,有时还要进行破坏式闻香。方法是将杯口用手捂住,上下剧烈摇晃酒杯,这样可以使酒中的醋酸乙酯味、氧化味、硫味、霉味等不良气味充分释放出来。该操作是一种粗暴的闻香方法,主要用于鉴别香气中存在的缺陷,平时品酒不会用到,常见于专业的品鉴会或品酒比赛等场合。

在整个品酒过程中,要对各种感官现象予以记录。

三、葡萄酒评分表

正式的葡萄酒品鉴,品尝后要填写品酒表,其格式多种多样,评分有 100 分制、50 分制、20 分制、10 分制和 5 分制等,现在普遍使用的是 100 分制。最后对品尝结果进行统计分析,得出结论。现举两例,仅供参考。

（一）葡萄酒品尝评分表

葡萄酒品尝评分表如表 11-2 所示。

表 11-2　葡萄酒品尝评分表

品尝地点：　　　　　　　　　　　　　　　　　　　年　月　日

参加品尝单位：　　　　　　　　　　　　　　　　　品尝员姓名：

编号	酒样	外观		香气		滋味	典型性	总分	评语
		色泽	清浊	果香	酒香				
		10	10	15	15	40	10	100	

在这 100 分中:外观 20 分,主要观看葡萄酒的色泽、澄清度和亮度;香气 30 分,主要通过嗅觉和唇觉来感受香气浓郁度和品质;滋味 40 分,主要包括酒的糖度、酸度、酒体和后味等;品种典型性特征 10 分,混酿的酒同样适用。打分结果用于判定酒样档次:优秀、良好、及格、不及格和低劣。

（二）品尝描述记录表

品尝描述记录表如表 11-3 所示。

表 11-3　品尝描述记录表

产品名称：	编号：
国家：	生产商：
品种：	年份：
产区：	价格：
外观	
澄清度	清澈、浑浊

续表

	颜色强度	浅、中等、深
	颜色	白葡萄酒：柠檬黄、金黄色、琥珀色
		红葡萄酒：紫色、宝石红、石榴红、茶色
		桃红葡萄酒：粉红色、橙黄色

其他描述：

嗅觉		
	状态	无异味、浊味
	浓郁度	清淡、中等、浓郁
	香气特征	果香、花香、辛香、植物香、动物香、橡木香、其他香气 请试着列举 3 个典型香气：

味觉＋嗅觉		
	甜度	干、微甜、中甜、甜
	酸度	低、中、高
	单宁	低、中、高
	酒体	轻、中、重
	质感	粗糙、干涩、柔顺
	风味特征	果香、花香、辛香、植物香、动物香、橡木香 请试着列举 3 个典型香气：
	回味	短、中、长

其他描述：

结论	
品质：差、一般、好、非常好、优秀	
其他：	

172

四、评分细则

葡萄酒评分细则如表 11-4 所示。

表 11-4 葡萄酒评分细则

项 目			要 求
外观 20分	色泽 10 分	红葡萄酒	紫红、深红、宝石红、石榴红、瓦红、黄红、棕红
		白葡萄酒	近似无色、浅黄色、禾秆黄、柠檬黄、金黄色、琥珀色
		桃红葡萄酒	黄玫瑰红、橙玫瑰红、玫瑰红、橙红、浅红
	澄清度	10 分	澄清透明、有光泽、无明显悬浮物
	起泡程度		起泡酒应有细微的气泡升起，泡沫细腻、洁白，有一定持续性

续表

项　目		要　求
香气30分	非加香葡萄酒	具有纯正、优雅、愉悦的果香与酒香
	加香葡萄酒	具有纯正、优美的酒香与和谐的芳香植物香
滋味40分	干、半干葡萄酒	酒体丰满、醇厚协调、爽口舒适
	半甜、甜葡萄酒	酒体丰满、酸甜适口、柔顺轻快
	起泡葡萄酒	口味纯正、和谐悦人、有杀口力
	加气葡萄酒	口味纯正、清新悦人、有杀口力
典型性10分		典型完美、风格独特、优雅完美

五、评分用语

葡萄酒评分用语如表11-5所示。

表11-5　葡萄酒评分用语

分　数　段	特　点
90分及以上	具有该产品应有的色泽和风味，澄清明亮，酒体丰满，果香、酒香浓郁优雅，醇厚协调，风格独特，回味绵延，完美无缺
80—89分	具有该产品应有的色泽和风味，澄清透明，果香、酒香良好，酒质柔顺，典型明确，风格良好
70—79分	与该产品应有的色泽略有不足，酒体澄清，果香、酒香较少，但无异味，酒体协调，纯正无杂，有典型性，但不够优雅
60—69分	与该产品应有的色泽不符，微浑，失光或人工着色，果香不足或有异香，酒体寡淡、不协调，或有其他明显缺陷

173

在酒评家眼里，好酒的风味必须是复杂的。专家所谓的复杂，表现在具有丰富的香气、均衡的结构、深邃的口感、精致的质地、悠长的回味等方面。既有葡萄品种的特征，也有其他水果的味道，还能表达土地和阳光的气息，甚至蕴含着产地的风土人情，传递着历史的回声。葡萄酒的品级越高，其酒味就越加错综复杂，可以称之为"佳酿"，它不仅给予我们感官上的愉悦，还有心灵上的感动。罗伯特·帕克（Robert Parker）对满分葡萄酒（96—100分）的定义是，一种深奥而复杂的极品葡萄酒，体现了人们对该品种的经典葡萄酒所期望的所有优秀品质，这种酒值得用心去寻找、购买和消费。

不过，复杂的葡萄酒往往是用简单的方法酿造的。

六、对葡萄酒评分的争议

对于葡萄酒的评分尚存在一些争议。支持者认为，葡萄酒评分数简明易懂，不仅可以让优秀的新葡萄酒生产商提高知名度，而且可以让投资者和消费者直接获得葡萄酒的质量信息；反对者认为，葡萄酒评分带有一定的主观色彩，显得较为肤浅，难免有失公允。凡事有利

有弊,读者可以把它作为评价葡萄酒的一个参考,但不可以把它作为对葡萄酒品鉴的唯一准绳。在选择具有品牌价值的名庄酒或者作为一项投资时,一般会参照帕克评分;在选择低价位的葡萄酒的时候,一般会优先参考《葡萄酒观察家》的意见;就杂志本身的专业性、客观性及可读性而言,《品醇客》也值得推荐。

七、品酒笔记

(一)品酒笔记的内容

这里所谓的品酒笔记(Wine Taste Note)就是品酒之后记载的日记,不仅包含评分表的主体内容,而且包括葡萄酒的有关详细信息。评分表也可以称为品酒笔记。

(1)酒标信息包括葡萄品种、收获年份、产地、酒庄名称、葡萄酒等级、酒精度等。饮用葡萄酒之前,先阅读酒标上的信息,对葡萄酒有一个最基本的了解,并予以记录。

(2)酒体信息就是葡萄酒的色、香、味等感官印象,要用比较规范的专业术语予以描述,这是书写品酒笔记的重点,即评分表中的内容。最基本的记叙内容应该包括外观(颜色、色调、澄清度、流动性、起泡酒的气泡密度、活跃性、持续性等);香气的类型和构成、浓郁度、协调性等;口感的浓郁度、质地、结构、均衡度、余味等。厚重的酒体常用饱满、丰满、强劲、浓郁等词描述;中等的酒体常用圆润、顺滑、优雅、柔顺等词描述;轻盈的酒体常用精致、娇柔、曼妙、轻柔或淡薄、纤瘦等词描述。

(3)背景信息主要指品尝背景,如购买的日期和价格,品酒的时间、地点和人物,大家对这瓶酒的评价,搭配菜肴的感受,有哪些充满诗意的场景等。法国有一句谚语:"打开一瓶葡萄酒,就像打开一本书。"反之,打开一本品酒笔记,也就像打开一瓶酒。

(二)写品酒笔记的意义

1. 品酒笔记是品酒表的延伸

事实上,品酒表本身就是一则简短的品酒笔记。但许多葡萄酒发烧友除了填写品酒表之外,还要另外记录品酒笔记。这是因为品酒表比较局限,还有很多内容无法在其中反映。麦克·布劳德班对1784年 Chateau d'Yquem 的品酒笔记中写道:"具有柔和的桃花心木色调,也即带有鲜明的黄绿边缘的琥珀色。最初闻到的自然是老酒惯有的气息,但15分钟之后,则沉稳地显示出异常丰富的、扑鼻而来的蜂蜜般的香甜气味。"显然,品酒笔记比品酒表更具体细致。

2. 品酒笔记是提高鉴赏水平的基本功

对自己品尝的每一款葡萄酒都以文字形式记录下来,是提高鉴赏水平的一种基本手段。除了感官上的体验,还需要文字和语言方面的修炼。9世纪英国浪漫主义作家罗伯特·路易斯·史蒂文森曾说,葡萄酒是装在瓶子的诗篇。当酒瓶里的诗篇斟入我们的酒杯、进入我们的身体时,我们的语言岂能平淡无味呢?

2003年,罗伯特·帕克在对2000年份著名的柏翠(Petrus)酒庄的干红葡萄酒评出满分时写道:"颜色是近乎墨黑的深紫色,紫色的边缘,香气徐徐飘来,几分钟之后开始轰鸣,呈现烟熏香和黑莓、樱桃、甘草的香气,还有明显的松露和灌木丛的气息……"这一描述,即便是没有品尝过该酒的人读来都感同身受,这也正是优秀品酒记录的魅力。

3. 品酒笔记是品酒历史的回声

对于品酒人来讲,每一次品酒如同每一次外出旅游,旅游必定要留影,为以后的回忆留下资料。品酒亦然,《品酒》一书的作者、波尔多大学酿酒系教授埃米尔·佩诺在他70岁的时候,曾对自己一生的品酒生涯总结说:"我喝过的葡萄酒已经超出了我能够记忆的范围,这真是一种奢侈。但我现在仍然会为每一次品酒撰写品尝记录,并经常翻阅品酒笔记。这种体验就像是在看一本旅行相册上的照片,总会把我带回从前的时光与场景。"品酒是非常个人化的体验,如果你想成为品酒达人,学会记录品酒笔记是非常必要的。通过记录笔记,可以让美好印象永久留存。以后翻看品酒笔记,可以再次回味葡萄酒的魅力。

第十一节 "3W1D"评分体系

谈起葡萄酒的评分,就必须介绍美国作家罗伯特·帕克。在帕克之前,欧洲人习惯用20分制来给葡萄酒评分,并且仅在专业圈流行。1978年,帕克突破性地将人们熟知的学校的打分制度——"50—100"分制运用到评酒中,经过多年的努力,已经深入人心,并成为葡萄酒界的准则。自帕克评分诞生以来,各大葡萄酒权威杂志、葡萄酒界中的泰斗分别推出了自己的评分体系。在知名葡萄酒杂志评分体系中,最有影响力的有以下四个:

《葡萄酒倡导家》(Wine Advocate),简称WA;

《葡萄酒观察家》(Wine Spectator),简称WS;

《葡萄酒爱好者》(Wine Enthusiast),简称WE;

《品醇客》(Decanter,有时也译为《醇鉴》),简称DE。

这四者的影响巨大,被爱好者统称为"3W1D",也经常被酒商关注和引用。下面简要介绍"3W1D"评分体系。

一、《葡萄酒倡导家》(WA)

罗伯特·帕克(Robert Parker,简称RP)被称为世界头号品酒大师,曾获得法国最高的总统荣誉奖。他原为一名律师,1967年圣诞节期间,年轻的帕克因追求女友来到法国,住了6个星期后发现当地的红酒跟可乐一样便宜,于是品酒入迷,并决定将葡萄酒的品尝与推介作为自己终生的事业。从那以后,帕克每年组织葡萄酒爱好者到法国品尝美酒。1978年,罗伯特·帕克创办了《葡萄酒倡导家》杂志,简称"WA"(见图11-20)。根据罗伯特·帕克的评分体系,每年该杂志都会对7500多款葡萄酒进行评论打分。

最初法国庄主们还不以为然,但随着帕克评分的市场影响越来越大,评分较高的葡萄酒一销而空,评分较差的葡萄酒销量骤然下滑,整个法国不得不为帕克低头。帕克被誉为"葡萄酒皇帝""葡萄酒世界之神""味蕾的独裁者",《纽约时报》称其为"世界最具影响力的葡萄酒评论家"。他独一无二的葡萄酒评分体系已经成为一款新酒能否畅销的命运指挥棒、世界葡萄酒行业的晴雨表,可直接决定一款酒乃至一个酒庄的兴衰。

在其评分体系中,一瓶葡萄酒的起评分为50分,剩下的50分由4个部分组成,它们分别为:颜色和外观(Color and Appearance)占5分,由于现代科技的应用和专业酿酒师的出

(a)

(b)

图 11-20 《葡萄酒倡导家》与罗伯特·帕克

现,一般的葡萄酒都能得到 4 分甚至 5 分;香气(Aroma and Bouquet)占 15 分,主要考查香气的浓郁程度、纯正性以及芳香和酵香的复杂程度;口感和余韵(Flavor and Finish)占 20分,主要考查葡萄酒风味的浓郁度、平衡性、纯正性、深度以及余味的长短;总体素质及陈年潜力(Overall Quality Level Potential)占 10 分,主要考查葡萄酒的整体品质,发展和熟成潜力。

根据 RP 评分,葡萄酒列为 6 个档次。

96—100 分:顶级佳酿(Extraordinary)。一款经典的顶级佳酿复杂醇厚,如人们所期盼一样,尽显其葡萄品种和风土特征。这种葡萄酒值得葡萄酒爱好者不遗余力地去探寻、购买和享用。

90—95 分:优秀(Outstanding)。一款优秀的葡萄酒极具个性,风味香气尤为复杂。简而言之,优秀的葡萄酒极为美妙。

80—89 分:优良(Above Average)。一款优良的葡萄酒能从各个角度展现其细腻之感,其风味较复杂,个性鲜明,没有明显的缺陷。特别是 85 至 89 分的葡萄酒品质十分优异。

70—79 分:普通(Average)。一款普通的葡萄酒除了酿制工艺完整之外,没什么过人之处。这种葡萄酒香气和风味简单明显,缺乏复杂感,个性不鲜明,没有深度。不过从整体来看,也无伤大雅。如果不贵的话,倒是可以考虑大口饮用。

60—69 分:次品(Below Average)。被称为"次品"的葡萄酒有着明显的缺陷,如酸度或单宁含量过高,风味寡淡,或带有不受人欢迎的异味等。

50—59 分:劣品(Unacceptable)。被称为"劣品"的葡萄酒风味不平衡,且十分平淡呆滞,稍有常识的消费者都会对它毫无兴趣。

《葡萄酒倡导家》评分体系是由一个评分团队组成,并由罗伯特·帕克挂帅。2006 年,罗伯特·帕克把世界上各个葡萄酒产区的品评权授予了一组专业的葡萄酒品评团队。团队中每人各司其职,品评各自所负责产区的葡萄酒。随着《葡萄酒倡导家》的品评师数量的不断增加,帕克的角色也发生着变化,他主要进行更多的垂直品鉴和老年份的平行品鉴。

尽管《葡萄酒倡导家》不是美国第一本葡萄酒杂志,也不是葡萄酒评分的开山鼻祖,但却是最早采用"50—100 分"制来品评葡萄酒的杂志。它可以为葡萄酒消费者提供指南,很多零售商也借机抬高高分葡萄酒的价位,许多收藏家和葡萄酒投资人也大肆购买高分葡萄酒以期在将来获得增值,《葡萄酒倡导家》评分体系已经在葡萄酒界中起着至关重要的作用。

2012 年 12 月,罗伯特·帕克将其一手创立的《葡萄酒倡导家》的股权转让给几位新加坡投资者,并将评分权交予《葡萄酒倡导家》的同事兼酒评家尼尔·马丁(Neal Martin);2015

年,罗伯特·帕克又放弃了所有的波尔多期酒品鉴工作,这或将代表了帕克时代的终结。不过,这对其评分体系似乎并没有太大的影响。2019 年 5 月 16 日,Wine Advocate(葡萄酒倡导家)网站宣布其创始人 Robert Parker 正式退休,结束了其传奇的评酒生涯。

由于罗伯特·帕克首创了易于理解的 100 分体系,他的酒评易于理解并且贴近消费者,酒评的专业性、亲民性和影响力,让更多的消费者接触到并爱上葡萄酒,极大地推动了葡萄酒行业的发展。

二、《葡萄酒观察家》(WS)

美国的《葡萄酒观察家》(Wine Spectator)杂志创刊于 1976 年,是全球发行量最大的葡萄酒专业刊物,由顶尖高手组成声名显赫的专家团队,每年从全世界精选 2 万余款葡萄酒进行评分,除了每个月公布分数之外,每年还会进行一次总决赛,评出当年上市的 100 款最好的葡萄酒(Top 100)公之于众,能入选百大的产品,次年的销量及价格肯定会上涨不少。

WS 也采取 100 分制,起评分也是 50 分。与帕克评分的区别是,WS 评分是采取盲品的方式,使用统一的酒具,在独立的场所进行品评。作为一份商业杂志,他们可以为葡萄酒企业或者品牌做广告。WS 评分能够体现酒的真实水平,却无法体现酒的性价比。

WS 评分共分为 7 个档次。

95—100 分:经典且绝佳(Classic;A Great Wine)。

90—94 分:优秀,极具个性与风格(Outstanding;A Wine of Superior Character and Style)。

85—89 分:良好,且有特点(Very Good;A Wine with Special Qualities)。

80—84 分:做得不错,放心享用(Good;A Solid,Well-make Wine)。

70—79 分:普通,有些微小的缺点(Average;A Drinkable Wine That May Have Minor Flaws)。

60—69 分:次品,尚可饮,但不推荐(Below Average;Drinkable but Not Recommended)。

50—59 分:劣品,不能喝,也不推荐(Poor;Undrinkable,Not Recommended)。

登录《葡萄酒观察家》杂志的网络版,可以查询到专家评过的分数,尤其是喜欢盲品的爱好者,可以根据其分数来评测自己的品尝水准。但该网站大部分内容是收费的。

三、《葡萄酒爱好者》(WE)

美国的《葡萄酒爱好者》杂志(Wine Enthusiast)创刊于 1979 年,是涉及范围最广的专业葡萄酒电子刊物,内容几乎包罗了葡萄酒世界的所有方面。它采取直接发邮件给读者的方式,只要你在该网站注册并留下自己的电子邮箱,那么每天就可以免费地收到多条关于葡萄酒的信息。该网站是免费的,可以随时查看葡萄酒的分数及大致的评论。邮件中推荐的葡萄酒还附有一段视频,由品酒师现场开瓶、倒酒并醒酒,一边品尝,一边解说。

《葡萄酒爱好者》也采用 100 分制,起评分是 80 分,共分 6 个档次。

98—100 分:经典,绝品(Classic;The Pinnacle of Quality)。

94—97 分:超好,杰作(Superb;A Great Achievement)。

90—93 分:优秀,高度推荐(Excellent;Highly Recommended)。

87—89 分：优良，品质不错，可以推荐（Very Good；Often Good Value；Well Recommended）。

83—86 分：好，日常餐酒，品质不错（Good；Suitable for Everyday Consumption；Often Good Value）。

80—82 分：可接受，偶尔喝喝也无妨（Acceptable；Can Be Employed in Casual，Less-critical Circumstances）。

除了以上分数之外，该杂志还推出了"Editors' Choice"（编辑精选）和"Cellar Selections"（窖藏精选）；低于 12 美元、高性价比的葡萄酒标注为"Best Buys"（最值得购买）。

也许是免费的缘故，该杂志的盈利模式全靠广告收入以及产品的直销，所以除了家喻户晓的名庄酒其不能随意褒贬之外，其分数标准难以用客观及公正来评价，酒商及专业人士也很少引用其评分作为销售或者选购的参考。

四、《品醇客》(DE)

英国的《品醇客》(Decanter)创刊于 1975 年，是世界上覆盖面最广的专业葡萄酒杂志，在 98 个国家出版或销售，也是在"3W1D"中唯一有中文版的杂志，在华人世界备受关注。

虽然英国几乎没有葡萄酒生产，但受英国王室及贵族地位的影响，人们普遍认为由英国的品酒师来评判世界各地的葡萄酒，既公正且高水准。代表葡萄酒品尝最高水平的国际品酒大师（Master of Wine，简称 MW）就是由英国的专业机构 Wine & Spirit Education Trust（简称 WSET）评定并授衔的，要获此殊荣，需要经过重重的考核，仅学习费用就要超过数百万人民币。1953 年开始评级时，只接受英国本土的品酒师；20 世纪 80 年代，才开始接受其他国家的品酒师参与。截至 2010 年 7 月，全世界拥有 MW 资格的仅有 280 人，由此可见英国在品酒界的地位。也正是由于这个缘故，《品醇客》在英语国家有着巨大无比的影响力，酒庄庄主也以获得《品醇客》的推荐为荣。

《品醇客》评价葡萄酒采用酒店星级评比的方式，分五个级别。

五星级：绝佳典范（Outstanding Quality，Virtually Perfect Example）。

四星级：高度推荐（Highly Recommended）。

三星级：推荐（Recommended）。

二星级：尚好（Quite Good）。

一星级：可接受（Acceptable）。

由于它的评分体系太过简单，评分方式不适应数字时代的步伐，故对于葡萄酒的销售及购买而言，其影响力远远低于 RP 及 WS。

此外，还有杰西斯·罗宾逊（Jancis Robinson）、杰里米·奥利弗（Jeremy Oliver）、《葡萄酒与烈酒》（Wine & Spirits Magazine）等评分体系。杰西丝·罗宾逊（简称 JR）有"葡萄酒界第一夫人"之称，与罗伯特·帕克、詹姆斯·沙克林并称为世界三大酒评家，其著作《世界葡萄酒地图》被誉为"葡萄酒圣经"，所创的"JR 评分"被认为是世界葡萄酒三大评分体系之一。

第十二节　结　　语

　　近年来，虽然葡萄酒在国内销售得红红火火，但大多数消费者对葡萄酒的认知依然是空白，分不清其优劣。葡萄酒大师 Alun Griffiths MW 指出，中国消费者对葡萄酒的知识相当缺乏，即便是在北京这样的大城市。人们对葡萄酒抱有很大的热情也很感兴趣，但缺乏对葡萄酒的真正理解，比方说对酒品质的鉴别。

　　葡萄酒不仅仅是可喝的，更重要的是可品的。只有学会品，才能感觉到其中蕴藏的美。红酒被喻为有生命力的液体，每一瓶酒开瓶后其风味随着时间而变化，如何发掘酒的生命力到最佳就要靠自身的感觉和经验。葡萄酒的三个要素是色、香、味，品酒人的三个感官是视觉、嗅觉和味觉。观色、闻香、品味被称为品酒三部曲，训练有素的品酒师可以对其进行立体描述。优质的葡萄酒要求外观优雅、结构协调、诸香平衡、质地精致、口感复杂、富有个性、回味悠长。

　　一个合格的品酒师，必须经过长时间的训练，品尝许多类型的葡萄酒，并努力寻找其中蕴藏的香气，且有意识地记忆香气类型。在日常生活中，需要留意身边常见的气味，并记忆下来。当品酒遇到一些似曾相识的气味时，将其表达出来。只有通过不断的练习和积累，才能提高识别葡萄酒香气的能力。在葡萄酒品鉴中，对香气的描述大多是来自外文的翻译，有些水果我们不仅没有吃过，而且根本没有见过。为此，品酒也需要中国化，要学会利用自己熟知的香气和风味来描述葡萄酒的特征。

　　葡萄酒的风味因葡萄品种、产地、风土、工艺、年份的不同而不同，为我们带来千般滋味和丰富多彩的世界。酒精可以带来激情，西方的酒神精神就是激情与欢乐的象征。酒中的多酚带来不同的色调，恰似人们对生活的不同追求，有的崇尚淡泊简约，有的追求浓重繁复。人们可以多参加品酒活动，尝试不同的风格，从中选择自己中意的酒款。对于普通消费者来讲，没有必要在乎太多，既不对其考试，也不要求其写酒评，品尝过了，能够感觉到愉悦就是好酒。

　　胡适先生在《梦与诗》一文中写道，"醉过才知酒浓，爱过才知情重"。不去接触，怎知个中滋味？最后，我们用英国著名葡萄酒评论家奥兹·克拉克的话作为结束：葡萄酒有着非常丰富多彩的历史，因为酒存在的意义是使人欢乐，让人们的生活更有趣，并带来哲学和智慧，为聚会创造笑声和浪漫，而不仅仅是简单地品尝杯中物的滋味。

第十二章 →

白兰地的生产与品鉴

"男孩喝红酒,男人喝波特;要想当英雄,就喝白兰地。"

——法国谚语

第一节　白兰地概述

一、白兰地的概念与分类

白兰地是英文"Brandy"的音译,意指"烧过的葡萄酒"或者"燃烧的葡萄酒"。在中文语意中,可以理解为"葡萄烧酒"。广义上讲,白兰地泛指以水果为原料,经过发酵、蒸馏、橡木桶陈酿,调配而成的蒸馏酒,酒精度通常在 40%vol 左右。烈酒的出现,在对神经系统的刺激方面使得低度酒相形见绌,并且被赋予更多的情感色彩。在法国,白兰地一直被人们赋予英雄气概,当地谚语云:"男孩喝红酒,男人喝波特;要想当英雄,就喝白兰地。"这意味着其浓烈程度也只有英雄才能相匹配。

按照生产原料,白兰地分为葡萄白兰地和水果白兰地两大类。以葡萄为原料,通过发酵、蒸馏、陈酿而制成的酒精饮料通常称为葡萄白兰地,由于它的产量最大、饮用最普遍,所以简称白兰地;而以其他水果为原料制成的白兰地,要求在前面加上原料的名称以示区别,如樱桃白兰地(Cherry Brandy),苹果白兰地(Apple Brandy)等。

按照生产工艺,白兰地可分为发酵型白兰地和配制型白兰地两大类。发酵型白兰地是以发酵后的果酒为原料,经过蒸馏、橡木桶陈酿调配而成;配制型白兰地一般采用白兰地酒精、糖蜜酒精、淀粉酒精,外加香料、水和其他一些成分配制而成。配制型白兰地酒往往酒味很冲,入口不净;又或者由于外加香料太浓,常常给人以不愉快的感觉。

二、白兰地的历史

关于白兰地的起源,有多种说法。一般认为白兰地源于历史上 3 种文化的交汇:古罗马人将葡萄传入法国西南部的加斯科涅(Gascogne),之后的阿拉伯人带来了蒸馏器,法兰西的祖先凯尔特人推广了橡木桶的应用。世界上最著名的是法国的雅邑白兰地和干邑白兰地。

（一）雅邑白兰地的历史

雅邑白兰地是雅文邑（Armagnac）白兰地的中文简称，出产于法国西南部加斯科涅中部的雅文邑地区。其起源可追溯至1310年，在梵蒂冈图书馆的医学刊物中，可以找到一本由来自Eauze地区的维塔尔·杜福尔（Vital Dufour）撰写的一本对保持健康强壮非常有益的书，该书介绍了一种叫作"Aygue Ardente"的酒有四十种益处，据说这就是雅文邑的前身，比举世闻名的干邑的历史还要早200年。2010年，雅文邑迎来它700岁的华诞，荣膺最悠久法国白兰地的桂冠。

到了15世纪，特别是1411—1441年，出现了大量生产、消费和交易雅文邑白兰地的史料。到了17世纪，荷兰人开始进入雅文邑产区进行葡萄酒贸易，雅文邑开始享誉欧洲。而最早发明的"白兰地"一词也缘自来雅文邑做生意的荷兰人。

17世纪时，波尔多酒商出于地区保护主义的考虑，对其他产区的葡萄酒贸易征收重税，但白兰地可以免税。于是，人们将雅文邑的葡萄酒进行蒸馏浓缩，这成为荷兰商人们逃避重税、赚取利益的最佳途径。正因为如此，雅文邑虽未能像波尔多那样成为著名的葡萄酒产区，但依靠独特的白兰地享誉法国。蒸馏之后的葡萄酒再通过橡木桶储存和运输，无形中得到陈酿，不仅颜色呈现出琥珀色，而且口感更加醇厚和温润，令人为之沉醉。

（二）干邑白兰地的历史

干邑白兰地是科尼亚克（Cognac）白兰地的中文简称，早在公元276—286年，罗马皇帝就已经把葡萄的种植技术传到法国的干邑镇。但是，干邑人真正蒸馏白兰地的历史大约发生在1511—1541年，干邑白兰地被誉为"燃烧500年的传奇"。不过当时的白兰地口感并不醇厚，而且酒烈、口感灼人，因为当时的人们还不懂得用橡木桶熟化。

让干邑白兰地走上馨香之路得益于一场战争。1701年，法国卷入了一场席卷欧洲的西班牙王位继承战争。在这期间，葡萄蒸馏酒销路大跌，大量新蒸馏的葡萄酒不得不存放于橡木桶中。1704年，战争结束，酒商们意外地发现，本来无色的白兰地竟然变成了琥珀般的金黄色，酒不仅没有变质，而且更加香醇可口，妙不可言。此后，用橡木桶陈酿白兰地就成为干邑地区的一个传统。发酵、蒸馏、橡木桶陈酿就成为生产白兰地的标准程序，逐渐流传到世界各地。

如今，只有3万人的干邑镇，有几十家风格各异的干邑酒厂，轩尼诗、马爹利、人头马、拿破仑等世界顶级的白兰地，都出自这里。葡萄种植者、酿酒师和干邑酒厂，共同谱写了一段燃烧500年的传奇。他们的创业史、家族传人，都已成为干邑镇的历史文化遗产，为我们留下许多荡气回肠的故事。

第二节　白兰地的生产

一、生产白兰地的工艺流程

本书讨论的白兰地只限于葡萄白兰地。葡萄首先经过榨汁、发酵等程序得到葡萄原酒，

然后将葡萄原酒经过蒸馏得到原白兰地,再经过橡木桶陈酿、调配,达到理想的颜色、香味和酒精度,最终得到商品白兰地。其工艺流程如图12-1所示。

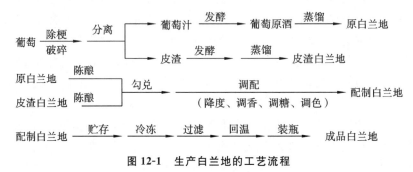

图12-1 生产白兰地的工艺流程

二、原料葡萄的选择与采收

(一)品种的选择

尽管所有的葡萄酒都可以蒸馏白兰地,但要生产优质的白兰地,就必须从严格选择原料开始。白兰地的品鉴,要求有高雅的花香、果香、陈酿香,并且香气浓郁、活泼通透,这都与原料葡萄的品种有关。

用于生产白兰地的原料一般选择白葡萄,主要品种有白玉霓、白福儿、鸽笼白等。我国生产白兰地的葡萄品种还有白羽、白雅、龙眼、佳丽酿、红玫瑰等。白玉霓植株抗病性较强,有较高的产量和较好的品质,原料酒蒸馏后有紫罗兰花香,酒体细腻,浓郁高雅;且由于原料葡萄含酸量较高,对酒体形成了良好的保护作用。白福儿和鸽笼白在成酒后,酒体圆润、香气活泼,有较好的表现力;但植株抗病性较差,果实含酸量较低,很难对酒体形成保护作用。若选用麝香型葡萄,蒸馏后的原白兰地虽然会有浓重的玫瑰花香,但陈酿期间很快就会氧化衰败,发生香型转化,还会给人带来不愉快的感觉。

(二)有关指标的要求

生产白兰地一般要求原料葡萄糖度低、酸度高。

糖度一般为120—180 g/L。糖度越低,发酵产品的酒精度就越低,生产单位体积的白兰地所耗用的葡萄原料就越多,进入蒸馏酒中的品种香气物质就增多(即浓缩度高)。

可滴定酸要求≥6 g/L,一般为7—10 g/L。虽然要求总酸含量较高,但又要挥发酸含量低,这样生产的白兰地才更醇正。非挥发酸的增加可与醇反应提高酯的产量,有利于陈酿香的形成。

潜在酒度一般为7%—10%vol,不能超过12%vol,理想酒度在8.5%—9.5%vol。

此外,要求葡萄具有弱香和中性香,品种香不突出。

(三)原料葡萄的采收

白兰地原料葡萄的采收比酿造干葡萄酒的时间要早。我国北方地区一般在8月下旬采收,潜在酒度为8%—9%vol。过早采收含糖量太低,酒体瘦弱,香气单薄;过晚采收则含糖量升高,使发酵后的葡萄原酒酒精含量过高,不利于蒸馏过程的控制。

在科尼亚克地区,由于夏季凉爽,葡萄的生长期特别长,葡萄果汁十分饱满。但是,该地区光照差,导致葡萄含糖量极低。果农们又有意在葡萄未完全成熟时就采摘,榨成果汁后快速发酵,酿成的葡萄酒非常酸。但恰恰是这种酸葡萄酒蒸馏的科尼亚克白兰地才别具风味。

三、葡萄原酒的酿造

(一)压榨取汁

与酿造白葡萄酒一样,葡萄采收后要尽快榨汁,以防止氧化和发生浸渍现象。尽量不要让多酚类物质进入葡萄汁,果皮中的脂肪酸在酶的作用下会使原酒出现不协调的枯草味。因此,要尽快压榨、尽量减少不必要的工序。压榨可用立式或卧式压榨机,一般不采用连续压榨机,以免葡萄汁中多酚含量升高。在科尼亚克地区,压榨要分 6 次进行。

(二)发酵

将葡萄汁立即装入发酵罐进行低温澄清和发酵。科尼亚克白兰地原酒常采用自流汁自然发酵,发酵温度控制在 30—32 ℃,时间为 4—5 天。自然发酵不仅工艺操作方便,而且产品质量也很优异。也有的采用人工酵母发酵,方法是分离的果汁不经杀菌,往其中加入 1%—1.5% 人工酵母,以人工酵母的优势抑制野生酵母繁殖。

葡萄原料中的高酸度,不仅可以抑制有害微生物,而且有利于有益微生物的繁殖,保证发酵的顺利进行;此外,还有利于原料酒的储藏。

当发酵完全停止后(残糖达到 3 g/L 以下,挥发酸≤0.05%),在罐内自然澄清,倒罐分离酒脚,以备蒸馏。白兰地的整个生产过程都不使用 SO_2,也不添加辅料澄清处理。

四、原白兰地的蒸馏

发酵完成的葡萄原酒,经过蒸馏得到白兰地原酒。酒脚可以混合蒸馏,也可以单独蒸馏。一般 9 L 葡萄酒可以蒸馏 1 L 白兰地原酒。原白兰地的蒸馏听起来简单,但蒸馏工艺的把握是制造白兰地的核心技术之一。

白兰地的蒸馏有三种方式:单式蒸馏法、半连续式蒸馏法和连续蒸馏法。

(一)夏朗德壶式蒸馏法

夏朗德壶式蒸馏法也称为单式二次蒸馏法、双蒸法。干邑从诞生至今,一直沿用古老的夏朗德壶式蒸馏法。

1. 夏朗德式蒸馏器

夏朗德式蒸馏器的材质皆为红铜,选用铜质材料的原因:①耐腐蚀性强,对葡萄酒中的酸具有良好的抗性;②具有良好的导热性,可以降低能耗;③铜可与酒中的部分硫化物形成不溶性铜盐,从而将这些具有不良风味的物质除去,提高白兰地的质量;④铜具有催化作用,可以促进酒中发生的酯化反应。这些作用统称为白兰地的铜效应。

夏朗德式蒸馏器的形状像一个独特的锅炉,由锅炉(左下)、蒸馏塔(左上)、预热器(中)、冷凝器(右)等部分组成,其基本设计多年来未有改变(见图 12-2)。

直接用火加热左面的锅炉,酒精等挥发性物质经过蒸馏塔和称为"天鹅颈"的弯管进入冷凝器;在冷凝器中,这根管子变成蛇形管,用冷水进行冷却。中部加装了一个葡萄酒预热

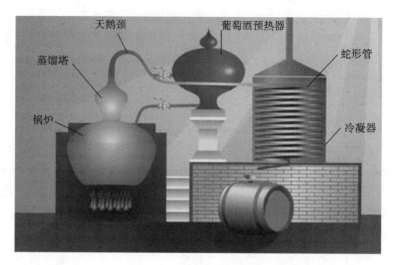

图 12-2　夏朗德式蒸馏器

器，可以利用酒精蒸汽流过金属管时散发的热量，预热下一步要进行蒸馏的酒，以节约能源和蒸馏时间。

2. 蒸馏方法

用夏朗德式蒸馏器进行间断式两次蒸馏。

第一次蒸馏白兰地原料酒，得到粗馏原白兰地，酒精含量为 28％—32％。在第一次蒸馏中，冷却水温度不得高于 14 ℃。

然后再将粗馏原白兰地进行第二次蒸馏，掐去酒头和酒尾，取中间酒心，得精馏白兰地，酒度为 60％—70％vol。在第二次蒸馏中，冷却水温度不得高于 18 ℃。

每次蒸馏需长达 12 个小时，整个蒸馏过程大约持续 24 小时。在蒸馏过程中，需要蒸馏技师对整个过程进行监控。蒸馏技师必须具有丰富的经验和技能，能够掌控温度、酒泥的比例、"酒头"和"酒尾"的比例及再利用等。

（二）半连续式蒸馏法

一般采用带分流盘的蒸馏锅，只蒸馏一次，得到 55％—60％的原酒，常用于法国雅邑白兰地的生产，以具有强烈的个性而著称。

（三）连续式蒸馏法

一般采用类似蒸馏塔结构的塔式蒸馏锅，类似于石油的精馏。塔式蒸馏锅主要由蒸馏釜、蒸馏塔、预热器和冷凝器组成。蒸馏塔板有 5—15 层，一般在 12 层左右。持续时间在 14 天左右。其特点是蒸汽加热，可以连续化生产，提高生产效率。法国雅邑白兰地的生产常采用连续式蒸馏法。

蒸馏后的白兰地原酒，其酒精浓度比葡萄原酒高 5—6 倍。酒体中除了酒精之外，还含有挥发性的芳香物质，它们是白兰地风味的基础。通过掐头去尾，既可除去甲醇、醛类等低沸点的成分，也可除去高沸点的其他醇类（称为杂醇油，主要成分是异戊醇）和大量的水，一些有毒性和有异味的物质也得到分离，使其更加醇香可口。

法国法律规定，干邑白兰地要在葡萄收成的翌年三月底之前蒸馏；雅邑白兰地需要在葡萄收成的翌年四月底之前完成蒸馏。

五、白兰地的橡木桶陈酿

(一) 陈酿的原理

蒸馏后的白兰地原酒仅仅是半成品,品质粗糙,不宜饮用。只有经过多年的橡木桶熟成,使产品的色、香、味能得到充分改善,再经勾兑、调配等工序,这些辛辣的新酒才能变成醇厚的商品白兰地出厂。

新木桶使用前应先用清水浸泡,以除去过多的可溶性单宁,并将木桶清洗干净,然后用65%—70%vol酒精浸泡10—15天,以除去粗质单宁,但浸泡时间不宜过长,否则降低了新桶的使用价值。也有观点认为,用新桶直接短时间贮存白兰地效果更好。

陈酿期间,有微量的空气透过木桶与酒体发生一系列缓慢的氧化作用,酸和酯的含量都有所增加,产生浓烈的陈酿香。橡木桶中的单宁、色素等物质溶入酒中,使酒的颜色和风味也发生变化。酒色逐渐由无色转变为金黄色或琥珀色,酒体粗糙感消失,呈现出芬芳、圆润的风格。橡木桶不仅是储存容器,其材质还对于白兰地品质有较大的影响,橡木种类也是决定陈酿后白兰地色、香、味的因素之一。

(二) 陈酿的方式

陈酿的方式有一次陈酿、二次陈酿和多次陈酿等。

一次陈酿:蒸馏好的原白兰地不经稀释,直接陈酿,达到等级贮藏期限后进行勾兑调配,经后续处理后封装出厂,此法一般适用于生产中、低档白兰地。

二次陈酿:将蒸馏好的原白兰地不经稀释,直接陈酿至一定年限(视产品档次及各厂调酒师经验);然后调整酒度为40%vol左右进行二次陈酿。达到一定年限后调整成分,进行稳定性处理,然后封装出厂。此法用于生产较高档白兰地。

多次陈酿:首先将白兰地原酒按照原酒度陈酿,然后分阶段进行多次降度陈酿,待酒度达到50%vol时再贮藏一定时间。分几次缓慢降度可减少对酒体的刺激,使白兰地在较为平稳的环境中熟化。经验表明,50%vol最有利于陈酿,可以减轻白兰地原酒的辣感,增强白兰地的柔性。降度前应先制备低度的白兰地,即将同品种白兰地加水稀释至25%—27%vol贮藏,在白兰地降度时加入,这是生产法国优质白兰地常用的工艺。

(三) 陈酿期间管理

陈酿期间应有专人负责,定期取样监测色泽、口味和香气的变化。一旦发现异常,应及时采取措施。要及时地将熟化的酒倒入大木桶里,防止老化。贮藏中应随时检查桶的渗漏情况,以及桶箍的损坏情况。桶箍应采用不锈钢材质,若采用铁箍则定期刷漆,以防在地窖潮湿的环境中生锈,致使产品铁含量超标。

陈酿的管理及条件对白兰地的品质有很大影响。装桶时,应在桶内留有1%—1.5%的空隙,这样既可防止受温度影响发生溢桶;还可在桶内保持有一定的空气,氧的存在有利于加速陈酿。摆放时,要将小木桶排成行或上下叠放,大木桶采用立式较多。有时采用大小木桶、新旧木桶交替贮藏的方式,以达到最完美的贮藏效果。

蒸发作用会导致白兰地体积减小、酒精度降低。为了防止酒精度降至40%vol以下,可

在陈酿前提高原白兰地的酒精含量；为了防止体积减小，要及时采用同品种、同质量的白兰地添桶。一般陈酿 4—5 年就可以获得优美的品质特征，但陈酿的时间越长，得到的白兰地质量越好。

六、白兰地的调配

木桶陈酿后的白兰地，每一桶的酒质和口感都不尽相同。为了使得每年所生产的白兰地皆有稳定一致的风格，酿酒师就必须将不同品种、不同桶号的成熟白兰地按一定比例进行调配。其主要内容如下。

（一）降度

原白兰地酒精度较高，需要添加去离子水或软化水稀释，一般采用分阶段降度后继续贮存。国际上白兰地的标准酒精度是 42%—43%vol，我国一般为 40%—43%vol。加水时速度要缓慢，边加水边搅拌。

（二）调糖

为了增加白兰地圆润醇厚的味道，可以向白兰地中加糖或甘油。糖可用蔗糖或葡萄糖浆，以葡萄糖浆为最好。用量应根据口味的需要确定，一般控制白兰地含糖范围在 0.7%—1.5%。加入前，要将糖用陈酿白兰地稀释，并先进行 6—12 个月的贮藏。

（三）调色

正常的白兰地经橡木桶陈酿后，色泽透明而呈金黄色，为了保持产品色泽的稳定一致，一般要进行调色。如果白兰地在橡木桶中陈酿时间太短、色泽过浅，可用焦糖色增色。如果在木桶中贮存过久，会有过深的色泽和过多的单宁，口感发涩、发苦，还需要进行脱色处理。色泽略深时，可用骨胶或鱼胶处理；如果色泽太深，除下胶外还需用活性炭脱色。下胶或活性炭处理后的白兰地，应在 12 小时后过滤。

（四）调香

高档白兰地天然香气浓郁，不需要调香处理。酒精含量高的白兰地其香味往往有所欠缺，须采用加香法提高香味。白兰地加香可采用天然的香料、浸膏或酊汁。芳香的植物的根、茎、叶、花、果等，都可以通过酒精浸泡成酊或浓缩成浸膏，用于白兰地的调香。

七、冷冻处理

调配后的白兰地在装瓶前还要进行冷冻处理，一般控制在 −14 ℃ 左右 72 小时。冷冻处理既可以提高白兰地的稳定性，使不稳定成分沉淀出来，还可以增加溶氧量，改善其风味。

八、过滤、回温和装瓶

冷冻处理完成后，在 −5 ℃ 至 −10 ℃ 的条件下将沉淀物过滤分离，获得澄清酒质。在装瓶前回温至室温，然后进行装瓶处理，即为成品白兰地。

第三节　白兰地的分级

白兰地的等级,一般是根据白兰地的酒龄来划分的。酒龄是指从采摘后的第二年 4 月 1 日起,原酒在橡木桶中陈酿的时间。具体的等级标准在不同的国家或地区都有不同的规定,且往往进行不断的调整。

一、法国白兰地的分级

三星级(低档):酒龄在 4.5 年以下。

V.O(中档),V.S.O.P(较高档):酒龄不低于 4.5 年。

Extra,Napoleon(拿破仑):酒龄不低于 5.5 年。

X.O Club,特醇 X.O 等:酒龄在 6 年以上。

比较麻烦的是,不同的品牌有不同的等级划分标准。例如,干邑 Daniel Bouju 白兰地的 X.O 为 25 年期;干邑 Jan Bertelsen 白兰地的 X.O 为 30 年期。

在法国白兰地商标上,常常标有英文缩写字母,它们表示的是不同的酒质。

如 C 代表 Cognac(干邑);E 代表 Especial(特别的、特殊的);F 代表 Fine(优良的、精美的、精纯的);O 代表 Old(古老的、陈年的);P 代表 Pale(纯净的);S 代表 Superior,Special(出众的,上好的,优异的),V 代表 Very(非常的、真正的);X 代表 Extra(特级的)。如 V.O 代表 Very Old;V.O.P 代表 Very Old Pale;V.S.O 代表 Very Superior Old;V.S.O.P 代表 Very Superior Old Pale;X.O 代表 Extra Old。

有些分级还有一定的来历。英国王储乔治四世是干邑鉴赏行家,1817 年,他要求轩尼诗为其设计一款"Very Superior Old Pale"(淡雅琥珀色的极上等陈年干邑),此后 V.S.O.P 便成为整个干邑业内的参照标准之一。白兰地陈酿越久,风味越佳。法国酿酒师认为,至少陈酿 16 年的酒,才能达到白兰地的基本醇香度;陈酿 30 年的白兰地才是最成熟、最有韵味的。

二、中国白兰地的分级

根据国标 GB 11856—1997,中国的白兰地一般分为下列四个等级。

(1)特级,"XO"级:最低酒龄为 6 年。赤金黄色,具有优雅的葡萄品种香,陈酿的橡木香,浓郁而醇和的酒香,醇和甘洌、沁润细腻、悠柔、丰满绵延。

(2)优级,即"VSOP"级:最低酒龄为 4 年。赤金黄色至金黄色,葡萄品种香协调,陈酿的橡木香优雅而持久,醇和甘洌、丰满绵柔、清雅。

(3)一级,即"VO"级:最低酒龄为 3 年。金黄色,有葡萄品种香,纯正的橡木香及醇和的酒香,香味协调完整,醇和甘洌、酒体完整。

(4)二级,即"三星和 VS"级:最低酒龄为 2 年。金黄色至浅金黄色,有葡萄香、酒香、橡木香,较协调,无明显刺激感,酒体较完整、无邪杂味、略有辛辣感。

图 12-3 为各种瓶装的白兰地。

图 12-3　各种瓶装的白兰地

三、其他国家白兰地的分级

美国：直接标出"××年的酒龄"，并且只有在橡木桶贮存不少于两年的白兰地才有资格填写酒龄。

澳大利亚："Matured"至少两年，"Old"至少五年，"Very Old"至少十年。只有在橡木桶中达到了规定的陈酿时间以后才准在标签上作上述标识。

第四节　白兰地的品鉴

一、白兰地酒杯

白兰地酒杯为杯口小、腹部宽大的矮脚型玻璃杯，其圆润的身材带有一种贵族的气息，可以让琼浆玉液久久留香。杯子容量虽然很大（240—300 mL），但倒酒不宜过多（约 30 mL），以 1/4—1/3 为宜。白兰地酒杯的持法如图 12-4 所示。

(a)　　　　　　　　　　　(b)

图 12-4　白兰地酒杯的持法

二、白兰地的品尝

白兰地属于高度酒,一般来讲需要略微加温。将白兰地倒至酒杯的 1/3—1/4 处,另备一杯冰水。持杯时,用"无名指和中指"或"中指和食指"夹住杯柄,掌心托住杯身底部,让手掌的温度给酒液微微加温;然后轻轻摇动酒杯闻香,酒中的香味随酒温的升高而慢慢释出;浅酌一小口,让它在口腔中扩散回旋,感受那醇和、甘冽、清爽、如丝绸般顺滑的酒体;咽入喉咙的同时,给全身带来一股醇美的温暖。

每喝完一小口白兰地,要喝一口冰水清新一下味觉,以感受下一口白兰地的香醇和芬芳。白兰地的饮用方法多种多样,各不相同。可作开胃酒,可作消食酒。有人喜欢热饮,还有人喜欢冰镇。

喜欢冰镇的人认为,冰镇后的白兰地既有净饮的风味,又有冰爽的刺激,特别是在炎热的夏天,可作为消暑饮料。冰镇白兰地的最佳饮用温度是 7—10 ℃。有人主张直接往白兰地里面加冰块,有人通过冰桶冰镇、冰箱冷藏或冰水冷却等方法对白兰地进行冷处理。

在美国,有人喜欢用一种大似足球的玻璃杯,往里面装上白兰地,在酒精灯上加热后分饮。在英国,人们用玻璃杯装上白兰地,在热水中加热后分饮。

有人喜欢不掺兑任何东西的"净饮",也有人喜欢掺兑矿泉水或茶水饮用。还有人向白兰地中加入牛奶后饮用,美其名曰"亚历山大白兰地"。究竟如何饮用,随各人的习惯和所好而异。

一般来说,不同档次的白兰地,采用不同的饮用方法,可以收到更好的效果。对于 X.O 级白兰地,因为是在小木桶里经过十几个春秋的陈酿而成,是酒中的珍品,最好的饮用方法是净饮,保持原汁原味,更能体会到其艺术的精髓和灵魂。有些白兰地贮存年限短,如 V.O 级白兰地或 V.S 级白兰地,只有 3—4 年的酒龄,如直接饮用,难免有酒精的刺口辣喉感,而掺兑矿泉水或夏季另加冰块饮用,既能使酒精的浓度得到充分稀释、减轻刺激,又能保持白兰地的风味。

在寒冷的冬天,中档白兰地掺热茶饮用也被推荐,把茶水泡得酽酽的,使得茶水的颜色和白兰地颜色一致。茶叶中含有丰富的茶碱和单宁,白兰地中也含有丰富的多酚物质和单宁。用这样的浓茶掺兑白兰地,能保护白兰地的颜色香味和酒体的丰满程度不变,只是降低了酒精度,减少了酒精的刺激,可以使干渴的喉咙得到滋润。其实,对于具有绝妙香味的白兰地来说,无论怎样饮用都可以。

第五节　法国著名白兰地简介

世界上生产白兰地的国家很多,以法国最负盛名。法国白兰地的等级划分通常依据两大因素:产地（葡萄的产地）和年份（橡木桶储存的年限）。干邑（Cognac）和雅邑（Armagnac）白兰地又是法国白兰地之翘楚,可以以产地冠名;而其他产区的白兰地只能统称为法国白兰地。

一、干邑白兰地简介

(一)产区分布

干邑(Cognac)位于法国西南部,是波尔多北部夏朗德省境内的一个小镇,有 6 大子产区。大香槟区(Grand Champagne)和小香槟区(Petite Champagne):土壤为白垩土,所产的干邑花香怡人,余味悠长。上乘林区(Fins Bois)和优质林区(Bons Bois):土壤下层为石灰岩,所产的干邑酒味浓郁,质感丰富。普通林区(Bois Ordinaires):土质黏性低,所产的干邑富有当地独特的风味,因此极少用作调配。边缘区(Borderies):位于干邑区北部,面积最小,有独特的小气候,所产的干邑酒质浑厚,有紫罗兰的香气。边缘区干邑需求极大,所以只会用作调配极品佳酿。

(二)原料葡萄品种

干邑生产监管组织——法国干邑行业局(Bureau National Interprofessionel du Cognac)规定,如果酒标上要标注"Crus",那么酿酒所用的原料中 90%(至少)必须是白玉霓(Ugni Blanc)、白福儿(Folle Blanche)和鸽笼白(Colombard);剩下的 10% 可以是白朱朗高(Jurancon Blanc)和赛美容(Semillon)等。如果酒标上不标注"Crus",酿酒所用原料中 90%(至少)必须是鸽笼白、白福儿、白朱朗高、赛美容、梅利耶圣-佛朗索瓦(Meslier Saint-Francois)、蒙帝勒(Montils)或白玉霓。

(三)酿造工艺

直至今日,干邑镇的酿酒工艺仍相当原始,葡萄压榨后会进行大约一周的酒精发酵,继而进行几周的苹果酸-乳酸发酵。从前,葡萄汁在 10000—20000 L 的巨型酒桶中完成发酵;现在改用混凝土发酵池。发酵完成后,使用传统的夏朗德铜制壶式蒸馏器进行两次蒸馏,然后将蒸馏液放入橡木桶熟化,最后由酿酒师调配完成。

在第二次蒸馏中,前期和后期的蒸馏液都会被废弃,用于其他产品的生产,只有中间的蒸馏液才会被加工储藏,并随后用于干邑酒的调配。从用酒量的角度计算,1 L 轩尼诗干邑大约需要 15 L 的普通葡萄酒。由于成本的上升,干邑白兰地的价格也普遍较贵。

(四)等级划分

据干邑生产监管组织法国干邑行业局的规定,干邑白兰地的品质等级分为以下 3 等。

(1) V. S(Very Special)或三星级(★★★):表示该等级干邑白兰地所用的混酿酒中最年轻的酒液在橡木桶中至少存放了 2 年。

(2) V. S. O. P(Very Superior Old Pale):表示该等级干邑白兰地所用的混酿酒中最年轻的酒液在橡木桶中至少存放了 4 年。

(3) X. O(Extra Old):表示该等级干邑白兰地所用的混酿酒中最年轻的酒液在橡木桶中至少存放了 6 年。

普遍来说,X. O 都有 20 年以上的年龄,轩尼诗 X. O 据说是用 100 种基酒秘密调制而成,这些基酒均经多年熟成,有些陈酿时间甚至长达 30 年。有些干邑酒庄因勾兑时的原酒酒龄已经远远超过最低年限,所以市场上衍生出更多的级别。如在 V. S. O. P 与 X. O 之间,又衍生出 Napoleon 级(如马爹利名仕、蓝带等);比 X. O 更高级别的 Extra 和 Hors d' Age

等老年干邑,都是在原有的级别上衍生出来的。

法国政府在 1909 年正式规定,凡产自夏朗德省境内干邑镇周围的 36 个县市所生产的白兰地才能命名为干邑(Cognac),除此以外的任何地区不能用"Cognac"一词来命名,而只能用其他指定的名称命名。这一规定以法律条文的形式确立了"干邑"在白兰地中的地位,有"白兰地王子"之美誉。谚语云:"All Cognac is brandy,but not all brandy is Cognac。"(所有的干邑都是白兰地,但并非所有的白兰地都是干邑。)

(五)产品风格

香气与味道源自庄园的每颗葡萄,而葡萄的禀赋则来自培育它的土地。"风土"带来的每一种成分,随着酒龄的增长使得白兰地日渐香醇。顶级干邑主要分为四大品牌:轩尼诗、马爹利、人头马和拿破仑。在干邑每年所生产的一亿多瓶白兰地中,四大品牌便占七成左右。

马爹利(Martell)创立于 1715 年,有马爹利金牌、马爹利名士、蓝带马爹利、马爹利X.O、银尊马爹利干邑、金王马爹利干邑等系列品牌。

轩尼诗(Hennessy)是法国 LVMH 集团旗下品牌,由爱尔兰人李察·轩尼诗于 1756 年创立。轩尼诗干邑旗下有众多系列产品,既有平价版的轩尼诗新点(Classivm)、小资版的轩尼诗 V.S、中产阶级版的轩尼诗 V.S.O.P,也有高大上的轩尼诗 X.O、富豪版的轩尼诗百乐廷(Paradis)、土豪级轩尼诗百乐廷皇禧(Paradis Imperial)和鉴赏家版的轩尼诗李察(Richard)。

人头马(Remy Martin)创立于 1695 年,是四大白兰地品牌中唯一一个由干邑本地人所创建的品牌,也是四大白兰地品牌中唯一一家自己种植葡萄的公司,一直被誉为干邑品质、形象和地位的象征,在世界上久负盛名。人头马特优香槟干邑的葡萄来自法国干邑的中心地带——大香槟区和小香槟区,保证了其无与伦比的浓郁芬芳。由于经过长期陈酿,橡木桶的强烈香味与特优香槟干邑花香的互相融合,使其臻于完美。紫罗兰、桃、杏、甘草的香味相互融合,层层递进。浅酌一口,醇和圆润、丰富细致,在口中轻轻绽放,形成与众不同的特色。

拥有 50 年陈酿岁月的"路易十三"被视为"人头马"中的极品,最初出现的是核桃、水仙、茉莉、百香果、荔枝等花果香,随即又流露出香草与雪茄的味道;待酒精逐步挥发,又展现出鸢尾、紫罗兰、玫瑰、树脂的清香,给人带来梦幻般的感官之旅。一般的白兰地余味只能持续15—20 分钟,而这款香味与口感极为细致的名酒,据说余味萦绕长达 1 小时以上。

根据法国政府规定,只有用大、小香槟区的葡萄蒸馏而成的干邑,才可称为"特优香槟干邑"(Fine Champagne Cognac),而且大香槟区葡萄所占的比例必须在 50% 以上。如果采用干邑地区最精华的大香槟区的葡萄所生产的干邑白兰地,可冠以"Grande Champagne Cognac"字样。

拿破仑被视为法国的民族英雄,为了纪念这位传奇人物,有的法国白兰地以拿破仑命名,也有的白兰地用拿破仑人物造型的酒瓶盛装,还有的白兰地是将其头像印在酒瓶之上。据说在拿破仑执政时期,有一位名叫艾马尼格尔的酿酒商送给拿破仑一瓶优质的白兰地,拿破仑喝了之后赞不绝口。这位酿酒商见此情景灵机一动,索性用"拿破仑"作为自己酒品的商标。不久,拿破仑的另一位至交——同为酿酒商的古鲁巴吉也用拿破仑的立像作为自己酒的商标。这样一来,法国众多的酿酒商纷纷效仿,都用起了"拿破仑"商标。针对这种情

况,当时法国做出了一些限制性规定:只有法国干邑地区的酿酒商所酿制的白兰地酒,而且贮存期至少在 6 年以上的才可以称为"拿破仑"。尽管酒法这样规定,但后来法国的"拿破仑"白兰地还是越来越多。面对这种鱼龙混杂的现象,法国人便将正宗的"拿破仑"白兰地称为"常胜将军",将冒牌的、质量差的"拿破仑"白兰地称为"常败将军"。

二、雅邑白兰地简介

(一)产区分布

雅文邑(Armagnac)产区位于法国西南部的加斯科涅(Gascogne),包括三大子产区,分别是下雅文邑(Bas Armagnac)、泰纳雷泽(Tenareze)和上雅文邑(Haut Armagnac)。雅文邑是世界上最早开始蒸馏白兰地的产区之一,每个子产区都出产具有独特的风格的雅文邑,但因产量很少,在法国以外的地区知名度不高。

(二)原料葡萄品种

法国国家原产地命名管理局(INAO)和雅文邑行业局(Bureau National Interprofessionel de l'Armagnac)规定,雅文邑白兰地可使用 10 种不同的葡萄品种酿制,最常见的 4 种葡萄是白玉霓(Ugni Blanc)、白富尔(Folle Blanche)、鸽笼白(Colombard)和巴科(Baco)。白富尔制成的雅文邑果味较重,一般要陈酿 15 年以上;巴科葡萄通常匍匐于下雅文邑西部的大平原黄褐色的沙土上,以它为原料的雅文邑至少需要窖藏 20 年的时间,拥有糖渍橘子味、可可味、李子干等香气,令人流连忘返。

(三)生产工艺

在蒸馏时,虽可使用传统的铜制壶式蒸馏器,但大多数雅文邑白兰地生产使用的都是柱式蒸馏器,只进行一次蒸馏。连续蒸馏时,要谨慎把握好分离"酒头"和"酒尾"的温度范围,制得的白兰地酒精度相对较低,约为 52%vol。

木桶陈酿熟化时,要采用加斯科涅地区的木材,通常先在新桶中陈酿一段时间,随后转入较旧的桶中陈酿。然后降度到 40%vol 左右,既可以使用蒸馏水稀释,也可以用 16%—18%vol 的低度雅文邑。还可以利用长时间的陈酿使得酒精蒸发,酒度自然降低,这一过程被称为"Part des Anges"(天使之享)。雅文邑通常不另加调味剂和调色剂。

未经降度的雅文邑被称为"原酒雅文邑"(Brut de Fût 或者 Non-réduit),通常保存在潮湿酒窖中的陈年老桶、玻璃瓶或者不锈钢容器中,酒精难以挥发,因而保留了最初的酒精度(其酒精度通常在 42%—48%vol);同时也因未经稀释,香气更为丰盈,受到雅文邑爱好者的追捧。

(四)等级划分

雅文邑白兰地的分级有以下标准:

V. S:表示所用的混酿酒液中最年轻的酒在橡木桶中至少存放了 2 年;

V. S. O. P:表示所用的混酿酒液中最年轻的酒在橡木桶中至少存放了 5 年;

X. O:表示所用的混酿酒液中最年轻的酒在橡木桶中至少存放了 6 年;

Hors d'Age:表示所用的混酿酒液中最年轻的酒在橡木桶中至少存放了 10 年。

（五）产品风格

雅邑是法国最古老的白兰地，也是法国顶级白兰地之一。与干邑白兰地相比，雅邑白兰地的口感和风味更加丰富和复杂，典型的雅邑白兰地带有干果的香气（梅干、葡萄干和无花果），酒体中等或饱满。上雅文邑地区的白兰地产量极少，个性刚烈质朴；下雅文邑地区的白兰地更为精细，具有李子干、橙皮、香草味的独特香气。

中部的泰纳雷泽地区的白兰地个性迥异，拥有强烈的紫罗兰和香料味，初产时刚劲有力、激情澎湃。要想使其结构温和柔顺下来，至少需要陈酿 15 年。在这片土地上，使用白玉霓和鸽笼白酿造的雅邑白兰地最为出众。

雅文邑产区年均产量仅为 540 万瓶，与产量 1.8 亿瓶的干邑比起来不过沧海一粟。正因为雅邑白兰地品质优异而产量有限，所以受到法国资深白兰地爱好者们的宠爱，在法国本土就已经销售一空。而在法国本土之外，还相对不太为人所知。

第六节　结　　语

白兰地属于水果蒸馏酒，中国白酒是粮食蒸馏酒。生产白兰地的原料一般选择白葡萄，主要品种有白玉霓、白福儿和鸽笼白等，要求原料葡萄糖度低、酸度高，因此采摘期较早。在生产白兰地的整个过程中，都不得使用二氧化硫等防腐剂，否则产品会带有硫化氢、硫醇等物质的臭味；此外，二氧化硫及其衍生产物还可能腐蚀蒸馏设备。

白兰地陈酿越久，风味越佳。法国酿酒师认为，至少陈酿 16 年的酒才能达到白兰地的基本醇香度；陈酿 30 年的白兰地才是最成熟、最有韵味的。但无论以哪种方式生产，最后都要经过调配。优质白兰地往往由数十种不同品种、不同时间熟成的白兰地原酒调配而成。至于如何调配，不同的酿酒师都各有独特的秘方，不予外传。不同的调配技术也构成了不同品牌白兰地之间的不同风味。

世界上最著名的是法国的雅邑白兰地和干邑白兰地。雅邑白兰地因产量很少，所以在法国以外的地区知名度不高。常为人们熟知的轩尼诗、马爹利、人头马、拿破仑等世界顶级的白兰地，都出自干邑。干邑的白兰地优秀在什么地方？酒评家认为它有一种珍稀无比的香气，在大自然中无处可寻，它不在花中，也不在芳香里，它的独特足以刺激你去探查寻找，只为发掘出其他同样沁人心脾、无法言喻的醉人香气。

第十三章

冰酒和贵腐酒的酿造与品鉴

"上帝也爱自然甜。"

——法国谚语

冰酒和贵腐酒皆属于特种葡萄酒，是高档的甜葡萄酒、葡萄酒中的贵族，在葡萄酒世界有液体黄金(Liquid Gold)之美称。在一次拍卖会上，一瓶 1990 年的德国雷司令冰酒竟拍出 30 多万美金的价格；2011 年在伦敦的一次拍卖会上，一瓶(750 mL)1811 年出产的伊甘堡贵腐酒以 750000 英镑售出，这款长眠了整整 200 年的贵腐酒，平均 1 mL 达 1000 英镑，将其称之为"液体黄金"并非夸大其词。

第一节　冰葡萄酒概述

一、冰葡萄酒的概念与分类

冰葡萄酒简称冰酒，是一种在气温较低时，利用在葡萄树上自然冰冻的葡萄酿造的葡萄酒，属于甜葡萄酒的一种(见图 13-1)。按照《冰葡萄酒》国家标准(GB/T 25504—2010)的定义：冰葡萄酒是指将葡萄推迟采收，当自然条件下气温低于−7 ℃时使葡萄在树枝上保持一定时间，使其结冰，然后采收，并在结冰状态下压榨，发酵酿制而成的葡萄酒(在生产过程中不允许外加糖源)。

生产冰酒的葡萄必须在葡萄树上自然冰冻，采用人工冷冻的方式是被严格禁止的。但不少新锐的酒庄，尝试将成熟后采摘下来的葡萄悬挂在人工冰室中冰冻，然后用来酿制"人工冰酒"。其品质虽然不能和"天然冰酒"相媲美，但"人工冰酒"的性价比更高。

冰酒从颜色上分为白冰葡萄酒和红冰葡萄酒两种，大部分国家的冰酒是白冰酒，我国的北冰红是国际上少有的红冰酒；从原料上，分为雷司令冰酒、威代尔冰酒、赤霞珠冰酒、北冰红冰酒等；从产地上，分为德国冰酒、加拿大冰酒、奥地利冰酒、法国冰酒、中国冰酒等。

冰酒是大自然经过岁月甄选而赐予人类最珍贵的礼物之一，是葡萄酒中的极品。通常每 10 kg 冰葡萄才能酿造一瓶(375 mL)冰酒，或者说一颗葡萄树最多也只能酿造一瓶。

(a)　　　　　　　　　　　　(b)

图 13-1　冰葡萄的采摘与冰葡萄酒

二、关于冰酒的名称

有人认为把"Ice"和"Wine"分开写的就是假冰酒,真正的冰酒"Icewine"是连写的。其实,这种说法有些片面。"Icewine"是加拿大人注册的商标,只能被 VQA 批准酿造冰酒的酒庄使用;换句话说,被 VQA 认证的冰酒,"Icewine"一定是连在一起的。至于"Ice Wine",是英语对冰酒的表达,作为冰酒的统称来使用。而在德国,冰酒则用"Eiswein"表示。

一些不良商家,试图混淆"冰酒"与"冰白"的区别,经常用晚收的甜白葡萄酒冒充冰酒,并冠以"晚收冰白"或"冰白"的字样,需要警惕。

三、冰葡萄酒的来历

据说,自罗马帝国时代开始,就有使用冰冻的葡萄酿酒的说法,但已无法加以确认。目前,普遍认为冰酒诞生于 1794 年德国的弗兰克尼(Franconia)。

那一年秋天,弗兰克尼的葡萄产区遭到了一场突如其来的早霜袭击,葡萄被冰冻在枝头,当年的葡萄看来就要毁于一旦了。为了挽回一些损失,酒农们小心翼翼地将处于半结冰状态的葡萄摘下,继续用传统方法榨汁酿酒。结冰的葡萄很难榨汁,除去皮渣和冰晶外所剩无几,结果用这一点点精华所酿的葡萄酒甘如蜂蜜、酸甜适宜、具有特别的风味。冰酒,就这样诞生了,因此有人称其为"甜蜜的意外"。从此,人们开启了用冰葡萄酿酒的先河,冰酒也成了德国的特产。后来,冰酒的酿造技术由德国传入法国、加拿大、奥地利。经过多年的发展,冰酒的酿造技术已日臻完善,品质也得到提升。

四、冰葡萄的种植

不是所有的葡萄都能酿造冰酒,也不是所有的葡萄酒产地都能酿造冰酒。传统酿造冰酒的原料有雷司令、威代尔、赤霞珠、霞多丽等。冬季能达到 −8 ℃ 并且能种植葡萄的地方很多,但真正能酿造冰酒的产区屈指可数。冰葡萄的种植对生长环境有着极其严格的要求,在等待结冰的过程中,遭遇降雨、太阳曝晒、大风袭击、鸟类啄食、动物破坏以及霉菌的浸染等,都有可能导致失败。

在气候方面,夏季要有充足的光照,以利于糖分等有机物的积累;冬季要足够寒冷而不干燥。所谓寒冷,气温必须在 −7 ℃ 以下持续一定的时间,使葡萄在树枝上结冰以后才能采

收;所谓不干燥,是指在这段时间需要有适当的环境湿度,既不能让葡萄霉烂,又不至于让葡萄风干。所用的葡萄品种,必须能够经历寒冬的考验。只有那些长势强健,不惧严寒,到了寒冷季节即使枝蔓干枯萎缩,葡萄颗粒也不会脱落的葡萄品种才能成为酿制冰酒的原料。

受这些条件的制约,世界上原来只有德国、加拿大、奥地利、匈牙利等少数几个国家的特定产区可以种植耐寒的葡萄,并酿成冰酒;现在法国、卢森堡、美国、新西兰、克罗地亚、中国也有部分产区可以酿造冰酒。冰酒每年的产量也不稳定,或者说不是每年都能生产。有些产区突如其来的寒冷天气并不是年年都有,平均每三四年才有一个冬季会出现持续的低于−8 ℃的气候条件,所以这些产区每三四年才能产出一次冰酒。

第二节　冰葡萄酒的酿造

一、冰酒的生产工艺流程

冰葡萄酒的酿造工艺有别于普通葡萄酒,有特殊的工艺要求。一般的流程如图 13-2所示。

冰葡萄 →（冰冻采摘 低于−7℃）→ 分选 →（低温压榨 −7℃）→ 浓缩葡萄汁 →（+SO₂）→（回温处理 10℃）→（澄清处理 10℃）→ 清葡萄汁

清葡萄汁 →（+特种酵母 控温 10—12℃ 发酵至酒精度9%—14%vol）→（+SO₂ 终止发酵）→（降温至5℃以下）→ 冰葡萄原酒

冰葡萄原酒 →（储存 过滤）→（澄清处理 过滤）→（冷冻处理 过滤）→ 除菌过滤 → 无菌灌装 → 冰酒成品

图 13-2　冰酒的酿造工艺流程

二、冰葡萄的生产工序

(一)冰葡萄的采摘与分选

冰葡萄采摘时间对冰酒生产至关重要,要根据当地的实际气温和葡萄的含糖量综合确定。一般来讲,要把葡萄留在树上到 11 月中旬至下旬,有时要等到来年 1 月,当气温降至−7 ℃以下,葡萄在藤上自然冰冻一段时间后,葡萄汁中的糖分达到 330 g/L 以上时才能采摘,但糖分最高不要超过 420 g/L。

比较理想的采摘温度是−13 ℃至−8 ℃,因为葡萄在这个温度可以获得最理想的糖度和风味。如果采摘温度过低(低于−13 ℃),出汁率会降低,并且由于糖度太高,不利于酒精发酵。在某些地区,为了避免太阳出来温度升高,采摘冰葡萄要在半夜进行,以保持低温。因此,冰葡萄酒又被称为"夜半黄金"(见图 13-3)。

当葡萄达到采收时间时,必须小心仔细地人工采摘,轻拿轻放,避免落粒。压榨前对采收后的冰葡萄要进行分选,将生青、病烂果挑出,必须保证被压榨的葡萄不能有破损或被任何霉菌侵蚀,以免影响冰酒的质量。

图 13-3　被称为"夜半黄金"的冰葡萄酒

（二）压榨取汁

冰葡萄采收后要及时送到工厂进行压榨,外界环境的温度必须保持在−7 ℃以下,冰葡萄压榨一般采用栏筐式垂直压榨机,每次用 3 个不同压力压榨。整个过程要在两小时内完成。同时,在压榨的葡萄汁中按 40—60 mg/L 的用量添加 SO_2。

由于冰葡萄是在低温带冰压榨取汁的,不仅把葡萄皮渣分离,而且也把冰晶分离。葡萄汁得到浓缩,其中的糖分、有机酸和各种风味物质都被高度浓缩。一般含糖量在 330 g/L(以葡萄糖计)以上,总酸在 80—120 g/L(以酒石酸计)。

（三）澄清处理

压榨后所得的浓缩葡萄汁,要尽快(12 小时内)泵入发酵罐,升温至 10 ℃左右,按 20 mg/L 的用量添加果胶酶澄清处理,过滤,以除去葡萄汁中的部分杂质。果胶酶澄清处理后,要及时转入发酵罐满罐储藏。若有条件,应预先在罐中充 CO_2 或 N_2 以防氧化。

加入 SO_2 的果汁,在低温下存放 3 个月左右基本上也可以自然澄清,只不过加入果胶酶、膨润土等进行人工澄清的速度较快。澄清过滤后,采用清汁发酵,能够更好地体现出冰酒的口感和香气。

（四）控温发酵

冰葡萄酒一般采用缺氧保糖、低温长时间发酵的工艺。装罐后按 1.5%—2.0%的比例接入特种酵母培养液,控温在 10—12 ℃缓慢发酵 8—10 周。因为冰葡萄汁的糖度高,因此需要使用耐糖、耐低温、耐酒精的特种酵母的活化培养液。目前用于冰葡萄酒发酵的酵母主要是 R2、KD、EC1118、DN10、莱蒙特 D47 等人工活性干酵母。在发酵过程中每天监控温度与糖度的变化,并准确予以记录。

发酵温度的控制尤为重要,温度越高,发酵时间越短,香气越淡,口感单薄;反之,温度越低,发酵时间越长,风味物质的积累也越丰富。但温度太低时,酵母的活性又会受到抑制。池成等以辽宁五女山米兰酒业有限公司提供的威代尔(Vidal)冰葡萄汁为酿酒材料,对酿造冰葡萄酒发酵过程中的成分进行分析,结果表明,冰葡萄酒的最佳发酵温度为 12 ℃,莱蒙特 D47 为酿造冰葡萄酒的最佳酵母。

（五）终止发酵

当酒精度达到 9%—14%vol 时,可以适时终止发酵,同时将温度降至 5 ℃以下。具体时

间要根据经验,在酒度、糖度和风味物质之间找到一个平衡。终止发酵的方法有膜过滤除菌、冷却降温、添加 SO_2 等方法。添加 SO_2 时,将游离 SO_2 浓度调整至 40—50 mg/L,可以获得稳定的终止发酵效果。

每年的 5—6 月,冰酒的发酵过程就基本都结束了,这时的外界气温上升到 20 ℃左右,原酒必须低温贮存在保温罐或冷库中。发酵终止后,酒中含有大量 CO_2,不要马上将酒罐添满,要等冰葡萄原酒品温下降并保持一段时间后,通过倒罐的方式将罐添满。

（六）储存陈酿

降温、调硫后的冰葡萄原酒转入储存陈酿阶段。冰葡萄酒的陈酿,包括不锈钢罐陈酿、橡木桶陈酿和瓶储陈酿。冰葡萄原酒贮存温度要在 5—8 ℃,这个温度要保持到 9 月份以后,待气温开始下降时才能进行下一步的处理。在贮存过程中,要每隔一个月对原酒进行一次理化指标的常规检测。有的冰葡萄原酒要进行桶藏陈酿一年以上,通过定期品尝决定出桶时间。

（七）下胶处理

下胶,就是在葡萄酒中加入亲水胶体,使之与葡萄酒中的果胶质、单宁、蛋白质、金属复合物、色素等发生絮凝反应,然后通过过滤将这些物质除去,使葡萄酒澄清、稳定。下胶的主要材料有膨润土、明胶、鱼胶、蛋白、酪蛋白、PVPP 等,为了避免下胶过量,其他下胶材料最好与膨润土同时使用。下胶前要进行下胶试验,以确定最佳比例。在下胶过程中,应使下胶物质与冰葡萄酒混合均匀,同时调整游离 SO_2 含量至 40—50 mg/L。

有的工艺先用膨润土澄清,然后再进行陈酿。冰葡萄酒的特点是高糖高酸,发酵结束后非常浑浊,如果此时立即下胶,不仅不易澄清,而且损耗较大。所以,最好先低温贮存几个月,待大颗粒杂质自然沉淀后,再通过倒罐的方式同步进行下胶处理。

下胶结束后的冰葡萄酒应贮存在冷冻罐或冷库中,迅速将酒的品温降到它的冰点附近,保持 20 天以后检测酒石稳定性,如果检测不到酒石就可以通过过滤来澄清冰葡萄酒。

（八）过滤

冰葡萄酒下胶后,先要静置一段时间,然后通过倒罐分离形成的沉淀,再通过过滤来澄清。过滤机主要有错流过滤机、硅藻土过滤机、板框过滤机和膜过滤机。错流过滤机过滤效果好,过滤一遍就可以达到澄清效果,省工省时但是价格昂贵;硅藻土过滤机要达到澄清效果,需要过滤 2—3 遍,它价格低、使用方便,适合中小葡萄酒企业;板框过滤机和膜过滤机主要是灌装前的精滤使用。

过滤后的冰葡萄酒,要全面检测酒的理化指标和感官指标并补加 SO_2,而且贮存罐要保证低温满罐贮存,不能满罐的要充入惰性气体防止酒质氧化变质,贮存温度一般可在 5—8 ℃。

（九）调配

每一批次的成品冰葡萄酒,理化指标和感官指标都要尽量保持一致,所以每年过滤结束的冰葡萄原酒,在灌装前都需要合理地调配,以保证每批次的一致性。调配前每罐原酒都要检测理化指标,并进行感官评定,然后根据检测和评定结果进行合理的调配。调配后还要检验冰葡萄酒的冷稳定性和热稳定性,全部合格后才可以灌装为成品冰酒。

（十）灌装

灌装方式有多种,采用国产灌装设备的酒厂,一般使用"巴氏杀菌"的方式进行消毒;采用进口灌装设备的酒厂,通过除菌过滤的方式进行灌装。"巴氏杀菌"操作简单,对设备要求不高,一次性投资较低,适合中、小酒厂使用。除菌过滤后对灌装设备和工艺要求很高,需要对除菌过滤后冰葡萄酒流过的所有管线、设备都进行彻底消毒,一次性投资较大,只有实力雄厚的大酒厂才能使用。

初酿的白冰酒色泽较淡,陈酿后色泽转深,呈现出美丽的金黄色。

（十一）瓶内陈酿与运输

装瓶后的冰葡萄酒,还应该进行瓶内陈酿,即在 8—12 ℃的陈酿库中储藏。陈酿库要求绝热性好,没有任何挥发性气味,以保证冰葡萄酒的质量不受影响。

瓶内陈酿结束的冰葡萄酒取出后,经过清洗、贴标和装箱,贮存在干燥、冷凉的成品库中,温度宜保持在 5—15 ℃。

用软木塞封装的酒,在贮运时应"倒放"或"卧放",装卸时应轻拿轻放。在冰葡萄酒的运输过程中尽量避免高温日晒、雨淋和过度摇晃,最好使用自动控温厢式货车和集装箱。

三、冰葡萄酒的理化指标

不同的冰酒理化指标不同,高年发主编的《葡萄酒生产技术》一书中,提供的冰葡萄酒的理化指标如表 13-1 所示。

表 13-1 某款冰葡萄酒的理化指标

种类	参数						
	酒精度（%vol）	还原糖（g/L）	蔗糖（g/L）	游离 SO_2（mg/L）	总 SO_2（mg/L）	挥发酸（g/L）	干浸出物（g/L）
冰葡萄酒	9.0—14.0	≥125	≤10	≤50	≤200	≤2.1	≥30

池成等以辽宁五女山米兰酒业有限公司提供的威代尔（Vidal）冰葡萄汁为酿酒材料,所得冰酒成品的理化指标为酒精度 11%vol、糖度 27.8°Brix、干浸出物 244.3 mg/L、游离 SO_2 36.4 mg/L、总 SO_2 65.0 mg/L、氨基酸 367.8 mg/L、总酸 11.4 mg/L,挥发酸 561.0 mg/L。

四、冰酒的稀缺性

在全球,每 3 万瓶葡萄酒中才有可能出现一瓶冰葡萄酒。由于冰酒甜润而醇美,独特而稀有,在加拿大被誉为国酒,在欧美国家被称为"葡萄酒中的皇后",在葡萄酒世界有"液体黄金"之美称。冰酒的生产,无论从产地、产量、生产工艺等都受到严格限制,具体表现为以下几点。

（一）产地稀缺

由于冰葡萄的种植对气候条件有严苛要求,自冰酒诞生两百多年以来,仅有少数几个国家的特定地区可以生产。此外,突如其来的寒冷天气也不是年年都有,有时多年一遇,因此非常稀有。我国的冰酒生产起步很晚,只有十几年的历史,但发展非常迅速,已成为世界冰

酒的主要生产国。

（二）产量极小

冰酒的生产是一个有风险的产业，原料葡萄要比一般葡萄晚收几个月，在葡萄园里要经历大自然冰霜雪雨的洗礼、鸟兽的啄食，能够最后保留下来的较少。每年的气候不稳定，有时会造成冰葡萄减产甚至绝收。如果气候过于寒冷，会导致葡萄藤冻死。此外，冰葡萄出汁率很低，一串葡萄榨不出多少葡萄汁，生产单位体积的冰酒所用的葡萄量是普通葡萄酒的十倍以上。

（三）工艺复杂

首先，冰酒的酿制要在低温下用特种酵母进行，由于葡萄汁的糖分极高，酵母难以将葡萄汁吸入体内转化，发酵速度远低于一般酒类，往往耗时数月甚至一年以上。其次，由于浓度很大，酒液黏稠，给澄清处理和过滤带来很大难度，对生产设备和工艺技术的要求极高。

（四）口味独特

冰葡萄经历了天然的风干过程，汁液中的糖分、有机酸、风味物质都被高度浓缩；原先存在于葡萄皮中的氨基酸和矿物质元素也被部分溶解，葡萄汁液得到深度熟化，具有很高的营养价值和保健功能。酿造过程中，又经历了足够长时间的后熟，形成了丰富的、特有的香气，使冰酒具有醇柔爽净的口味，优雅浓郁的芳香，饮之令人心旷神怡，成为世界上公认的极品葡萄酒。每一个初尝冰酒的人都会被其独特的感觉所迷醉，那甜润爽口的果香、醇香怡人的酒香令人终生难忘，回味无穷。也因为糖分高，冰酒和贵腐酒能够陈年很久，有些甚至需要陈年一二十年以上才会达到适饮期。

第三节　世界各国冰酒的生产概况

一、德国的冰酒生产

德国是世界十大葡萄酒生产国之一，已有 2000 多年的历史。其作为冰酒的发源地，已有 200 多年的历史。在德国，冰酒属于葡萄酒中的最高等级，主要采用的品种是雷司令。

雷司令是德国最为高贵的白葡萄品种，能够经历漫长而寒凉的气候，由于具有较高的酸度，具有平衡酒体中甜度的能力，被称为"冰酒之母"。所酿的冰白葡萄酒具有雅致、圆润的风味，青苹果和柠檬的香气，给人以清新、持久、优雅的感觉。但雷司令种植难度大、产量低、生长期长，很难达到较高的成熟度。

德国的莫舍尔（Mosel）和莱茵高（Rheingau）地区是冰酒的主要产区。由于靠近海洋，虽然冬季有足够的湿度，但突如其来的寒冷天气并不是年年都有，平均每三四年才有一个冬季会出现持续的低于−8 ℃的气候条件，所以每三四年才能产出一次冰酒。从 2006 到 2011 年，德国几乎没有冰酒出产。

即便是适宜生产冰酒的年份，其产量也非常少。葡萄在成熟后必须始终留在枝头，并且要保持不破损，随时降临的一场秋雨就可以让酿制冰酒的美好愿望化为泡影，用这种传统的方式生产冰酒无异于一场赌博。因此，即使在德国本土冰酒也十分昂贵，能够品尝冰酒是非常难得的享受。

二、奥地利的冰酒生产

奥地利是世界闻名的音乐之乡，同时也是世界闻名的冰酒生产国。20世纪60年代，奥地利将冰酒推向国际市场，受到一致好评，有舌尖上的"华尔兹"之美誉。

奥地利有四个冰酒产区：瓦豪（Wachau）、布尔根兰（Burgeland）、斯泰理（Styrie）和维也纳（Vienne）。瓦豪是奥地利冰酒的标志性产区，酒体丰满，香气醇厚，回味层次感强，是最被消费者追逐的奥地利冰酒，且具有陈年的潜力；布尔根兰产区的冰酒以香气精致、讨人喜欢、入口宽厚而著称；斯泰理产区的冰酒以香气高贵、芳香浓郁而著称，入口比较爽洁；维也纳产区的葡萄林遍布于山丘之上，被著名的维也纳森林包围着，这里的冰酒也像维也纳的音乐一样动人，以清新的花香、果香为主体，融合着恬静的蜂蜜香味，酒体比较轻柔，但结构感与层次感不充分，符合年轻人的口味。

奥地利冰酒和德国冰酒较为相似，酿酒葡萄的成熟度较高是奥地利的一个优势。此外，几乎所有的年份都能酿制冰酒，2009年到2011年是近年来的好年份。

三、加拿大的冰酒生产

冰酒是加拿大的国宝之一，曾经一度世界上每年有三分之二以上的冰酒产自加拿大。加拿大幅员广阔，冰酒的主要产区有四个：安大略省、不列颠哥伦比亚省（卑诗省）、魁北克省和新斯科舍省，其中安大略省最为重要，占全国冰酒产量的80%以上。

安大略省（Ontario）首次生产冰酒是在1983年，主要冰酒产区位于尼亚加拉半岛（Niagara Peninsula）的高纬度地带，以黏土为主，土壤肥沃。温暖的夏季能够进行充足的光合作用，使葡萄集聚了丰富的营养成分；到了冬季，由于天气严寒，冰酒收成时间较早，产量较大，最常使用威代尔（Vidal）葡萄品种酿制冰酒。

威代尔（Vidal），它是白玉霓（Ugni Blanc）和赛必尔（Seibel）的杂交品种，被称为混血美人。虽然是源自法国，但在法国已几乎绝迹。威代尔为白葡萄品种，由于果皮厚、抗病性强、不易腐烂，在成熟后仍能挂枝三四个月抵抗高纬度地区严寒的侵袭，是酿造白冰葡萄酒的极好原料。但是酸度相对较低，酿成的冰酒更加甜腻，经常有菠萝、芒果、杏桃和蜂蜜等甜熟的香气。相对于德国雷司令冰酒香气的优雅，加拿大威代尔冰酒的香气显得更加年轻奔放。由于安大略湖的气候调节作用，具备了冰酒生产对气候条件"冷"和"湿"的要求，因此，几乎每年都能酿造冰酒。独特的气候特征，精湛的生产工艺，规范的管理制度，再加上加拿大酒商质量联盟（VQA）近似苛刻的质量标准，使安大略冰酒以品质卓越享誉世界。

不列颠哥伦比亚省（British Columbia）的主要冰酒产地为奥肯拿根河谷（Okanagan Valley），以适合葡萄生长的石灰质土壤为主，为加拿大唯一的寒带沙漠型气候，有极其充裕的日照时间，是全世界最晚采收葡萄的地区。不列颠哥伦比亚省的冰酒较为多元化，常使用的葡萄品种有雷司令（Riesling）、白皮诺（Pinot Blanc）、黑皮诺（Pinot Noir）、霞多丽（Chardonnay）、梅络（Merlot）等。

除了生产普通冰酒之外，加拿大还生产少量起泡冰酒、红冰酒等特殊品种。每年一度的

安大略冰酒节,成为冰酒爱好者的向往。

四、法国的冰酒生产

20世纪初,法国的经济处于鼎盛时期,大量的德国冰酒酿造企业移师法国,传承了纯正的冰酒酿造工艺。法国的冬天漫长、气候寒冷,会影响葡萄的生长,但这样酷寒的气候却也为法国的冰酒业带来了新的契机,使其成为酿造冰酒最出色的地区之一。冰酒几乎可以年年生产,品质也较佳。近年来,法国冰酒享誉全球,可与加拿大最著名的冰酒相媲美。

位于法国勃艮第北部的 C.E.E 是法国最大的冰酒产区,葡萄种植面积达 33000 公顷,这个地区的葡萄园大都处在面向南部或东南方向的缓坡上,较好地避免了西北风的侵袭,夏季和秋季有着充足的阳光照射,地质以板岩、石灰质黏土和砂土为主,适宜威代尔(Vidal)葡萄的生长。生产的白冰酒色如琥珀、香气丰富、口感丰满。勃艮第产区包含 101 个 AOC 法定产区、562 个一级葡萄园、33 个特级葡萄园和 4000 多家酒庄,是法国冰酒的最大产区。

五、我国的冰酒生产概况

我国生产冰酒的历史始于 1999 年,从引进加拿大威代尔开始起步。随后在东北一些理论上适合冰葡萄生长的地区尝试种植,成功地酿造出中国的白冰葡萄酒。自 2001 年以来,中国吉林、辽宁、宁夏、甘肃、山西等地相继有冰酒企业出现,并且取得了令世界瞩目的非凡成绩。某些品牌的质量已经可以与国际上最好的冰葡萄酒相媲美。

(一)辽宁产区

辽宁省东部的桓仁县森林覆盖率高达 76%,又是辽宁全省的水源涵养地,以其独特的生态、地理、气候优势,被国际专家誉为"黄金冰谷",是全球罕见的生产冰酒的绝佳地带。辽宁省五女山米兰酒业有限公司于 2001 年 6 月成立,7 月从加拿大成功引进 30 万株威代尔冰葡萄种苗,并在桓仁县北甸子乡试栽成功,建成了我国第一个冰葡萄原料基地,从此结束了中国不产冰葡萄酒的历史。此外,以国产北冰红葡萄为原料生产的红冰葡萄酒呈宝石红色,醇厚、圆润、和谐、回味无穷、妙不可言。

目前,桓仁县的冰葡萄酒产量、质量均在全国名列前茅,国家市场监督管理总局已对桓仁冰酒实施地理标志产品保护。

(二)吉林通化产区

2009 年,吉林省柳河县的孙广辉先生第一时间引种中国农科院自己培养的冰葡萄品种——北冰红,历经几年的艰苦努力,成功建设了标准化生产基地。所酿的冰红葡萄酒具有独特的蜂蜜香和干果香,在第四届亚洲杯葡萄酒大赛中获得金奖。2011 年,在中国国际葡萄酒烈酒品评赛中又获银奖,从此北冰红声名鹊起,身价倍增。投放市场后,引起了业界和有关专家的震惊。2012 年 12 月 13 日,CCTV2《财经·生财有道》栏目以《长白山下冰葡萄》为题做了专题报道。

(三)新疆伊犁产区

新疆的伊犁河谷,依山傍水、土质优异、光线充足、昼夜温差大,堪称世界上绝佳的生态区,也是生产冰酒的又一绝佳地带,被誉为"西部明珠"。2002 年,在原新疆伊犁葡萄酒厂的基础上,"伊珠"冰酒酿制成功。其宛如天山雪域上走来了一位冰清玉洁的少女,散发着贵族般迷人的气质。此后,雷司令、晚红蜜、赤霞珠、梅洛、蛇龙珠、法国兰等十余种世界优质葡萄品种先后落户伊犁河谷,使冰酒的原料更加丰富。短短十几年的发展,"伊珠"冰酒以其独特的口感和高质量赢得了人们的美誉。

（四）甘肃产区

甘肃产区的冰酒企业主要有祁连酒业和莫高酒业。甘肃祁连葡萄酒业有限责任公司也是中国最先涉足冰酒业的企业之一,祁连传奇冰酒产于祁连山下海拔1400米的肥沃土壤,北纬39°的完美气候,每年3180多小时的日照,自然生长的葡萄,千年雪水的灌溉,使得每一滴祁连冰酒都是大自然精华的浓缩和祁连人智慧的杰作。主要产品有祁连传奇尊冰美乐冰红葡萄酒、贵人香冰白葡萄酒等。莫高酒业主要选用白皮诺葡萄和雷司令葡萄,酿造的产品有莫高金标冰酒、莫高蓝带冰酒等。

（五）山西产区

近年来,山西部分企业也迈开了转型发展的步伐,有识之士致力于冰酒行业。如山西中加石膏山冰酒有限公司和山西鑫淼酒庄有限公司。

六、我国冰酒的发展前景

（一）我国有酿造高品质冰酒的巨大潜力

我国冰葡萄酒的酿造虽然起步较晚,但发展很快。近年来,辽宁、吉林、山东、甘肃、山西等省份的很多企业相继加入了生产冰酒的行列。

据央视CCTV2《经济半小时》报道:2008年,在全球1000多吨冰酒中,来自中国的冰酒就有400多吨,产量已达到全球的40%。2012年,某些品牌的质量已经可以与国际上最好的冰葡萄酒相媲美。2017年5月,在Decanter世界葡萄酒大赛(DWWA)上,亚洲葡萄酒共获得的五枚金奖,其中国冰酒包揽了三枚,获奖酒款分别是:吉林通化集安市鸭江谷酒庄有限公司的鸭江谷威代尔冰葡萄酒(2014)、山西鑫淼酒庄有限公司的太行冰谷威代尔白冰葡萄酒(2013)和黑龙江禄源酒业有限公司的芬河帝堡冰酒(2015)。这些完全由中国人酿造的冰酒,能够得到世界级大师们的认可,非常令人鼓舞。

目前,我的冰酒产量还没有确切的统计数据。据中国冰酒酿造专家、中国农业大学战吉成教授估计,总量在3000吨左右。如果属实,中国冰酒的产量已居世界首位。

（二）中国冰酒有独特的酿造方式

中国北部产区冬季严寒,葡萄藤必须埋土过冬。因此,西方业内一直有一种看法,认为中国冰酒是经过人工冷冻的葡萄酿造的。战吉成教授接受Decanter采访时纠正了这一误区,他指出:"与德国、加拿大不同的是,因为中国东北冬季过于寒冷,不埋土葡萄会冻死,所以每年11月份土壤封冻前,我们会把结果枝带果穗剪下来,挂在拉线上。此时温度已经达到零度左右,即使不剪下,与树体也没有养分交流。等到自然温度降到-7℃以下,并稳定一段时间后采收,当地称之为'挂枝自然冷冻'。我们的试验研究表明,挂枝冷冻和连体冷冻,得出的果实品质相同。我国东北地区出产的冰酒,与德国、加拿大等国家的风味特征差异,更多是由风土决定的,比如我们的温度更低、变幅更大。""近年来,为了从形式上跟德国

和加拿大取得一致,我们还开发了双株和双蔓轮换结果连体自然冷冻的栽培模式,以替代挂枝冷冻,目前正在推广,从而无论形式还是标准都达到或严于国际标准。"

第四节　贵腐酒概述

一、贵腐葡萄酒的由来

关于贵腐酒的身世一直是众说纷纭,有法国说、匈牙利说、德国说等三个版本。比较认可的是匈牙利说。

公元 1650 年,土耳其军队大举入侵匈牙利,当土军迫近托卡伊时正值葡萄收获季节,为免遭土军劫掠,托卡伊一位基督教改革派牧师号召葡萄园主推迟采摘,直到 11 月初上冻之前人们才开始收获。此时,原本水灵灵的葡萄因水分的蒸发而收缩干蔫,表皮变薄发皱,上面还泛起了一层难看的霉菌。

望着干枯如同葡萄干般的葡萄串,人们在无奈之中也只能拿它来酿造当年的葡萄酒了。但是,令人万万没有想到的是,这一年酿出的葡萄酒比之前的味道要香醇浓郁得多。于是,偶然的推迟采摘获得了意外的收获,托卡伊葡萄酒从此走向辉煌。

法国的太阳王路易十四、英国的奥利弗-克伦威尔大公、俄国的沙皇彼得大帝和女沙皇卡特琳娜,都对托卡伊葡萄酒青睐有加;贝多芬、舒伯特、伏尔泰和歌德也都十分喜爱喝托卡伊葡萄酒。为了保证这种名贵葡萄酒的供应,俄国沙皇还曾驻兵托卡伊地区。在众多匈牙利文学著作中,托卡伊葡萄酒是不可或缺的题材,甚至连匈牙利国歌歌词中也有它的影子。

托卡伊贵腐酒的最初原料是托卡伊地区种植的优质白葡萄,有福尔明、哈斯莱维路、莎勒高-姆斯蔻塔伊和麝香等品种。由于托卡伊地区特殊水土的缘故,这里的白葡萄中含有多种独特的营养和药物成分,因此,托卡伊葡萄酒的滋养保健功效自古就被载入了匈牙利药典之中,直到近四十年才从医生的处方药中剥离。

二、贵腐葡萄酒的酿造

(一) 贵腐葡萄的产生

在葡萄果实的表面,有一层天然的保护物质——蜡质层,用来保护果实免受病害的侵扰。但是,在葡萄的成熟过程中,蜡质层逐渐变薄,果实内部糖分逐渐升高。贵腐霉菌也称灰霉菌(Botrytis Cinerea),是一种自然存在的细菌,经常寄生在果皮上,能够浸染果粒,导致葡萄果实腐烂,这并不是葡萄种植者所期望的,有时甚至是灾难性的。

但是,在特殊的气候条件下,灰霉菌的有限生长可以带来意外的收获。如在法国波尔多南部的索甸、巴萨克地区,以及奥地利,种植于河谷的赛美容葡萄由于果实蜡质层薄,到了夜晚,河谷内潮湿的雾气可以促进灰霉菌生长,葡萄皮上会出现一层薄薄的灰黑色绒毛。这层绒毛把细细的菌丝穿透表皮深入果肉中,成千上万的菌丝就在皮上留下了一个个肉眼看不见的小孔。到了正午,高照的艳阳抑制了灰霉菌的生长,在干燥的空气中,菌丝形成的小孔成为果实散失水分的通道,果实因此失水浓缩。随着灰霉菌数量增多及作用加深,果肉中的

204

水分日益减少,多酚消失,只留下甘油质和浓缩如糖蜜般的汁液。果皮的颜色逐渐加深变成金黄色或深棕色,原本饱满的白葡萄最后变成了干瘪的葡萄干状态,此作用就称为"贵腐"(见图 13-4)。然而,如果进一步发展下去,果实就完全变黑腐烂了。

图 13-4　葡萄的"贵腐"过程

（二）贵腐葡萄的采摘

贵腐葡萄比酿红酒的葡萄要晚摘两个月左右。贵腐葡萄的采摘,需要有经验的工人逐粒逐串挑选,十分费劲。因为不是每一颗葡萄都同时受到感染,并且感染的范围和程度也不一样,既要避免采到灰霉变黑的葡萄,也要将还没有"贵腐"的葡萄保留,让其继续等待"贵腐",所以往往需要进行反复多次的采摘工作。往往一二十个人采收一整天的成果,只能酿出 500 mL 的贵腐酒。图 13-5 为侵染贵腐霉菌的葡萄与贵腐酒。

(a)　　　　　　　　(b)

图 13-5　侵染贵腐霉菌的葡萄与贵腐酒

成熟后的葡萄,多留在树上一天,就多一天的风险。不算灰霉菌的风险,还有可能因为下雨而让葡萄的汁液稀释,更有许多鸟类、哺乳动物对甜美的葡萄虎视眈眈。

（三）贵腐酒的酿制

贵腐酒的酿造程序相当繁复,非常关键的一步操作是对葡萄的压榨,榨汁的品质决定着葡萄酒的品质。压榨过程必须非常缓慢,用力但不能搅碎葡萄,酿酒师凭借经验调节压榨机的压力。

酿制中的另一个关键程序,是为了保持贵腐酒的甜度,必须在发酵过程尚未全部完成时将其终止。原则上,当酒精浓度达到一定程度后,酵母就会被杀死,发酵过程自动停止。但最理想的发酵是在酒精含量达到 13%—14%vol 时,加入 SO_2 使发酵终止,随后转入橡木桶熟成。

干缩后的葡萄,能榨出的汁液十分有限,大约每棵树仅能提供 100 mL 的量,一瓶 750

205

mL 的贵腐酒就需要用掉 8 棵树的果实,在收成情况较差的年份,甚至要 20 几棵树才能生产出一瓶贵腐酒。因为风险高,所以贵腐酒并不一定年年都有出产。比如一级酒庄 Chateau Suduiraut 在 1991 年、1992 年、1993 年连续 3 年都没有出产一瓶贵腐甜酒。

三、世界贵腐酒的生产

世上只有少数地区拥有酿造贵腐酒的条件。首先,葡萄园中必须有天然的贵腐霉菌,在葡萄成熟的季节里,贵腐霉菌会附着在葡萄皮上开始生长。其次,要有特殊的气候来配合。早晚要保持一定的湿度,才能使贵腐霉菌滋生蔓延,太干燥贵腐霉菌根本不能存活,但如果湿度过高,会爆发贵腐病而导致葡萄彻底烂掉,并造成醋酸菌的入侵,让所有努力毁于一旦。中午和下午需要阳光普照,使葡萄里的水分蒸发,但阳光又不能太强烈。因此最理想的环境,通常是晨雾弥漫的河谷,这种环境让贵腐霉菌可以充分成长、活动,到了午间时分又有充足的阳光降低空气中的湿度,并让葡萄中的水分得以蒸发。

全世界能够生产贵腐酒的地方非常有限,通常集中在靠近河流的地方。其中,法国的苏玳、德国的莱茵高和匈牙利的托卡伊,是世界三大最著名的贵腐酒产区。

(一)匈牙利的托卡伊

匈牙利四周环陆,夏季酷热、冬季严寒,属于典型的大陆性气候,葡萄栽培历史悠久,14 世纪末已形成 22 个葡萄酒产区,成为葡萄酒生产大国。目前,匈牙利大约有 12 万公顷的葡萄园,70% 生产红酒。匈牙利秋季的气候比较特别,有利贵腐葡萄的产生。著名的托卡伊甜酒,是当时欧洲皇室贵族最爱的葡萄酒之一。相较于其他欧洲产酒国,匈牙利葡萄酒多使用该国特有的土生葡萄品种酿造,也因此使得该国葡萄酒独具风味。

托卡伊山麓的自然生态环境特别优良,蜿蜒着 6000 公顷的葡萄园,早在 12 世纪就成为著名的葡萄酒产地。到了 16 世纪中叶,托卡伊以出产世界上最卓越的甜白葡萄酒"托卡伊奥苏"(Tokaji Aszu)而闻名,其原料是匈牙利东北部托卡伊山麓生长的晚熟白葡萄——福尔明、哈斯莱威路白葡萄和麝香。

到了秋天,晚熟的白葡萄被灰霉菌感染,变成了甜如蜜的"奥苏干葡萄"(Aszu grapes)。农妇们从葡萄串上手工摘选出最佳的奥苏干葡萄,酿酒师把精挑细选的奥苏干葡萄粒压榨成贵腐浓汁,再根据加工等级的要求将贵腐浓汁混合到 136 L、装有已酿造了两年优良托卡伊葡萄酒的木桶中。

托卡伊有一种容量为 25 L 的木筐叫作 Puttony,酒厂将采收好的葡萄放入筐里,靠葡萄自身的压力从底下留出的自流汁来酿造顶级的托卡伊奥苏。要是一个 136 L 的木桶中混合了 3 个 Puttony 分量的贵腐葡萄浓汁,就可以看到木桶上标示着"3 Puttony",以此类推还有 4 Puttony、5 Puttony、6 Puttony。混合了贵腐葡萄汁之后,经过 36—48 小时的发酵,用低压挤出,然后再被装入大木桶中,送入托卡伊山麓的酒窖中存放。

托卡伊一直沿用传统的酿造方法酿造贵腐酒。传统酿酒法规定,每混合一个 Puttony 时,就必须在橡木桶中多存放一年,依据放入贵腐葡萄浓汁的数量来决定在木桶中的存放年限。最高等级是 6 Puttony 的托卡伊,一般要在存放两年之外再经地窖大木桶存放六年,只有达到长达八年的存放期,才能装瓶上市。

酒窖一贯遵循着高标准的酿造技术,推广古老的酒文化。走进托卡伊长达 3 公里的酒窖,窖顶上布满了有益于净化空气和保温的绿色霉菌。酒窖里除了有储存着大量陈年托卡伊葡萄酒的酒库,还不时可见有数百年历史的雕像、品酒台和烧烤炉,散发着古老的韵味。如今,匈牙利每年都会举办丰富多彩的葡萄节、品酒会等活动,形成了独具特色的葡萄酒旅游项目,充分展示着其葡萄酒的悠久历史和文化。

(二)法国的苏玳

法国波尔多的苏玳(Sauternes)法定产区位于波尔多南部,加龙河左岸,绵延40多公里。苏玳法定产区集合了5个村庄:Sauternes(苏玳区)、Barsac(巴萨克区)、Bommes(博美区)、Fargues(珐戈区)、Preignac(佩纳可区)。土壤主要为砂土,覆盖在一层石灰质黏土上。葡萄园被西面的一大片松林所庇护,抵抗着恶劣天气;加龙河的存在能产生大量的水蒸气,夏末的时候就转变成夜雾。在温和的气温和夜雾的条件下,葡萄滋生贵腐霉菌,使葡萄发生"贵腐"。

苏玳产区位于格拉夫(Graves)产区南部,加龙河(Gronne)左岸的丘陵地上,土壤多砾石,排水性良好,夏季和秋季都很暖和,拥有产生贵腐霉菌的绝佳条件。该产区与匈牙利的托卡伊(Tokaji)和德国莱茵高(Rheingau)并称为世界三大贵腐酒产区。

苏玳的葡萄酒主要由赛美容调配而成,搭配长相思(也称白苏维翁);有时候也添加密斯卡黛乐,能带来野生植物的气息。最著名的是伊甘堡(Chateau d'Yquem),是由80%赛美容和20%白苏维翁葡萄酿造,美丽金黄的酒体散发出浓郁而富有表现力的花香,伴有些许洋李、橘子酱、熟果子和蜂蜜的香甜。入口柔和,酒体活跃,蕴含香蕉、杏干和香料的香味。酒香丰富均衡,余味悠长芬芳,唇齿留香。年轻时味道坚硬结实,成熟时味道丰沛圆融,每一次品尝都是味觉的惊喜。这就是闻名遐迩的苏玳甜白葡萄酒。

海拔最高、离河最远的葡萄园拥有最好的风土条件。1855年法国实行葡萄酒定级制度时,苏玳产区的滴金庄被评为唯一的超级酒庄,鹤立鸡群。这一至高荣誉使得当时的滴金庄比拉图、拉菲、武当王等五大红酒品牌还要高出一个等级。

这里还有一个关于酒庄的有趣故事。1847年,滴金庄的领主沙绿斯伯爵出访俄国,临行前交代在他还没有回来之前不可以采收葡萄,结果因故延误归期,当他回到城堡时,葡萄都已经沾染上一层霉菌。即使如此,他还是觉得"丢掉太浪费了",于是将那些葡萄拿来酿酒,酒装瓶后便放进酒窖里存放。约10年后,俄国沙皇的弟弟来此做客,无意间发现该酒的风味非同凡响。据说,滴金庄就是因为这样的契机,之后才开始正式酿造贵腐酒。

四、贵腐酒的风味特征

贵腐的结果不仅使果实失水、含糖量提高,而且还能浓缩酸度。高品质的贵腐酒口感非常均衡,圆润甘甜而不腻口,带着酸酸的回味。此外,果实内部的成分也发生了质的变化,增加了葡萄酒的复杂程度,产生了令人喜爱的风味物质。特别是由于葡萄受到贵腐霉菌的侵染,酒中也带有贵腐霉菌的气味,在压榨时这股气味并不好闻,但是一旦酿成酒,就会变成一种令人愉悦的香气。贵腐霉菌在贵腐酒中就像增味剂,增加了葡萄酒的风味,体现出一种风情万种的感觉,也有人将它定位为"蜜酒",最适合在蜜月期间品尝。

贵腐酒甜度极高,果香浓郁,饮用几小时后口里仍回荡着淡淡的余香,属于甜白葡萄酒中的极品,有着"上帝的眼泪""液体黄金"之美称。在十七世纪,法国国王路易十四赐予来自

匈牙利的托卡伊奥苏（Tokaji Aszu）贵腐酒以"王者之酒，酒中之王"的封号。与晚收甜白的锋芒内敛和冰酒的后发制人相比，贵腐酒更加浓重丰满、持久细腻。

贵腐甜白拥有深金黄色的酒裙，随着年份的增长发展为琥珀色。酒香丰富而又均衡，散发着杏仁、榛子、木瓜、芒果、香蕉、桃子、杏干、西番莲、蜂蜜的香气，还有椴花、洋槐、金合欢花、忍冬等的花香。口感强劲而柔滑，酸度和糖度的完美平衡使得它清新芬芳，余味悠长，还有无与伦比的优雅。如果说冰酒的纯净感如同未经世事的少女，那么贵腐酒的丰富感则是风情万种的"贵夫人"。

第五节　甜葡萄酒的品鉴

冰酒与贵腐酒都属于甜葡萄酒系列，是一个特别的种类。下面简要介绍甜葡萄酒的品鉴。

一、甜葡萄酒的品鉴

品评甜葡萄酒的酒杯一般用小杯，也可以用笛形杯。最佳饮用温度为 4—8 ℃，不要超过 10 ℃。平时冷藏存放在 4—10 ℃的环境中，饮用前放入冰桶冰冻 15 分钟（见图 13-6）。开瓶后要醒酒十几分钟，让其与空气充分融合。一旦从冷藏的酒瓶中倒入酒杯，其温度会迅速上升。为了保持低温，每次倒入杯中的酒要少。

图 13-6　冷藏备饮的冰白葡萄酒

观色是品尝甜葡萄酒的第一步。根据色泽可以判断酒的新鲜度。其做法是，往高脚杯中倒入半杯甜葡萄酒，然后以拇指及食指握住杯脚，将酒杯置于亮光下，从侧面看液面，观察酒的透明度和澄清度。质量好的甜葡萄酒，液面发亮且透明。接着，以白色为背景观察酒的色泽，甜白葡萄酒一般呈浅柠檬黄或麦黄；甜红葡萄酒的色泽较丰富，从淡红、深红到黑紫都有。随后将酒杯轻摇数下，观察甜葡萄酒顺着杯体内壁下滑时的状况，下滑越慢，酒越浓稠，固形物含量越高。

闻香是品尝甜葡萄酒的第二步。先将酒杯以 45 度角倾斜于鼻子前端，静止状态下闻其香气。然后轻晃酒杯，将杯口包住鼻子和口部，但不要接触，深吸气，闻其香。甜葡萄酒的香气因葡萄的品种而不同，其显著的特征就是有沁人心脾的果香味。若是闻到酒体中有霉臭味或酸醋味，则可断定此酒质量低下或已经变质。

品味是品尝甜葡萄酒的最后一步。含一小口甜葡萄酒在口中，用舌头轻轻搅动，芬芳的味道在口腔中慢慢扩散开来，吸入鼻腔；最后将酒轻吞入喉，品其余韵。普通干红的含糖量在 4 g/L 以下，而甜葡萄酒的含糖量可能达到 100 g/L 以上，可以说非常的甜，犹如蜂蜜。但冰酒的魅力不仅仅是它的甜，而是糖度与酸度的平衡。优质的甜葡萄酒色、香、味俱佳，甜味与酸味交融,浓郁与优雅相伴。

甜白葡萄酒呈美丽的金黄色,澄清、晶亮、舒适、悦人,散发着优雅的干果香、浓郁的蜂蜜香,表现纯正典型,口感甘甜醇厚;甜红葡萄酒呈深宝石红色,入口甘甜圆润,回味悠长。如果有幸能够品尝到甜葡萄酒,这就是一次难得的享受。请欣赏一位品酒师对某款贵腐酒的品酒辞(Wine Advocate):"这款酒在盲品时感人至深,我始终觉得它是酒庄技艺的巅峰,它有着强烈的温柏香味,柑橘皮、杏仁、蜂蜜的气息。中等酒体,异常浓稠。这是一款自信大气,令人印象深刻的酒,它有着陈静的特质,需要花时间慢慢品味,去等待令人惊奇的变化。建议冰镇至 10 ℃左右搭配各式甜品。已进入适饮期,可陈年至 2040 年。"

二、甜葡萄酒与配餐

甜葡萄酒本身就是一道很好的甜点,可以单独饮用,也常被用来搭配鹅肝酱、蓝纹奶酪以及餐后甜点。经过 8 ℃左右的冷藏,香气更加浓郁,入口后会感到一种异常的甘甜,并略带清爽的回味。

甜葡萄酒一般不作为佐餐酒,在西餐中常作为餐后酒。她那甘甜、清新、沁人心脾的果香,可以给人留下美好的回忆。甜葡萄酒可谓是大自然的恩赐,有一种冰清玉洁、远离尘世的美。

三、甜葡萄酒的营养价值

甜葡萄酒还有着很高的营养保健价值。以冰酒为例,一般含有 15%—25%易被人体吸收的葡萄糖和果糖,0.3%—1.5%的各种有机酸,0.3%—0.5%的各种矿物质成分。此外,还含有数十种酶,VB、VC 等多种维生素及人体代谢所需的各种氨基酸。冰酒中的多酚类化合物能扩张血管,使血管壁保持弹性,提高毛细血管的扩张力,促进血液循环;能预防心血管疾病、保护视力、延缓衰老、减少脂肪堆积,尤其有利于美容养颜。冰酒要比干酒多出 100 多种营养物质,是其他任何酒类产品都无法比拟的。

冰酒也是有生命的,"愈陈愈香"不适用于冰酒。葡萄酒装瓶后透过木塞与外界空气的交换,从而不停地发生变化,要经历"浅龄期—发展期—成熟期—高峰期—退化期—垂老期"的生命周期,过了高峰期其品质就会下降。所以并非年份越久越好,冰酒的保质期一般不超过 10 年。

第六节　为甜葡萄酒正名

一、对甜葡萄酒的误解

十几年以前,一些廉价的甜葡萄酒多为糖、酒精、香精以及部分葡萄汁勾兑而成的,因此,人们往往认为"有甜味的葡萄酒"都是低档葡萄酒,只有"干红"才是正宗的高档葡萄酒。至于什么是"干红",并不知道,以至于出现了"这是干红,不是葡萄酒"的笑话。

有媒体报道:"甜葡萄酒的加工工艺比起'干红''干白''解百纳'等品种的加工工艺要简

单得多,并不经过发酵,而真正的干红葡萄酒是优质葡萄经过自然发酵酿制而成的。甜葡萄酒的含糖量高于干酒,最高可达干酒的 40 倍以上,酒精浓度则低于干酒,一般的干酒在 11% vol 左右,而甜酒只有 7% vol。相比而言,甜葡萄酒的档次自然要比干酒低一些。"

也有一些人士认为:"太甜的红酒不能喝,……现在市场上卖的红酒,往往掺杂着一些所谓的'半汁葡萄酒'。这种红酒不是自然发酵的,而是采用多种原料调配、勾兑而成,其中不乏糖分和添加剂成分。所以说,红葡萄酒太甜了,你不要买它。"网络上也经常有这样的言论:喜欢喝甜葡萄酒,但甜葡萄酒一直是我不推荐的,因为既不健康,也不好保存。

以上言论完全混淆了真正的甜葡萄酒和假葡萄酒的界限。甜葡萄酒是葡萄酒家族中的一个类型,真正的甜葡萄酒弥足珍贵,各种营养物质的含量也高。

二、甜葡萄酒的类型

带有甜味的葡萄酒不等于甜葡萄酒,《葡萄酒》(GB 15037—2006)规定:含糖量大于45.0 g/L 的葡萄酒称为甜葡萄酒。

注意,这里的前提是葡萄酒,不是用各种材料配制的酒精饮料。原料中的糖分必须来自葡萄果实,对酿造工艺也有相当高的要求。除了冰酒、贵腐酒之外,还有迟采甜葡萄酒、葡萄干甜葡萄酒以及加强甜葡萄酒等类型。

所谓迟采,是将葡萄的采收期推迟一段时间,使果实中的糖分和营养物质进一步积累,同时水分蒸发。由于葡萄过熟,除了原有的香气之外,还产生了果酱、果脯、哈密瓜等特殊的香气,酿造的葡萄酒别具风味,并且在酒标上通常标注"晚收"或"迟采"(Late Harvest/Vendange Tartive)等字样。在德国、法国等产区,常常将雷司令、琼瑶浆、麝香葡萄等推迟采收来酿造甜葡萄酒,产品酸甜可口,香气浓郁。

所谓葡萄干甜葡萄酒(Dried Grape Wines),是人们将采收到的成熟葡萄放置在托盘之类的容器上风干,然后再进行酿酒。意大利作为葡萄干甜葡萄酒的发祥地,对其他地区和国家的影响颇深。维尼托(Veneto)位于意大利北部,气候温暖而干燥,葡萄不至于受到贵腐菌的侵染,出产的葡萄干甜葡萄酒雷乔托(Recioto)闻名遐迩。这种甜葡萄酒可采用红、白葡萄品种来酿造,在意大利中部地区,采摘成熟葡萄,然后风干酿酒的方式仍在盛行,他们将用这种用葡萄干酿制的葡萄酒称为"圣酒"(Vin Santo)。

另一种葡萄干甜葡萄酒称为稻草酒(Vins de Paille),顾名思义,就是将采摘的葡萄在稻草垫上风干,然后用风干的葡萄干酿制的葡萄酒。法国北罗讷河谷(Rhone Valley)和汝拉(Jura)产区就出产稻草酒,但由于葡萄几乎完全被风干,因此产量极低(通常 100 kg 的葡萄只能榨取到 20 L 左右的葡萄汁),所以价格也异常昂贵。

三、为什么"干红"受到追捧

我国的葡萄酒文化刚刚起步,一部分人对葡萄酒的认识还停留在"红酒"阶段,而对红酒的认识还停留在"干红"阶段。为什么干红会在我国受到某些人士的追捧,而其对甜葡萄酒会产生误解呢?主要与媒体的宣传有关,也与越来越多的糖尿病人有关。

一方面,在媒体的宣传中,主要宣传的葡萄酒是干红,并且"法国悖论"的出现正好与中国的"养生热"不谋而合。我们的媒体一味地宣传干红,我们的大多数葡萄酒厂家也一味地

210

生产干红,无形中干红成了葡萄酒中的圣品,消费者也就非干红不买、非干红不喝。至于什么是干红,大多数购买者根本不清楚,只是"跟着广告喝"而已。如今,"干红"几乎成了葡萄酒的代名词,"喝红酒就要喝干红"也几乎成为一种思维定势。另一方面,随着生活水平的提高,糖尿病人越来越多,也限制了甜型葡萄酒的推广。

糖尿病人不宜吃"糖",但糖尿病并不是吃糖引起的,它与遗传、环境、免疫、饮食习惯等多种因素有关。正常人的血糖之所以保持在正常范围,是因为有充足的胰岛素进行调节。如果胰岛素分泌失调,就会引起血液中血糖水平升高。长期过量进食、不合理的饮食习惯也会导致胰岛功能损害,引发糖尿病。据文献报道,高碳水化合物饮食与发生糖尿病无明显关系,而且高碳水化合物饮食者糖尿病发病率并不比高蛋白饮食者为高。长期高脂低碳水化合物饮食可抑制胰岛素分泌,降低胰岛素敏感性,从而导致糖尿病。流行病学调查结果显示,我国居民的饮食西方化是糖尿病发生率增高的重要原因之一。对于已经得了糖尿病的患者来讲,确实不可随意吃糖,因为极易吸收的糖会引起血糖的迅速升高,加重胰腺的负担。但如果不是糖尿病人,适当饮用甜葡萄酒并没有什么不当。据有关专家测定,甜葡萄酒的成分里几乎包含了人体所需的数十种酶和氨基酸,是不可多得的上乘佳酿。

第七节　结　　语

真正的甜葡萄酒的酿造对于葡萄原料、酿造工艺都有相当高的要求,也具有很高的营养价值。冰酒、贵腐酒是葡萄酒中的极品,在国际上久负盛名,绝不能产生"甜酒就是假酒"的认知。"假酒"和"甜酒"也没有必然的联系,干红也可造假,而且比甜葡萄酒造假更为严重,因为干红在葡萄酒中的销量最大,"十个拉菲九个假"主要指的是干红。

在国外,甜葡萄酒非常受人青睐,"上帝也爱自然甜"是法国流行的一句谚语。随着我国葡萄酒文化的普及,果香浓郁、口感怡人的甜葡萄酒一定会具有更大的市场。我国甜葡萄酒的生产虽然起步较晚,但发展速度非常快,令人骄傲。以冰酒为例,我国生产冰酒的历史始于1999年,但到2008年,来自中国的冰酒产量已达到全球的40%,某些品牌的冰酒质量已经可以与国际上最好的冰酒相媲美。

我国葡萄酒文化尚处于启蒙期,葡萄酒消费尚处于开拓成长期,随着人们生活品位的提高,包括甜葡萄酒在内的各种葡萄酒逐渐得到认同,饮葡萄酒必谈干红的时代将告一段落。但应注意的是,甜葡萄酒一般不用于佐餐,而是用于餐后。由于含糖量较高,不宜多饮。

第十四章 →

起泡酒的酿造与品鉴

"香槟是法国人用天赋和勤奋的精神创造出的一种带有罕见优雅气泡的葡萄酒。"

——法国葡萄酒大师 米歇尔·贝塔纳

"没有一样东西更能比一杯香槟使人生变得如玫瑰般地瑰丽。"

——拿破仑

第一节 起泡酒概述

一、起泡酒的概念

所谓起泡酒,是指酒体中溶有一定量的 CO_2,开瓶后能产生不断升腾的气泡的酒类,既可以用葡萄酿造,也可用苹果、樱桃、百香果等水果为原料酿造。不过,本书讨论的是指以葡萄为原料酿造的起泡酒,市场上的起泡酒也主要是以葡萄酿造而成的。与静态葡萄酒相比,气泡为起泡酒赋予了全新的味觉感受,特别是"香槟"(Champagne),现已成为经典、浪漫、时尚的代名词,是庆典场合的主角,被誉为"美妙的无框之画"。

根据 GB 15037—2006 规定,在 20 ℃时,CO_2压力等于或大于 0.05 MPa 的葡萄酒称为起泡葡萄酒。香槟是起泡葡萄酒的代表,但起泡葡萄酒并不都能称为香槟。"香槟"是法文"Champagne"的音译,原指法国最北部的葡萄酒产区香槟区,也代指香槟酒。由于受原产地保护制度的限制,只有在法国的香槟地区、选用指定的葡萄品种、采用特定的生产工艺酿造的葡萄起泡酒才能标注为香槟;而其他地区或国家出产的同类产品,只能被称为起泡葡萄酒。为此,意大利的起泡酒称为"Asti"(阿斯帝)和"Prosecco"(普罗塞克),西班牙的起泡酒称为"Cava"(卡瓦),德国的起泡酒称为"Sekt"(塞克特)。

二、起泡酒的来历

早在古希腊时期,文献中就有葡萄酒出现起泡现象的记载。长期以来,葡萄酒的起泡的特性一直被认为是葡萄酒的缺陷,是酿酒过程中出现的败笔,并不为人们所喜欢。

气泡的产生来自二次发酵。在气候温暖的地区,葡萄汁会在敞开的容器里充分完成发酵过程,葡萄酒就不会再起泡。但在寒冷的地区,葡萄酒中的糖分未能完全发酵,酵母菌就罢工了;待到来年春天气温回升之后,二次发酵便又开始启动,产生的 CO_2 留在密封的容器中,导致葡萄酒开桶或开瓶时发生起泡现象。特别是早期的玻璃瓶,由于质量不高,经常发生炸瓶。但由于认知的局限,人们并不知道产生气泡的真正原因是什么,故将其称为"魔鬼的酒"。

香槟产区位于法国北部,是法国最寒冷的葡萄酒产区。秋天经常气温很低,冬天又来得很早。在这种情况下,葡萄酒在酒窖里尚未完全发酵,冬末即被装桶运往英国,然后从木桶分装到酒壶。待天气回暖后启动二次发酵,自然就变成起泡的葡萄酒了。有证据表明,早在1531年,法国西南部的利慕(Limoux)就出现了瓶装的起泡葡萄酒。

17世纪中期,一些英国的苹果汁制造商往瓶装的苹果汁中加入一点糖,然后用软木塞封住瓶口,静置2—3年,结果味道和口感都很不错,并且还产生了诱人的泡沫,这实际上就是现在所谓的"香槟工艺"的前身。

英国人克里斯多夫·梅里特博士(Dr. Christopher Merrett)从苹果汁制造商那里学会了这种方法,并在1662年向英国皇家学会提交了他的论文,认为是酒中的残糖导致了酒的起泡性,这是人们对于起泡性最早的认识,比唐·培里侬(Dom Pérignon)修士发明香槟还要早。不过,梅里特只说到了木桶,还没有提到玻璃瓶。

三、香槟之父:唐·培里侬

香槟区酿造葡萄酒的历史可以追溯到公元1世纪,当时香槟区的一个主教用自己栽培的葡萄酿酒,并送给当时的法国国王。从公元9世纪起,法国的国王开始在香槟区的兰斯(Reims)接受加冕,继位的国王在隆重的盛典上喝了美味的葡萄酒后,便会给生产这些葡萄酒的酒农们许多捐助,并相应地减免他们的税收。从此,香槟区的葡萄园受益匪浅,该区的葡萄酒也开始了它的辉煌时期。

1638年,唐·培里侬(Dom Pérignon,1638—1715年)出生于香槟当地的一个中产阶级家庭,他从小被送入天主教学校学习,并成为本笃会修士(见图14-1)。1668年,唐·培里侬被派往香槟地区百废待兴的奥特韦勒大修道院负责重建工作。他认为,要想恢复修道院的传承,就需要重建葡萄酒的声誉。在他的努力下,修道院的葡萄园又恢复了生机。

为了酿造出甘甜可口的葡萄酒,他尝试把不同地区、不同葡萄园的葡萄酒进行混合调配,用软木塞密封后放进酒窖。到了第二年春天,当他把那些酒瓶取出时,发现瓶内酒色清澈、明亮诱人。一摇酒瓶,砰的一声巨响瓶塞不翼而飞,酒喷洒了一地,但芳香四溢。大家争先品尝着新酒,并把它称为

图14-1 唐·培里侬(Dom Pérignon)修士

"爆塞酒""魔鬼酒",历史上第一瓶香槟酒诞生了。据传,唐·培里侬修士在第一次品尝到它们时惊叹道:"快来啊,我尝到了星星!"的确,轻盈的酒体伴随着碳酸的锋利感和CO_2小气泡在舌尖上的跳跃,犹如星星在舌尖上闪烁,这就是优质的香槟所带来的奇妙体验。

当时的唐·培里侬致力于研究如何去掉香槟里的气泡,驾驭葡萄酒的"任性",但经过多次艰苦的努力之后还是失败了。最后干脆"将计就计",索性加入更多的糖让葡萄酒冒泡,让人讨厌的爆塞酒就变成了人见人爱的香槟酒。

17世纪末期,起泡酒开始流行,唐·培里侬不断探索酿造工艺,尽力想把香槟酒酿造得完美。他发现,要想葡萄酒产生可预见的、细腻的泡沫,就需要一个足够低温的环境。为此,他在修道院后面较软的白垩岩丘陵上挖了几个洞穴,以储存葡萄酒。幸运的是,香槟地区有大量的白垩岩,现在所有最棒的香槟酒都储存在白垩岩洞穴中。但法国玻璃太脆弱,无法应对酒瓶内产生的高压。于是,他在1690年引进了质地坚固的英国玻璃瓶。此后,又经过酿酒师们反复调整,造就了生产香槟酒的独特工艺。正是这般奇遇和酿酒师们的智慧与勤奋,才有了世界上独一无二的浪漫——香槟酒。以上的故事虽为传说,但唐·培里侬仍被誉为"香槟之父"。

1921年,在唐·培里侬去世的200多年之后,有个名叫Laurence Venn的英国酒商决定创建一个高端的香槟品牌,用最佳葡萄园、最佳年份的葡萄酿制香槟,并经过充分的陈酿后上市。为纪念这位修道士和他的成就,便将该品牌命名为Dom Pérignon(唐·培里侬)。后来,这个品牌并入酩悦集团,成了世界上最高端的香槟,被誉为"好莱坞明星最爱的香槟王"。

在香槟发展史上,除了唐·培里侬之外,留下印记的还有一些女强人,如凯歌香槟的彭莎登夫人、罗兰百悦香槟的百悦夫人和德诺兰库尔夫人、波马利香槟的露易丝·波马利夫人、法兰西首席香槟的莉莉·伯那吉夫人、路易王妃香槟的卡米耶·奥尔利·侯德尔夫人和杜洛儿香槟的卡洛夫人等,这些女性不仅见证了香槟历史的变迁,而且为香槟名扬天下做出了不朽的贡献。

四、香槟之母:凯歌夫人

凯歌香槟(Veuve Clicquot)是深受皇室贵族及名人雅士喜爱的品牌,也是世界上第二大香槟制造商。其酒厂位于法国巴黎北部香槟区,始创于1772年,是全球最古老的香槟厂之一。可以说,凯歌酒庄的历史就是香槟的历史。

菲利普·凯歌(Philippe Clicquot)本来是兰斯(Reims)的纺织商人,婚后从慕容(Muiron)家族继承了8公顷的葡萄园,他在工作之余便酿一些葡萄酒作为答谢客户的礼物。一段时间后菲利普发现,客户们对他酿的葡萄酒更感兴趣。因此他决定将家族企业的重心转向葡萄酒生意。1772年,29岁的菲利普·凯歌在香槟地区的兰斯市创立了香槟酒厂,并以家族姓命名为Clicquot-Muiron(凯歌-慕容),成为香槟区最早成立的酒庄之一。

1798年,其子方华斯·凯歌(Francois Clicquot)接手了父亲的生意,并娶了兰斯市长彭撒丁(Ponsardin)家的千金。凯歌夫妇经常一起到葡萄园里走访,对酒庄的各项工作亲力亲为,将父亲的香槟事业发展的轰轰烈烈(见图14-2)。

1805年10月,从小体弱多病的方华斯·凯歌突然去世,一夜之间27岁的凯歌夫人就成为遗孀。就在全家一致决定变卖酒庄之时,凯歌夫人毅然决定继承丈夫的事业,她也成为当时极为罕见的女商人、香槟史上的首个女庄主(见图 14-3)。

图 14-2　凯歌夫妇在葡萄园

图 14-3　凯歌夫人晚年画像

1806 年,凯歌夫人加投了 8 万法郎,与精通经营之道的酒商亚历山大·富尔诺(Alexandre Fourneaux)一起合作经营酒厂。然而厄运却接踵而至,由于欧洲战争全面爆发,局势动荡,海上运输被封锁,导致国际市场严重萎缩,凯歌夫人接手经营的第一年销量剧减。战乱的纷扰致使香槟地区的酒商一个个破产,但经历了重重磨难的凯歌夫人并没有放弃,顽强地支撑着酒厂的运营,她的坚持和努力终于在六年后得到了回报。

1811 年,一枚彗星划过了香槟的天空,巧合的是,这一年的葡萄园收成极佳,人们将这一年的香槟称为"彗星之酒"(Vin de la Comète)。凯歌夫人也酿制出了极为出色的香槟,不仅销往法国各地,并在之后成功打入海外市场。

1814 年,在拿破仑战争即将结束、俄法仍然对峙的时刻,凯歌夫人设法突破封锁,冒险将 10550 瓶 1811 年的香槟酒运往俄国,在海禁封锁解除的第一时间将酒秘密地运抵圣彼得堡,而就在这之后,拿破仑宣布对俄战败,俄国人此时刚好将凯歌夫人送来的香槟作为胜利之酒庆功,凯歌香槟在极短的时间内销售一空。

商业嗅觉敏锐的凯歌夫人很快洞察到了商机,一周之后,又有一艘装有 12780 瓶香槟的货船前往俄国。很快,凯歌夫人的香槟就占据了俄国市场,普希金、果戈理、契诃夫都是凯歌香槟的忠实客户。随着维也纳会议的召开,香槟不仅成了欧洲法庭庆祝活动中必备的佳品,也成为上流社会、中产阶级的一种"时尚"的饮品。

葡萄酒的二次发酵中会产生沉淀物,工人们最初是通过换瓶来清除。但结果是香槟中极其宝贵的气泡和香味也会遭到损失。1816 年,凯歌夫人从自家厨房的餐桌得到灵感,发明了"转瓶桌"(Table de Remuage),通过在桌内转动香槟瓶,收集酒渣到瓶口来得到清澈、质量上乘的香槟。1818 年,凯歌夫人发明了香槟区首个混酿法酿制的桃红香槟。同年,凯歌酒行的酒窖主管安托万·穆勒设计出人字形的香槟去泥架,发明了"转瓶法"(Riddling)

（见图 14-4）。从此，澄清无瑕的酒液使凯歌香槟风靡全球，人们宁可等在港口等待那远道而来的凯歌香槟，也不愿买别的品牌。

图 14-4　酿造香槟的转瓶工艺

　　自从巴斯德揭示了发酵的原理之后，葡萄酒产生气泡之谜才得到了科学的解释，香槟不再是"魔鬼的酒"。巴蒂斯特·佛朗索瓦发明了酒糖测定仪，可以测出葡萄汁中的糖分，香槟酿造者可以判断加糖量的多少，既要促使葡萄酒产生气泡，又不至于使瓶中的压力过大。从此，香槟酒便能进行安全地大规模生产，起泡香槟的时代来临了。此后，阿道夫·雅克森发明了清洗酒瓶的机器和金属丝封瓶机，以前用于固定木塞的绳子被金属丝代替了。威廉·多伊茨在他的基础上更进一步发明了用金属片盖住金属丝和木塞的工艺。在以上种种发明中，"转瓶法"被认为是生产香槟的最重要的发明之一。

　　凯歌香槟的船锚标志，自 1798 年便开始使用了。这个标志最初由酒庄创始人菲利普·凯歌烙印在酒塞上，是在酒标出现之前唯一能够代表酒庄的标志。由于凯歌家族并不出身于贵族，没有家族族徽，因此他选择了这枚船锚的基督教标志，寓意着"繁荣、希望"。1805 年凯歌夫人接手酒庄后，用一只船锚把 Veuve Clicquot Pousardin 的首字母 VCP 串联起来，刻铸在酒瓶上，成为当时独一无二的商品标志（见图 14-5）。这显示了凯歌夫人面对市场的竞争，具有超前的品牌意识。

　　1847 年，凯歌香槟曾将香槟酒销往中国，这记录甚至早于销往加拿大（1855 年）、澳大利亚（1859 年）和日本（1867 年）。1866 年，凯歌夫人与世长辞，终年 89 岁，被誉为"香槟之母"。当听闻这个不幸的消息时，全世界的媒体都纷纷表示哀悼，缅怀这位值得尊敬的优雅女士。今天，当我们在享用凯歌香槟时，是否还有人会想起她、想起她与香槟的传奇人生？凯歌夫人自由、坚强、果敢的精神今天仍然值得我们的纪念和学习。

　　五、其他产区的起泡酒

　　受法国原产地保护制度的限制，其他产区的起泡酒就不能再叫作香槟。

　　克雷芒是法国其他产区（即非香槟产区）的起泡酒，通常使用当地最具代表性的葡萄品种，按照传统方法酿造。在勃艮第，使用的葡萄品种跟香槟区一样；在卢瓦尔河谷，多采用白

图 14-5　凯歌香槟酒标

诗南(Chenin Blanc)酿造；在阿尔萨斯，采用白皮诺(Pinot Blanc)和雷司令(Riesling)酿造。克雷芒原指一种气泡较少的起泡酒，现在代表比香槟更具性价比的法国起泡酒。

卡瓦(Cava)是西班牙用传统方法酿造的起泡酒，其名字来自地下绵延几公里的酒窖——在西班牙语中叫 Cavas。它起初也叫作 Champana(香槟)，后来由于香槟区的反对，只好把酒名改为 Cava。所用的葡萄品种是马卡贝奥(Macabeu)、帕雷亚达(Parellada)和沙雷洛(Xarel-lo)。马卡贝奥是重要的地中海白葡萄，酿制的卡瓦起泡酒花香优雅、酒体轻盈，同时它还具有一定程度的抗氧化性能。帕雷亚达也是一种白葡萄，能酿造出细致优雅、酒精度低、轻巧柔和并且果香浓郁的高品质起泡酒，但需种植于土壤贫瘠、气候凉爽的高海拔区域，是最难种植也是产量最低的一个品种。沙雷洛也是原产于西班牙的白葡萄，有着典型的柠檬香气，因其酸度高而受到酿酒师的重视，同时还含有丰富的抗氧化物质，酿制的卡瓦具有极佳的陈年潜力，被称为"西班牙的骄傲"，在世界上有很高的知名度。

第二节　香槟产区与原产地保护制度

一、香槟产区概况

香槟区是法国位置最北的葡萄园，属寒冷的大陆性气候，葡萄既要生长在山坡，又要完全朝阳。土壤以石灰质为主，不仅有利于排水，还能赋予香槟一些特殊的矿物质风味。寒冷的气候以及较短的生长季，使得葡萄的成熟略显缓慢，产于此地的葡萄口味独特、香味精致，酿成的酒单宁含量较低，造就了香槟酒优雅细致的风格。为此，法国对香槟酒制定了原产地保护制度。

香槟产区共有 321 个村庄，葡萄"园"按整个村庄划分。根据葡萄园的风土条件和历史沿革葡萄园分为三级：特级园(Grand Cru)17 个，一级园(Premier Cru)44 个，其余的是无级

别园。葡萄园占地面积约有 34000 公顷,独立酒庄 4700 多家,酿酒合作社 67 间,酒行 300 座。其中,300 个大型香槟厂包揽了超过 60％的产量。

黑皮诺(Pinot Noir)、霞多丽(Chardonnay)和莫尼耶皮诺(Pinot Meunier)是香槟区的主要葡萄品种,种植比例分别为 38％、32％和 30％。此外,白皮诺(Pinot Blanc)、灰皮诺(Pinot Gris)、小美斯丽尔(Petit Meslier)和阿芭妮(Arbane)也是香槟的官方法定品种,但它们的种植面积很小。

香槟产区有五个最重要的子产区:马恩河谷(Vallee de la Marne)、兰斯山(Montagne de Reims)、白丘(Cote de Blancs)、塞扎纳丘(Cote de Sezanne)和巴尔丘(Cote des Bar),它们各自有着独特的风土条件,种植的葡萄品种和出产的葡萄酒风格也各不相同。马恩河谷的主要葡萄品种是黑皮诺和莫尼耶皮诺,柔和适口,果香浓郁。兰斯山产区主要种植黑皮诺,所酿的香槟厚实有力,风味饱满,陈酿能力强劲。白丘是“白中白”香槟(Blanc de Blancs)最著名的产区,主要由霞多丽酿造,风格优雅细腻,拥有极高的陈酿潜质。塞扎纳丘产区主要用霞多丽酿制,香槟芳香四溢,但其酸度比白丘产区的要低。巴尔丘产区栽培的品种主要是黑皮诺,酿制出的葡萄酒芳香四溢,酸度略低。

大牌香槟通常会通过调配抹平不同葡萄园的风格差异,从而保持品牌自身稳定而均一的风格;而许多小酒庄酿造的小农香槟,则充满自己的风土特色,被誉为风土香槟。近年来,很多香槟厂家开始使用有机葡萄来酿造香槟。著名品牌有塞奇·福斯特金牌干型香槟(Serge Faust Champagne Carte d'Or Brut)和威尔马特露比桃红香槟(Vilmart & Cie Cuvee Rubis Brut Rose)等。

二、香槟原产地保护制度的产生

法国建立“原产地控制命名”(AOC)体系始于 1935 年,但在更早以前香槟地区就已经建立了类似的制度,用于打击假冒伪劣产品。在 19 世纪,很多酒商从其他地区(特别是卢瓦尔河地区)把大量价格低廉的葡萄酒运到香槟地区,并以香槟酒的招牌出售。

1824 年 7 月 28 日,法国颁布的夏普塔法规定,商标和产地名称是受到保护的,这为香槟酒生产者打击假商标和造假产品提供了法律依据。1892 年,根据法国最高法院的裁定,“香槟酒”(Champagne)的名称只能用于“在香槟地区采摘酿制的葡萄酒。‘香槟酒’一词代表在特定地区生产和酿造的葡萄酒,其质量特色与所种植葡萄的土壤及酿造工艺不可分割”。这一裁定结束了香槟地区从卢瓦尔河地区引进葡萄酒的做法。不过还需要明确划定香槟产区的地理界限,因为无论是香槟酒生产地区还是用于酿酒的葡萄种植地区,其所覆盖的范围在历史上都曾经历过多次变化。

三、香槟原产地保护制度的内涵

香槟的原产地保护制度,首先,是自然地理条件的要求。只有适中的雨量、适宜的温度和湿度、充足的阳光、清新的水质与含有丰富矿物质的土壤相结合,才能生长出酿制香槟的葡萄原料。

其次,是酿制方法的要求。酿制香槟的葡萄也只有三种:黑皮诺、霞多丽和莫尼耶皮诺,否则视为违法。同时,葡萄树的行距、株距,酒的发酵时间、酿造工艺、酒精含量、窖藏时间等都有严格的规定。

最后,是在法律制度上的完善。经过 100 多年的发展,法国已建立了完善的保护原产地域产品的法律法规体系。其法律体系由三部分组成,即国家法律,规定了原产地域保护的基本原则;主管部门发布的法规,具体规定原产地域范围、传统工艺方法、产品质量特征以及市场监督等;由政府授权的行业或协会发布经国家认可的实施细则和操作规范等。这三个层次上的规定,几乎包括了葡萄酒种植、采摘、运输加工、窖存、调制、质量、销售等每一个环节,具有公开、详细、可操作的特点。

原产地保护制度具有重要的意义,值得我国学习和借鉴。它既是一项知识产权保护制度,同时也是国家名优特产品质量信誉保证制度,把人文与产品有机地结合起来,已成为一种无形资产。鉴于此,中国在加入 WTO 以后,也建立了原产地保护制度,至今已先后受理了绍兴酒、镇江香醋、宣威火腿、茅台酒、龙井茶等 13 个地区的 13 种产品的原产地域产品的保护申请。但在这些方面,我国做得还远远不够。

四、香槟在中国

第一瓶法国香槟在我国的出现,可以追溯到 18 世纪的清朝乾隆时期。中华人民共和国成立之后,我国虽然也有生产起泡酒的企业,但生产出的酒大多数属于低档的加气葡萄酒。直到 20 世纪 80 年代末,这些国产的“香槟”还在市场上销售。

1989 年,国家发布了“禁止在酒类商品上使用‘香槟’一词的通知”,标志着我国首次对地理标志开始实施保护,“香槟”的名称退出了国产起泡酒的市场。曾经有的企业推出了“女士佳槟”来代替原来国产“香槟”的名称,但不久就从市场上消失了。2013 年,“香槟”作为地理标志集体商标在国家知识产权局商标局获得注册,从此,“香槟”地理标志在中国正式受到保护。2016 年 12 月 5 日,中国政府宣布承认香槟产区的原产地命名制度,整个香槟产区都在欢庆此次在中国取得的重大胜利。

大多数国人还不太习惯香槟的气泡和酸味。泰亭哲香槟的驻中国大使 Mary Ann Levanza 女士认为,香槟是一种适合冷饮的酒,略带酸味,这并不符合中国人的传统口味。中国人的口味普遍偏甜,即便是水也喜欢喝热的。对于中国人在酒桌上频繁地干杯,香槟显然不是最合适的酒。但同时她又补充道,中国人正在逐渐培养饮用香槟的习惯,而且发展迅速。据统计,2001 年中国进口香槟仅为 5 万瓶,2006 年增至 50 万瓶,2012 年猛增至 200 万瓶,中国已成为香槟产区的第五大重要出口国。上海是香槟酒在中国最大的市场,销量几乎占到了全国的一半。

第三节　起泡酒的传统酿造工艺

传统发酵法即香槟法,是酿造起泡酒最传统、最复杂的方法。主要分为两个阶段:第一个阶段是基酒的酿造;第二个阶段是二次发酵。起初,虽然香槟酒的名称受到原产地保护,但香槟的酿造方法——香槟法任何人都可以标识。到了 1993 年,连“香槟法”字样也禁止使用,人们只好改为“传统方法”。

香槟酿造流程如图 14-6 所示。

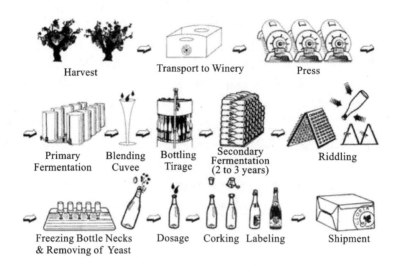

图 14-6　香槟酿造流程

一、葡萄基酒的酿造

（一）葡萄的品种

理论上红、白葡萄都可以酿造起泡酒。但要酿造优质起泡酒,必须注意葡萄品种的选择、成熟度的控制和风土条件。常用的葡萄品种为黑皮诺、霞多丽、莫尼耶皮诺、灰皮诺、白皮诺、白诗南、雷司令等。黑皮诺酿造的起泡酒酒香浓郁,酒体醇厚,富有骨架感;霞多丽酿造的起泡酒呈黄绿色,泡沫洁白细腻;莫尼耶皮诺酿造的起泡酒陈酿期短,果香浓郁,但口味比较清淡。

香槟主要是以霞多丽与黑皮诺混合酿制并调配而成;有时还会再加入莫尼耶皮诺。一般而言,霞多丽比例越高,香槟的风味越清新爽口,带有浓郁的果香和蜜香;黑皮诺则赋予香槟严谨厚实的结构,口感更加强劲醇厚。

（二）葡萄的采收

酿造起泡酒的葡萄都比较早收,一般采用未完全成熟的葡萄。原料的含糖量不能过高,一般为 161.5—187 g/L,即潜在酒度为 9.5%—11%vol;含酸量应相对较高,因此其尝起来较一般的葡萄酒更酸,它是构成起泡葡萄酒"清爽"感的主要因素,也是保证起泡酒稳定性的重要因素,应严格避免葡萄过熟。在气温较低的地区,如果糖度不够,常常需要加糖。一定要人工采收,以保持葡萄的完整,并剔除霉烂果。

（三）葡萄的榨汁及处理

为避免释放出红葡萄的颜色及葡萄汁发生氧化,通常采用完整的葡萄串直接榨汁,压力必须非常轻柔,一般采用真空气囊压榨机。在香槟区,通常采用传统的垂直大面积榨汁机,效果也非常好,但比气囊压榨机速度慢。

在压榨取汁时,应尽快对葡萄汁进行 SO_2 处理,其浓度一般为 30—60 mg/L。此外,还需要澄清处理,与白葡萄酒的酿造方法基本相同。

（四）酒精发酵

发酵的方法与白葡萄酒的酿造基本一样,首先添加酵母,在低温下缓慢进行。发酵温度决定葡萄酒香气的发展,一般控制在 12—15 ℃,发酵时间一般为 30—50 天。酒精发酵的程度有两种,一种是完全发酵,基本上不含有残糖;一种是不完全发酵,酒度达 6%vol 时终止发酵。基酒在酸度上都相当尖锐。酒精发酵期间,一般还要使用膨润土不断进行澄清处理。

酒精发酵结束,对于不需要进行苹果酸-乳酸发酵的葡萄原酒,立即分离酒脚,澄清处理所用膨润土的量为 100—200 mg/L。

（五）苹果酸-乳酸发酵

如果葡萄原酒的酸含量较高(总酸＞9 g/L),一般都要进行苹果酸-乳酸发酵,以避免瓶内再发生这一过程。发酵结束后,立即进行除菌过滤,并添加 SO_2,用量为 60—80 mg/L。

（六）原酒陈酿

陈酿在低温下密闭进行,一般控制在 5—10 ℃。陈酿时间因不同年份、不同品种、不同条件而异,根据品评结果确定。为防止氧化,陈酿期间要用 CO_2 或 N_2 保护。陈酿期间,葡萄酒的口感和香气都在不断完善,酒体更加协调。

（七）勾兑

为了使起泡酒具有最佳风味,酿酒师主要通过品尝,然后使用不同葡萄、不同产区和不同年份的起泡酒进行勾兑,以调配出所要的风味。参考指标 pH 为 3.0—3.15;总酸为 4.5—5.0 g/L(以硫酸计)。

（八）稳定性处理

对酒质进行稳定性处理,包括下胶澄清和冷处理。下胶一般用鱼胶或明胶,冷处理后过滤除去沉淀杂质,所得即为葡萄基酒(Base Wine)。基酒制备完成后,进入二次发酵阶段。二次发酵的方法,主要有瓶内发酵(包括传统法和转移法)和罐内发酵两大类,下面主要介绍瓶内二次发酵。

二、瓶内二次发酵

瓶内二次发酵,即在酿好的葡萄基酒中加入糖浆、酵母、营养物质以及澄清剂,然后封瓶二次发酵,产生的 CO_2 被留在瓶中成为气泡的来源。

（一）加入辅料

基酒中不仅含糖量很低(一般不超过 1 g/L),而且酵母含量也很少,所以必须另外添加。1 L 酒中加入 4 g 糖约可产生 $1×10^5$ Pa 气压(约为 1 个标准大气压)的 CO_2,香槟区的加糖量一般为 24 g/L 左右,以使起泡葡萄酒在去塞前达到 $6×10^5$ Pa 气压的 CO_2。但这一比例只适合于酒精度在 10%vol 左右的葡萄酒。酒精含量越高,要求压力越大,需要加入的糖就越多。加糖之前,将全部蔗糖先用少量酒液溶解,然后再加入酒中。

选择再发酵能力强、耐低温、含硫代谢物较低、对摇动能够适应的酵母菌种加入基酒中,

用量为 0.1 g/L。为使酒质具有足够的果香,还可以添加 10 mg/L 的磷酸盐。

(二)装瓶、上架和摇瓶

将葡萄基酒混合均匀后装瓶,留空隙 5cm,封口,水平叠放在木架上进行瓶内发酵。

上架前要进行摇瓶,使瓶内酒泥摇起,不得黏附于瓶壁。然后瓶口向下插在倾斜、带孔的人字架上。

为了将形成的沉淀去除,酿酒师要经过转瓶(Riddling)和吐泥(Disgorge)工序:将酒瓶倾斜并由人工缓慢地转动,促使酵母沉淀逐渐滑落到酒瓶的瓶口处,香槟区传统的方法是人工转瓶,由转瓶工人每日旋转 1/8 圈。为了加速转瓶过程及减少费用,现在大多数酒庄已采用高效的转瓶机来代替人工。

(三)二次发酵的控制

瓶内发酵的初始温度控制在 15—17 ℃。约两周后(瓶内此时气压约为 0.2×10^5 Pa)及时转入地下酒窖,在 10—12 ℃进行缓慢发酵 6 个月到几年,产生 CO_2 溶解到葡萄酒中。发酵温度必须很低,气泡和酒香才会细致。瓶内发酵期间,应经常监测瓶内压力。当压力达标后,检验残糖指标。

发酵结束后,酵母菌死亡形成酒泥沉淀,继续贮藏 1 年以上,以利于成熟。酒和沉淀接触期间,酵母发生自溶(Yeast Autolysis),并释放出一些风味物质,使酒体具有烘焙面包、饼干的香气,葡萄酒的风味更加浓郁。这种操作也常用于白葡萄酒的酿造中。

(四)开瓶除渣(吐渣)

当所有的沉淀物都聚集到瓶口的时候,将瓶颈插入 −20 ℃至 −30 ℃的冰盐水或 −24 ℃的氯化钙溶液中,待瓶口的酒渣结成冰块,然后将酒瓶翻转到垂直状态,去除封口,利用瓶中产生的压力将冰冻的酒泥推出,从而达到去除沉淀的目的。这些操作必须由非常熟练的技术人员才能胜任。在 16 世纪至 17 世纪时,操作人员通常要戴长手套和金属面罩,以免受伤。

三、起泡酒的封装

封装包括补液、加糖、压塞封瓶、扎网、贴标等工序。

(一)补液和加糖

补液(Dosage)也称为添瓶,开瓶除渣的过程中会损失一小部分酒液,需要用同样的酒予以补充。同时还要加入不同量的糖,以酿造不同甜度的起泡酒。天然干型起泡酒含糖量≤12.0 g/L,绝干型起泡酒含糖量为 12.0—17.0 g/L,干型起泡酒含糖量为 17.1—32.0 g/L,半干型起泡酒含糖量为 32.1—50.0 g/L,甜型起泡酒含糖量≥50.1 g/L。

如果在饮用前还要保存一段时间,那么最多可以加入 20 mg/L 的 SO_2。

(二)封装等操作

补液加糖后,应迅速用专用软木塞封口,并用金属网(金属丝封套)将软木塞固定扎紧,以免受压冲出瓶口。最后贴标和包装。有些起泡酒装瓶后还要在瓶内继续瓶储(Bottle Ageing)一段时间,但不是必须,有的人就喜欢喝新鲜酒。

总之,起泡葡萄酒的生产,在二次发酵时要加入糖浆和酵母;二次发酵的时间不少于6个月;二次发酵结束后,葡萄酒和酒泥接触的时间要求在1年以上(也有的规定不少于60天;密闭罐内有搅拌设备时,不少于30天)。

第四节　起泡酒酿造的其他工艺

除了香槟法之外,还有转移发酵法(Transfer Method)、查马法(Charmat Method / Cuvee Close)、阿斯蒂法(Asti)和二氧化碳法(Carbonation Method)等。

一、转移发酵法

转移发酵法也称转移除渣法,同样是在瓶中和酵母接触进行二次发酵,但时间上没有那么长。为了节约时间和简化程序,待二次发酵完成后,葡萄酒在保压条件下转移到压力罐中进行除渣(利用高压不让气体逃逸),然后过滤装瓶,这样就减少了转瓶和吐泥的工序。与传统法相比,虽然酒体的丰富性有所减弱,但更适合进行大批量生产,容易保持品质的稳定性,同时更加经济实惠。

二、查马法

查马法(Charmat Method)也称罐内二次发酵法,由于经过了很大的改进和提高,目前的方法与最初的工艺只有很少的共同之处。

罐内二次发酵是在密封的不锈钢罐中进行,能突出葡萄的自然风味,气泡更加轻盈而柔顺。发酵罐通常采用3—10吨不等的不锈钢罐,耐压0.9 MPa。罐体外部有保温层,内部有冷却系统,配有搅拌器、温度计、压力计、加料阀、出酒阀、安全阀等。打开发酵罐顶部阀门,从发酵罐底部加入基酒和其他配料,装入量为容积的95%。在12—15 ℃进行二次发酵;发酵启动36小时之后,关闭顶部阀门,密闭发酵15—30天,压力达到0.6 MPa。

当各项理化指标达到要求后,用明胶或膨润土进行澄清处理;然后将发酵液冷却到−6 ℃进行冷处理10—15天,再趁冷过滤。滤液中加入糖浆调整到所需糖度,补充SO_2。经膜过滤后送入不锈钢封闭式压力缓冲罐,在等压下装瓶。装瓶温度−5 ℃至0 ℃,压力在0.3 MPa以上。

该法不需要长时间的瓶内陈酿,也不需要转瓶等操作,成本更低,价格更便宜。意大利的普罗塞克起泡酒、朗布鲁斯起泡酒等都是用查马法酿造的。普罗塞克酒体轻盈、气泡略少、比香槟更甜,有强烈的芳香和清爽的口感,很容易让人们想起黄色的苹果、梨和白桃。虽不像香槟那样具有丰富和复杂的二次香味,但有人就是喜欢其新鲜并且单纯的味道,它被誉为"意大利美人"。朗布鲁斯也是意大利本土的葡萄品种,主要来自意大利中北部的Emilia-Romagna地区,这个狭长的大区分为诸多分区,每个区的起泡酒都有不同的风格,按照甜度分为干、半干、半甜、甜四个等级。

三、阿斯蒂法

阿斯蒂(Asti)是意大利西北部靠近阿尔卑斯山的一个小城,属皮埃蒙特"山脚下的土地"。阿斯蒂酿造起泡酒的方法比较独特,首先将葡萄醪储藏在低温条件下,需要时将葡萄醪取出并升温,在压力罐中进行发酵。当酒精度达到6％vol时,产生的CO_2会被保留下来;酒精度达到7％—7.5％vol时,通过冷过滤的方式终止发酵,过滤装瓶后马上进行销售。该法酿造的起泡酒适合在年轻时饮用。

阿斯蒂法酿造的起泡酒通常带有浓郁的香气,典型产品有意大利的莫斯卡托-阿斯蒂(Moscato d'Asti)。Moscato是葡萄品种的名字,意为"麝香";Asti是地名,是世界闻名的微甜型起泡酒之乡。

四、二氧化碳法

除了上面介绍的这几种起泡酒,还有一种直接往静止葡萄酒里面充CO_2的人工加气起泡酒,又称可口可乐法。严格来讲,这种方法生产的产品属于"加气葡萄酒",不是真正的起泡葡萄酒。这种方法不会增加酒的香气,比较低端,气泡持久力较差。

在起泡葡萄酒的标签上,除了产品名称、种类、体积、酒度、生产者或销售者、产地等必须标明的内容外,还可以自由标明葡萄品种、发酵方法、葡萄采摘年份、获奖情况等内容。

第五节　起泡酒的品鉴

一、香槟酒杯

在玻璃酒杯出现之前,人们用染色雕花装饰的银质高脚杯饮用香槟。如今,香槟杯(Champagne Glass)指专门饮用起泡酒时使用的玻璃酒杯。香槟杯也是一种高脚杯,有浅碟形、笛形、郁金香形等(见图14-7)。

图14-7　各种香槟杯

（一）浅碟形香槟杯

古典的香槟杯是宽口浅碟形的,浅碟形香槟杯杯口大、蹲位稳,但自从发明以来,并没有真正成为饮用起泡酒的必备。直到 19 世纪前叶,随着桃红香槟在英伦贵族圈的流行,浅碟形香槟杯才成为酒场上的宠儿。其浅口造型凸显了桃红香槟的风情,于是在之后的多年时间里一直为香槟场所青睐。但因为杯形太浅,缩短了气泡存留的时间,并且香气很快散失,故在 20 世纪的两次世界大战期间就已失宠。如今,饮用起泡酒时已很少使用,但在婚庆的场合常用其叠成的"香槟塔"(见图 14-8)。

图 14-8 婚礼仪式上的香槟塔

（二）笛形香槟杯

在酒评家眼里,"气泡"是起泡酒的灵魂。人们为了追求气泡更加持久,笛形香槟杯应运而生。笛形杯也称为香槟笛,杯身修长、纤细,有助于气泡稳定缓慢上升,同时也让香气有效集中,大大提升了对香槟的体验。其缺陷在于很容易被碰倒打破。

早在 1705 年,英国人发现细长的窄口玻璃杯可以让起泡酒的味道奇迹般地改善。到了 19 世纪中叶,笛形杯开始挑战比利时著名的水晶器皿制造商"圣朗博"(Val Saint Lambert)的那种矮而粗壮的酒杯。后来,笛形香槟杯又衍化出喇叭形香槟杯,展现出了香槟的另一种风格。

（三）郁金香形香槟杯

1930 年,郁金香形香槟杯形开始风靡,它也是从笛形杯演变而来,同样着重于杯身气泡的上升空间。郁金香形香槟杯杯肚更大,增加了酒液与空气的接触面积;杯口收紧,更好地聚集了香气。同过于狭窄的笛形杯相比,加强版郁金香形香槟杯让起泡酒的层次更加绽放。

二、起泡酒饮用的场合

起泡酒主要有白起泡酒和桃红起泡酒两种,白起泡酒中最出名的当属"香槟",素有"胜利之酒""吉祥之酒"和"酒中之王"的美称。

早在卡洛琳王朝时期,香槟就成为历届法国国王加冕典礼上的御用之酒。在拿破仑的时代,香槟还只属于法国;拿破仑战争结束之后,香槟才真正走向世界,从贵族化走向普世化。1870年,香槟中只有25%被法国人饮用,其余的都被英、美、德、俄等国大量订购。到19世纪末,香槟出口已近20万瓶,现在常常出现在宴会、庆典等仪式上。那激情四射的泡沫和金黄色的酒液,把欢庆的气氛渲染得淋漓尽致(见图14-9)。

图14-9　欢庆场合中的香槟

婚礼上摆放香槟塔也是一种时尚。金字塔状摆放的酒杯,象征新人婚后生活节节高;两位新人打开香槟,缓缓倒入摆好的多层杯塔内,寓意爱情源远流长。香槟不仅拥有柔顺、清新的滋味,而且不断涌起的气泡,也是对青春、活力、幸福、美满的完美诠释,烘托着婚礼气氛达到高潮。

在欧洲,起泡酒常作为餐前的开胃酒,理论上可与任何食物搭配。当然,饮用任何酒都不需要讲究场合,想饮就饮,只是酒后不要开车。

三、起泡酒的品鉴

(一)饮用温度

在不同的温度下,起泡酒能释放出不同的气息,最佳适饮温度为6—10 ℃,不应超过14 ℃。但饮用温度也不能过低,过低的温度也会导致气泡的减少,从而丧失应有的风味。

在开瓶前必须冰镇,尤其是在炎热的夏天。经过冰镇,瓶中的压力降低,气泡可以最大限度地被留在酒液中。

(二)开瓶

我们经常在荧幕上看到不断摇晃巨大的香槟酒瓶和泡沫四溅的狂欢,但是请不要忘记,酒是用来喝的,不是用来洒的。酒液来之不易,挥洒是一种浪费。

开瓶时,首先擦净瓶体,然后左手持瓶,右手将锡纸撕掉;接着用左手食指牢牢按住瓶塞,右手慢慢除掉瓶盖上的铁丝及铁盖。瓶口倾斜约45°,右手用餐巾紧紧包住瓶口,在气压的作用下将瓶塞缓缓顶出。要小心开瓶,以免酒液喷出,不应出现泡沫四溅的情况;瓶口不要对着人、灯具或蜡烛,以免发生危险。

（三）倒酒

香槟杯要洁净，但不能用毛巾擦洗，因为毛巾的微纤维会影响气泡成形。倒入浅碟形杯容积的 1/2，倒入郁金香形杯容积的 2/3—4/5 为宜。

（四）品鉴

除了色、香、味之外，起泡酒的气泡也是品鉴的一个要素。气泡不仅是用来喝的，而且是用来看的。气泡的活力、细腻程度、均匀度、持久度，以及在舌头上的触感和质地，皆反映起泡酒的品质。气泡越细腻、越持久，酒的品质越好。

四、起泡酒的配餐

尽管起泡酒是可以在任何时候饮用，但更多的还是在就餐时饮用。在就餐顺序上，只要有起泡酒的酒宴，一般以起泡酒优先。

干型起泡酒酸度高、果香重、清新爽口，在西餐中通常用作餐前的开胃酒，可以搭配精致小巧的餐前小点，与生蚝和鱼子酱的配对最为经典。而采用较大比例的红葡萄酿制的香槟，口感强劲，香味丰富，除了搭配海鲜菜肴之外，搭配禽类或小牛肉也很适合。如果香槟带有更多的甜味，那么与餐后甜点搭配也非常合适。

餐酒搭配有法可循，但无定法，时间久了容易产生审美疲劳。尝试一些新的创意，会有耳目一新的感觉。要尽情享受其中的乐趣，而不必过于拘泥各种规则。

227

第六节 结 语

从古至今，以香槟为代表的起泡酒受到了无数爱好者的追捧。英国著名的政治家丘吉尔曾说，胜利时你应该得到香槟作为奖赏，失败时你需要它来一醉方休。英国唯美主义作家和诗人奥斯卡·王尔德曾说，只有没有想象力的人才找不到喝香槟的好理由。而美国著名作家马克·吐温也说，任何事物过多无益，但香槟是个例外。在西方盛大的庆典中，如果不开起泡酒，来宾会有冷遇的感觉。那么，起泡酒为什么具有这么大的魅力呢？因为起泡酒是唯一一种能够调动人的所有感官参与享用的美酒。

首先，开瓶时伴随着软木塞喷出的一声脆响，可以带来特别的音效，营造和烘托出美妙的气氛，让场面变得热烈活泼，这是其他酒类无法做到的。因此有人评价，香槟美酒会唱歌。

其次，起泡酒的灵魂在于"气泡"，绵密的气泡缓缓溢出，散发出的青苹果、咖啡、香草、柑橘以及烤面包的香气，让人心旷神怡。饮在口中如奶油般的顺滑，酒精带着 CO_2 在舌尖游走，让人尝到了星星般的梦幻感觉。如果用手掌捂住杯口，等感受到手掌中传来微弱的压力时再把手拿开，随气泡释放出的香气会变得更加丰富浓郁。但应注意，虽然强调了起泡酒的灵魂是"气泡"，但内容还是在酒里。

最后，从味道上来说，起泡酒的魅力在于酸。大部分新出厂的起泡酒，pH 都在 3 左右；至于那些"顶级年份香槟"，刚上市时酸度也往往较高。这也是为什么即使含糖量达到 12 g/L 的起泡酒中，我们也不容易尝出甜味。近年来，一些起泡酒生产商还在继续降低含糖量，

他们追求的就是这个酸爽。如果翻看一些起泡酒的品酒笔记，你会惊讶地发现大部分词汇都是在形容那些高酸度，或者在这种高酸度下带来的味觉体验。如今的起泡酒越来越干，高酸度的起泡酒要想吸引顾客，必须依赖复杂的香气和圆润的质地。

那么，是不是只有在餐前才能饮用起泡酒呢？不是的。执掌法兰西首席香槟 30 年的莉莉·伯那吉（Lily Bollinger）夫人有一段非常精彩的描述："当我快乐时我喝香槟，悲伤时也喝它，有时独处时也喝它，当我有朋友时当然要喝香槟，不饿的时候我会小口喝，饿了就好好来一杯。除此之外，我从不碰香槟——除非我渴了。"

第十五章 →

世界葡萄酒的主要产区

"摩泽尔的美酒催化了马克思的思考。"

——当代历史学者 鲍麦斯特

俗话说，一方水土养一方人。在葡萄酒的世界里，一方风土养一方酒。品酒大师们常常纠结于能够从酒中品鉴出多少种香气，其实这不过是个人的体验罢了。只有到原产地与葡萄藤一起共度似水流年，才能对葡萄酒的风味有更真切的体验。

第一节　世界葡萄酒产区概况

一杯完美葡萄酒的诞生，需要最适宜的气候、土壤和地理位置。在我们这个星球上，只有南北半球温带区域的部分地区适合酿酒葡萄的种植。世界葡萄酒产区主要分布于北纬30°—50°、南纬30°—50°，年均气温在10—20 ℃的温带区域。有关纬度的具体范围这只是个大概，不同的书上有不同的说法，不必为此纠结。

温带区域有着适宜酿酒葡萄生长的阳光、雨水、温度、土壤等自然条件。位于北纬30°—50°的国家或地区主要有欧洲的法国、意大利、西班牙、德国和葡萄牙等国，北美的美国和加拿大，亚洲的格鲁吉亚和中国长江以北等地区；位于南纬30°—50°的国家或地区主要有处于大洋洲的南澳地区和新西兰北部，南美的智利和阿根廷，南非等国家和地区。现将2011年葡萄酒产量名列前20位的国家进行统计，如表15-1所示。

表 15-1　2011 年葡萄酒产量名列前 20 位的国家

排名	国家	产量（吨）	排名	国家	产量（吨）
1	法国	6590750	11	俄罗斯	696260
2	意大利	4673400	12	葡萄牙	694612
3	西班牙	3339700	13	巴西	345000
4	美国	2211300	14	希腊	303000
5	中国	1657500	15	奥地利	281476

续表

排名	国家	产量（吨）	排名	国家	产量（吨）
6	阿根廷	1547300	16	塞尔维亚	224431
7	澳大利亚	1133860	17	新西兰	189800
8	智利	1046000	18	匈牙利	176000
9	南非	965500	19	乌克兰	168410
10	德国	961100	20	罗马尼亚	147934

数据来源：联合国粮农组织.

2011年，全球葡萄酒总产量约为265.7亿升，位于前10名国家的总产量占世界总产量的85%。法国、意大利和西班牙3国的葡萄酒年产量始终位居世界前三，总产量占世界的60%。若以葡萄种植面积来排列，西班牙以总面积116万公顷居第一，在法国和意大利之上。近年来，由于自然灾害、气候变化原因和种植面积等原因，各国葡萄酒的年产量处于动态的变化之中。

第二节 世界主要的葡萄酒产区简介

本节将法国、意大利、西班牙、美国、阿根廷、澳大利亚、智利、南非、德国、葡萄牙、希腊和新西兰等国家的产区概况作简单介绍。

一、法国葡萄酒产区

（一）法国葡萄酒产区概况

法国是当之无愧的葡萄酒第一强国，拥有悠久的葡萄酒历史和文化，葡萄酒产量位于世界前列，约占世界葡萄酒总产量的20%，被誉为"浪漫醉人的葡萄酒圣地"。法国的葡萄酒文化还造就了各地形形色色的葡萄酒节日盛典，这是其他葡萄酒生产国难以望其项背的。

法国位于欧洲西部，北纬42°—51°之间，是西欧面积最大的国家。濒临北海、英吉利海峡、大西洋和地中海四大海域。西部属温带海洋性气候，南部属地中海气候，东北部属温带大陆性气候。冬无严寒，夏无酷暑，全年气候温和，环境优美，是很适合人类居住的地方。香水、时装和葡萄酒举世闻名，这也是法国的三大精品产业。

法国拥有全球知名的十大葡萄酒产区，分别是波尔多产区（Bordeaux）、勃艮第产区（Bourgogne）、阿尔萨斯产区（Alsace）、香槟产区（Champagne）、罗讷河谷产区（Rhone Valley）、卢瓦尔河谷产区（Vallee de la Loire）、西南产区（Sud-Ouest）、普罗旺斯—科西嘉产区（Provence et Corse）、朗格多克—鲁西永产区（Languedoc-Roussillon）和汝拉—萨瓦产区（Jura et Savoir）。图15-1为法国葡萄酒产区地图。

法国的每个产区都有自己的代表品种，所酿制的葡萄酒风格各异。波尔多、勃艮第和香槟产区为法国三大代表性产区，波尔多主要是生产混酿葡萄酒，勃艮第主要生产单品种葡萄酒，香槟产区主要生产起泡葡萄酒——香槟。波尔多产区以柔顺、勃艮第产区以浑厚、香槟

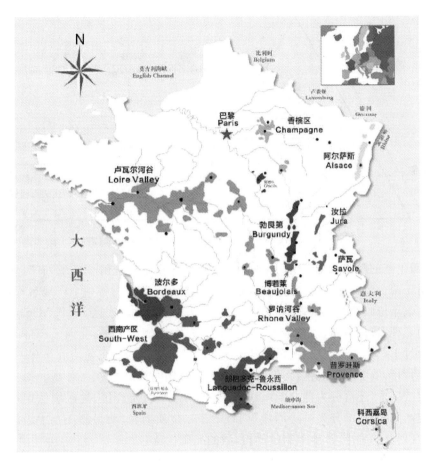

图 15-1 法国葡萄酒产区地图

产区以芬芳闻名世界,而朗格多克—鲁西永产区则以甜葡萄酒闻名世界。

（二）法国葡萄酒产区分级

葡萄酒的消费者主要关心两个问题:一个是价格问题,一个是品质问题。这就需要了解不同国家的葡萄酒分级制度,掌握其定价规律。一般来讲,葡萄酒的价格随着等级的提升而提升。但是,不同国家的葡萄酒有不同的分级制度,甚至同一国家的不同产区还有自己的一套分级制度。此外,随着时间的推移,分级制度还处于动态的变化之中。

以法国为例,因为属于欧盟成员国,所以可以执行欧盟的分级制度,但也可以执行法国的分级制度。欧盟对具有地理标志标签的葡萄酒,又分为原产地命名保护（Protected Designation of Origin,简称 PDO）和地理标志保护（Protected Geographical Indication,简称 PGI）两大类。法国的分级制度又有旧制度与新制度的区别,而且处于不断的动态变化之中。所以,讨论葡萄酒的分级是比较麻烦的事情。

法国葡萄酒大致上分为 4 大级别:法定产区葡萄酒（AOC）、优良产区葡萄酒（VDQS）、地区餐酒（VDP）、日常餐酒（VDT）,如图 15-2 所示。

法定产区葡萄酒（Appellation d'Origine Controlee,简称 AOC）是法国葡萄酒的最高等

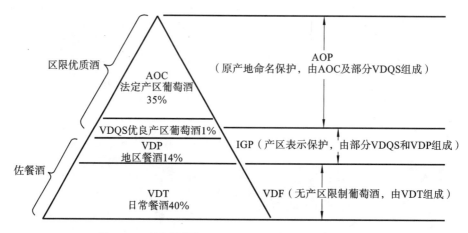

图 15-2　法国葡萄酒分级(左)与欧盟 2012 年标准(右)

级,对葡萄酒生产的限制最为严格。不同 AOC 产区的设定标准鲜少一致,有时候同一个地块会同时属于两个产区,生产商每年可以自由地选择自己要使用哪一个产地名称,名称的选择也会受到该年份收获葡萄的影响。法国大约有 400 多个法定产区,每个 AOC 产区都详细规定了葡萄品种、最低酒精含量、最高产量、栽培方式、酿酒工艺等,受到了严格的控制和监管。但这种过于严格的规定,也扼杀了某些不完全符合规定的优质葡萄酒。有一些 VDP 和 VDT 的葡萄酒品质也非常出色,其价格甚至比 AOC 还要高出许多。

在法定产区中,还可分为葡萄园级法定产区、村庄级法定产区、地区级法定产区。在葡萄园级法定产区中,又细分为一等酒庄(列级酒庄)、优质酒庄(明星酒庄)、中级酒庄等。一般来讲,产区划分的越小,产地限制越严格,酒的品质也越好。

优良产区葡萄酒(Vins Delimites de Qualite Superieure,简称 VDQS)这个等级是属于 VDP 到 AOC 的过渡等级,但其在 2011 年底已经被去除,此处不再赘述。

地区餐酒(Vins de Pays,简称 VDP)的设立,是为了鼓励日常餐酒(VDT)级别的葡萄酒生产商能够提高葡萄酒的品质。VDP 等级包括地域、省份、地区等 3 种类型,葡萄酒可允许的葡萄品种范围比 AOC 更广泛。

日常餐酒(Vins de Table,简称 VDT)这个等级允许跨区域生产葡萄酒,以及可以在标签上标明葡萄品种。

（三）欧盟葡萄酒产区分级

自 2012 年起,法国葡萄酒分级执行欧盟新规定,分为三个等级:AOP(原产地命名保护),主要由原来的 AOC 和部分 VDQS 组成;IGP(产区标识保护),主要由原来的部分 VDQS 和 VDP 组成;VDF(无产区限制葡萄酒),主要由原来的 VDT 组成。但法国原来的等级分类仍在同时使用。

AOP 级别的葡萄酒都源于比较知名的传统产区,不仅是葡萄园的范围和种植的品种,连种植和酿造方式都有严格规定。酿造出来的酒必须具有当地特色,反映当地风土。不同的 AOP 产区之间也是有差异的,AOP 后面带有的地理范围越小,一般而言规定就越严格,往往价格也更高。IGP 仍属于地区餐酒级别,具有地理标示。VDF 属于日常餐酒,没有限制产区,也没有限制葡萄品种,只要是法国酿造的葡萄酒都可以被称为 Vin de France。这个等级是葡萄酒中的最基础的等级,所以往往和餐酒(Table Wine)联系起来,在法国也可称为 Vin de Table。这类酒大多没有个性,简单易饮。

法国的每个葡萄酒产区又分为若干子产区,每一个子产区有很多酒庄,以法国第二大 AOC 产区罗讷河谷为例,现在拥有 6000 多座酒庄。精细的葡萄园划分和遍地的小农式酿酒作坊,生产口味多样的精品葡萄酒。

还有一种标识是 VCE(Vin de la Communaute Europeenne),属于欧盟餐酒。根据规定,VCE 可以使用欧盟成员国所产的葡萄来酿酒,或者直接使用欧盟成员国酿好的酒液来装瓶。比如,从西班牙购买廉价的散装酒液运回法国装瓶,就可以"法国红酒"的名义出售。虽然葡萄的种植和酿造是在法国以外的欧盟境内完成的,但原产国也算是法国。

我国是 VCE 葡萄酒最大的市场之一,网上那些 99 元/箱(1 箱 6 瓶)包邮的法国红酒,大都属于 VCE。消费者往往觉得法国葡萄酒"高大上",不少酒商就把 VCE 投入到国内市场。只要在包装上下点功夫,就可以卖出高价,从中赚取丰厚的利润。实际上这种酒品质非常一般,属于红酒中最低端的等级。当然,价格也应该非常低廉。

(四)波尔多产区及其分级

波尔多下面有 4 个主要的子产区:Medoc(梅多克,也称美度),Grave(格拉夫),St. Emilion(圣艾米隆),Pomerol(庞美洛,也称波美侯);另外还有一个专门生产白葡萄酒的产区 Sauternes(苏玳)。波尔多葡萄酒产区及五大名庄如图 15-3 所示。

233

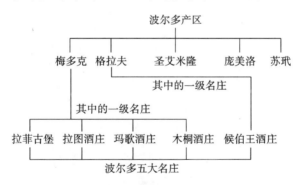

图 15-3　波尔多葡萄酒产区及五大名庄

早在 1855 年,法国正值拿破仑三世当政,他为了借巴黎世界博览会的机会向全世界推广波尔多的葡萄酒,而且想让全国的葡萄酒都来参展。于是,他请波尔多葡萄酒商会筹备一个展览会来介绍波尔多葡萄酒,并对波尔多酒庄进行了分级。波尔多商会又把它委托给一个葡萄酒批发商的官方组织 Syndicat of Courtiers,他们根据当时波尔多各个酒庄的声望和各酒庄葡萄酒的价格,确定了 58 个酒庄为列级酒庄(Grand Cru Classe)。酒庄又分为五级:4 个一级,12 个二级,14 个三级,11 个四级和 17 个五级。其中的一级酒庄为拉菲(Lafite Rothschild)、拉图(Latour)、玛歌(Margaux)和侯伯王酒庄(Chateau Haut Brion,也称红颜容酒庄、奥比昂酒庄、侯贝酒庄)。

1973 年,又对列级酒庄进行了修订,无论酒庄是否更名易主、分割或合并,均保持最初评定的等级,唯一的例外是木桐酒庄(Chateau Mouton-Rothschild)从原来的二级酒庄晋升

为一级酒庄。此时的列级酒庄已经增加到 61 个,一级列级酒庄 5 个,二级列级酒庄 14 个,三级列级酒庄 14 个,四级列级酒庄 10 个,五等列级酒庄 18 个。

在波尔多五大名庄中,拉菲古堡、拉图酒庄、玛歌酒庄和木桐酒庄都是来自梅多克产区,只有侯伯王来自格拉夫产区。梅多克葡萄酒是波尔多左岸的代表,有"红葡萄酒的宝库"之称。它们地位卓越、品质超群,在葡萄酒世界的地位至今仍然无法动摇。如果再加上圣艾米隆产区的白马酒庄(Chateau Cheval Blanc)、欧颂酒庄(Chateau Ausone)和位于法国波尔多右岸庞美洛产区的伯图斯酒庄(Chateau Petrus),就是波尔多八大名庄。

此外,苏玳(Sauternes)产区还有一个超级酒庄——吕萨吕斯酒堡(Chateau d'Yquem of Lvsa-Lvsi),也被译为伊甘酒庄。这座历史悠久的顶级酒庄位于法国波尔多最南端苏玳产区的一个小山丘上,在 1855 年波尔多官方评级中,吕萨吕斯酒堡(Chateau d'Yquem of Lvsa-Lvsi)被定为唯一的超一级酒庄(Premier Cru Superieur),凌驾于现今的包括拉菲、拉图、玛歌在内的五大酒庄之上。2014 年 3 月 26 日,时任法国总统的奥朗德在爱丽舍宫为习近平主席和夫人彭丽媛举行了盛大国宴,前道菜就是佐以 1997 年的吕萨吕斯酒堡葡萄酒。

在我国,最为知名的要数拉菲了,它本是世界顶级酒庄拉菲古堡(Château Lafite Rothschild)的简称,也称为拉菲城堡。拉菲古堡酒标如图 15-4 所示。人们习惯把拉菲古堡酿制的拉菲古堡干红葡萄酒称为大拉菲、拉菲正牌;而拉菲珍宝(Carruades de Lafite)干红葡萄酒称为小拉菲、拉菲副牌。它们的产区在梅多克产区的下一级产区博雅客村(Pauillac)。

图 15-4 拉菲古堡酒标

在拉菲集团旗下,有众多的葡萄酒庄。严格意义上讲,只有拉菲古堡所酿制的大、小拉菲才算是真正意义上的拉菲,而集团旗下的其他酒款只属于拉菲集团生产的系列红酒(见图 15-5)。

虽然大多数人永远喝不到正牌或副牌拉菲,但并不影响这些名酒吸引着我们的目光。拉菲古堡花香、果香突出,芳醇柔顺、典雅,被称为葡萄酒王国的皇后。

波尔多的分级制度以酒庄为基础,直接把波尔多推向葡萄酒金字塔的顶端,造就了波尔多五大名庄,这是一次最成功的世界级营销,对法国葡萄酒走向世界影响深远。列级酒庄在

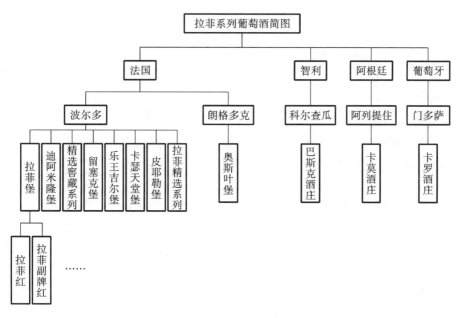

图 15-5 拉菲集团生产的系列红酒

分级体系中占有一席之地,酒庄主人都以入围列级酒庄为荣。但法国各地都有不同的分级体系,所以列级名庄也非常之多。对于其他酒庄,这里不再一一介绍。

（五）勃艮第产区及其分级

勃艮第产区的葡萄酒有着世界上最美妙的浓郁香味,据传拿破仑最为欣赏勃艮第的葡萄酒。对于大多数葡萄酒爱好者而言,勃艮第是昂贵与精致的代名词。法国有 400 多个 AOC,其中勃艮第就有 100 多个。

勃艮第的分级体系与波尔多同样古老,但与波尔多的分级体系不同,它的分级制度是以葡萄园(地块)为基础的,这反映出对土地的尊重。勃艮第以单品种葡萄酒为主,每个不同的小产区、每个不同的葡萄园皆呈现出各自不同的个性。产区从高到低分为四个等级:特级葡萄园(Grand Cru)、一级葡萄园(Premier Cru 或 1er Cru)、村庄级(Village)、地区级(Region)。特级葡萄园是勃艮第的最高荣誉,其葡萄酒产量只占勃艮第总产量的 1.4%,著名的罗曼尼康帝即出自此处。在土地的价格上,村庄级产区是地区级产区的 10 倍。

在勃艮第,最为著名的品牌是罗曼尼康帝,这个仅仅 1.91 公顷的土地,被誉为世界上风土最好的葡萄园,每年大约生产 5000 瓶佳酿。2019 年,最贵的罗曼尼康帝黑皮诺葡萄酒,国际均价每瓶 13 万多元。勃艮第蒙哈谢生产世界上最贵的霞多丽干白,2019 年国际均价每瓶 7 万多元。蒙哈谢葡萄酒庄有一块 0.08 公顷的小小的酒田,每年只能生产 1 桶酒(大约 300 瓶),因其酒标上有两只公鸡,在我国又被称为"双鸡"。

二、意大利葡萄酒产区

意大利葡萄酒的历史非常悠久,大概起源于公元前 27 年至公元 476 年的罗马帝国时期。世界著名的画像《酒神巴克斯》,就是由著名意大利画家米开朗琪罗所画。达·芬奇笔

下《最后的晚餐》,绘于意大利米兰的修道院,这无疑是世界上最著名的一个饭局。受基督教文化的影响,葡萄酒在意大利人的心灵深处有着深厚的情感和意义。和法国一样,葡萄酒作为意大利饮食文化的代表,是意大利人引以为豪的艺术精华,并以其健康的"地中海生活方式",受到世界各国人们的追捧。意大利被誉为"风情万种的葡萄酒王国",意大利人自称他们的血液是葡萄酒染红的。

(一)意大利葡萄酒产区概况

提起意大利葡萄酒,很多人还觉得陌生。其实,意大利葡萄酒举世闻名,而且价格低廉,深受人们的喜爱。意大利是全世界最大的葡萄酒出产国之一,与法国难分伯仲,其产量约占全球总产量的 20%。但意大利葡萄酒尚未大规模进入中国市场,因此我国消费者不太熟悉。近年来,意大利政府和行业组织加大了葡萄酒在我国的推广力度,呈蒸蒸日上之势。

意大利半岛位于欧洲南部的地中海区域,北纬 38°—48°之间,国土大部分在欧洲伸入地中海的亚平宁半岛上,形状狭长,南北走向伸展着亚平宁山脉,国土的 90% 都是山地和丘陵。东、西、南三面临亚得里亚海和第勒尼安海(都是地中海的子海),拥有整体完美的地中海式气候。夏季炎热干燥,云量稀少,阳光充足;冬季温和湿润,非常适合葡萄生长,环境气候优于其他欧洲国家。土壤一般为石灰石土、砂土、花岗岩山、砾石土等,看似贫瘠的土地,但通透性好,深层富含葡萄树生长的各种元素,因此几乎全国各地都种植葡萄并酿造葡萄酒。

由于地形变化较大,各地气候不同,加之拥有世界上最多的葡萄品种,为葡萄酒的多样性提供了原料保证,也为葡萄酒爱好者带来了更多的选择。意大利有很多酒庄是具有悠久历史的家族式小酒庄,酿酒主要是为了自家人饮用,而非商业销售,所以品质控制十分严格,没有假酒、劣质酒。

(二)意大利葡萄酒产区分级

意大利葡萄酒的分级系统从 1963 年开始建立,分为四个等级(见图 15-6):DOCG(Denominazione di Origine Controllatae Garantita),意为保证法定地区的葡萄酒(即法定产区的优质葡萄酒),是最高等级;DOC(Denominazione di Origine Controllata),表示法定产区酒,也相当于法国的 AOC;IGT(Indicazione Geografiche Tipici),是地方餐酒(优良餐酒);VDT(Vino da Tavola),是日常餐酒,即最普通的葡萄酒,但其中也有不俗的产品。

意大利葡萄酒共分四个等级

图 15-6 意大利葡萄酒分级

2010 年,为了配合欧盟葡萄酒法规,意大利也进行了分级制度的改革,执行标准为:Vini DOP(原产地保护标签酒)、Vini IGP(地理标识保护标签酒)、Vini Varietali(品种葡萄酒)、Vini(基础餐酒)。但大部分酒庄仍然沿用改革前的法定分级标注自己的葡萄酒。自2012 年起,意大利葡萄酒的分级执行欧盟新规定。

三、西班牙葡萄酒产区

(一)西班牙葡萄酒产区概况

西班牙是世界上葡萄种植面积最大的国家,葡萄酒产量位居世界第三,被誉为"旧世界的葡萄酒巨人"。西班牙既有悠久的酿酒历史,又有独特的酿酒传统,以其优秀的葡萄酒享誉世界。葡萄酒也是西班牙的国之瑰宝,莎士比亚称之为"装在瓶子里的西班牙阳光"。

西班牙位于北纬 36°—43°22′ 之间,东临地中海,西接大西洋,洋流、季风与岛内的地形交相呼应,形成了许多不同的气候区。以里奥哈、纳瓦拉、斗罗河岸、赫雷兹等最为有名,各产区的葡萄酒呈现出不同的特色(见图 15-7)。

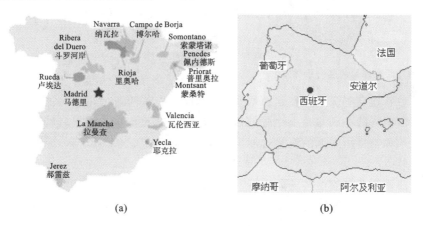

(a)   (b)

图 15-7　西班牙葡萄酒产区地图及在欧洲的位置

里奥哈(Rioja)产区位于西班牙北部,风土条件适宜多种葡萄品种生长,是西班牙首屈一指的葡萄酒产区,在国际上享有盛名。丹魄(Tempranillo)是该产区最为成功的品种,种植面积占该产区的 75%。

纳瓦拉(Navarra)产区毗邻里奥哈,气候适宜多种葡萄生长,主要品种有加尔纳恰(Garnacha,歌海娜在当地的别称)、丹魄、霞多丽、赤霞珠和梅洛,其中前两种葡萄的种植面积占该产区葡萄种植面积的 70%。

斗罗河岸(Ribera del Duero)有时译为杜埃罗河岸,也是西班牙十分优秀的葡萄酒产区,以品质优异的丹魄红葡萄酒及悠久的酿酒传统而闻名于世。该产区位于卡斯蒂利亚—莱昂自治区(Castilla y León)境内,属于典型的大陆性气候,降水少,冬冷夏热,昼夜温差大,非常适宜葡萄生长。

赫雷兹(Jerez)产区位于西班牙南部,以出产各种风格的雪利酒而闻名于世。该产区所有的葡萄酒都产自于三种葡萄品种:佩德罗希梅内斯(Pedro Ximenez)、帕洛米诺(Palomino)和亚历山大麝香(Muscat of Alexandria,在当地被称为"Moscatel"),其中佩德罗希梅内斯和亚历山大麝香一般被用于酿造甜酒。

在近代史上,西班牙是一个重要的文化发源地,文艺复兴时期是欧洲最强大的国家。1492 年,哥伦布率船队由西班牙出发,发现了美洲新大陆以及西印度群岛后,西班牙逐渐成为当时影响全球的海上强国。

（二）西班牙葡萄酒产区分级

以往的西班牙葡萄酒分级体系和法国葡萄酒的等级划分大有不同,在加入欧盟之后,为了与欧洲标准保持一致,西班牙在 2003 年对葡萄酒进行了再分级,分为两大类:法定产区葡萄酒(VCPRD)和餐酒(VDM)。其中的法定产区葡萄酒又分为特优级法定产区酒(Vinos de Pago,简称 VP)、特级法定产区酒(Vinos con Denominación de Origen Calificada,简称 DOC 或 DOCa)、法定产区酒(Vinos con Denominación de Origen,简称 DO)、地区标识酒(Vinos de Calidad con Indicación Geográfica,简称 VCIG)四类(见图 15-8)。

图 15-8　西班牙葡萄酒分级体系

1. 特优级法定产区酒(VP)

VP 级是分级系统中的最高级别,称为顶级法定产区酒或特优级法定产区酒,这是西班牙葡萄与葡萄酒法规中最新建立的级别。在这个级别里,囊括了一些西班牙最著名的葡萄酒。这些葡萄酒的产区面积可能小到只是一个葡萄园,但它的气候和土壤一定极具特色。特优级产区葡萄酒的生产和销售所遵循的质量管理系统和特级法定产区酒(DOCa)一致,并且必须在原酒庄完成灌装。

在符合西班牙葡萄酒法规的前提下,每个 VP 酒庄都可以有自己独一无二的规则,包括固定的酿酒葡萄、种植技术、酿造工艺及熟成时间等。截止到 2013 年,西班牙共有 15 个VP 酒庄。

2. 特级法定产区酒(DOC 或 DOCa)

DOCa 是特级法定产区或称为优质法定产区酒,只有在很长一段时间都能保持较高的质量水准的葡萄酒才能归属于这个级别。要求在过去的 10 年内都属于法定产区酒级别(DO),并且所有产品都必须以瓶装酒的形式出售且灌装必须在原酒庄完成,其质量为相关机构所监控。

3. 法定产区酒(DO)

这一级别的葡萄酒囊括了生产于特定产区的高质量葡萄酒,并且其酿造过程必须遵循各产区特定的工艺标准。这些工艺标准由各产区的原产地保护委员会制定,其具体内容包括允许使用的葡萄品种、单位面积产量、酿造方法以及陈酿时间。若想升入法定产区酒,质量必须满足要求,除此之外,在过去的 5 年时间里都必须达到地区标识酒的级别。

4. 地区标识酒(VCIG)

这一级别的葡萄酒必须采用种植于指定产区的葡萄酿造,并且其质量必须反映出该产区的地理气候特点及人为因素,其中包括葡萄的种植、葡萄酒的酿造以及陈酿过程。在酒标上标有"Vino de Calidad de＋产区名"。

5. 餐酒(VDM)

餐酒又分为地区餐酒(Vino de la Tierra,简称 VT)和日常餐酒(Vino de Mesa,简称VM)两大类,是西班牙分级制度中最低的等级。

此外,西班牙还根据葡萄酒橡木桶陈酿时间长短来分级,陈酿时间越长,其等级越高,在此不再一一介绍。

西班牙葡萄酒的历史相当久远,其产品既有旧世界传统的优雅与精致,又有新世界的激情与奔放,酒品感觉惊艳,仿佛处于过去与未来的交替中。作为旧世界的重要产区,西班牙葡萄酒被人所提及的光芒远远不及它本身光亮的十分之一。这个国家的葡萄酒似乎从来都不在世人的谈论中,但无论你认同与否,西班牙仍然是旧世界葡萄酒的巨人。

四、美国葡萄酒产区

美国本土位于北纬 25°—49°之间的温带地区,其最早酿造葡萄酒始于 18 世纪中叶,西班牙殖民者开辟了第一个葡萄园。19 世纪中期,加州的淘金热带来了新居民,其对酒的需求促成了新兴葡萄酒酿造业的产生。19 世纪末,葡萄根瘤蚜的流行和美国兴起的"禁酒运动",使绝大多数葡萄园和酿酒厂关闭。直到 20 世纪中期,才得到复兴。

"巴黎审判"是美国葡萄酒发展的转折点。1976 年,罗伯特促成了举世闻名的"巴黎品酒会"。在这场盲品中,加州葡萄酒打败了不可一世的法国名庄。自此之后,加州风格的葡萄酒一举成名,走向世界葡萄酒的巅峰,人们对新世界葡萄酒的偏见也被一扫而空,投资者纷至沓来,整个加州葡萄酒行业欣欣向荣,被誉为"新世界葡萄酒的领头羊"。罗伯特被誉为美国葡萄酒之父(见图 15-9)。

图 15-9　美国葡萄酒之父罗伯特

罗伯特不仅注重酿造技术,也非常擅长商业营销,这是他大学时的专业。20 世纪 80 年代,他促成了哥伦比亚广播公司《六十分钟》节目的诞生。这一节目经常关注葡萄酒与健康话题,大大改变了美国人对葡萄酒的误解,引发了美国的葡萄酒热,并波及全世界,这就是人们认为干红可以养生的由来。

美国葡萄酒的主产区集中在加州和华盛顿州(见图 15-10)。加州的土地面积是法国的四分之三,约有 850 家酒庄,葡萄酒产量占美国的 90%,比整个澳大利亚的产量高出三分之一。假如把加州当成一个国家,其产量可以位列世界第四大葡萄酒产区。

加州被划分成 103 个独立的 AVA 产区。AVA 制度是美国葡萄酒产地制度的简称,作为规范产地的法律,与法国的原产地名称管制(AOC)相似;但它主要对被命名地域的地理位

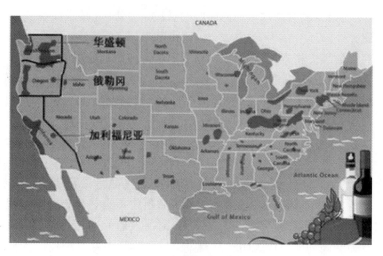

图 15-10　美国葡萄酒产区地图

置和范围进行定义,而对葡萄品种、种植、产量和酿造方式没有限制,这是它与法国 AOC 制度最根本的区别。与法国的 AOC 制度一样,AVA 制度起到了保护产地葡萄酒销售的作用。随着美国葡萄酒在国际的影响力不断提升,以加州纳帕谷(Napa Valley)为代表的美国葡萄酒备受关注。2005 年奥斯卡获奖片《杯酒人生》,是纳帕谷迷人风光和葡萄酒魅力的良好诠释。与纳帕谷相邻的索诺玛 AVA 产区同样不可忽视,这两个地方都是美国最早命名的 AVA 产区。

加州拥有众多世界顶级名庄,葡萄酒酿造大部分采用单一葡萄品种,如赤霞珠、仙粉黛。温暖的气候使葡萄非常成熟,再加上新的酿酒工艺,使得加州的葡萄酒有着浓郁的果香,被认为是"世界性口味",也很适合中国人的口味。

产于纳帕谷的啸鹰赤霞珠葡萄酒是世界上最贵的赤霞珠,2019 年国际均价每瓶 24000 多元。而啸鹰长相思白葡萄酒也是世界上最贵的长相思,以其超高品质、神秘性和极少的产量独立于世,2019 年国际均价接近 4 万元。啸鹰以高冷著称于世,不仅不接待任何访客,而且买酒也实行订阅名单制。名单上的人每年仅有 3 瓶配额,而且要挤进这张名单,从报名开始要排队 10 年以上。

篮球明星姚明也在美国加州的纳帕谷投资成立了"姚氏酒业"(见图 15-11),该公司的产品"2009 年纳帕谷赤霞珠干红葡萄酒",在 2012 年品醇客世界葡萄酒大奖赛上获得银牌,在 2011 年举办的特殊奥林匹克融合慈善筹款晚宴上,该酒以 15 万元拍卖成交。

五、中国葡萄酒产区

自 20 世纪 90 年代以来,我国的葡萄酒产量持续上升。2013 年 7 月,在烟台举办的国际葡萄酒发展论坛上,国际葡萄及葡萄酒组织(O. I. V.)总干事卡斯特卢奇先生在讲话中强调,中国 2012 年在葡萄酒生产量上已经超过智利、澳大利亚等葡萄酒大国,仅次于法国、意大利、西班牙和美国,跃居第五位,在国际葡萄酒市场中正在扮演一个越来越重要的角色。

但自 2012 年以来,由于种植成本高、模式落后、效率低下等先天不足的问题,国产葡萄酒产量连跌四年,在和进口葡萄酒的竞争中落了下风。而我国葡萄酒消费的增长却是冠绝

图 15-11　姚明与姚明牌葡萄酒

全球。Vinexpo 主席 Xavier de Eizaguirre 指出："中国的增长幅度是非常惊人的,这是一个年轻市场的特征,具有活力。在当前全球经济衰退、老牌欧洲市场消费纷纷下降的情况下,中国的市场消费依然保持增长,尽管或许以后这种速度会减慢,但依然非常值得期待。"

社会上流行一种说法:贫穷喝白酒,小康喝啤酒,富裕喝葡萄酒。的确,我国葡萄酒消费的成长是和经济的持续增长相对应的,没有经济的繁荣就没有葡萄酒的今天。据统计,2005年至 2009 年,中国的葡萄酒消费量上升一倍,达 11.56 亿瓶,升幅为 104%。借用《葡萄酒》杂志创刊酒会上的一段话:"在这个新兴加转轨的国度里,葡萄酒已经成为健康的标签,时尚的密码,品味的关键词,优雅的通行证。在世界任何一个生产葡萄酒的地方,随便问一个葡萄酒从业者,老板最近都在忙什么? 他们大都这样回答:老板如果不在中国,就在去中国的路上……《葡萄酒》杂志的创刊,象征着葡萄酒的中国时代真正到来。"

来自波尔多葡萄酒行业协会(CIVB)的数据显示,波尔多酒中国的出口量占出口总量的1/4,10 年内波尔多酒对中国出口量增长了 100 倍。CIVB 经济与研究部门主管 Jean-Philippe Code 表示,"与日本不同,中国市场非常巨大,连小城市都有 100 多万人口。波尔多葡萄酒消费不仅在大城市保持了强劲增长,在众多的小城市中也日趋火热"。早在 2007 年,葡萄酒大师李志延就谈道:"如果每个中国人今年喝半瓶葡萄酒,欧洲的葡萄酒湖泊将在眨眼间干涸见底。"

关于中国葡萄酒的产区概况,将在下一章专门讨论。

六、阿根廷葡萄酒产区

阿根廷葡萄酒的生产在 2011 年位列世界第六,是南美洲最大的葡萄酒生产国,也是世界上重要的葡萄酒生产和消费市场,被誉为"南美葡萄酒的骄傲"。

阿根廷位于南纬 22°—54°区域,酿酒葡萄种植面积占世界的 3%,相当于南半球葡萄种植面积的 1/3,属于新世界产区。这里独特的风土,孕育出极具特色的阿根廷葡萄酒,它兼具

旧世界和新世界葡萄酒产区的特点。

在阿根廷,大多数的葡萄园都位于海拔 600—2000 m 之间。海拔对葡萄园的气候有着重要影响,在一定程度上可以抵消低纬度的影响(海拔每升高 150 m,平均气温会下降 1 ℃),这也是萨尔塔(Salta)等低纬度地区可以种植葡萄的原因。阿根廷境内多沙漠,充足的光照,赋予了阿根廷红葡萄酒饱满的颜色。此外,沙漠温度变化剧烈,昼夜温差较大,也会影响葡萄的生长发育,譬如高纬度的优克谷(Uco Valley)相较于低纬度更温暖的门多萨(Mendoza)等地,出产的红葡萄酒表现出更好的结构和更饱满的酒体。但干旱的气候使得阿根廷葡萄园不得不依赖于灌溉系统。

阿根廷酿造葡萄酒的历史也比较悠久,早在 1516 年西班牙殖民者登陆阿根廷,就带来了欧洲的葡萄品种,但由于气候不同,试种并不顺利。直到 1577 年,来自秘鲁的传教士在圣地亚哥爱沙泰罗(Santiago del Estero)才试种成功,但并不兴盛。20 世纪初,一群漂洋过海而来的欧洲新移民带来了先进的葡萄种植和酿酒技术,阿根廷的葡萄酒产业才正式迈入新的纪元。

红葡萄酒是阿根廷最好的酒,原料有加本力苏维翁、梅洛红以及最著名的马尔贝克葡萄品种。由马尔贝克酿制的红葡萄酒是阿根廷最富果香、令人满意的葡萄酒。在白葡萄酒中,阿根廷的莎当妮品质优良,浓情干白葡萄酒也芳香无比。该国的马尔贝克葡萄(Malbec)十分有特色,其所酿的酒值得葡萄酒爱好者一试。

七、澳大利亚葡萄酒产区

澳洲位于南纬 10°41′—43°39′,南部的温带区域阳光充足,土壤矿物质丰富,拥有不受污染的天然环境,葡萄酒在国际市场很具知名度。由于位处南半球,所以大约每年的 5 月左右便可以喝到"新酒",可以说是全世界最早上市的新酒。澳洲葡萄酒在 2011 年位列世界第六位,被誉为"葡萄酒的新兴世界"。

澳洲的优质产区主要分布在南澳、新南威尔士、维多利亚(包括塔斯马尼亚岛)、西澳四大产区(见图 15-14),其产量比依次为 8∶4∶2∶1,葡萄酒各有特色。西澳,可以说是世界上最孤立的一个人类生活区域,广袤的面积和稀少的人口,造就了西澳独一无二的自然条件和人文特色。虽然早在 1788 年,第一株葡萄苗就由欧洲殖民者带来,但葡萄酒产业的发展还不到 50 年。风景如画、气候宜人的海滨环境,造就了风格迥异、魅力独特的葡萄酒。

澳大利亚红酒中最有特色的要数西拉(Syrah)。西拉引种自波尔多,但它到了澳洲却表现出独特的风味,被葡萄酒爱好者津津乐道。在新世界的葡萄酒中,澳洲酒价格偏高,但其品质和潜力也是绝对不容小觑的。

澳洲葡萄酒产地规定与美国类似,只规定了葡萄酒产地的地理位置,在酒标上标注了葡萄酒产区,酿造这种酒的葡萄至少要有 85% 来自该产区。澳大利亚稳定的气候条件,加上先进的酿造工艺和现代化的酿酒设备,每年出产的葡萄酒品质都相对稳定。

八、智利葡萄酒产区

智利位于南纬 18°—57°、安第斯山脉与太平洋之间。南纬 30°以南区域主要为地中海气候和温带海洋性气候,南纬 30°以北地区主要为热带沙漠气候。

智利白天的日照时间长,夜间温度又足够低,具备葡萄成熟的最理想条件。夏天干燥,虫害很少。独特的气候条件,再加上欧洲古老的酿酒方法,使得智利葡萄酒既有欧洲传统,又不失南美风味,给人一种新旧交叠的感觉。

20 世纪 80 年代以后,随着拉菲家族(Lafite)、木桐家族(Mouton)的入驻以及大量投资,智利成为一匹葡萄酒界的黑马。20 世纪 90 年代以后,大量价廉物美的智利葡萄酒逐渐走向世界,并被认为是最适合入门者饮用的新世界葡萄酒,深受大众喜爱。

受 1976 年的巴黎盲品会启发,智利葡萄酒名庄庄主——伊拉苏家族第 5 代传人爱德华多·查威克(Eduardo Chadwick)(见图 15-12)决定举办一场智利葡萄酒与世界顶级葡萄酒的盲品会。他邀请 1976 年巴黎盲品会的组织者、《醇鉴》杂志世界葡萄酒大奖赛主席斯蒂芬·斯普瑞尔(Steven Spurrier),以及欧洲最具影响力的葡萄酒作家、侍酒师和评论家等 36 位专家齐聚德国柏林。当时盲品的酒款共有 16 款,有拉菲古堡(Chateau Lafite Rothschild)、玛歌(Chateau Margaux)、拉图(Chateau Latour)、西施佳雅(Sassicaia)、索拉雅(Solaia)、天娜(Tignanello)等法国和意大利顶级名庄,参赛酒款的年份则是被罗伯特·帕克(Robert Parker)誉为千禧名酿的 2000 和 2001 年等顶级年份。其中玛歌 2000 年被帕克评为满分,拉菲和拉图 2000 年也被国际知名杂志《葡萄酒观察家》(Wine Spectator)评为满分,其他酒款也均获 98 分以上高评。

图 15-12　伊拉苏家酒庄庄主爱德华多·查威克

最终的盲品结果显示,智利伊拉苏的查威克 2000 年和桑雅 2001 年超越拉菲,荣获第 1 和第 2 名,桑雅 2000 年荣获第 4 名,查威克 2001 年荣获第 7 名,马克西米诺荣获第 8 名,由此伊拉苏声名鹊起。柏林盲品会不仅让智利葡萄酒登上世界舞台,也让伊拉苏酒庄成为智利最有名的酒庄。此后的 10 年时间里,伊拉苏酒庄开启了全球盲品会之旅,在 18 个国家共举办了 22 场盲品会,其中有 20 场盲品会伊拉苏葡萄酒名列前 3,15 次超过了拉菲,智利葡萄酒的地位毋庸置疑。

葡萄酒酿造与品鉴

九、南非葡萄酒产区

南非在非洲大陆的最南端，是一个由黑人、白人、有色人和亚裔构成的国度，被称为"彩虹之国"。南非西临太平洋，东临印度洋，夏天日照时间较长，冬天气候温暖而湿润，是典型的地中海气候，自然环境和气候条件优越。早在 1652 年，荷兰东印度公司将南非的开普敦作为通往印度的中转站，定居者们开始在这里种植葡萄并酿造葡萄酒，以供船员们饮用。300 多年后的今天，南非拥有葡萄园面积 10 万公顷，酒窖或葡萄酒厂 560 多个，产量达到 6 亿多升，葡萄酒产量占世界总产量的 3%，居世界第九位，算得上是"新世界葡萄酒的老资本"。其产品既有旧世界葡萄酒的优雅和高贵，又有新世界葡萄酒的野性与果香。

南非葡萄酒产区主要集中在南纬 34°区域的山谷两侧和丘陵地区，属于地中海气候。主要产区有：康斯坦提亚、斯坦林布什、帕尔、艾尔金、罗贝尔森、黑地和伍斯特等（见图 15-13）。其中最有名气的要数帕尔、康斯坦提亚和斯坦林布什三个区域。这里靠近海洋，云层较厚，为葡萄起到良好的保温作用。但葡萄的收成受气候的影响非常大，一旦有风暴来袭，葡萄园就会颗粒无收。近年来，南非政府一直不遗余力地在中国推广其所产的葡萄酒。

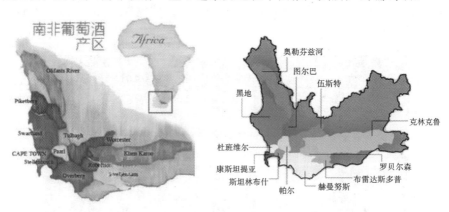

图 15-13　南非葡萄酒产区地图

十、德国葡萄酒产区

德国位于欧洲中部，北纬 47°—55°之间，是雷司令（Riesling）的家乡。受潮湿的西风影响，大多数地区属温带海洋性气候。由于气候比较寒冷，以生产白葡萄酒为主。雷司令白葡萄酒酒香馥郁，口感清爽，酒精度低，在世界上久负盛名。此外，德国也是一流的起泡酒、冰葡萄酒的著名产地。

德国有 13 个葡萄种植区（见图 15-14），如 Moselr（摩泽尔）、Rheingau（莱茵高）、Pfalz（法尔兹）、Rheinhessen（莱茵黑森）、Ahr（阿尔）、Mittelrheim（米特海姆）、Nahe（纳赫）、Baden（巴登）等，拥有 65000 家企业。每一个产区都有自己的特产，种植各具地区特色的葡萄。葡萄酒年产量为 9 亿升，其中白葡萄酒占 65%，红葡萄酒占 35%。约有 1/4 出口到美国、英国、日本等国。近年来，德国的甜酒也越来越受到消费者的喜爱，全球最贵的雷司令甜白来自摩泽尔 Egon Muller 酒庄，年产量仅有两三百瓶，2019 年国际均价每瓶 9 万多元。

摩泽尔河发源于法国，经德国西南部的绿色山谷，然后同贯穿欧洲心脏的莱茵河汇合。

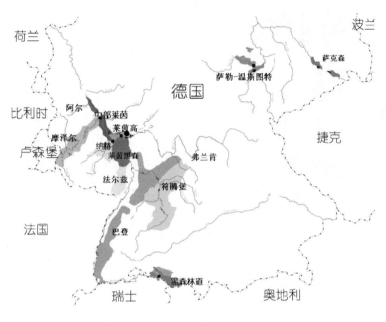

图 15-14 德国葡萄酒产区地图

摩泽尔葡萄酒产区位于摩泽尔河谷以及摩泽尔河支流的河谷中,专门出产特定产区优质酒。有一首咏葡萄酒的民歌,大意如下。

> 摩泽尔河畔的特里尔,
>
> 在静静的山谷里绽放,
>
> 她沐浴着明媚的阳光,
>
> 点缀着壮丽的城堡和教堂。
>
> 我站在摩泽尔河旁,
>
> 这是我美丽的家乡,
>
> 我感到如此的亲切。
>
> 倘若到了别的地方,
>
> 心中就浮现出惆怅,
>
> 因为在那里难以痛饮故乡的佳酿。

摩泽尔河畔有许多酿造葡萄酒的城市,特里尔就是其中的一个,这里也是马克思的故乡。马克思从小就是在葡萄酒文化的熏陶中长大,据说他的父亲就有一个葡萄园,还有酒窖。在当时,摩泽尔河流域的葡萄酒赫赫有名,但酒农的经济状况不佳,既有高利贷的盘剥,又有名目繁多的苛捐杂税,酒农的生活每况愈下。关心疾苦的青年马克思,常常深入酒农家里调查其生活状况以及他们贫困的原因,他相继在《莱茵报》发表《关于摩泽尔地区农民状况》《摩泽尔记者的辩护》等文章,这也是促使马克思研究政治经济学的最初动因之一。

在《资本论》等著作中,马克思经常以葡萄酒产业为例进行阐述。马克思和恩格斯的通信中,提及葡萄酒的地方多达 400 处。恩格斯后来评价,摩泽尔的葡萄酒问题让马克思的思考"从纯粹政治议题,转向经济学问题乃至社会学议题"。当代历史学者鲍麦斯特认为,摩泽

图 15-15 卡尔·马克思葡萄酒

尔的美酒催化了马克思的思考。今天,在特里尔售卖的一种中高品质的红酒,品牌是"卡尔·马克思",上贴红色酒标,马克思经典的"大胡子"形象跃然纸上(见图 15-15)。

经济学家于光远在《马克思恩格斯论喝酒》一文中提到,马克思在给他的亲家法拉格的信中有这样一段话:"衷心感谢您寄来的葡萄酒。我出身于葡萄酒产区,自己也是葡萄园园主,所以能恰当地鉴赏和品评葡萄酒。我和路德(注:马丁·路德)老头都认为,不喜欢葡萄酒的人永远不会有出息(永远没有无例外的规则)。"

马克思流亡海外之后,恩格斯经年累月、乐此不疲地给马克思买酒、寄酒。在 1862 年 2 月给马克思的信中说写道:"今天寄给你一个木箱……内有 8 瓶波尔多、4 瓶 1846 年的陈年莱茵酒、两瓶雪利酒";在 1866 年 6 月给马克思的信中写道:"今天晚上寄给你一箱波尔多葡萄酒……"

朱敏信在《漫游葡萄酒之路》中写道:"这个州(注:法尔兹产区)的东南部有一条遐迩驰名的'葡萄酒之路'……'葡萄酒之路'长达八十公里,是一条弯弯曲曲伸展在莱茵河西侧的小路。我们从一个山头的古堡上极目远眺,只见层层排列的葡萄架布满田野山谷,迎风飘荡着嫩绿的葡萄藤叶,犹如大海的波涛;在这一带,家家种葡萄,处处有酒馆,酿酒厂星罗棋布。位于'葡萄酒之路'中断的诺伊施塔特市和兰道市是联邦德国产葡萄酒最多的两个城市,被称为'葡萄酒之路'上的酒城。"

全球 65% 的雷司令葡萄种植于德国,德国雷司令也被誉为白葡萄酒之王。雷司令是一种富于变化的葡萄,可以酿造干酒、冰酒和贵腐酒。年轻的干白适宜在夏天饮用;半干或者是半甜的白葡萄酒适宜于佐餐鱼、虾等海鲜类菜肴;甜白葡萄酒最宜搭配甜点。漫长的成熟期造就了雷司令葡萄酒馥郁多样的香气,从桃子、柑果等水果的香味到蜂蜜的甜香,尽皆涵盖,时而浓厚,时而清新。没有一款白葡萄酒能像雷司令酒那样,让人们在品尝单品种葡萄酒时,经历多层次的味觉享受。

十一、葡萄牙葡萄酒产区

葡萄牙位于北纬 36°—42° 之间,濒临大西洋,与西班牙接壤,拥有典型的地中海气候。早在两千五百多年前,葡萄酒酿造技术就已经传到了葡萄牙。所以,葡萄牙是欧洲葡萄酒传统生产国之一。

约五百年前,葡萄牙殖民者怀着对宗教的热情和对财富的渴望,从罗卡角出发,征服海洋、主宰世界长达一个世纪之久。他们的足迹遍布了欧洲、亚洲、美洲、非洲等地,无形中促进了葡萄酒文化在世界各地的传播,被誉为"葡萄酒文化的传播者"。

葡萄牙境内生长有 250 多种葡萄,悠久的历史加上特别的气候和土壤条件,令其酿造的葡萄酒极富个性和特色。葡萄牙也是葡萄酒的主要消费国,平均每年每人要喝掉 50 公斤。近年来,葡萄牙政府加大了葡萄酒产业的发展力度,更加注重传统葡萄酒的推广。1989 年,他们把全国的葡萄产区按照等级进行划分,共分为五十五个产区。同时,对酿酒设备进行了改造,投入大批现代化的设施,酒质得到了迅速地提高。

2005 年,在法国波尔多国际葡萄酒交易会上,著名的美国女酒评家 Jancis Robinson 评价道:"葡萄牙是世界上拥有最多自己本土葡萄品种和特色的优质酿酒国。现在,通过设备的改良和酿造技术的提高,其葡萄酒更是富有时尚、果味浓郁的特点。"

十二、希腊葡萄酒产区

希腊位于北纬 35°—41.5°之间。古希腊既是欧洲葡萄酒的发源地,也是欧洲文化的发源地。15 世纪中叶到 1821 年,希腊被奥斯曼帝国统治,葡萄酒产业衰落。19 世纪中期,葡萄酒业才又重新起步,大致和加州的葡萄酒产业同步。"国际"与"本土"范并存,希腊连接了葡萄酒发展的历史与现代。图 15-16 为希腊葡萄酒产区地图。

希腊日照丰富,降雨量低,土壤肥沃度适中,生产的葡萄品质很高。如今,希腊栽培着300 多种当地的葡萄品种及流行的国际品种,多样的品种酿制出风格多样的葡萄酒,既有结构鲜明的红葡萄酒,也有芳香四溢、细腻优雅的白葡萄酒,还有充满独特的异域风格的甜酒。尽管希腊葡萄酒产量在欧盟中所占的比重较小,但自从 1981 年加入欧盟以来,欧洲资本的涌入促进了葡萄酒产业的更新,加快了迈向现代化的步伐。如今,希腊葡萄种植面积将近 13万公顷,葡萄酒产量 40 多万吨,位居世界第 14 位,欧盟第 6 位。

在古希腊,葡萄酒象征着智慧的源泉,苏格拉底曾说:"葡萄酒能抚慰人们的情绪,让人忘记烦恼,使我们恢复生气,重燃生命之火。"

十三、新西兰葡萄酒产区

新西兰位于南纬 34°—47°之间,葡萄酒生产的历史虽然短暂,但以纯净的自然环境、淳朴的原始民风吸引着四方来客,出产的葡萄酒有着远离污染的味道,是"新世界葡萄酒的新星"。图 15-17 为新西兰葡萄酒产区地图。

图 15-16 希腊葡萄酒产区地图

图 15-17 新西兰葡萄酒产区地图

　　新西兰由南岛和北岛组成,属于多山环境,四面环海,纬度较高,跨度较大。海洋气候的影响使全国范围内都能够栽种葡萄,不过南、北岛气候迥异,最北端接近亚热带气候,而南端则几乎已临近极地,南岛中部的中奥塔哥(Central Otago)是全世界最南端的葡萄酒产区。但新西兰丰沛的降雨量相对来说不是一个好因素,为了避免西面较多的雨水,葡萄园更多地集中在少雨的东部海岸,产品以白葡萄酒为主,占葡萄酒产量的90%。凉爽的气候和特别长的生长季等独特的自然环境,使其白葡萄酒有着独特的风味,如干净纯美的果香、可口诱人的酸度。主要品种有长相思、霞多丽、琼瑶浆、雷司令、白苏维翁等。特别是马尔堡的长相思、马丁堡和中奥塔哥的黑皮诺别具特色。

　　新西兰葡萄酒产量只占全球产量的1%,目标是小众的消费市场,但发展速度惊人,近年来已成为新世界的主要产酒国之一。特别是在有机或生物动力酿造体系中,涌现出众多耀眼的新星,在国际上屡获大奖。个中极品更是远销海外,成为世界各地藏家们的酒窖珍藏。针对中国大众的口感,新西兰每年酿造一批专供中国市场的葡萄酒,郎枫(Lefong)和南极星(Invivo)在中国已取得了不俗的成绩。

第三节　结　　语

　　世界葡萄酒产区主要分为新、旧两大世界,主要分布于南北纬30°—50°的温带区域。法国、意大利和西班牙三国的葡萄酒产量始终位居世界前三,约占世界产量的60%。

　　希腊是欧洲葡萄酒文化的发源地,"国际"与"本土"范并存,连接了葡萄酒的历史与现代。法国是当之无愧的葡萄酒第一强国,葡萄酒产量约占世界总产量的20%,被誉为"浪漫醉人的葡萄酒圣地"。意大利被誉为"风情万种的葡萄酒王国",意大利人自称他们的血液是葡萄酒染红的,葡萄酒产量与法国难分伯仲。西班牙是世界上葡萄种植面积最大的国家,是"旧世界的葡萄酒巨人",葡萄酒被称为"装在瓶子里的西班牙阳光",葡萄酒产量位列世界第三。葡萄牙被誉为"葡萄酒文化的传播者"。德国是雷司令的家乡,也是起泡酒、冰葡萄酒的著名产地。摩泽尔是马克思的故乡,他从小就在葡萄酒文化的熏陶中长大,"摩泽尔的美酒催化了马克思的思考"。

　　一曲"巴黎审判",终结了人们对旧世界葡萄酒的迷信和对新世界葡萄酒的偏见,加州风格的葡萄酒一举成名,被誉为"新世界葡萄酒的领头羊"。阿根廷是南美最大的葡萄酒生产国,被誉为"南美葡萄酒的骄傲"。澳洲葡萄酒被誉为"葡萄酒的新兴世界",出产的西拉(Syrah)葡萄酒被人们津津乐道。智利被誉为"新世界葡萄酒的黑马",伊拉苏等知名酒庄不断登上世界舞台,品质一度超过拉菲。南非是"新世界葡萄酒的老资本",既有旧世界葡萄酒的优雅和高贵,又有新世界葡萄酒的野性与果香,在我国的葡萄酒市场上也逐渐占有一席之地。新西兰葡萄酒生产的历史虽然短暂,但以其纯净的自然环境、淳朴的原始民风吸引着四方来客,出产的葡萄酒有着远离污染的味道,被誉为"新世界葡萄酒的新星"。

第十六章 →

中国葡萄酒的主要产区

"酿好酒的第一要点是尊重自然。自然永远是我们的引领与指南,让风土运行其自身的规律。"

——勃艮第酿酒大师　亨利·贾叶(Henry Jayer)

我国酿造葡萄酒的历史悠久,唐、元两朝曾经一度兴盛,成为我国葡萄酒发展史上的两个高峰。自明朝开始逐渐衰落,至清末时"葡萄酒一物散见于载籍者不胜枚举,奈其法失传,以至醍醐美味如广陵散之绝于人间"。1892 年,张弼士先生创建了张裕酿酒公司,标志着我国近代葡萄酒工业的开端。但历经战乱,张裕酿酒公司也只能苟延残喘。1949 年后,葡萄酒产业虽然得到一定的重视,但由于时代的局限,并没有得到健康的发展。改革开放之后,特别是进入 21 世纪以来,我国的葡萄酒产业才得到了快速的发展,逐渐形成了中国本土的葡萄酒产区。

第一节　中国葡萄酒产区的划分

一、"八大产区"说

早在 20 世纪中期,我国将葡萄酒分为"八大产区"。它们分别是北方寒地产区、河北沙城产区、环渤海湾产区、甘肃产区、山西清徐产区、新疆产区、宁夏产区、西南高原产区。当时,葡萄酒的"八大产区"都有葡萄酒酿造企业,而环渤海湾产区是葡萄酒酿造最集中的产区。只是由于历史的局限,产品质量同真正意义上的葡萄酒还有很大差距。

二、"十大产区"说

1999 年,葡萄酒专家朱林将全国分为 10 个葡萄酒产区,它们是吉林通化产区、渤海湾产区、怀涿盆地产区、山西清徐产区、宁夏银川产区、甘肃武威产区、新疆吐鲁番产区、新疆石河子产区、云南弥勒产区以及黄河故道产区。

三、"十三大产区"说

进入 21 世纪以来,我国葡萄酒产业得到蓬勃发展,西北农林科技大学葡萄酒学院李华教授将我国的葡萄酒生产分为 13 个产区。目前,中国已经拥有山东、河北、宁蒙、山西、甘肃、新疆、东北、北京、天津、西南高山、黄河故道、陕西、广西 13 个葡萄酒产区,几乎覆盖了国内全部适合种植酿酒葡萄的区域,中国的葡萄酒地图正日渐清晰,相关的投资和产业链建设也正在向这些区域聚集。

下面按照李华教授对我国的葡萄酒 13 个产区的划分,逐一进行简要的介绍。

第二节　中国葡萄酒产区简介

一、山东产区

山东产区大部分在渤海湾、辽东湾、莱州湾三大海湾,以及延伸到属于黄海区域的青岛产区,如烟台、蓬莱、青岛、大泽山等地。在过去的分类中,将其统称为环渤海湾产区(见图 16-1)。这些地区由于濒临海洋,与同纬度的内陆相比气候温和,夏无酷暑、冬无严寒,因此很适合酿酒葡萄的生长。

图 16-1　环渤海湾产区

然而由于各地的小气候和土壤条件的差异很大,因此,又分为几个不同的小产区。截至2011 年年底,山东葡萄酒企业已发展到 238 家,占全国的 23.7%;葡萄酒年产值和销售收入均占全国一半以上,并拥有中国名牌产品 5 个、全国驰名商标 6 个。其中,张裕、华东、烟台长城、威龙葡萄酒,已成为人们耳熟能详的优质品牌。胶东半岛是我国最大的葡萄酒生产基地,其产量占全国产量的 40％以上。下面重点介绍烟台产区和青岛产区。

（一）烟台产区

烟台位于北纬 36°16′—38°23′,地处山东半岛中部,属渤海湾暖温带半湿润季风气候,依山傍海、气候宜人、冬无严寒、夏无酷暑,濒临渤海和黄海。截至 2015 年,烟台市发展酿酒葡萄基地 28 万亩,葡萄酒年产量达到 3.284 亿升,占全国葡萄酒年总产量的 1/3,利润占全国六成。

烟台拥有张裕、烟台中粮、威龙三大龙头企业,到 2015 年,全市获得生产许可证的葡萄酒生产企业 153 家,其中规模以上企业 35 家。如今,烟台产区的葡萄酒庄遍布各个县市区,著名的有烟台张裕卡斯特酒庄、中粮君顶酒庄、登龙红酒酒庄、烟台瑞事临酒庄、国宾酒庄、南山庄园、塞纳酒庄和瑞枫奥塞斯酒庄等。

2002 年张裕公司与法国葡萄酒巨头卡斯特公司合作,在烟台成立了烟台张裕卡斯特葡萄酒庄。张裕公司还推出了中国首条葡萄酒文化经典旅游路线,以酒庄体验生活为主题,在欣赏葡萄园美景、品尝葡萄美酒的同时让游客感受葡萄酒的文化内涵(见图 16-2)。鉴于张裕公司在葡萄基地建设和葡萄酿酒方面对世界所做出的贡献,有 33 个会员国的国际葡萄与葡萄酒组织决定接纳烟台市为中国唯一的"国际葡萄·葡萄酒城"。

图 16-2　烟台葡萄酒休闲之旅

2012 年,法国罗斯柴尔德男爵投资的拉菲酒庄在烟台蓬莱落户;同年,张裕丁洛特酒庄在烟台开发区奠基,这是中国第一座投资级葡萄酒庄,也是中国第一座采用有机栽培法,利用自然动力种植酿造的葡萄酒庄,将每年限产高端葡萄酒 25 万瓶;与此同时,张裕公司还在烟台建立了中国第一个白兰地酒庄。图 16-3 为烟台张裕·葡萄与葡萄酒研究院。

从烟台市区驱车至蓬莱,道路两侧绵延起伏的山坡上分布着广袤的葡萄园,葡萄酒庄遍

图 16-3　烟台张裕·葡萄与葡萄酒研究院

地开花,风格各异。在烟台市莱山区的瀑拉山谷,正在兴建 50 个葡萄酒庄,是烟台市葡萄酒庄最为密集的地方,建成后那里将成为葡萄酒观光度假胜地。根据规划,到 2020 年,这里将有建成、在建及签约的酒庄 105 个,葡萄酒小镇 6 个。

（二）青岛产区

青岛市地处山东半岛南部,位于北纬 35°35′—37°09′,濒临黄海,属温带季风气候,同时具有显著的海洋性气候特点,空气湿润、雨量充沛、温度适中、四季分明。

青岛是国内最早酿造的葡萄酒的产地之一,早在 1912 年,德国商人克劳克就创立了青岛地区第一家葡萄酒作坊。现在主要的葡萄酒企业有位于莱西市的青岛中粮葡萄酒有限公司、平度市的青岛国泰葡萄酒有限公司、青岛满山红葡萄酒厂、青岛亚青酒业发展有限公司等。

青岛葡萄酒博物馆是 2009 年由青岛市北区委区政府投资打造的以葡萄酒历史与文化展示为主题的集科普教育、收藏展示、旅游休闲、文化交流等多种功能于一体的特色博物馆,同时也是国内第一座以葡萄酒为主题的地下博物馆,是一个星级旅游景点（见图 16-4）。在此可以全面追溯葡萄酒的源起与历史,是展现葡萄酒的文化与品质,普及葡萄酒的工艺与知识的特色博物馆。

二、河北产区

燕山南麓环渤海湾的河北昌黎、卢龙、抚宁、唐山、秦皇岛等地,由于靠近渤海和黄海,受海洋的影响,气候稳定,热量丰富,雨量适中,土壤适宜,自然条件优越,也是我国葡萄酒的主要产区之一。

（一）河北昌黎产区

昌黎县隶属于河北省秦皇岛市,位于华北地区东缘,东临渤海,属于中国东部季风区、暖温带、半湿润大陆性气候,年降水量 695.6 mm,年均气温 11 ℃。昌黎产区主要有昌黎朗格斯酒庄、昌黎轩尼诗酒庄、华夏长城庄园等。

图 16-4　青岛葡萄酒博物馆

昌黎有 300 多年的葡萄栽培历史,素有"花果之乡"的美称,特别适宜赤霞珠、梅洛等品种的栽培。早在 20 世纪 80 年代初,由原轻工业部发酵研究所高级工程师郭其昌主持开发研制出的中国第一瓶高档干红葡萄酒就在昌黎诞生。1988 年,昌黎建成了中国第一家生产高档葡萄酒的专业公司——中粮华夏长城葡萄酿酒有限公司。2002 年 8 月"昌黎葡萄酒"成为中国第一个获得原产地域产品保护的葡萄酒。目前,全县葡萄酿酒企业总数已达 24 家,葡萄酒年生产规模 6.6 万吨,成为全国最大的干红葡萄酒生产基地,并涌现出了华夏长城、茅台、地王、越千年、野力等一批知名品牌。目前,昌黎正在把自身打造为"中国干红葡萄酒城"。河北昌黎葡萄酒基地如图 16-5 所示。

(a)　　　　　　　　　　(b)　　　　　　　　　　(c)

图 16-5　河北昌黎葡萄酒基地

(二)河北沙城产区

河北沙城位于北纬 $40°35′-40°4′$,这里光照充足,热量适中,昼夜温差大,降雨量少,气候干燥,年活动积温 3532 ℃,年降水量 413 mm,土壤为褐土,质地偏砂,多丘陵山地,十分有利于葡萄的生长。得天独厚的地理条件,使得河北沙城成为我国酿造葡萄酒的理想的产区之一。

河北沙城产区包括宣化、涿鹿、怀来等地,也称为怀涿盆地产区,主要有长城桑干酒庄、

斯帕多内葡萄酒庄、瑞云酒庄、容辰酒庄、红叶葡萄酒庄、怀来紫晶庄园等。早在 1976 年，怀来就被定为国家葡萄酒原料基地，是中国高档葡萄酒的生产基地。在中粮长城等龙头企业的带动下，怀来、涿鹿两县的葡萄产业迅猛发展，先后兴建了河北龙泉葡萄酒有限公司、河北夹河葡萄酒有限公司、河北马丁葡萄酿酒有限公司、容辰庄园葡萄酒有限公司、张家口华龙葡萄酒有限公司等多家葡萄酒生产企业。中法葡萄种植示范农场也落户怀来；阿根廷斯帕多内集团全资收购原长城果品开发公司，组建了怀来斯帕多内葡萄酒庄。2002 年 12 月"沙城产区葡萄酒"获国家原产地域产品保护。

三、宁蒙产区

宁蒙产区主要指宁夏和内蒙古的葡萄酒产区。

宁夏贺兰山东麓葡萄酒产区（见图 16-6）位于北纬 37°43′—39°23′，素有"塞上江南"之美誉。土壤为含砾石的砂质壤土和半砂质土壤，气候属中温带半干旱气候区。气候干旱，日照充足，昼夜温差大，有利于酿酒葡萄糖分的积累，具备了与世界许多特色优质葡萄产区相似的地源条件。由于贺兰山的天然屏障，可抵御来自西伯利亚的寒流；在这里种植葡萄无病虫害，具有香气发育完全、色素形成良好、含糖量高、含酸量适中、无污染、品质优良等优势，是一个得天独厚的绿色食品基地，国家市场监督管理总局已批准贺兰山东麓成为继昌黎、烟台之后，我国第三个"葡萄酒原产地域产品保护地区"。

图 16-6　贺兰山东麓葡萄酒产区

经过近 30 年发展，宁夏葡萄酒产业逐渐形成了"西夏王""贺兰晴雪""银色高地""贺兰山""御马""类人首"等几十家葡萄酒加工企业，也吸引了张裕、保乐力加、王朝、长城等国内外知名企业投资建厂，进一步带动了产业的发展。

（一）玉泉葡萄庄园

宁夏西夏王葡萄酒业有限公司（玉泉葡萄庄园）位于贺兰山东麓，隶属于宁夏回族自治区农垦事业管理局，是在原有玉泉营农场、玉泉葡萄酒厂的基础上，按照现代企业管理制度和规范要求，通过资源整合、资源重组组建的贸、工、农一体化的集团公司，是国家级农业产业化龙头企业。主要产品有"西夏王"葡萄酒（见图 16-7）、"枸浓"枸杞酒等。

1984 年位于贺兰山东麓中心地带的黄羊滩地区的玉泉营农场建立了全区第一个面积为 3000 多亩的葡萄酿酒基地，同时，建成了年产 4000 吨的玉泉葡萄酒厂。20 世纪 90 年代中期，宁夏玉泉葡萄酒厂生产的"西夏王"牌干红、干白葡萄酒在国内外多次获得大奖，质量

图 16-7 宁夏西夏王葡萄酒

名列前茅。

（二）贺兰晴雪酒庄

贺兰晴雪是宁夏八景之一，据说当时在炎热的六月，仍能看到蓝天晴空下贺兰山上的皑皑白雪，蔚为壮观，被称为贺兰晴雪。可惜由于全球气候的变暖，贺兰晴雪的奇景如今已难以再现。

贺兰晴雪酒庄始建于 2005 年，坐落于宁夏贺兰山东麓，与西夏王陵近在咫尺，所酿造的葡萄酒品牌"加贝兰""贺兰晴雪"等都分别在国际国内葡萄酒大赛中荣获金奖（见图 16-8）。尤其是在 2011 年品醇客世界葡萄酒大赛中，加贝兰 2009 荣获最高奖项——国际特别大奖。加贝兰已经得到业界和消费者的肯定和好评。

(a)   (b)

图 16-8 宁夏贺兰晴雪酒庄与加贝兰葡萄酒

（三）巴格斯酒庄

巴格斯酒庄（Chateau Bacchus）建于 1999 年，"巴格斯"为古罗马酒神的名字，是原始自然、绿色健康的象征（见图 16-9）。取名寓意酒庄将得到酒神的护佑，源源不断地为世间酿出最美的佳酿。酒庄于 2007 年竣工，经过多年的精心打造，巴格斯酒庄成为拥有 500 亩自主经营葡萄种植园的酒庄，并按照法国传统酿酒工艺酿造葡萄酒。

1998 年以来，我国掀起了一股葡萄酒项目的热浪，贺兰山东麓这块"风水宝地"成为众葡萄酒"大鳄"的必争之地和投资"热土"。国内葡萄酒三大巨头张裕、王朝、长城入驻宁夏，

图 16-9　宁夏巴格斯酒庄

国际葡萄酒巨头保乐力加、法国轩尼诗等葡萄酒企业也相继抢滩宁夏。目前,初步形成了以永宁县、农垦农场、青铜峡为主体,红寺堡为补充的贺兰山东麓葡萄产业带。波尔多葡萄酒学院院长克劳瑞认为,贺兰山葡萄酒色泽辉煌灿烂、口感丰满、后味悠长,实为世界级好酒。波尔多地区酒商行会主席伯杰认为,贺兰山干红晶莹闪亮、口感纯正、果香浓郁、醇美厚重、后味耐品。美国加州酒商协会组织专家和商家来宁夏考察时,考察团团长大卫先生曾感慨道,宁夏之行不虚此行。葡萄酒专家李华教授认为,贺兰山东麓产区是中国葡萄酒的希望。

内蒙古的葡萄酒产区主要有汉森酒业集团、瑞沃酒庄、内蒙古吉奥尼葡萄酒业有限责任公司、金沙臻堡和威龙沙漠绿洲有机葡萄庄园等。尽管已经取得了不俗的成绩,但在国内知名度不高。

四、山西产区

山西简称晋,地处北纬 34°34′—40°43′,东有巍巍太行,西有滔滔黄河,是中华农耕文明的发祥地之一,被誉为"华夏文明摇篮"。国内的文献多把山西的葡萄酒产区称为清徐产区,这是因为清徐的葡萄和葡萄酒历史非常悠久,有 2000 多年的历史。目前,除了清徐的几家葡萄酒企业外,怡园酒庄、戎子酒庄等相继崛起,山西中加石膏山冰酒有限公司、鑫淼酒庄生产的冰酒也崭露头角。

(一)怡园酒庄

怡园酒庄(见图 16-10)位于山西晋中盆地的太谷县境内,北纬 37°31′,海拔 930 m,属暖温带大陆性气候。这里四季分明,日照强烈,昼夜温差大,有利于保持葡萄一定的糖度、酸度和良好成熟度;干旱少雨,较少有霉菌或病虫害,减少了农药的使用;土壤肥沃且疏水性良好,使得葡萄在这里生长趋近完美,被认为是国内最好的酿酒葡萄种植区之一。

1997 年 8 月,中国香港的陈进强先生和法国的詹威尔先生在世界著名的葡萄酒学者鲍保教授(Denis Boubals)的专业协助下,经过多方考察终于选定了山西晋中太谷县的一块向阳坡地,共同创办了怡园酒庄。自 1997 年下苗,经过三年的护苗、育苗,怡园酒庄于 2001 年收成酿酒,并开始推向市场。

2002 年 6 月,怡园系列的赤霞珠干红荣获比利时布鲁塞尔 Concours Mondial de Bruselles 国际大赛的荣誉大奖。评委会专家对怡园赤霞珠干红 2001 的评价是酒体圆润、醇

图 16-10　怡园酒庄

厚且活力十足,单宁成熟、均衡并回味悠长,是不可多得的佳酿。

2003 年,秉承"只有家族才能作长线的计划,一代接一代地孕育出好酒"的理念,陈先生将酒庄传给了女儿陈芳(见图 16-11)。陈芳女士投身于葡萄酒事业后,给酒庄注入了新的活力。2003 年 3 月,怡园系列的梅鹿干红荣获巴黎 Vinalies d'Argent 国际大赛银奖;同年,怡园系列的霞多丽干白荣获法国 Medaille d'Argent 大赛银奖。当年,香港半岛酒店和来自法国波尔多的"店酒"合同期满后,各大酒商竞相拿出自己最上乘的葡萄酒请求试酒,山西怡园也在其中。一试之下,山西怡园脱颖而出,成为最豪华的半岛酒店的"店酒"。

图 16-11　少庄主陈芳女士与怡园酒庄酒标

此后在中国香港、德国、新加坡等地,山西怡园一炮而红,香格里拉、凯宾斯基、希尔顿等星级酒店、高档会所都接纳了山西怡园。2006 年,怡园酒庄荣获了山西省质量信誉 AAA 级企业称号。怡园干白、干红及桃红葡萄酒均获得了"山西标志性名牌产品"和"山西省著名商标"的称号。2007 年 5 月,2004 年的怡园珍藏赤霞珠荣获了 2007 年度英国 Decanter"品醇客"的荣誉大奖。

2008 年怡园深蓝被国泰航空选为其头等舱及商务舱的专用葡萄酒,这家世界老牌航空公司,每年由品评专家对来自世界各地的酒进行蒙瓶鉴赏,严选佳酿,被选中的酒亦身价倍增。同年,哈佛商学院在做了详细地调研和实地考察、采访之后,将怡园酒庄的发展历程做

成了案例分析报告,并收录进商学院的 MBA 课程的教材中。陈芳坦言:"做红酒,品红酒,都需要激情,没有激情的人是无论如何也感受不到耕耘与收获的快乐的,又如何能感受到红酒的美好呢?"

(二)戎子酒庄

山西戎子酒庄有限公司创建于 2007 年,位于北纬 35°—36°吕梁山南端的晋西黄土高原上,海拔 950—1300 m,是集优质酿酒葡萄种植、中高档葡萄酒生产、农业生态观光、葡萄酒文化旅游为一体的现代化综合企业(见图 16-12)。

戎子是春秋时游牧民族狄戎部落首领狐突的女儿,一代霸主晋文公的母亲,在山西乡宁一带,留下了戎子酿酒的历史传说。

图 16-12　戎子酒庄

戎子酒庄光照充足、相对干旱,昼夜温差大,砂质土壤,土层平均厚度可达 200 m 以上,这些黄土高原的小气候特征及外围条件非常适宜优质酿酒葡萄的生长。2009 年,酒庄聘请素有"法国酒王"之称的让·克劳德·柏图先生担任首席酿酒师,并组建了以他为核心的葡萄酒酿造团队及专业的技术研发中心。本着"细选、佳酿、窖藏、精装"的八字方针,采用了低温冷渍发酵工艺、后处理绿色过滤技术、氮气防氧化系统和温度控制系统。此外,酒庄还引进了世界上最先进的粒选机——全自动光学分选仪,成为首家使用该机器的中国葡萄酒企业,这些硬件设施都高效地保证了葡萄酒的天然特性和优良品质。让·克劳德·柏图先生坚信,以酒庄所处的地理条件,必将酿造出独具黄土高原风格,尽显民族华贵的世界顶级葡萄酒。

自 2011 年戎子葡萄酒、小戎子葡萄酒相继上市以来,得到了国内外葡萄酒专家的充分肯定和赞许。戎子酒庄葡萄酒在第五届亚洲葡萄酒质量大赛、中国国际葡萄酒烈酒品评赛、克隆宾第六届(烟台)国际葡萄酒大赛等国内外品评赛上多次获奖,戎子珍藏外形设计在 2012 年比利时 Pentawards 大赛上荣获银奖。酒庄所生产的干红葡萄酒荣膺 2012 首届世界晋商大会指定用酒、第二届中国(北京)国际服务贸易交易会指定供应商,受到国内外各级领导、专家、葡萄酒爱好者的充分肯定和一致好评。

除了桃红、玫瑰香葡萄酒之外,戎子酒庄还拥有戎子系列雅黄、深啡干红葡萄酒、小戎子系列黑标、蓝标干红等多款葡萄酒,这些产品得到了国内外葡萄酒专家的充分肯定和赞许。

（三）清徐葡萄酒有限公司

山西清徐位于北纬 37.6°，地处晋中平原西北，北靠吕梁山余脉，属温带大陆性气候。境内有"一水三山六分田"之说，既是中国的醋都，也是中国的葡乡，民间流传着"清源有葡萄，相传自汉朝"的说法，葡萄酒的酿造源远流长。人称"太原公子"的唐太宗李世民，特别钟爱清徐的葡萄酒，不仅用它招待贵客，而且亲自用清徐的龙眼葡萄酿酒。当了皇帝之后，他将清徐酿酒作坊御封了"李氏作坊"的名号。

清徐产区气候温凉，光照充足，有百里葡萄沟、万亩葡萄园、省级葡萄森林公园和国家级生态旅游示范区。近年来，清徐也开始栽培赤霞珠、梅洛等酿酒葡萄，清徐的葡萄酒拥有"清徐葡萄"原产地证明商标，具有品质优良、糖分高、味道美的特色，名扬四方。1982 年，山西省清徐葡萄酒有限公司成立，主导产品有"马裕"牌葡萄酒。

（四）山西中加石膏山冰酒有限公司

山西灵石，是中国唯一一个用石头命名的城市，这块"天外来客"是我国第二大陨石。据《灵石县志》记载，隋开皇十年（590 年），"文帝驾幸太原，傍汾河开道，获得此石，石上文曰'大道永吉'，因以为瑞，遂于其地建设县治"。

2010 年，转型跨越的号角在山西大地吹响，在煤炭大县灵石，很多的能源企业都在寻求着转型。通宇集团经过一年多的调研考察，并通过国内知名葡萄酒专家的反复论证，最终确定了冰葡萄酒项目的发展思路，这也是其继开发石膏山风景区项目后的又一新型项目。随着我国经济的飞速发展，人们的消费需求也越来越高，喝葡萄酒的人越来越多，而作为葡萄酒中最为珍贵的冰酒，也必将受到越来越多消费者的青睐。

山西中加石膏山冰酒有限公司成立于 2010 年 7 月，位于灵石县南关镇，是以冰葡萄酒酿造、生产、销售为主，干型葡萄酒及饮料、饮用水生产销售为辅的大型葡萄酒企业。图16-13为温强总经理介绍生产的冰酒产品。公司分别在灵石县南关镇、静升镇，介休市兴地村建设了 3 个冰葡萄基地，总种植面积达到 6000 亩。冰葡萄酒原料采用加拿大引进的威代尔，在当地气候独特的环境下精心培育 5 年以上成熟挂果，在每年的寒冬腊月气温达到－8℃以下且持续 24 小时以上的条件下，结冰、采收、压榨，并经过长时间低恒温保糖发酵酿造而成。公司先后开发出石膏山御沧白冰、石膏山千岩白冰、石膏山染翠白冰、石膏山青悦白冰、石膏山玄禅白冰、小气候冰酒等产品。该公司生产的玄禅、青悦两款冰白葡萄酒荣获2016 年 Wine100 葡萄酒大赛铜奖。

（五）鱻森酒庄

左权县位于山西省晋中市东南部，太行山主脉中段西侧，北纬 36°45′—37°17′。鱻森酒庄成立于 2012 年 10 月，位于左权县石匣湖畔，占地面积 3000 亩（见图 16-14）。这里依山傍水、光照充足、土壤肥沃、昼夜温差大、自然环境独特，特别适合冰葡萄酒品种威代尔的生长。酒庄充分利用多年弃耕的荒地、荒山资源先行开发，创立基地，精细培育优质葡萄苗，随后将优质葡萄苗无偿提供给当地农户，以此辐射带动周边广大农户种植。该庄园对推动左权农业产业化进程、改善生态环境、带动农民增收致富起到了积极作用。

鱻森酒庄所用原料除了威代尔，还有雷司令。在"2015 首届中国·香格里拉国际冰酒文化节"上，鱻森酒庄生产的太行冰酒荣获银奖；在 2017 年 5 月 Decanter 世界葡萄酒大赛

图 16-13 温强总经理介绍生产的冰酒产品

（DWWA）上，蠡淼酒庄生产的太行冰谷威代尔白冰葡萄酒（2013）获得金奖。

图 16-14 左权蠡淼酒庄的欧式酿酒基地

五、甘肃产区

甘肃地处北纬 32°31′—42°57′的黄河上游，是中国丝绸之路上的一个既古老又新兴的葡萄酒产地。甘肃省葡萄酒生产企业主要集中在河西走廊产业带上，已形成武威莫高葡萄酒庄园、嘉峪关紫轩葡萄酒庄园、祁连葡萄庄园三大阵营为主的葡萄酒产地，并逐渐发展成为集参观园、展览、旅游、品鉴、窖藏、体验为一体的高标准、多功能、艺术化、国际化酒庄。"莫高"已经成为全国知名品牌。独特的地理环境优势，优质无公害的酿造葡萄，使河西走廊成为世界葡萄酒企业聚焦的热土。

（一）武威莫高葡萄酒庄园

武威地处河西走廊东端，葡萄种植区位于北纬 36°46′—38°09′的"黄金地带"。气候冷凉干燥，日照时间长，甚至高出法国波尔多 1000 多个小时；昼夜温差大，有利于糖分的积累。在荒漠戈壁上，其他农作物不易生长，但葡萄种植属于节水农业，松软的土壤使其根系发育壮大，干燥的气候使葡萄避免了病虫害的干扰，再加上祁连山冰川雪水的灌溉，该地被誉为酿造"有机葡萄酒"的最佳产地之一。图16-15为甘肃莫高酒业的酒标。

图16-15　甘肃莫高酒业的酒标

武威,古称凉州,其葡萄酒文化的历史非常悠久,《汉书·西域传》载,西汉武帝时期,贰师将军李广利伐大宛国时引进葡萄品种、种植技术和酿酒技术,并经丝绸之路传入中原。唐代诗人王翰在《凉州词》中留下了"葡萄美酒夜光杯,欲饮琵琶马上催。醉卧沙场君莫笑,古来征战几人回?"的千古绝唱。

武威地区酿酒葡萄的大规模种植始于1983年,黄羊河农场率先引进了20多个优质酿酒葡萄品种,已形成2万亩酿酒葡萄生产基地,干葡萄酒的年产量为5000吨。黄羊河农场是莫高葡萄酒的产地,也是甘肃最大、西部最早的酿酒葡萄种植园,构筑了18公里的葡萄长廊,展现着中国葡萄酒悠久的文化风韵。在黄羊河莫高生态农业园区,还有迷人的西部戈壁田园风情、古老的长城遗址、古丝绸之路的驼队足迹和长河落日的大漠风光,成为葡萄酒庄园旅游的新景点。

（二）嘉峪关紫轩葡萄酒庄园

紫轩葡萄酒庄园位于万里长城西端的嘉峪关市,北纬39°48′,东经98°14′,海拔1580 m,于2005年6月1日开工建设。庄园总体规划为年产中、高档葡萄酒50000吨,可生产干型葡萄酒、冰酒、利口酒、白兰地四大系列20多个品种的葡萄酒(见图16-16)。

图16-16　紫轩葡萄酒

2010年4月,紫轩葡萄酒庄园被文化和旅游部评定为国家4A级工业旅游景区。围绕葡萄酒这一主题,以欧洲小镇的建筑风格为蓝本,配备有会员制小型高级休闲会所、主题休闲区、专业地下酒窖和鉴赏中心等特色功能区,为葡萄酒产业发展和文化传播奠定了基础。

261

（三）祁连葡萄庄园

祁连葡萄庄园位于高台县南华镇，由甘肃省白龙江林业管理局下属的河西综合开发局投资兴建，总面积 2158.32 公顷，由葡萄种植园、园艺科技园、葡萄酒生产工业园三大园区组成。该庄园是一个集生态观光、休闲度假、工业旅游为一体的生态旅游胜地。2006 年，被评为国家 AAA 级旅游风景区。景区内栽植有赤霞珠、蛇龙珠、霞多丽、琼瑶浆、佳丽酿、西拉、佳美、贵人香、黑皮诺等 26 种世界知名酿酒葡萄品种。

除此之外，张掖还有皇台庄园、国风葡萄酒业、苏武庄园等众多的葡萄酒企业，葡萄酒产业发展有声有色。

六、新疆产区

新疆葡萄酒产区主要有吐鲁番、石河子两大产区。涌现出楼兰酒业、乡都酒业、大漠酒庄、天龙葡萄酒厂、大唐西域酒庄、丝路酒庄、木塞来斯酒业、张裕巴保男爵酒庄、石河子军燕酒庄、石河子沙地酒庄等众多葡萄酒企业，正在酿造着丝路上的酒庄传奇。

（一）新疆楼兰酒业

新疆楼兰酒业有限公司位于吐鲁番盆地东侧神秘的火焰山脚下鄯善县境内，这里曾经是"丝绸之路"上重要的商埠楼兰古国，距离高昌故城遗址只有 55 公里。公司始建于 1976 年，1988 年扩建，引进法国、德国、意大利等国家的先进的葡萄酒酿制设备，年产量在 5000 吨以上，已成为国内生产高、中档葡萄酒的重要企业（见图 16-17）。

图 16-17　楼兰酒业·丝绸之路上的酒庄传奇

公司葡萄基地面积达 8000 余亩，管理种植的葡萄均采用坎儿井进行天山雪水及地下水浇灌，其水质优于矿泉水。干旱少雨、人口稀少，独特的地理和自然条件使葡萄种植过程中无须使用化肥和农药。其是国家认定的绿色食品基地和西北地区最大的酿酒葡萄种植基地。

（二）新疆张裕巴保男爵酒庄

新疆张裕巴保男爵酒庄由烟台张裕葡萄酿酒股份有限公司于 2010 年斥资 6.3 亿元开发建设，并于 2013 年 8 月完工。酒庄规划设计规模占地 1000 亩，拥有面积达 5000 亩的专属种植基地，以及 6000 平方米地下酒窖，具备 1000 吨酒的年生产能力。

该酒庄以张裕公司第一代酿酒师巴保男爵的名字命名，坐落于天山北麓玛纳斯河西岸，石河子市南山新区，聘请有着 55 年酿造经验的世界葡萄酒大师约翰·萨尔维伯爵（Count John U Salvi MW）担任名誉庄主和首席酿酒师，融合百年张裕的酿酒技术，酿造出口感浓郁的 13.5%vol 干红葡萄酒。

酒庄整体规划及建筑设计以 19 世纪法国古典风格为主，将法式经典与中国西域文化、葡萄酒文化及张裕历史文化有机结合，成为中国城堡式酒庄与现代化酒厂结合的典范（见图 16-18）。酒庄是集葡萄种植、葡萄酒生产与销售、文化传播、农业观光旅游、精品庄园等为一体的现代化大型酒庄，年可接待游客 50 万人次以上。地下一层为酒窖，一楼为灌装线，二楼是产品展示展销区及 VIP 品酒室，三楼是张裕酒文化博物馆。二期项目为欧洲小镇，包括葡萄酒交易中心、文化创意、配套高端地产开发，工程总投资约 15 亿元。酒庄内设有酿酒葡萄园、鲜食葡萄园、原料收购大棚、生产车间、展示大厅和酒庄主楼、观赏林，是集绿色生态、观光旅游和生产销售为一体的高档葡萄酒庄园。

图 16-18　巴保男爵酒庄城堡

七、东北产区

东北产区主要位于北纬 45°以南的长白山麓和东北平原，以生产山葡萄酒和冰葡萄酒为主。这里冬季严寒，温度在－30 ℃至－40 ℃，年活动积温（将≥10 ℃持续期内的日平均气温累加起来）2567—2779 ℃，降水量 635—679 mm，土壤为黑钙土，较肥沃。在冬季寒冷条件下，欧种葡萄不能生存；野生的山葡萄抗寒力极强，已成为这里栽培的主要品种。

中国农业科学院特产研究所通过选育，培养出产量高、品质优的"左山一""左山二"两个

263

品种,其后又培育出"双庆""双丰""北冰红"等品种,为东北地区的葡萄酒发展提供了技术支撑。主要生产企业有通化葡萄酒股份有限公司、张裕黄金冰谷冰酒酒庄、辽宁五女山米兰酒业有限公司等。

(一)通化葡萄酒股份有限公司

通化葡萄酒股份有限公司诞生于 1937 年,至今有 80 余年的历史。作为中国最早的葡萄酒生产商之一,通化葡萄酒见证了中国历史的诸多巅峰时刻,以岁月赋予的不可复制的传奇风情成为中国葡萄酒的代表之一。

2001 年 1 月 15 日,通化葡萄酒股份有限公司在上海证券交易所上市;2001 年 2 月,推出中国首款"雅士樽"牌冰葡萄酒;2007 年 8 月 28 日,与加拿大皇家冰酒酒庄签约并收购其股份;2009 年,云南红酒业集团着手入主通化葡萄酒股份有限公司,给通化葡萄酒股份有限公司带来了新的机遇。2010 年,通化葡萄酒股份有限公司推出全新产品,包括星级干葡萄酒、金雅士樽冰葡萄酒、甜葡萄酒及葡萄烈酒,从原料到酿造工艺、从酒体品质到新颖的外包装,进行了全面的升级。一个全新的经营团队,让老品牌焕发出崭新的活力。

(二)张裕黄金冰谷冰酒酒庄

2006 年,张裕公司与加拿大出口量最大的奥罗丝公司合作,建成了张裕黄金冰谷冰酒酒庄(见图 16-19)。该酒庄地处北纬 41°的辽宁桓龙湖湖区,依山傍水的湖区小气候使得所酿的冰酒具有浓郁、独特的香气。尤其是在 12 月上中旬,对葡萄在 −8 ℃的自然条件下冰冻超过 24 小时具有充分的保证,这是加拿大的冰酒湖区也难以企及的优势。土质主要为棕壤、草甸土和水稻土,含大量氮、磷、钾等有机质,非常适合优良冰酒葡萄品种威代尔的生长。

图 16-19　张裕黄金冰谷冰酒酒庄

张裕"黄金冰谷"酿造的冰葡萄酒具有浓郁的杏果、蜂蜜及菠萝等热带水果的复合香气,口味甜润,酸爽协调,受到许多消费者和国际评酒大师的青睐和赞赏。

(三)辽宁五女山米兰酒业有限公司

辽宁五女山米兰酒业有限公司是一家中外合资企业,坐落在辽宁省桓仁满族自治县浑江岸畔五女山脚下,于 2001 年 6 月组建,主要种植加拿大威代尔葡萄。公司投资 4000 多万元,从意大利引进了具有国际先进水平的冰葡萄酒生产线,2006 年 12 月,完成了窖藏年份冰酒的配方和工艺,推出五女山窖藏年份冰酒(见图 16-20)。冰酒的酒精度约 10％vol,白冰酒的甜度约 20 度,红冰酒的甜度约 18 度,一般都带有新鲜的杏仁、桃、芒果、柠檬、荔枝和橘子酱等果味,并且带有蜂蜜和焦糖的甜香,香气纯净雅致,适合亚洲人口味。

图 16-20　辽宁五女山冰酒

八、北京产区

北京作为中国葡萄酒传统产区,一直占据有重要地位,尽管离渤海湾有一定距离,但也有人将其归为渤海湾产区。早在 1910 年,法国圣母天主教会沈蕴璞修士于北京阜外马尾沟 13 号法国圣母天主教教堂(见图 16-21)修建了用于教会弥撒、祭祀和教徒饮用酒的葡萄酒窖,并聘请法国人里格拉为酿酒师,生产法国风格的红、白葡萄酒,年产量仅为 5—6 吨。

图 16-21　北京阜外马尾沟天主教教堂

1946 年,由于葡萄园大规模的发展,社会上层人士开始饮用葡萄酒。同年的 10 月,天主圣母文学会将其正式注册为"北京上义洋酒厂",并开始对外出售葡萄酒。

1949 年后,上义洋酒厂经过公私合营,多次易名;1956 年,迁址到燕京八景之一的玉泉山麓东南侧(现址玉泉路 2 号);1959 年,经北京市政府正式批准建立"北京葡萄酒厂"。目

前,北京产区的葡萄酒生产主要集中于南部的大兴、西南部的房山、东北部的密云以及西北部的延庆,拥有龙徽、丰收、波龙堡以及张裕爱斐堡等葡萄酒企业。

（一）北京龙徽酿酒有限公司

1987年3月17日,北京葡萄酒厂与法国保乐力加集团合资成立了"北京龙徽酿酒有限公司",用中国生产的葡萄酿制高品质的葡萄酒。1988年,时逢中国的农历龙年,由中国特选葡萄,结合法国先进酿酒技术诞生的第一瓶葡萄酒,取名"龙徽"。"龙"象征中国,表明它的产地,徽是皇帝的印章,代表高贵的品质。由此,第一支以"龙徽"命名的高级葡萄酒问世,法国人但德华出任经理和酿酒师。2001年6月,由刘春梅出任总经理的"北京龙徽酿酒有限公司"正式诞生,并由合资变为内资公司。

至今,龙徽已引进了十几种世界名种葡萄,在法国酿酒师和一批中国留法酿酒师的努力之下,取得了骄人的成绩。自1989年10月(龙徽葡萄酒诞生的第2年)在法国兰斯地区获得金牌以来,龙徽在世界葡萄酒比赛及国际专业葡萄酒大赛上多次获奖。

（二）张裕爱斐堡国际酒庄

张裕爱斐堡国际酒庄(见图16-22)位于北京市密云区巨各庄镇,是由烟台张裕集团融合美国、意大利、葡萄牙等多国资本,占地1500余亩,投资7亿余元,于2007年6月全力打造完成的。酒庄聘请前国际葡萄与葡萄酒组织(OIV)主席罗伯特·丁洛特先生为酒庄名誉庄主,参照OIV对全球顶级酒庄设定的标准体系,在全球首创了爱斐堡"四位一体"的经营模式,即在原有葡萄种植及葡萄酒酿造的基础上,增添了葡萄酒主题旅游、专业品鉴培训、休闲度假三大功能。

266

图16-22 张裕爱斐堡国际酒庄

九、天津产区

天津产区葡萄酒生产主要集中在蓟州区以及滨海新区,位于燕山南麓的渤海湾半湿润区,滨海气候有利于葡萄色泽及香气的形成,玫瑰香品质最为突出。天津产区最著名的是中法合营王朝葡萄酿酒有限公司(见图16-23)。

图 16-23　中法合营王朝葡萄酿酒有限公司

中法合营王朝葡萄酿酒有限公司始建于 1980 年,是中国第二家、天津市第一家中外合资企业,合资外方是世界著名的法国人头马集团亚太有限公司。多年来,王朝公司致力于生产既有中国地域特色又有欧洲传统风格的葡萄酒和白兰地,产品丰富多样、品质一流,创造了享誉中外的"Dynasty 王朝"品牌。先后荣获 14 枚国际金奖,8 枚国家级金奖,被布鲁塞尔国际评酒会授予国际最高质量奖,主流产品被中国绿色食品发展中心认证为"绿色食品"。但近年来,由于对红葡萄酒的追捧,白葡萄酒逐渐受到冷落,王朝葡萄酿酒公司陷入困局。2017 年 11 月,其产品被检出明令禁止的甜蜜素,让内外交困的公司,再蒙阴影。

十、西南高山产区

西南高山产区也称为云贵高原产区。云南位于北纬 21°9′—29°15′,并不在世界传统的酿酒葡萄黄金种植带上。然而,在弥勒、蒙自、东川和呈贡等县,由于光照充足,热量丰富,降水适时,也适合酿酒葡萄的生长和成熟。因此,利用这一独特小气候的自然优势,栽培欧亚种葡萄酿造葡萄酒已成为当地的一大特色。

早在 1848 年,来自法国巴黎的传教士罗启祯、肖法日在进入德钦传教的同时,也将法国的酿酒葡萄品种和酿酒技术带到了滇西北,在雪域高原上将葡萄种植成活并酿造出葡萄酒。一个半世纪过去了,德钦茨中教堂仍保留着一个世纪前的格局,法国传教士栽种的酿酒葡萄至今仍枝繁叶茂、硕果累累。每到收获的季节,茨中村到处飘着酒香,随意叩访任何一户人家,都能喝到地道的法式干酒。

1904 年,来云南修筑滇越铁路的法国人又带来了玫瑰蜜葡萄,种植在铁路沿线的车站院落里,这些葡萄树后来成就了云南红酒庄那 3000 多亩玫瑰蜜老葡萄园。现在的云南,葡萄酒庄随处可见,饮红酒也已经成了云贵高原人的生活习惯。法国玫瑰蜜,这从法兰西远渡重洋而来的葡萄品种,在云贵高原上生长得更加绚丽多彩。著名的酒庄有云南红酒庄、敖云酒庄、香格里拉酒业股份有限公司、红河龙缘葡萄酒业有限公司等。

（一）云南红集团

云南红集团是由香港通恒国际投资有限公司于 1997 年投资成立,主要从事"云南红"系列葡萄酒的研发及生产。用来酿造"云南红"的葡萄是一种来自法国的古老品种"玫瑰蜜"

267

(Rose Honey)，其生长期长、成熟早、种植成本低，果实香味独特、浓郁，酿造的红酒色鲜味美、入口柔和，宜新鲜饮用，符合中国人的饮酒口味。在法国本土这个品种已经绝迹，但在云南却幸存下来，并繁衍了一百多年。

（二）香格里拉酒业股份有限公司

香格里拉历史文化悠久，自然风光绚丽，既有神秘的文化，也有梅里雪山的传奇。在迪庆藏语中，香格里拉意为"心中的日月"。1933年，詹姆斯·希尔顿在其长篇小说《失去的地平线》中，首次描绘了一个远在东方群山峻岭之中的永恒和平宁静之地"香格里拉"，称其是举世寻觅的世外桃源。

香格里拉葡萄酒起因于"高原天成"，其高海拔、低纬度、肥沃砂质土壤和独特气候环境，成就了世界主流葡萄品种赤霞珠的出色表现，其产品在嗅觉上具有浓郁的果香、优雅的橡木香及雪山气息；味觉上入口醇和、舒顺爽净，有丝般质感，饱满而不失圆润，尾韵绵长（见图16-24）。

图 16-24　香格里拉葡萄酒

十一、黄河故道产区

黄河故道产区包括河南的兰考、民权，安徽的萧县以及苏北的部分地区。20世纪50年代初，党和国家为了改变黄河故道的贫困面貌，曾在这里发展水果种植业，但由于气候偏热，年降雨量较多，且主要集中在夏季，因此葡萄旺长，但病害严重、品质较低。

近年来，一些葡萄酒企业通过引进赤霞珠等晚熟品种，改进栽培技术，基本控制了病害的流行，葡萄品质获得改善。主要葡萄酒企业有民权九鼎葡萄酒有限公司、安徽萧县葡萄酒有限公司、奥德曼酒庄等。

十二、陕西产区

陕西拥有中国的古都——西安，远在唐朝时期，葡萄种植和葡萄酒的酿造就很繁盛。据考证，今天的渭北旱塬产区就是唐代李世民的皇家葡萄园林所在地。

渭北地区属黄土高原丘陵地带，黄绵土质、土层深厚，有机物含量和矿物质含量高，有利于葡萄的生长和成熟。无霜期长、日照充足、昼夜温差大、病虫害少，有利于糖分的积累，可以促进芳香物质和多酚物质的形成和转化，从而提高果实和葡萄酒的质量，是我国西北独具特色的优质酿酒葡萄种植区。

位于陕西杨陵的西北农林科技大学葡萄酒学院,是我国目前唯一培养具有国际从业能力的从事葡萄与葡萄酒生产、经营、管理的葡萄酒工程师的行业性学院。该院负责基地的技术引进与推广,对果农进行培训,长年派专家、教授进驻基地进行指导,为陕西葡萄酒的生产与管理提供了技术保障。

陕西现有葡萄酒生产企业十余家,形成了以丹凤、凯维、李华(见图 16-25)等为龙头的品牌企业,在产能、技术、设备等方面趋于成熟。

图 16-25　李华牌葡萄酒

269

十三、广西产区

广西位于中国的南部边疆,南濒北部湾,日照适中、冬少夏多、气候温暖、热量丰富、雨水丰沛、干湿分明、季节变化不明显。十万大山的壮美,蕴藏了丰富的矿产资源;百条河流的秀丽,形成了无尽的水文资源;亚热带雨林气候,孕育了大量珍贵的动植物资源。尤其盛产各种水果,被誉为"水果之乡"。

从纬度上看,广西位于北纬 20°54′—26°24′的区域,并不适合酿酒葡萄的种植。但在大山南麓的罗城,有一种珍稀物种——野生毛葡萄,其所酿的酒外观深红透亮,呈琥珀色,醇厚爽口,层次丰富,酸甜醇美,口感柔和,具有极高的保健价值。罗城地处云贵高原边缘的北回归线上,与美国加州纳帕谷具有相同的纬度,被列为世界上两个热带葡萄酒产区之一。

早在 1661 年,"一代廉吏"于成龙有感于当地百姓喜酒成风,糟蹋粮食,于是劝民以野生毛葡萄代粟酿酒。此后的数百年,罗城葡萄酒民间酿制工艺得到不断的改进和创新,形成了一套独特的酿造工艺。近年来,随着不断的技术改造,葡萄酒的质量逐渐提高,1999 年,法国波尔多酿酒专家让·佛朗索瓦·贝梅先生专程到罗城葡萄酒厂考察,在品尝了罗城的葡萄酒后竖起大拇指连声称赞,这是他在中国喝到的最美味的葡萄酒,可以与波尔多地区的"红玫瑰"葡萄酒相媲美。如今,"罗城野生毛葡萄酒""永福山葡萄酒""广西都安密洛陀野生葡萄酒"都是广西较有代表性的葡萄酒品牌。

第三节　中国葡萄酒业现状

　　从生态条件看,中国酿酒葡萄产区非常有特色。既有寒冷的东北产区,冬季最低气温可达－40 ℃;也有炎热的吐鲁番产区,夏季最高气温可达 45 ℃。既有海拔 1500 m 以上的云贵高原弥勒产区,也有依山傍海的渤海湾产区;既有沙漠边缘的甘肃、宁蒙产区,也有黄土高原的山西、陕西产区。不同的生态环境和风土特征,可以生产出丰富多彩、风味不同的葡萄酒产品。不过,我国葡萄酒的发展仍然存在众多的问题。

一、葡萄酒文化的缺失

　　我国不缺葡萄酒,缺少的是葡萄酒文化,葡萄酒文化的普及任重道远。

　　从全球的视野来看,我国的葡萄酒文化才刚刚起步,大众对葡萄酒仍然缺乏应有的认知,葡萄酒消费还没有真正走进人们的生活,人均消费远远落后于世界平均水平,但市场潜力巨大。在酒类消费中,中国还是以白酒、啤酒为主。因此,葡萄酒企业在葡萄酒的个性化、多样化、优质化、亲民化等方面还有许多工作要做。

二、葡萄种植管理比较落后

　　在葡萄种植上,存在传统观念、传统栽培技术与现代化发展理念和技术不相适应的矛盾。国外机械化应用得好,成本更低,如法国、美国和意大利等国,酿酒葡萄已实现了修剪、施肥、打药等管理的全程机械化,现正向自动化和智能化方向发展,处于世界领先地位。而我国葡萄种植投入大、见效慢、管理落后、利润小,农民们没有积极性。许多农户既缺乏葡萄园的专业管理知识,又缺乏必要的投入。特别是随着进城打工趋势的增加,许多葡萄园粗放式经营,导致种植模式落后、效率降低、成本较高。

　　在中国葡萄酒主要产区之一的河北沙城,由于酒企销售疲软,酿酒葡萄收购价格的下滑,导致当地部分农户砍掉了葡萄藤转而外出打工。随着农业从业者的减少及老龄化趋势不断加大,全程机械化、智能化已成为葡萄种植的大势所趋,为我国的葡萄酒产业的发展带来了新的挑战。

三、葡萄酒生产成本过高

　　国产葡萄酒存在的成本过高的问题,是由多方面的原因造成的。

　　第一,中国葡萄酒产区大多冬天较冷,葡萄藤都要埋土过冬。据统计,埋土过冬的成本在葡萄种植成本中约占 1/3。

　　第二,是栽培技术落后。如果抛开税费,采用规模化、机械化种植之后,种植成本就可较现有的小门小户方式降低一半,但仍比国外的成本高 50%。

　　第三,在国外,葡萄酒属于农产品,政府给予高额补贴;而在国内,葡萄酒属于工业产品,既要受到农业、林业、工业等多个行业的约束,还要交消费税等很多税费,加大了生产成本,影响了其与国外产品的竞争力。

四、市场混乱

2003 年开始,葡萄酒市场突然出现了强劲攀升势头,销售收入增长率高达 21%。快速的增长让一些投资商眼前一亮,葡萄酒行业很快形成了新一轮的投资热潮,一些企业纷纷上马扩建。与此同时,由于国外葡萄酒生产过剩,纷纷寻求新的出路和销售市场,一冷一热中,中国市场成为葡萄酒业的热土。2005 年,中国葡萄酒行业销售总收入首次突破 100 亿元,销量达到 42 万吨,葡萄酒行业进入了一个新的发展阶段。

虽然国内有一部分的酒庄在努力探索,认真做酒;但却有另一部分企业急功近利,无心种植葡萄,从其他地方买进原料直接灌装贴牌生产,导致行业鱼龙混杂。一些跨界投资人看到了葡萄酒行业的商机,迅速投资进入,但进来后却发现做酒庄酒获利很慢,光种植葡萄就要三年以上。于是圈一块地,建造一个欧式的大房子或类似城堡,自己不种葡萄,也不研究生产工艺,更不去酿造,而是在国外进口一些廉价的葡萄酒贴上自己的牌子,就叫酒庄酒。其为了投机而非投资,然后借用酒庄酒的概念来宣传,根本没有考虑长远发展。

五、进口酒的冲击

中国加入世贸组织 4 年后,葡萄酒开始抢滩中国市场。最初,进入中国的主要是波尔多葡萄酒和少量勃艮第、罗讷河谷、香槟产区以及意大利名酒。随着中国葡萄酒进口关税的急剧下降,除了法国、意大利等传统葡萄酒生产国外,一些新兴的葡萄酒生产国,像澳大利亚、新西兰、智利、南非也大规模开拓中国市场。

2005 年 1 月 1 日,葡萄酒的进口关税大幅下降,葡萄酒进口总量大幅增长。2012 年,新西兰是首个享受中国进口葡萄酒零关税的国家;2015 年,智利享受零关税;2018 年,格鲁吉亚加入;2019 年,澳大利亚加入。据悉,有"欧洲葡萄园"之称的摩尔多瓦,未来有望成为第五个享受葡萄酒零关税的国家。据统计,进口葡萄酒从 2005 年的 0.54 亿升,增长到 2015 年 5.5 亿升,进口总量 10 年间翻了 10 倍,给国产葡萄酒带来很大的冲击。

从市场份额上看,2011 年进口葡萄酒约占 25% 的市场份额,国产葡萄酒约占 75%;到 2017 年,进口葡萄酒占比达到 79.27%;国产葡萄酒占比仅为 20.73%,这个比例已经完全倒了过来。据中国海关统计,2011—2017 年,中国进口葡萄酒的金额和数量,平均年增幅在 12% 左右。国产葡萄酒自 2012 年以来产量连跌数年,在和进口葡萄酒的竞争中不断落入下风。国产葡萄酒,已无险可守。

271

第四节　结　　语

2011 年以来,中国已成为全球第五大葡萄酒消费国和增长最快的新兴市场。作为世界葡萄酒产区中的一员,中国是如此的年轻且极具潜力。然而,前进的道路却又困难重重。葡萄酒产业是一个需要历经数代人努力的漫长发展过程。"酿伟大的酒不难,难的是前面三百年",即使是世界级的葡萄酒产区,也是用了数个世纪的探索,才一步步发展起来。既要有锲而不舍的工匠精神,还需要家族的代代传承。只有经过岁月的打磨,才能散发出应有的魅

力。山西怡园酒庄深谙其中的道理,秉承着"只有家族才能做长线的计划,一代接一代孕育出好酒"的理念,用开百年老店的信念赢得了市场的尊重。

国产葡萄酒产量的下滑与进口葡萄酒的增长形成鲜明的对比,我们必须剖析自我、直视现状、解决问题、摆脱困境。业内专家认为,国产葡萄酒的转型模式为机构集采向大众个体消费模式转变,大规模酒厂酒向集约型酒庄酒转变,更注重葡萄园管理及对风土的认识,走精品葡萄酒的发展路线。

原知味葡萄酒教育培训总监施晔女士认为,消费者也在学习、也在成长,作为葡萄酒从业人员,我们应该和消费者做朋友,建立平等交流的关系,更多地去引导和帮助他们建立正确的优劣坐标系,事实上有很多发烧友目前已经对葡萄酒有着相当高的品鉴水平和判断能力。我们不希望只酿媚俗讨好的酒,因为中国广大的消费者专业知识在迅速增长,水平在不断提升。中国酒庄目前面对的不光是行业小环境里品质与形象的问题,还有社会大环境里的信任问题。这些问题的解决都是一个长期的过程,无法一蹴而就。关键是态度的转变,这才是核心之核心。

勃艮第酿酒大师亨利·贾叶(Henry Jayer)认为,酿好酒的第一要点是尊重自然。自然永远是我们的引领与指南,让风土运行其自身的规律。尊重自然,顺应风土,在人与自然的平衡发展中酿造符合当地风土、人文、历史的葡萄酒,才是葡萄酒的人间正道。

第十七章 →

葡萄酒与配餐

> "葡萄酒会使每一张餐桌更优雅、每一天更文明。"
>
> ——世界美食大师 安德烈·西蒙

第一节 餐酒搭配的基本法则

世界上有许多事物都要讲究"搭配",搭配恰当可以相得益彰,搭配不当则两败俱伤。在西餐文化中,葡萄酒不单是用餐时的辅助饮料,而是用餐整体中的一个组成部分。食物有自己的谱系,葡萄酒也有自己的谱系,如何使这两大谱系相对应,就是配餐的学问。餐酒搭配的法则,可以总结为颜色法则、味觉法则、顺序法则、其他法则(如丰富性法则和烹饪酒法则)等。

一、颜色法则

"红(葡萄)酒配红肉,白(葡萄)酒配白肉"被认为是餐酒搭配的基本法则,但必须辩证地理解。在西方文化中,红肉、白肉的概念与我们常规的认识不同,所谓红肉主要是指牛羊肉,以及猪肉和某些野味;所谓白肉主要是指鲜嫩的禽肉和海鲜类(鱼、虾、贝等)。鸭肉因为肉质较硬、味道重,有时也被划归红肉。

红葡萄酒的骨架是单宁,"红肉"类菜肴油腻感较重,单宁能够降低其油腻感,并使肉中的纤维软化,所以单宁重的红酒搭配牛羊肉,能使人感觉肉质更鲜美。烧烤、酱汁味重的鸡鸭肉,可选酒体浑厚的干红来搭配。陈年的香槟,香气和口味变得厚重,也可以与野味搭配。

白葡萄酒的灵魂是酸,有去腥增鲜之功效,和海鲜类、鲜嫩的禽肉等搭配不会喧宾夺主。而红葡萄酒中的单宁则会使海鲜类菜肴的腥味更加突出,浓厚的单宁还会让海鲜出现一股金属的味道。所以,清蒸的海鲜、鸡肉一般和白葡萄酒搭配。酒体轻盈的红酒有时也可与白肉类菜肴搭配。至于桃红葡萄酒,一般人认为是百搭酒品,不会餐酒搭配时可以选择一瓶桃红葡萄酒。不过,桃红葡萄酒也有不同的品类,大多数与白葡萄酒更为接近。

葡萄酒与中餐的搭配则比较复杂,有人提出"当地菜配当地酒"的法则,理由是最初酿酒师对葡萄酒风格改良的初衷是为了陪衬当地的菜肴,但其实不能一概而论。

二、味觉法则

所谓味觉法则，就是酸配酸，甜配甜，苦配苦，咸配咸；清淡配清淡，浓郁配浓郁。

有酸味的菜肴，最好搭配更酸一点的葡萄酒。酸度较高、酒体轻的白葡萄酒不仅可以开胃，还可以使菜肴产生更加新鲜的感觉。有一定酸度的干白葡萄酒常被用作餐前的开胃酒。但酸度过高的菜肴常常会破坏葡萄酒的味觉平衡，特别是加了醋的食物，不太容易与酒搭配。

有甜味的菜肴或甜点，最好搭配更甜一点的葡萄酒，如贵腐葡萄酒或冰酒。如果葡萄酒不具备同等或更高的甜度，食物中的甜味就会掩盖甚至破坏葡萄酒的风味。西餐中甜点的分量很大，有时甚至占1/4以上的比例，此时，冰酒或者贵腐酒等甜酒就是必备的佳品。甜酒浓厚圆润的口感，也适合搭配浓稠且香滑圆润的菜肴，如鹅肝或奶酪。

有苦味的菜肴宜搭配橡木桶陈酿、酒体饱满且略带苦味的红、白葡萄酒。

带辣味的菜肴宜搭配辛香型果味浓郁的红葡萄酒，或中高酸度、中等酒体的半干、半甜型白葡萄酒，甜味可以缓解辣味。干白或者低单宁的红葡萄酒，如博若莱新酒等也是不错的选择。涩会让辣更辣，高单宁的葡萄酒不宜与辣菜搭配。

咸味的菜肴宜搭配单宁柔和、酸度清爽、果味活泼的红、白葡萄酒。高单宁的葡萄酒会加重菜的咸味，而酸味能冲淡咸味。

葡萄酒的香气类型也应与菜肴的香味相协调，果香配果香，浓香配浓香。西点水果派最好搭配富有新鲜果香的甜白葡萄酒；若要吃海鲜，则需要喝带点柠檬香的干白葡萄酒。具有浓郁酒香的红酒与烤牛肉等搭配会产生理想的效果。

三、顺序法则

西餐一般分为餐前、餐中、餐后3个阶段，因此葡萄酒也有餐前酒、佐餐酒、餐后酒之分。配酒以用餐的阶段及菜肴的品种而定，什么阶段喝什么酒，什么样的菜选用什么酒，都有一套约定俗成的规范。总体上是先酸后甜，先白后红；先干后甜，先轻后老，先(清)淡后浓(郁)，如此才能渐入佳境，使人感觉余味悠长。

餐前酒即正式用餐之前饮用的酒，也称为开胃酒，用来提高食欲，营造良好的就餐气氛；佐餐酒即正餐期间喝的酒，正餐又有主菜、副菜、配菜、甜品之分，菜肴与葡萄酒的搭配也各有不同；餐后酒即享用完一顿美餐之后，再来品尝一杯甜美的葡萄酒，不但可以促进消化和消除饱胀之感，而且可以为一顿美餐画上圆满的句号。

四、其他法则

丰富性法则：家常的简单食物，搭配简单的葡萄酒就可以了；若是口味丰富的菜肴，则不妨搭配陈年型层次丰富的葡萄酒，称为丰富性法则。

烹饪酒法则：在制作西餐时，葡萄酒常被用作烹调的料酒。若遇到加了料酒的菜，要注意料酒和餐酒之间是否协调。通常情况下，用同一种酒最好，称为烹饪酒法则。

在中餐中，菜是主角，酒是配角；在西餐中，酒和菜肴的任何一方都不是配角，餐酒搭配的目的就是让菜品与酒相映生辉，而不能掩盖对方的风味。

274

第二节　葡萄酒与西餐的搭配

一、西餐的概念

西餐是西方餐饮的统称,主要指西欧国家的饮食菜肴,同时还包括东欧各国、地中海沿岸等国和一些拉丁美洲国家的菜肴,大致有法式、英式、意式、俄式、美式、地中海式等多种不同的风格。西方人自己并没有明确的"西餐"概念,这个概念是东方人的说法。佐餐是葡萄酒的主要功能,也是葡萄酒的本质属性。

和中餐不同的是,西餐强调菜品的原汁原味,较少突出调料的味道。经常出现半熟或生食的菜肴,如牛排、羊腿都以半熟鲜嫩为特点,海味中的蚝、鱼片就常生吃,烧野鸭一般以六成熟为主,他们认为这样营养价值更高,当然未必符合国人的口味。

法式大餐名列西餐之首,其特点首先是选料广泛,蜗牛、鹅肝、牛排都是法式菜肴中的主角,此外还有奶酪、水果和各种新鲜蔬菜等;其次是加工精细,烹调考究,滋味有浓有淡,品种繁多。法式菜肴的制作中调味品种类繁多,葡萄酒常用作腌制和烹制野味的料酒,既能帮助除膻,也可用来增香。

二、葡萄酒与西餐的搭配

西餐上菜的一般顺序如下。

头盘—汤—副菜—蔬菜—主菜—甜品—饮品

在西餐中,不同风格的菜要搭配不同风格的酒,葡萄酒贯穿始终。当然,还要根据用餐人数来确定,如果人数较少、用餐简单,那么可以只点一两瓶酒,既可以根据主菜来选酒,也可以根据酒来选菜。下面以法式西餐为例,介绍餐酒搭配。

（一）前菜

前菜也称头盘、开胃小菜,相当于开席前的小吃,有冷盘和热盘之分,一般是冷盘。常见的品种有鱼子酱、鹅肝酱、熏鲑鱼、奶油鸡酥盒、焗蜗牛等,味道以咸和酸为主。前菜作为第一道菜,一般与餐前酒搭配。

餐前酒也称开胃酒,是西餐中不可或缺的一个环节。饮用时比较随意,可站可坐,目的是让人们尽快融入就餐环境。所以,有人把开胃酒当作用餐者互相交流的纽带。

餐前酒一般选择香味浓、清新爽口的葡萄酒,常见的有香槟或清爽的白葡萄酒,以香槟等起泡酒为最佳,不仅可以刺激肠胃蠕动,而且能够渲染就餐的气氛。特别是在致祝酒辞时,常用香槟干杯。有些开胃酒通常由葡萄酒浸制药材而成,如味美思（Vermouth）、比特酒（Bitters）、茴香酒（Anisette）等,喝了可以刺激人的胃口、增加食欲。

餐前酒也是对先到客人的一种奖励,来晚了可就喝不到了。

（二）汤

头盘之后是汤,大致可分为清汤、奶油汤、蔬菜汤和冷汤等四类。如牛尾清汤、各式奶油

汤、海鲜汤、美式蛤蜊汤、意式蔬菜汤、俄式罗宋汤、法式葱头汤等,多以酸味为主,同样是为了刺激食欲。喝汤时不需配酒。

（三）副菜

副菜主要是水产类,如鱼、虾和贝类,以生食或清蒸为主,口味清淡。鱼虾类肉质鲜嫩,容易消化,所以放在其他肉类菜的前面。制作时,鱼虾类的菜还讲究使用各种调味汁。此外,蛋类、面包类、酥盒菜肴均称为副菜,如春鸡卷、火腿煎蛋、酸黄瓜、奶酪汁龙虾等,一般搭配酒度较低、口味清淡的白葡萄酒或桃红葡萄酒。

（四）蔬菜

蔬菜类菜肴在西餐中习惯生食,称为沙拉,可以安排在主菜之前或之后,也可以随主菜一起上桌。蔬菜沙拉一般用生菜、番茄、黄瓜、芦笋等制作。熟制蔬菜如花椰菜、煮菠菜等可以和主菜的肉类一同摆放在餐盘中。

副菜、蔬菜都是配角,它们不仅能够为主菜增添色彩与风味,使菜单显得丰富多变,而且能补充主菜中维生素、矿物质元素和膳食纤维等成分的不足。其可搭配半干型葡萄酒。

（五）主菜

主菜也称大盘,是一顿大餐的精华,主要为禽、肉类,菜式也最为丰富。禽类中主要是鸡、鸭、鹅肉,最常选用的是鸡肉,因为颜色发白,归入白肉,一般搭配白葡萄酒。红肉中最有代表性的是牛羊肉,一般搭配红葡萄酒。

在西餐中,禽类菜的烹调比较清淡,配有各种调味汁,主要有西班牙汁、浓烧汁、蘑菇汁、班尼斯汁等。肉类菜的烹调方法以烤或煎为主,味道浓重,因此宜选用味道醇厚、酒体丰富的红葡萄酒来搭配。主菜可以是一道或者数道,因菜式不同,搭配的葡萄酒也不尽相同。

在有些地方,副菜、蔬菜和主菜统称为主菜。在一些宴席中,它们也不一定都会出现,而是只有其中的一部分。

（六）甜品

西餐的尾声,往往是甜品。甜品也称餐后甜点,一般是西式点心,分为冷、热两种。热点心主要有布丁、煎饼之类;冷点心主要有冰激淋、蛋挞、奶酪等,在最后一道热菜将吃完时上桌。甜品的味道会使一般的葡萄酒感觉更酸,因此不能搭配干酒,应搭配甜葡萄酒,称为餐后酒。

也有人认为这仍然是佐餐过程,真正的餐后酒应该是蒸馏酒,如波特酒、雪利酒、白兰地、威士忌等。还有一些场合只有甜品,不一定都备有餐后酒。

（七）饮品

餐后,常常要准备一杯咖啡或茶,咖啡一般要加糖和淡奶油,茶一般要加香桃片和糖。

西餐菜肴与葡萄酒搭配的顺序如表 17-1 所示。

表 17-1　西餐菜肴与酒水搭配

序号	用餐顺序	搭配用酒
1	前菜（头盘、开胃菜）	开胃酒,如起泡酒、微甜的白葡萄酒等

276

续表

序号	用餐顺序		搭配用酒
2	汤类		不用酒
3	副盘		清爽的干白、桃红葡萄酒或低度干红
4	主菜	蔬菜类	同上
		色拉、海鲜类	同上
		禽类、猪肉、硬的鱼类	浓厚的白葡萄酒,如霞多丽;或酒度不高的干红
		小牛肉、蘑菇等	酒度较高的红葡萄酒,如黑皮诺
		牛肉、羊肉等	味厚的红葡萄酒,如赤霞珠
5	奶酪类		半干型葡萄酒
6	甜点		甜葡萄酒,如冰酒或贵腐酒;或葡萄汽酒;也可搭配白兰地、利口酒或鸡尾酒等
7	饮品:咖啡或茶		

三、餐酒搭配实例

2019年,怡园酒庄在湖南长沙举办"诗酒趁年华"主题晚宴——年华葡萄酒品鉴会,大厨们甄选当季的新鲜食材,用简单的烹调方式呈现出最好的味道,这既是一场中西餐相结合的品酒活动,又体现了餐酒搭配的主体思想。

(一)菜单与酒单

头盘(Appetizer):双色珍珠、配酒三拼、面包拼盘、主厨沙拉。

汤(Soup):海底椰炖鹧鸪汤。

主菜(Main Course):金丝大虾球、酱猪手配烤饭团、苦瓜辣椒酿墨鱼饼、豉汁牛排、醋熘上素。

甜品(Dessert):莲子雪蛤。

酒品:怡园 Angelina 德宁喜悦霞多丽起泡酒、怡园精选干白 2017、怡园年华干红 2018、怡园珍藏赤霞珠 2015、怡园深蓝 2016。

(二)餐与酒的搭配

怡园 Angelina 德宁喜悦霞多丽起泡酒作为这场盛宴的迎宾酒。起泡酒是欢庆之酒,伴随着气泡在高脚杯中的升腾,晚宴现场的氛围也越来越热烈。

晚宴正式开始后,先上的第一款酒为怡园精选干白 2017,用来搭配晚宴的几道前菜。

热菜上了之后,晚宴的主角怡园年华干红 2018 正式登场。该酒是一款果味浓郁、简单易饮的新酒,主厨们出品了酱猪手配烤饭团菜品来与之搭配。

晚宴的第二款红葡萄酒为怡园珍藏赤霞珠 2015,这是一款 100% 赤霞珠葡萄酿造的干红,口感比较劲,搭配的菜品是苦瓜辣椒酿墨鱼饼。

晚宴的压轴葡萄酒是怡园深蓝 2016,这是一款典型的波尔多混酿风格酒,搭配的菜品是豉汁牛排。

餐后甜品为莲子雪蛤。

第三节　国宴上的餐酒搭配

葡萄酒已成为时代的象征、文明的使者,在国际交往、节日庆典等场合发挥着重要作用。在祝酒活动上,葡萄酒是唯一的选择;在国宴上,葡萄酒已成为主角。本节重点讨论 2014 年北京 APEC 晚宴上的餐酒搭配,并对 2015 年抗战胜利 70 周年晚宴、2015 年抗战胜利 70 周年午宴、2017 年 4 月"习特会"晚宴、2016 年 5 月"一带一路"国际合作高峰论坛欢迎晚宴的菜单做简单介绍。

一、国事活动中的葡萄酒

改革开放以来,人民生活逐步富裕起来,对葡萄酒的认知和消费也同步增长。2017 年10 月 16 日晚,中国共产党第十九次全国代表大会新闻中心在北京梅地亚宾馆举行酒会,十九大新闻组组长黄坤明一行手持高脚杯举杯欢迎中外记者。2017 年 10 月 25 日,习主席在十九届中共中央政治局常委同中外记者见面时强调,新时代要有新气象更要有新作为,中国人民生活一定会一年更比一年好。习主席在十九大上手持高脚杯致祝酒辞的图片,充满自信与坦诚。

自从已故的周恩来总理定下"四菜一汤"的国宴标准以来,其菜式随时代发展也不断推陈出新。在国际友人出席的宴会中,也逐渐加入一些西方菜肴的烹饪方法和元素。一般来讲,其顺序如下。

冷盘—汤—主菜—甜品—饮品

主菜一般有四种:一道海鲜,一道牛排或者牛肉,一道蔬菜,一道鱼或鸭;如果是晚宴,也可能是三种;如果是午宴,也可能准备五种。从数量上来说要恰到好处,不能出现吃剩、浪费的现象,从质量上来说要讲求品质,凸显国宴之风。

在 20 世纪 80 年代之前,国宴用酒几乎是白酒的天下。在 20 世纪 70 年代的国宴菜单上,国产葡萄酒几乎是一项空白。在周总理的指示下,"龙脉上的酒庄"长城桑干酒庄由此诞生。中粮酒业长城葡萄酒于 1979 年自主研发酿造出中国第一瓶干白葡萄酒,1984 年酿造出第一瓶干红葡萄酒。1987 年,国家领导人出访时,将长城干白葡萄酒作为"国礼"赠送给外国友人,从此开启了长城葡萄酒成为国宴用酒的新篇章。据说,从 1984 年开始,中国外交部就明确规定国宴一律不再使用烈酒,而作为国际交流的"第二语言"的葡萄酒受到了前所未有的重视。

二、2014 年北京 APEC 晚宴

（一）菜单

2014 年 11 月 10 日,在北京举行的 APEC 晚宴是国宴规格,为 21 个经济体的贵宾们提供的菜单除了冷盘和酒水之外是"四菜一汤"。菜单如下。

（1）冷盘(头盘:开胃小菜)。

（2）汤品：上汤响螺。

（3）主菜：翡翠龙虾、栗子菜心、北京烤鸭和柠汁雪花牛。

（4）甜点：点心和水果冰激淋。

（5）餐后饮品：咖啡和茶。

（6）酒品：长城干白 2011 和长城干红 2006。

（二）菜品及其分析

1. 冷盘

冷盘也就是凉菜，作为开席的前菜要求突出 APEC 主题，细心的烹饪大师们用荤素搭配成一幅美丽的画卷（见图 17-1）。从营养的角度来说，既体现了食物的多样化，又实现了营养素的均衡。

图 17-1　冷盘

2. 汤品

冷盘后的汤品为上汤响螺，响螺又称香螺，为带壳的海洋软体动物，富含优质蛋白、多种维生素和矿物质元素（见图 17-2）。用上汤响螺作为一道开胃汤，不仅具有开胃消滞的功效，对女性贵宾还具有滋补养颜的功效。

图 17-2　汤品：上汤响螺

3. 主菜

翡翠龙虾：属于海鲜类。龙虾的蛋白质含量高于大多数鱼虾，脂肪含量极低，并且所含

的脂肪酸为不饱和脂肪酸,易于人体吸收;矿物质含量较其他鱼虾类都要高,尤其是锌、碘、硒等元素的含量十分丰富。据了解,国宴中的龙虾,在烹饪时会把肉壳分离,如此可以为宾客的就餐带来方便,避免出现不雅的吃相。用来搭配的酒品是长城干白2011。

栗子菜心:是一道比较简单的家常素菜,属于十字花科植物。上好的菜心品质柔嫩、可口;维生素C和矿物质含量丰富;膳食纤维的含量很高,能起到调节肠胃功能的作用。而栗子富含不饱和脂肪酸,有助于改善心脑血管功能,同时富含钾元素,可避免因高钠饮食而出现的高血压现象,栗子的其他营养元素也很丰富。栗子菜心作为一道素菜,清淡可口,既保证了各国嘉宾的膳食营养,又为APEC国宴增添了素雅的气息,不失为一道兼具健康与品味的佳肴。用来搭配的酒品也应是长城干白2011。

柠汁雪花牛:属于红肉类。牛肉中的蛋白质远高于其他畜肉类,并且脂肪含量不高。在APEC国宴中,选取的雪花牛肉又是牛肉中的优质品,牛肉中的脂肪沉积到肌肉纤维之间,形成明显的红、白相间,形状似雪花浸入红肉中,因此得名"雪花牛肉"。雪花牛肉肉质比普通牛肉更细嫩、柔软、有弹性,也容易切割。国际会议中要考虑的因素很多,因为每个国家领导人在宗教信仰、口味习惯、文化习俗等方面各异,所以在食物的选材方面一定要考虑周全。牛肉是国际社会广为接受的肉类,所以是必备的主菜。按照"红酒配红肉"的原则,用来搭配的酒品非长城干红2006莫属。

北京烤鸭是国宴的"重头戏",是最有代表性的中国菜。原料选取上好的填鸭,其具有肥瘦分明、鲜嫩适度、不腥不酸的特点。烤鸭中富含优质蛋白,涵盖人体必需的8种氨基酸,同时钙、磷、铁等矿物质含量也很丰富。俗话说"只有民族的,才是世界的"。各国嘉宾不仅要吃得开心,还要吃完回味,一生难忘。要实现这个目标,就需要拿出举办地的特色美食,本届APEC会议在北京举办,烤鸭自然少不了。

那么,以什么葡萄酒与北京烤鸭搭配呢?在西餐中,烤炙的野禽类通常用顶级勃艮第红葡萄酒搭配。除了肉质外,还要考虑配料与酱汁的味道,与北京烤鸭搭配的葡萄酒,在口味上一定不能输于烤鸭,否则酒的地位就荡然无存,饮之无味。单宁含量比较低的葡萄酒,虽然符合大部分国人的口味,可是当舒适的口感遭遇烤鸭的强势,就失去了酒的活力。北京烤鸭的传统吃法是面饼卷烤鸭、大葱、黄瓜沾甜面酱吃。与北京烤鸭搭配的酒,最起码要是中度酒体的红酒,重度酒体的红酒更为合适,强劲的单宁与蘸了酱后咸中带甜的鸭肉味道很般配,突出的果味与烤鸭中的果味也能相互辉映。如果果味不够丰富的话,就不能最好地发挥出烤鸭的余味,突出鸭肉的本真。由此可见,用来搭配的酒品应是长城干红2006。

4. 甜点

作为餐后甜点,在摆盘上要体现会议主旨;在内容上要彰显民族特色,如豌豆黄、驴打滚等小吃;在形式上还要顾及宾客口味,如冰激凌等。餐后甜点应该与甜酒搭配,但我国国宴上目前还没有这一规制。近年来,我国甜酒的生产已达到一定规模,在不远的将来,中国冰酒或许会登上国宴的餐桌。

5. 餐后饮品

咖啡和茶都是世界性饮品,或者说是餐后的标配。

总之,APEC晚宴虽然是国宴规格,但所使用的食材都很常见,并不是那些昂贵珍稀的山珍海味。葡萄酒也仅有两款国产葡萄酒可供选择,彰显了新一代领导人简约朴素的风格。

用长城葡萄酒搭配国宴上的菜肴,也可以体现"当地菜配当地酒"的特点。

（三）餐具的准备

在餐具的准备方面,除中餐所需餐具外,还应摆上刀叉,左手边放叉,右手边放刀。公筷、公勺还应备有筷座和勺座,其中一套应摆放在主人面前。APEC 晚宴时,为嘉宾准备的餐具是筷子和银质刀叉(见图 17-3)。为每位客人准备的杯子至少应有 3 个,即白葡萄酒杯、红葡萄酒杯和水杯。

图 17-3　2014 年北京 APEC 晚宴上餐具的准备

二、2015 年抗战胜利 70 周年晚宴

2015 年抗战胜利 70 周年晚宴的菜单内容如下。

（1）冷盘。

（2）汤品:鸡枞水鸭汤。

（3）主菜:香煎三文鱼、海鲜浓汤煮龙虾、荷香牛肉、上汤百合瓜尖。

（4）甜点:点心、水果冰激凌。

（5）餐后饮品:咖啡、茶。

（6）酒品:张裕爱斐堡赤霞珠干红 2009,中国山东;张裕爱斐堡霞多丽干白 2009,中国山东。

其和 APEC 晚宴相似,前菜是冷盘,然后是一道汤品;主菜为鱼、虾、蔬菜、牛肉,荤素相宜。酒品为干白和干红。

三、2015 年抗战胜利 70 周年午宴

2015 年 9 月 3 日上午,在抗战胜利 70 周年纪念大会阅兵式结束之后,紧接着在人民大会堂宴会厅,国家主席习近平举行招待会。午宴菜单如下(见图 17-4)。

（1）冷盘。

（2）汤品:松茸山珍汤。

（3）主菜:香草牛肉、奶香虾球、上汤双菜、酱烤鳕鱼;主食:素什锦炒饭。

（4）甜点:点心、椰香西米露、水果。

（5）餐后饮品:咖啡、茶。

（6）酒品：长城干白 2011，中国河北；长城干红 2010，中国河北。

其与抗战胜利 70 周年晚宴相似，前菜是冷盘，然后是一道汤品；主菜为鱼、虾、蔬菜、牛肉，荤素相宜。区别是增加了一道"素什锦炒饭"，大概是考虑到客人们辛苦劳累了一上午，体力消耗较大。酒品仍然为干白和干红。

图 17-4　2015 年抗战 70 周年午宴菜单　　　　**图 17-5　"一带一路"晚宴菜单**

282

四、2016 年"一带一路"晚宴

2016 年 5 月 14 日晚，习近平主席为"一带一路"国际合作高峰论坛举办了欢迎晚宴。"一带一路"（The Belt and Road，缩写 B&R）是"丝绸之路经济带"和"21 世纪海上丝绸之路"的简称。宴会的主菜有 3 道，菜单如下（见图 17-5）。

（1）冷盘。

（2）汤品：花好月圆，是由鸽子蛋和扇贝做成的汤。

（3）主菜：富贵龙虾、菌香牛肉和香草鳕鱼。

（4）甜点：点心、水果拼盘。

（5）酒品：长城干红 2010 和长城干白 2011，产区皆为中国河北。

其与抗战胜利 70 周年晚宴相似，前菜是冷盘，然后是一道汤；主菜为鱼、虾、牛肉。酒品仍然为干白和干红。

🍷 第四节　点菜与选酒

一、点菜的方法

首先要确定是由酒选菜，还是由菜配酒。如果你手头有几瓶佳酿要与友人品尝，就是由酒选菜，可根据酒的类型选择与之搭配的菜肴；如果你的目的是去品尝某个酒店的菜肴，就得由菜配酒。

用餐时,点菜并不是由前菜开始点,而是先决定一样最想吃的主菜,再配上适合主菜的汤,最后选与主菜相搭配的葡萄酒。主菜如果是鱼,前菜一般选择肉类。如果就餐的人不多,也不必全部都点,"开胃菜＋主菜(鱼或肉)＋甜点"也是常见的组合,点太多了吃不完,既浪费,又失礼。

一餐如果需要搭配多种葡萄酒时,其顺序一般为先白后红、先干后甜、先新酒后老酒、先清爽后浓烈,如此才能渐入佳境,有"苦尽甘来"之感。

二、选酒的方法

点酒通常由主人决定,若主人不懂酒,可以请在座懂酒的客人代点。在高档的西餐厅,大多有专门的侍酒师(Sommelier),其任务就是根据客人点的菜肴,从酒单中选出与之相匹配的葡萄酒,以供客人参考。

(一)阅读酒单

先请服务人员取来餐厅酒单并进行阅读。好餐厅的酒单通常涵盖各个产区,如果实在不懂可以请餐厅懂酒的经理或服务人员推荐。在请人推荐之前,可先技巧地告知预算,比方说,"请帮我推荐中等价位的酒""请帮我介绍一瓶普通的酒"或者"请帮我挑选上好的酒"。

(二)点开胃酒

葡萄酒一般是在点完菜后才决定的。如果点的餐中有开胃菜,可询问在座客人是否要喝点开胃酒搭配,如鱼子酱可以搭配冰香槟。当然,开胃酒不是必需的。

(三)点主菜酒

依餐酒搭配的基本原则是点主菜所用的葡萄酒。如果主菜既有海鲜,也有牛排,则需红葡萄酒、白葡萄酒各选一瓶。对于不常喝葡萄酒的人,较易接受略甜的口味,应选半甜或半干的葡萄酒,以适应大家的口味。

(四)点饭后甜酒

餐后用甜点时,视个人喜好点饭后甜酒。饭后甜酒不需开整瓶,可以以杯论。但在我国没有此习惯。

三、服务礼仪

作为餐厅的服务人员,其需要懂得葡萄酒服务的礼仪。

(一)让客人验酒

葡萄酒拿来之后,服务人员要让点酒人仔细检查酒名及年份是否正确。假若点的是2008年的酒,送来的虽是同样的品牌,但年份不对,客人有权在开瓶前要求立即更换。葡萄酒是非常讲究年份的,不同的年份,其品质相差很大。

(二)给客人开瓶

餐厅的服务人员开瓶后,应将软木塞交给点酒人,请求检查。若有发霉现象,表示餐厅贮酒不当,酒质可能已破坏,客人有权更换;若木塞干燥甚至已断裂,表示此酒被直立放置,

可能酒瓶中已渗入空气,葡萄酒可能被氧化,客人也有权更换。木塞潮湿,且无异味,则表示贮存方式正确。

(三)让客人试饮

餐厅的服务人员应先倒出约 1/5 杯刚开瓶的葡萄酒让点酒人试饮,点酒人根据品酒原则品尝,即观色、闻香、品尝、摇杯、再闻香、再品尝。若酒质无误则点头示意,可以饮用;若酒味变质,客人有权请求更换。但这一条在我国尚行不通。

(四)换瓶

若选的是陈年佳酿或者酒瓶中有沉淀出现,在开瓶之后需先经换瓶、醒酒等程序,然后才由点酒人试酒。

(五)斟酒

经点酒人试酒并点头肯定后,服务人员依照女士优先原则,从右到左一一斟酒,最后给点酒者斟酒。若点酒人不是主人,则主人为最后一人。斟酒时,让酒标的正面朝上,对准酒杯中心慢慢倾倒,只倒入酒杯的 1/5 至 1/3 即可,一般位于郁金香杯的最大直径之处。这一点很重要,绝对不可以将酒杯斟满。斟酒后,酒瓶应放在客人看得到、拿得着的地方,以便于欣赏和检查酒标。

284

第五节　葡萄酒与中餐的搭配

中餐与西餐的区别很大,如何使葡萄酒与中餐进行搭配,已成为业内人士研究和探索的一个话题。

一、中餐与西餐的区别

中国的饮食文化千变万化,博大精深,菜系诸多,各有特色。由于饮食文化的不同,中餐与西餐相比在烹饪方法、点菜方法、就餐形式、上菜顺序等方面都有很大差别。

(一)烹饪方面的区别

西餐是"七分原料,三分制作",根据原料的材质就基本上可以选定酒的品种;中餐正好相反,是"三分原料,七分制作",同样的食材,由于制作工艺的不同,菜的风味就不同,与酒搭配起来就显得困难。

在烹饪方面,西餐讲究营养,中餐讲究火候。西餐的厨房像一间工厂,有很多标准和计量设备,对各种材料的用量、加工温度和时间都有一套标准,厨房的布局也是按流程设计的,对产品的样式、颜色都有严格的要求,把烹饪过程标准化、程序化了,我们熟悉的麦当劳、肯德基、星巴克都是标准化的典型代表。中餐的厨房则不同,厨师一排,火光冲天,各种调料用多用少,没有严格的定量,完全依照厨师的经验和感觉灵活掌握;至于火候的把握,更是只能意会、不能言传,要依靠厨师的感官来判断。此外,中餐喜欢吃熟的,把牛羊肉炖得绵软;西餐喜欢吃半生半熟的,需要用刀叉来切割带血的牛肉。

（二）就餐方面的区别

在菜单方面，西餐的菜单短小精悍，集中度高，大多只有一页纸，最多是正反面，还包括了饮料和甜品。中餐则不同，菜单都很长，像一本书，菜品丰富，复杂多样。

在就餐方式方面，区别也很大。中餐一般都是聚餐，重视整体性，追求气氛热闹；西餐是分餐制，各点各的菜，只对自己负责，体现个体的独立性。

在餐具方面，中餐用筷子，西餐用刀叉。

在上菜顺序方面，西餐上菜有严格的程序，先喝汤，后吃菜；中餐先吃主菜，后喝汤，其顺序一般为冷菜—热菜—主食—汤，饭后可能还有一果盘。冷菜里有荤有素，热菜里也有荤有素。

在用餐习惯方面，中餐是菜归菜、酒归酒，一瓶酒贯穿始终，没有餐酒搭配之说。

二、葡萄酒与中餐的搭配

中餐与葡萄酒的搭配是西餐文化的中国化，所遵循的原则基本是一致的。川菜、粤菜、鲁菜、淮扬菜并称为中国四大菜系，下面以其中的几款典型菜肴为例，简要介绍一下中餐与葡萄酒的搭配方式。

（一）川菜与葡萄酒的搭配

川菜以麻辣闻名天下，是我国的四大菜系之一。"麻"来自花椒、麻椒，"辣"来自辣椒，此外还要用到胡椒、豆瓣酱等调味品。这些麻辣的菜肴应该尽量选择甜型或者半干型葡萄酒搭配，甜味可以减轻一部分的辣味。对于习惯麻辣的人来讲，也可以采用口感层次复杂、单宁浓重的葡萄酒来搭配，或者用带有辛辣味的西拉葡萄酒、澳洲的穗乐仙葡萄酒搭配。此外，由于辣味会在一定程度上破坏葡萄酒的果香，所以应该尽量选择果香浓郁的葡萄酒。油性大的菜肴应选择酸度较高的葡萄酒化解油腻。

例如，干煸豆角选择半干型或者甜型葡萄酒来与之搭配，如长相思甜白葡萄酒；麻婆豆腐、椒麻兔丁可选择果香浓郁的干白葡萄酒搭配；泡椒凤爪可选择酒体适中的半干型或者甜型西拉葡萄酒来搭配；鱼香肉丝可与略甜且果香浓郁的智利长相思搭配。

（二）粤菜与葡萄酒的搭配

粤菜主要由潮州菜、客家菜和广州菜三大菜式组成，善烹野味和水产，用料广泛。由于在国外侨居的中国人中以广东人居多，粤菜几乎成了中国菜的代表。

在粤菜的餐桌上，通常以风味浓郁的佳肴开始，比如一开始就会先上烤乳猪或者蜜汁叉烧肉。烤乳猪宜与赤霞珠、梅洛、西拉、黑皮诺等红葡萄酒搭配，烤乳猪中的丰富油脂和葡萄酒中的单宁最为相衬，即便是往常入口较涩的单宁感，也会被快速中和，使味觉立刻恢复清爽。如果用温和柔顺的白葡萄酒与之搭配，白葡萄酒清新淡雅的风味就很有可能被菜肴的浓郁风味所掩盖。接下来，如果上温和的海鲜菜肴，那么可以搭配一些酒体轻盈的白葡萄酒来饮用。例如，咕噜肉香脆微辣、略带酸甜，可以与麝香葡萄酒、贵腐甜酒搭配。

粤菜上菜的顺序可能与西餐的方式正好相反。最后上来的由鸡、牛肝菌、松茸菌、淮山、杞子等煲制而成的"功夫一品汤"，其汤浓味美，本身就是很好的饮品，不需要搭配任何葡萄酒。

（三）鲁菜与葡萄酒的搭配

鲁菜以咸鲜为主，为我国北方菜的代表。咸味同甜味是一对绝配，应该尽量选择半干型或半甜型葡萄酒进行搭配。如果菜肴的油性较大，则选择酸度相对较高的葡萄酒搭配。下面举几个餐酒搭配的例子。

济南把子肉偏油偏咸，如果选择酸度较高、带有甜味的白葡萄酒搭配，甜味与咸味相得益彰。葱烧海参本属于海味，在西餐中海鲜类一般配酸度高、酒体优雅的白葡萄酒。但海参入味较难，味道不重，故中餐馆在加工时配有浓稠的汤汁，且带有一点甜感。此时，选择圆润柔和的红葡萄酒或桃红葡萄酒比用白葡萄酒搭配更为适宜，不仅可以衬托海参的鲜美、带来清爽的甜感，而且还不会抢了海参的风头。

九转大肠是鲁菜中的名菜之一，酸甜香辣咸五味俱全，选择果香浓郁的甜型或半干型红葡萄酒可以同菜肴浓郁的风味相匹配，以免葡萄酒的果香被菜肴的味道所掩盖，葡萄酒的酸味和甜味可以同菜肴的酸甜融合在一起，适量的单宁则可以使大肠的口感更佳。

沿海地区盛产海鲜，清蒸的海鲜类菜肴适合搭配干白。鱼肉和红酒中的单宁相遇会产生金属味，加重海鲜的腥味；但是，红酒又能使鱼肉变得更加细腻。因此，可以选择清爽型单宁弱的红葡萄酒或桃红葡萄酒搭配。

（四）淮扬菜与葡萄酒的搭配

淮扬菜以清淡为主，形成于淮安、扬州、镇江一带。"淮"指的是江苏淮安，"扬"指的是江苏扬州、镇江一带。至于南京菜、苏州菜、杭州菜，有的是淮扬菜的分支，有的是由淮扬菜发展而来。淮扬菜原料以竹笋、芦笋及河鲜等淡水产品为主，以炖、焖、煮、煨见长，讲究刀工，注重火功，擅长制汤，强调食物的至真本味，清淡适口、咸甜适中，素有"慢工出细活的文人菜""东南第一佳味，天下之至美"的美誉。下面举几个餐酒搭配的例子。

清炒河虾仁清香利口，滋味鲜美，宜搭配新世界果味浓郁的干白葡萄酒，这时虾的鲜嫩和葡萄酒的香气可以相互提升彼此的味道；如果在虾仁的烹饪中加了少许醋，则宜搭配旧世界酸度温和而持续的干白葡萄酒，以提升其鲜味。拆烩鲢鱼头鱼肉肥嫩、汤汁稠浓、口味鲜美，可配半干型、半甜型的起泡酒或桃红葡萄酒。气泡酒丰富活跃，桃红葡萄酒清新平衡，皆有利于提升鱼头的咸鲜。

清淡的菜式与葡萄酒的搭配较为容易。对于水产，如雨花虾仁、豆瓣北极贝、鳜鱼煮干丝等，宜选择霞多丽、雷司令、长相思、灰皮诺等白葡萄酒搭配较为合适；如果菜肴风味趋向浓郁，如松鼠鳜鱼、梁溪脆鳝，最好选择温暖产区的霞多丽、赛美容白葡萄酒，它们口感更圆润偏甜，能与淮扬菜清淡鲜美的汤汁产生更复杂的味觉变化。当然，香槟等起泡酒和桃红葡萄酒搭配也是上佳的选择。而对于风鲜芦笋、响油鳝糊等味重的菜肴，则可以搭配酒体厚重、橡木桶陈酿的葡萄酒。

总之，如果口味偏甜，选酒也要偏甜，但又不能掩盖菜的原味；如果口味偏酸，选酒也要偏酸，但又不能选太酸的酒，酒的酸味过重会破坏菜品的鲜，并使味蕾短时间无法恢复。中餐与葡萄酒的搭配，可以在遵循基本原理的基础上大胆尝试，不必拘泥于形式。

葡萄酒大师（Master of Wine）李志延（Jeannie Cho Lee）女士曾出版专门介绍葡萄酒与亚洲菜肴搭配的专著《东膳西酿》，以独特的视角，图文并茂地介绍了亚洲十大主要城市的特色美食,讲述了它们的食材准备、风味,以及用以佐餐的葡萄酒选择等内容(见图17-6)。

(a)   (b)

图 17-6   李志延(Jeannie Cho Lee)女士与《东膳西酿》

第六节   结   语

葡萄酒配餐理念的产生,是人类文明发展到一定阶段的产物。在欧洲的文艺复兴时期,随着人们厨艺的提升,对葡萄酒的品质以及葡萄酒在餐桌上配餐功能的期望值也越来越高,因此逐渐衍生出餐酒搭配的葡萄酒文化。

要想恰当地进行餐酒搭配,不仅要求我们懂酒,而且要懂菜。葡萄酒与菜肴之间的关系如同我国古代哲学中的"五行说",它们之间既存在"相生",又存在"相克"。若菜肴与葡萄酒搭配得恰当,就能相得益彰,达到"1+1＞2"的效果;若搭配得不当,就会让两者失衡,产生"1+1＜2"的结果。

中餐与葡萄酒的搭配,千万不能生搬硬套、墨守成规,而要不拘一格地进行大胆的尝试和探索,即使错了也有错的乐趣,这才是葡萄酒的享用之道。所谓法则,只是一般性的参考。在国际交往中,我国上菜的顺序和葡萄酒的准备,现在也尽量仿照西餐的规制。如近年来的历次国宴上,菜单和酒单都很有讲究。

此外,餐酒搭配还要考虑气候、季节、场合等因素。中国的茶文化发育得非常成熟,已成为传统文化的重要组成部分;但酒文化的发展非常畸形,社会上流行着一些不文明、不健康的劝酒文化、段子文化。葡萄酒文化非常类似于我们的茶文化,有人称之为"罗马版的茉莉花茶",在许多方面可以互相参照、互相借鉴。法国作家大仲马认为,葡萄酒是宴席上智慧的部分;世界美食大师安德烈·西蒙认为,葡萄酒会使每一张餐桌更优雅、每一天更文明。希望我国的酒文化在健康、文明、优雅、理性的轨道上不断前行。

第十八章 →

葡萄酒的其他知识

"识酒者近天。"

——法国谚语

第一节 软木塞及其制作

一、软木塞的制作原料

制作软木塞的原料树叫栓皮栎,又称软木栎,习惯上也称为橡木。虽然也是栎属的一种,但与生产橡木桶的栎树大不相同。常言道,"人活脸,树活皮",一般的树木剥掉皮之后由于切断了水分和养料的供应渠道,很快就会枯死。但栓皮栎有两层树皮,外层树皮可以剥除,用来做软木塞等产品;里层树皮仍然具有生命力,树木可以继续生长。

栓皮栎是落叶乔木,主要生长在地中海沿岸。目前,世界上拥有 220 万公顷的栓皮栎林,每年可产出 20 万吨的软木塞。其中,近 50％来自葡萄牙,30％来自西班牙。栓皮栎只有在树龄达到 25 年时,才能进行第一次采割,而且此次采割的橡木还不成熟,不能用于制作软木塞。第二次采割是在 9 年后,但此次收获的橡木依然无法达到要求,只能制作一些附属产品,比如鞋子和家具等。第三次采割时栓皮栎已经超过了 40 年,这时候的树皮才可以用于制作软木塞。虽然剥除树皮后可以继续生长,但生长缓慢,每年只生长 2 mm 的厚度。此后,每隔 9 年可以采收一次。一般情况,它的寿命为 200 年左右,一生只有 16—17 次的采割机会。

二、软木塞的制作过程

(一)采割树皮

采割树皮在每年的 5—7 月,选取适龄的栓皮栎开始人工采割(见图 18-1)。采割时,需要给栓皮栎留下至少 35％的树皮保护树体,以保证树木继续生存。采割后要在树体上标注采摘当年的年份,确保下次的采割时间合适。

（二）露天存放

采割的树皮不能马上进行加工，需要放置在露天场合，利用夏季的高温彻底蒸发树皮中的水分；利用秋季雨水的冲洗，稀释树皮中的单宁（见图 18-2）。经过 6 个月左右的晾晒后，直到这些树皮的性质变得稳定，便可以进入下一步处理工序。

露天存放时要避免污染，之后要对其进行挑选，去掉完全不能用的树皮。

图 18-1　人工采割树皮

图 18-2　露天存放

（三）煮沸

干燥后的树皮要进行水煮，以达到软化与清洗的效果。在这个过程中，工人们会定期过滤和更换用水。水煮后的树皮会变成平整且容易加工，然后进行筛选，去除密度低或被害虫侵蚀的部分，再进行蒸煮，进一步消除橡木味。蒸煮后，将其平整地放入室内晾干（见图 18-3）。煮沸的目的是软化并清洁树皮，而且煮过的树皮非常干净、平整、柔软，极富弹性，方便进一步加工。

图 18-3　蒸煮、平整后的树皮

（四）切割分类

整块树皮比较大，需要切割成大小合适的条状，并进行分类。只有质量好的才可用来制作天然软木塞（Natural Wine Corks）。

（五）冲压

用手工或机器冲压，铣切成棒状，就成了我们最后的软木塞。天然的软木塞是直接从树皮中切割出的完整的部分，再交由熟练的工人进行后加工。

冲压后的树皮如图 18-4 所示。将剩余的木材碾碎成颗粒状,可用来制作复合塞(Agglomerate Corks)。

图 18-4　冲压后的树皮

（六）后处理

冲压完成后的软木塞要进行洗涤、筛选,最后根据客户的需求采用油印或火印技术在软木塞上印上包括原产地、产区、酒庄名和年份的有关信息(见图 18-5),软木塞的制作就完成了。

图 18-5　软木塞成品

从采割到印刷,整个过程至少耗费半年,其成本和价格要高于其他类型的瓶塞。

三、软木塞封口的特点

软木的体积中约有一半是空气,所以质地轻软,富有弹性。既能很好地封住瓶口,又不会完全隔绝空气,而是让适量的空气进入瓶中进行微氧化,有利于葡萄酒慢慢发展与成熟。作为传统的封瓶酒塞,其赢得了"葡萄酒守护神"之美誉。

软木塞的直径通常为 24 mm,而葡萄酒瓶瓶口内径为 18 mm,灌装封瓶时,用打塞机将软木塞均匀挤压至直径约 16 mm,再推进瓶口封瓶。如果打塞机挤压时不均匀,或者酒瓶瓶口内径不规则,则可能造成漏酒。

四、软木塞与螺旋盖的比较

很多传统人士之所以喜欢软木塞,是因为它可以让葡萄酒自然"呼吸",随着时间的流逝慢慢成熟。所以，一些传统葡萄酒爱好者一直力挺天然软木塞。

据牛津大学研究表明：对于同一款葡萄酒，参与者给软木塞封瓶的酒的评分比螺旋盖封瓶的高15％。其主要原因是我们的感觉与听觉、视觉及触觉都存在着内在联系，这些会对味觉产生巨大影响。在品尝葡萄酒之前，听到软木塞拔出的声音、看到软木塞封瓶，都会让参与者内心有一个预期，从而决定了接下来的品鉴体验。斯宾塞教授称，实验结果强调了瓶塞的重要性，以及软木塞与人们潜意识对葡萄酒品质判断的明确联系。此外，软木塞封瓶的酒更有节日气氛，更适合庆祝场合。近年来，由于软木塞可能会出现"TCA污染"，使葡萄酒出现霉味、湿纸箱、湿狗的味道，不少侍酒师和消费者也逐渐认可和选择螺旋盖。在市场上，使用螺旋盖封口的葡萄酒也越来越多。

第二节　葡萄酒的酒瓶

一瓶美酒不但要好喝，而且还要好看。酒瓶的设计既有约定俗成的规范，也有一定的灵活性，本节我们一起揭秘葡萄酒瓶的各种类型。

一、葡萄酒瓶的结构

透明玻璃质酒瓶的使用大约始于1608年。17世纪中期，玻璃酒瓶在欧洲的主要葡萄酒生产国得到普及。最初为大肚酒瓶，发展至今，其种类和形状已不胜枚举。一般来讲，酒瓶的结构分为瓶身、瓶肩、瓶颈、瓶口、凹槽等部分（见图18-6）。

二、葡萄酒瓶的分类

（一）按照颜色分类

按照颜色可分为棕色酒瓶、墨绿色酒瓶、淡绿色酒瓶、白色酒瓶等（见图18-7）。不同颜色的酒瓶盛装不同类型的葡萄酒：干红装在棕色或墨绿色酒瓶中，干白一般装在淡绿色酒瓶中，而桃红和甜白一般装在白色酒瓶中。

图18-6　葡萄酒瓶的结构

图18-7　不同颜色的葡萄酒瓶

实际上用白色透明玻璃瓶最能体现葡萄酒的本质色彩，但由于光照对葡萄酒的质量有很大的影响，尤其是白色透明瓶子，紫外线的照射可能导致酒液褪色，加速酒体衰老，选择有色酒瓶可以防止光对酒的危害。但桃红葡萄酒和冰酒流行使用白色透明玻璃瓶，主要是为了反映酒液的颜色特征。白葡萄酒、桃红葡萄酒和冰酒大多适宜年轻时饮用，不宜久存。

（二）按照形状分类

按照形状葡萄酒瓶可分为波尔多瓶、勃艮第瓶、霍克瓶、起泡酒瓶、甜酒瓶、加强葡萄酒瓶、白兰地酒瓶等类型。

（三）按照容积分类

按照容积可分为 750 mL（标准瓶）、375 mL（半标准瓶）、187.5 mL（小瓶、1/4 标准瓶），此外还有小瓶 200 mL、500 mL，大瓶装 1.5 L、特大瓶装 3 L、超级装 4.5 L、至尊装 6 L 等规格（见图 18-8）。

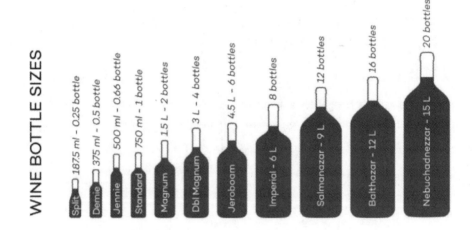

图 18-8　不同容积的葡萄酒瓶

标准瓶是最为常见的。英国曾是法国葡萄酒的最大进口国，当时的运输单位是 50 加仑（约 225 L），所以将运输容器橡木桶的容量定为 225 L。开始启用玻璃葡萄酒瓶后，每瓶葡萄酒的标准容量就定为 0.75 L，每箱 12 瓶（现在一般每箱为 6 瓶），一次运输 25 箱，即 0.75×12×25＝225 L。1/4 标准瓶也称为夸脱瓶，常用于小只装的香槟，也用于赠品；1/2 标准瓶也称为半瓶装，常用于封装贵腐酒、冰酒等甜酒。

酒瓶的容量对葡萄酒的陈年有一定的影响。大容量酒瓶适于封装高质量、耐久存的年份干红葡萄酒，但酒的成熟速度较慢，需要耐心等待。

三、常见的几种葡萄酒瓶

（一）波尔多瓶

波尔多瓶是最常见的葡萄酒瓶，它的外形为直身有肩，也称为有肩瓶，因波尔多地区最早使用，所以被称为波尔多瓶。波尔多瓶适合封装需要长时间窖藏的红葡萄酒，柱状瓶体有利于堆放和平放，方形的瓶肩有利于在倒酒时将沉淀物留在瓶中。波尔多瓶也用于盛装白葡萄酒、桃红葡萄酒。目前,波尔多瓶已被许多国家广泛采用。

（二）勃艮第瓶

勃艮第瓶的瓶身较圆,溜肩,瓶体厚重结实,与波尔多瓶相比,其比较矮胖,也被称为无肩瓶。它通常用来盛装一些酒体醇厚、香味浓郁的葡萄酒。勃艮第瓶瓶底较浅,不适合装陈年后易产生沉淀的葡萄酒,而适合装白葡萄酒或者颜色偏浅的黑皮诺葡萄酒。

（三）霍克瓶

霍克瓶外形高而细长,颜色一般为棕色和绿色,现在也有无色的。Hock 是德国葡萄酒的古称,主要用于德国莱茵河流域和邻近法国阿尔萨斯产区的白葡萄酒,也被称为德国长笛瓶。因为不需长时间存储,酒中也无沉淀物,所以瓶身细长无肩。

霍克瓶分为两种:绿色瓶身的称为莫泽尔瓶或阿尔萨斯瓶,所盛装的葡萄酒风格各异,从干型到半干型再到甜型都有;棕色瓶身的称为莱茵河瓶,形状与莫泽尔瓶类似,主要盛装来自莱茵河产区的葡萄酒,有时其他国家的白葡萄酒、甜酒也会采用这种瓶形。

图 18-9　波尔多瓶、勃艮第瓶和两种霍克瓶(莫泽尔瓶和莱茵河瓶)

四、特种葡萄酒的酒瓶

（一）起泡酒瓶

起泡酒瓶也被称为香槟酒瓶,主要用于封装起泡葡萄酒,其瓶身是依据起泡酒的特性和风格专门设计的,使用的是厚玻璃,斜肩、瓶底有凹槽,有各种不同的形状(见图 18-10)。

因为起泡酒瓶内有一定的压力,这种设计能加强瓶身的耐压性。塞子为蘑菇形,采用一个七层闭合式设计,一旦塞入瓶颈中便可将酒瓶严密封实,然后再用金属丝来固定。与其他葡萄酒瓶相比更大、更坚实,可承受 80—90 mPa 的高压。不管是新世界还是旧世界的起泡酒都采用这类酒瓶来盛装。

（二）加强葡萄酒酒瓶

加强葡萄酒酒瓶也有各种形状,有的和普通的葡萄酒瓶相似,也有的不同(见图 18-11)。如波特瓶,是深色方肩的厚玻璃瓶,其典型的特征是为了留住沉淀物而设计的凸颈,据说其形状源于用皮囊装酒时期的灵感,是现代葡萄酒瓶的鼻祖。

图 18-10 起泡酒瓶

图 18-11 不同甜度的加强葡萄酒酒瓶

（三）甜葡萄酒瓶

甜葡萄酒主要有冰葡萄酒、贵腐酒等,酒瓶的形状类似于波尔多瓶、勃艮第瓶或霍克瓶,但更加细长,容积一般为 375 mL。

（四）白兰地酒瓶

白兰地酒瓶没有固定的形状。为了吸引眼球,有些厂家也喜欢用新的创意。

不同形状的白兰地酒瓶如图 18-12 所示。此外,还有数十种不常见的酒瓶类型。例如,扁瓶（Flask）、茹拉黄酒瓶、天然甜酒瓶、普罗旺斯葫芦瓶、雪利酒瓶等。虽然很多酒庄喜欢用新的创意,但世界各地的红葡萄酒、白葡萄酒、桃红葡萄酒均以波尔多瓶和勃艮第瓶为主。

图 18-12　不同形状的白兰地酒瓶

第三节　葡萄酒的保存

一、葡萄酒的保质期

在国外,葡萄酒并不标注保质期。20 世纪 80 年代,我国为了强化对食品的质量管理,有关部门要求一切食品都必须标明保质期。综合考虑了当时葡萄酒生产、销售的有关情况,将葡萄酒的保质期定为 10 年,也有的定为 8 年。其实,这些规定并不完全合理,如山西老陈醋,应该是越陈越香,怎么能规定保质期呢?而一些人教条的认为,食品一旦过了保质期就不能食用了。其实,与保质期相比,保存环境更为重要。

根据我国实施的相关规定,葡萄酒和酒精含量超过 10% 的酒精饮料可免除标示保质期。所以,近年来生产的葡萄酒大部分已经不再标注保质期了。

二、葡萄酒的适饮期

葡萄酒不存在保质期,但讲究适饮期。就是说葡萄酒什么时候都能喝,但什么时候最好喝,不同葡萄酒的适饮期是不一样的。葡萄酒是有生命的,要经历上升期、成熟期、巅峰期和衰退期 4 个阶段。处于上升期的葡萄酒口感还不够柔顺,香气也不复杂;成熟期的到来意味着葡萄酒结构变得柔顺,香气逐渐打开;巅峰期便是最佳适饮期,葡萄酒的香气、风味和口感都达到了最佳状态,能给饮用者带来愉悦的体验;巅峰过后进入衰退期,葡萄酒的果香渐渐散失,口感也随之变得寡淡。

葡萄酒进入适饮期的快慢与适饮期持续时间的长短,取决于葡萄酒的陈年潜力和保存环境。陈年能力越强,适饮期来得越慢,持续时间也越长;保存环境温度越高,成熟越快。市面上大部分葡萄酒适饮期都在上市之后的 1—3 年内,少量优质葡萄酒才具有 5—10 年的陈年潜力,而只有极少数限量级的顶级葡萄酒才具有 10 年以上的陈年潜力。

有人认为葡萄酒越老越好,这是一个错误的观念。葡萄酒是有生命的,不同的葡萄酒都有自己特有的"生命曲线",有一个成长、成熟、衰老的过程。如果贮存不当,葡萄酒甚至会"生病"或"死亡"。

三、葡萄酒的储存

葡萄酒是非常娇嫩的,对环境特别敏感,特别是怕光、怕热、怕异味、怕震动。其最佳保存温度在 16 ℃左右,不应超过 20 ℃。在炎热的盛夏,室温常常超过 30 ℃,如果没有空调,经过一段时间的高温之后,葡萄酒就会失去应有的香醇。所以,无论多么高档的葡萄酒,如果在 30 ℃的条件下存放,其品质很快就会下降。如果家里没有合适的储存条件,应尽快喝掉为宜。在夏天,有的人把葡萄酒放在烈日暴晒的汽车后备厢里,其中的温度超过 60 ℃,倒入酒杯的酒还是热的,可以说其中的风味物质已大部分"阵亡"了。

有人把葡萄酒放在客厅的展示柜里,作为一种摆设;也有的人家,把葡萄酒放在阳台上,接受日光的曝晒。葡萄酒的保存要注意避光,如果长期接受光照,会加速酒液里芳香物质的分解和反应,产生难闻的气味,称作"光味"。软木塞封口的葡萄酒对湿度也有要求,理想的湿度为 70%—80%。如果长时间在干燥环境里立放,软木塞就可能干燥变硬,丧失密封效果。密封不严的木塞会透过太多的空气,使葡萄酒氧化,果香散失,甚至出现醋味。所以,软木塞封口的葡萄酒都最好平放或斜放,让酒塞接触酒液以保持湿润。

保存葡萄酒的最佳场所是恒温恒湿的酒窖,一些高端人士有私人酒窖,但对于普通民众来说是不可能的。有些葡萄酒销售部门也有酒窖,并为私人收费存放。葡萄酒发烧友可以购买带有恒温、恒湿和避震效果的葡萄酒专用酒柜。家用冰箱并不适合存放葡萄酒,一是冷藏室温度太低,会导致软木塞变硬,密封性减弱;二是冰箱中食品的异味,也会影响葡萄酒的风味。

四、葡萄酒开瓶后如何存放

打开一瓶美酒,可是又不能马上把它喝完,喝剩的葡萄酒该如何妥善保存呢?

平静葡萄酒开瓶后如果密封得当,可以临时放入冰箱内保存,保存期最多为一周。开瓶后的第一天,葡萄酒只会发生轻微的氧化,一般不易察觉。有些富含矿物质风味的葡萄酒,甚至会因轻微氧化而口感变得更好,但不能过度氧化。使用真空塞封口,对防止氧化有一定的作用。

起泡酒开瓶后,酒液中的 CO_2 随即溢出,同时将酒中的部分香味物质迅速释放。因此,起泡酒在开瓶后应立即饮用。随着时间的推移,瓶内的气泡将丧失殆尽,酒液变得寡淡无味。如果一次喝不完,也可以塞紧瓶塞放入冰箱内保存,以尽快饮用为宜。

对于加强型葡萄酒,如雪利酒、波特酒和马德拉酒等,由于酒精度较高,如果保存得当,即使是开瓶了数年,口感也不会发生太大的改变。但需注意的是,不宜在高温和光照下保存。

第四节 葡萄酒的收藏与投资

近年来,随着人们物质财富的增长,葡萄酒成为投资的新宠。然而,在名庄酒被爆炒的同时,葡萄酒泡沫呈现。既然有泡沫存在,就会有破灭的那一天。

一、葡萄酒的三个层次

葡萄酒应该分为三个层次,第一个层次是普通消费品,即餐酒级葡萄酒,实际上应该在上市后尽快饮用,不宜长期保存;第二个层次是收藏品,只有优质的窖藏葡萄酒才符合收藏标准;第三个层次是投资品,只有陈酿能力极强、产量极少、属于世界知名品牌的年份葡萄酒才能归入投资品,在一定时期内它的价值可能会随时间的延长不断增值,为藏家带来投资回报。

在这里,必须把收藏和投资区别开来。收藏的目的在于品味、欣赏或者研究,完全出于爱好,没有功利色彩;只藏不饮的不叫收藏,而是保管。所谓投资,其目的是日后增值获取红利,充满功利色彩。对于酒类的投资来说,出货渠道、抛售变现始终是一个大问题,如果卖不出去,就不能实现盈利的目的。

二、葡萄酒是有生命的

陶瓷、家具、玉器、青铜器、文房清供、书画类等艺术品,可供多人欣赏,也可以长时间反复把玩,只要保存得当,其价值不会由于欣赏而消失。蒙娜丽莎在卢浮宫展出了许多年,参观过的人不计其数,但它不会被谁看到眼里拔不出来。

葡萄酒是有生命的,而且它的生命只有一次。隔着有色的玻璃瓶,连红酒真正的容颜都看不到,更无从谈真伪,我们只能研读酒标,而酒标是很容易造假的。只有开瓶饮用,才能对其进行鉴赏。但如果开瓶,就意味着这瓶葡萄酒生命的结束。

不管你是一个人品尝,还是几个人品尝,品尝过后这瓶葡萄酒就永远不存在了。当然,如果你收藏的葡萄酒很多,可以慢慢享用;如果是投资,喝掉一瓶就少一瓶。不过,另外一个美妙的地方在于,每当你喝掉一瓶,剩下来的几瓶酒就开始涨了;如果全世界喝得只剩下最后一瓶葡萄酒的话,那就真可谓一瓶难求了。

三、年份酒与等级酒

作为投资,要强调"物以稀为贵"。和田玉、田黄石等之所以总能爆出天价,一是因为资源稀少,二是不可再生。葡萄酒虽然有年份酒的讲究,但葡萄树年年生长、葡萄果实年年采摘、葡萄酒也可以年年生产。尽管历史上有一些好的年份酒值得收藏,但从品质上讲,以后的年份不一定就比以前的差,有时会更好。拉菲1982被影视媒体渲染得名扬天下,其实,后面某些年份的拉菲品质更优于1982年的。一般来讲,葡萄树越老,葡萄的品质越好。

也许有人会说,葡萄酒可以再生,但某一个年份的葡萄酒不可以再生。说白了,年份不过是酒标上的一个数字,葡萄酒制假事件层出不穷,其真实性很难保证。有些好年份的酒永

远买不完,难道不值得怀疑?如果从纪念意义和历史价值的角度来讲,那么还有点意思。比如说,"这瓶酒的年份正是我出生的那年"。

此外,等级和味道也并不一定成正比。在葡萄酒的旧世界,把葡萄酒分为若干个等级,许多人会以为级别越高,品质越好,价格也越高。其实,葡萄酒的等级和味道并不一定成正比,酒庄酒也不意味着高品质、高价位。即使有名的产地,也有生产一般品质产品的制造商;即使不出名的产地,也有生产优质产品的制造商。许多生产者不受产地规定的有关限制,在宽松的环境下,用独特的方法往往能酿造出超级美味、个性丰富的葡萄酒。世界著名品酒师阿兰•罗西耶评论说:"这些一瓶二三欧元的葡萄酒才是法国人天天当水喝的饮料,并不比AOC差,AOC只是表明符合原产地的保护制度,不能保证口感和质量。"

四、葡萄酒的投资与投机

在拍卖会上,有些著名的葡萄酒被鉴定专家评以高分而人气飙升、价格高涨;还有像罗曼尼康帝那样具有传说的葡萄酒,出于投机目的被人用天价收藏。葡萄酒收藏与投资在国外已有300多年的历史,出于名庄、好年份、瓶储后酒质更佳的葡萄酒,确实具有一定的收藏价值,也可以成为投资级的葡萄酒,因为在一定的历史时期内它会升值,让投资者获得较大的利润。

但是这种情况到了中国,往往会失去理性,其拍卖价格远远背离了应有的投资价值。特别是2010年以来,以温州民营资本为代表的国内资金大举进入葡萄酒投资领域,导致葡萄酒价格全线飘"红"。与其说这是在投资不如说是在炒作,和炒股、炒房、炒普洱、炒安化黑茶一样,炒家一出手,价格马上飞涨。但一个"炒"字,也道出了价格与价值的巨大偏离,给投资带来了风险。从严格意义上讲,这不叫投资,而是投机。

"红酒热"最初在中国出现时,"拉菲"与其他四个一级酒庄的交易价格差别并不大,但现在"拉菲"的价格已遥遥领先,比如1982年的拉菲的价格已由2005年的每瓶9000元升至每瓶5万元左右,最高的成交价已达20万元,这是市场和媒体炒作的结果。有上涨就有回落,有繁华就会有萧条,投资者要做好抗市场波动压力的心理准备。在"葡萄酒投资收益远高于黄金"这种言论的冲击下,投资葡萄酒还是要多加小心。玛歌酒庄总经理Paul就曾问道:"中国人买那么多的拉菲,真的都喝吗?"葡萄酒最终的价值只有在喝的时候才能体现,光炒不喝是非常危险的信号。

第五节 结 语

每一项投资都蕴含着新的希望,但每一次投资也都面临着风险。葡萄酒的收藏与投资更是如此,投资有风险,收藏需谨慎。美国亿万富翁威廉•科赫曾于2005年以32万美元的价格通过扎奇拍卖行拍下了葡萄酒收藏家埃里克•格林伯格提供的24瓶葡萄酒,包括1瓶1805年的拉菲(22500美元)和1瓶1811年的拉菲(29170美元),3瓶1.5 L 1945年的Chateau Lafleur,价格高达57000美元,事后这些酒都被指控是假酒。

究竟是假酒,还是酒"老死"了,我们不得而知。格林伯格声称:"我不会出售任何一瓶假酒,有生之年从未故意卖过假酒。"格林伯格的律师表示,格林伯格不应该因为科赫买到变质的葡萄酒而受到指责,因为拍卖目录上明确提醒买家,所有葡萄酒将以"现状"出售,且不对真实性做担保。

　　在国内的葡萄酒市场上,炒酒的不一定懂酒,懂酒的也不一定炒酒。葡萄酒世界如此复杂,葡萄酒也绝对不是简单的玩物。笔者不反对葡萄酒的收藏与投资,关键是要有理性。请一定记住:葡萄酒是有生命的,长期保存会衰老。葡萄酒的真伪有时很难说得清楚,即使是品酒专家,也有分辨不清的时候。

葡萄园的四季管理

酿酒原辅料与生产设备

References

参考文献

[1] 温建辉.《品鉴红酒》中存在的几个误区[J].中国酿造,2013(2).

[2] 温建辉."葡萄"名称的来源考释[J].中国酿造,2013(9).

[3] 温建辉.再论葡萄酒的收藏与投资[J].文物天地,2013(7).

[4] 温建辉.家庭酿造红葡萄酒工艺条件的研究[J].晋中学院学报,2013(3).

[5] 温建辉,刘冷.葡萄籽成分的开发与综合利用[J].晋中学院学报,2014(3).

[6] 温建辉.葡萄酒中的铁元素及其影响[J].中国酿造,2014(4).

[7] 温建辉.虞弘墓浮雕图案中的葡萄酒文化[J].晋中学院学报,2016(1).

[8] 温建辉.我国桑葚酒研究进展[J].晋中学院学报,2017(3).

[9] 温建辉.葡萄酒的药用历史研究[J].晋中学院学报,2018(3).

[10] 温建辉.清末民初来华传教士酿造葡萄酒史略[J].晋中学院学报,2019(3).

[11] 温建辉.饮酒的利弊刍议[J].晋中学院学报,2020(3).

[12] Paganini-Hill A. ,C. H. Kawas,M. M. Corrada. Non-alcoholic Beverage and Caffeine Consumption and Mortality:The Leisure World Cohort Study[J]. Preventive Medicine,2007(4).

[13] Stanley L. , Luc L. , Dartigues J. , et al.. Illustration of Analysis Taking into Account Complex Survey Considerations:The Association between Wine Consumption and Dementia in the PAQUID Study[J]. American Journal of Epidemiology,1998(3).

[14] Li Y. ,Schoufour J. ,Wang D. D. ,et al.. Healthy Lifestyle and Life Expectancy Free of Cancer,Cardiovascular Disease,and Type 2 Diabetes:Prospective Cohort Study [J]. BMJ,2020(1).

[15] Dunbar R. I. M. ,Launay J. ,Wlodarski R. ,et al.. Functional Benefits of (Modest) Alcohol Consumption[J]. Adaptive Human Behavior and Physiology,2017(2).

[16] Garaycoechea J. I. ,Crossan G. P. ,Langevin F. ,et al.. Alcohol and Endogenous Aldehydes Damage Chromosomes and Mutate Stem Cells[J]. Nature,2018(7687).

[17] Roy C. I. L. ,Wells P. M. ,Si J. ,et al.. Red Wine Consumption Associated With Increased Gut Microbiota α-Diversity in 3 Independent Cohorts [J]. Gastroenterology,2019(8).

[18] Roger B. Boulton. 葡萄酒酿造学——原理及应用[M]. 赵光鳌,等,译. 北京:中国轻工业出版社,2001.

[19] R. J. Clarke, J. Bakker. 葡萄酒风味化学[M]. 徐岩,译. 北京:中国轻工业出版社,2013.

[20] 奥兹·克拉克. 葡萄酒史八千年[M]. 李文良,译. 北京:中国画报出版社,2017.

[21] 马尔克·拉格朗日. 葡萄酒与保健[M]. 吕姗姗,译. 北京:东方出版社,2014.

[22] Bryce Rankine. 酿造优质葡萄酒[M]. 马会勤,等,译. 北京:中国农业大学出版社,2008.

[23] 李华,王华,袁春龙,等. 葡萄酒工艺学[M]. 北京:科学出版社,2007.

[24] 李华,王华,袁春龙,等. 葡萄酒化学[M]. 北京:科学出版社,2005.

[25] 李华. 葡萄酒品尝学[M]. 北京:科学出版社,2006.

[26] 李德美. 深度品鉴葡萄酒[M]. 北京:中国轻工业出版社,2012.

[27] 高年发. 葡萄酒生产技术(第二版)[M]. 北京:化学工业出版社,2015.

[28] 张会宁. 葡萄酒生产实用技术手册[M]. 北京:中国轻工业出版社,2015.

[29] 玛琳达,黄素玉. 跟着酒庄主人品酒趣[M]. 沈阳:辽宁科学技术出版社,2011.

[30] 何龙,吕丽红,康慨,等. 行走的葡萄——11位中国记者法国酒庄探秘[M]. 北京:中信出版社,2007.

[31] 曲松彬,秋文. 葡萄酒[M]. 哈尔滨:黑龙江科学技术出版社,2003.

[32] 张文学,赖登燡,余有贵. 中国酒概述[M]. 北京:化学工业出版社,2011.

[33] 王树生. 葡萄酒生产350问[M]. 北京:化学工业出版社,2009.

[34] 董树国. 红酒事典[M]. 北京:化学工业出版社,2008.

[35] 姚汩醽. 葡萄酒品鉴宝典[M]. 北京:化学工业出版社,2012.

[36] 朱海宁. 品鉴红酒[M]. 北京:中国文联出版社,2007.

[37] 李凤林,张忠,李凤玉. 食品营养学[M]. 北京:化学工业出版社,2009.

[38] 吴澎. 中国饮食文化[M]. 北京:化学工业出版社,2009.

[39] 蒋高明. 中国生态环境危急[M]. 海口:海南出版社,2011.

[40] 王文元. 人类的自我毁灭[M]. 北京:华龄出版社,2010.

[41] 袁指挥,谢振玲. 古埃及的葡萄与葡萄酒[J]. 农业考古,2010(1).

[42] 希波克拉底. 希波克拉底文集[M]. 赵洪钧,武鹏,译. 北京:中国中医药出版社,2007.

[43] 刘翔. 一口气读懂法国史[M]. 北京:民主与建设出版社,2012.

[44] 汤开建. 杜臻《粤闽巡视纪略》中的澳门史料[J]. 暨南学报(哲学社会科学),1996(3).

[45] 杜赫德. 耶稣会士中国书简集:中国回忆录[M]. 郑德弟,吕一民,等,译. 郑州:大象出版社,2005.

[46] 郑云飞,游修龄. 新石器时代遗址出土葡萄种子引起的思考[J]. 农业考古,2006(1).

[47] 张健. 葡萄酒,守住冻龄的新绝招[J]. 中国葡萄酒,2013(7).

[48] 樊昌明. 卢瓦尔河畔静候百年的Marc Bredif酒庄[J]. 中国葡萄酒,2013(1).

[49] 钟进义. 葡多酚的抗氧化损伤作用研究[C]. 绿色青岛科技奥运——青岛市第三届学术年会论文集,2008(3).

［50］ Hadler MC,Juliano Y,Sigulem DM. Anemia in Infancy：Etiology and Prevence［J］. Jornal de Pediatria,2002(4).

［51］ 施明,孙权,王锐,等.贺兰山东麓酿酒葡萄园土壤微量营养元素及微肥施用进展［J］. 中外葡萄与葡萄酒,2013(2).

［52］ 杨和财,陶永胜,张予林.我国葡萄酒标准及相关规章建设现状与发展趋势［J］.中国 酿造,2009(8).

［53］ 李苗.上帝也爱天然甜［J］.中国葡萄酒,2013(3).

［54］ 胡小健,杨荣华.葡萄酒漫谈［J］.中国酿造,2001(4).

［55］ 宋润刚,路文鹏,沈育杰,等.冰红葡萄酒新品种"北冰红"的选育研究［J］.中外葡萄与 葡萄酒.2008(4).

［56］ 申彤.果酒酵母的选育研究进展［J］.酵母,2005(1).

［57］ 陈兰兰,童军茂,单春会,等.葡萄酒优势酵母菌筛选的研究进展［J］.农产品加工, 2008(3).

［58］ 黄建全,田淑芬,商佳胤,等.行间生草对玫瑰香葡萄生长及土壤性状的影响［J］.中外 葡萄与葡萄酒,2013(1).

［59］ 李苗,杨甜甜.减量不减质的 2012 年份法国酒［J］.中国葡萄酒,2013(4).

［60］ 顾长声.传教士与近代中国［M］.上海：上海人民出版社,2013.

［61］ 董雪梅.传教士与近代中国教育［J］.理论学刊,2006(7).

［62］ 徐奉臻.西学东渐冲击下中国的现代化思潮——兼论近代中国的技术文化观［J］.哈 尔滨工业大学学报(社会科学版),2002(3).

［63］ Madeline Puckette.葡萄酒开瓶后能保存多久［EB/OL］.红酒世界网,2015-05-08. https：//www. wine-world. com/culture/zt/20150508181037000.

［64］ 施晔.中国葡萄酒,敢问路在何方［J/OL］.知味葡萄酒杂志,2014-12-30. https：// tastespirit. com/p/23350. html.

［65］ 施晔.天然葡萄酒 Nature Wine：美女还是野兽［J/OL］.知味葡萄酒杂志,2013-08-02. https：//tastespirt. com/p/12344. html? winzoom＝1.

　　人生天地间,虽说犹如一粒微不足道的尘埃,但总觉得应该尽我所能奉献社会。十几年来的葡萄酒历史与文化研究以及葡萄酒与果酒酿造的实践,催生了笔者写这本书的愿望。著作的精髓除了知识的传递之外,还应该有思想、有境界、有灵魂。本书力图以科学的态度与精神,揭示葡萄酒文化的本质。书中始终贯穿着尊重自然、道法自然、维护生态的理念,这是当今有识之士的共识,也是社会发展的必然之路。联合国环境方案中指出,"我们不是继承了父辈的地球,而是借用了儿孙的地球"。习主席指出,"我们应该遵循天人合一、道法自然的理念,寻求永续发展之路。"

　　葡萄酒的酿造就是天人合一、道法自然的典范,其最基本的层次是技术,更高层次是艺术,最高层次是哲学。一般的酿酒师只停留在技术层面,熟练的酿酒师可以上升到艺术层面,而葡萄酒文化的最高境界是哲学,所谓"识酒者近天"。

　　葡萄酒的功用从最初的祭祀发展到医药,再到今天已成为国际性饮料,葡萄酒的历史就是人类文明发展的一个载体、一个缩影。而由"饮酒"到"品酒"的转变,是物质文明向精神文明的提升,品味的是色、香、味,寻求的是真、善、美。泰戈尔曾经说过,"教育的目的应当是向人类传送生命的气息。"通过学习葡萄酒文化,希望人们的生活更有情趣,举止变得更优雅,心灵感受到更多的愉悦,生命更具阳光的气息。品酒的最高境界不是沉醉,而是觉醒。酒中有诗意,杯中品人生。

　　经过多年的艰苦努力,本书的写作终于画上了句号。本书受晋中学院应用型教材项目(项目编号 201810)的资助。当然,由于笔者水平有限,书中仍有许多不足,还望读者批评指正。

　　感谢胡弘扬编辑和华中科技大学出版社同仁对本书出版的帮助!

温建辉

2020 年 4 月于山西大学城

教学支持说明

《葡萄酒酿造与品鉴》系华中科技大学出版社重点规划教材。

为了改善教学效果，提高教材的使用效率，满足高校授课教师的教学需求，本套教材备有与纸质教材配套的教学课件（PPT 电子教案）和拓展资源（案例库、习题库等）。

为保证本教学课件及相关教学资料仅为教材使用者所得，我们将向使用本套教材的高校授课教师和学生免费赠送教学课件或者相关教学资料，烦请授课教师和学生通过电话、邮件或加入旅游专家俱乐部 QQ 群等方式与我们联系，获取"教学课件资源申请表"文档并认真准确填写后发给我们，我们的联系方式如下：

地址：湖北省武汉市东湖新技术开发区华工科技园华工园六路

邮编：430223

电话：027-81381206

E-mail：lyzjjlb@163.com

旅游专家俱乐部 QQ 群号：306110199

旅游专家俱乐部 QQ 群二维码：

群名称:旅游专家俱乐部
群　号: 306110199

教学课件资源申请表

填表时间：_____年____月____日

1. 以下内容请教师按实际情况写，★为必填项。
2. 学生根据个人情况如实填写，相关内容可以酌情调整提交。

★姓名		★性别	□男 □女	出生 年月		★职务		
						★职称	□教授 □副教授 □讲师 □助教	
★学校				★院/系				
★教研室				★专业				
★办公电话			家庭电话			★移动电话		
★E-mail （请填写清晰）						★QQ号/微 信号		
★联系地址						★邮编		

★现在主授课程情况	学生人数	教材所属出版社	教材满意度
课程一			□满意 □一般 □不满意
课程二			□满意 □一般 □不满意
课程三			□满意 □一般 □不满意
其 他			□满意 □一般 □不满意

教 材 出 版 信 息					
方向一		□准备写	□写作中	□已成稿	□已出版待修订 □有讲义
方向二		□准备写	□写作中	□已成稿	□已出版待修订 □有讲义
方向三		□准备写	□写作中	□已成稿	□已出版待修订 □有讲义

请教师认真填写表格下列内容，提供索取课件配套教材的相关信息，我社根据每位教师/学生填表信息的完整性、授课情况与索取课件的相关性，以及教材使用的情况赠送教材的配套课件及相关教学资源。

ISBN（书号）	书名	作者	索取课件简要说明	学生人数 （如选作教材）
			□教学 □参考	
			□教学 □参考	

★您对与课件配套的纸质教材的意见和建议，希望提供哪些配套教学资源：